GAODENG ZHIYE JIAOYU JIAOGAI JIAOCAI

• 高等职业教育教改教材 •

中国烹饪概论

杜　莉　主编

杜莉　李想　张茜　刘军丽　参编

中国轻工业出版社

图书在版编目（CIP）数据

中国烹饪概论/杜莉主编．—北京：中国轻工业出版社，2019.5
高等职业教育教改教材
ISBN 978－7－5019－7904－2

Ⅰ.①中…　Ⅱ.①杜…　Ⅲ.①烹饪－方法－中国－高等学校：技术学校－教材　Ⅳ.①TS972.117

中国版本图书馆 CIP 数据核字（2010）第 212513 号

责任编辑：高惠京　　责任终审：劳国强　　封面设计：锋尚设计
版式设计：王超男　　责任校对：杨　琳　　责任监印：张京华

出版发行：中国轻工业出版社（北京东长安街 6 号，邮编：100740）
印　　刷：三河市万龙印装有限公司
经　　销：各地新华书店
版　　次：2019年5月第1版第8次印刷
开　　本：720×1000　1/16　　印张：17
字　　数：320 千字
书　　号：ISBN 978－7－5019－7904－2　　定价：28.00 元
邮购电话：010－65241695
发行电话：010－85119835　　传真：85113293
网　　址：http://www.chlip.com.cn
Email：club@chlip.com.cn
如发现图书残缺请与我社邮购联系调换
KG1011-090336

刘军丽撰写第六章。在本书的编写过程中，我们吸收、借鉴了一些专家学者的研究成果和教改成果，在此表示感谢。

作为专业基础课教材，《中国烹饪概论》主要面向高职高专烹饪专业、餐饮管理专业的学生，也适用于旅游专业学生和广大的烹饪、美食爱好者。我们希望通过这本理论与实践相结合、一定程度上体现教改特色的教材，可以使学生们既了解和增加中国烹饪文化、技术、科学与艺术成果等方面的知识，扩大眼界，也可以培养和提高其专业素质和能力，在今后工作中更好地适应社会和行业需求，为中国烹饪更好更快地发展做出贡献。为了更好地达到这一目的，也衷心希望广大师生在使用本教材的过程中提出宝贵意见和建议，以便我们今后进一步修订完善。

编　者

2011 年 1 月

前 言

PREFACE

“烹饪”一词最早见于中国古代经典《周易·鼎》：“以木巽火，亨饪也。”意思是用火熟食即为烹饪。而随着历史发展和社会进步，烹饪的工具、能源、技法等各个方面都发生了极大的变化，烹饪逐渐发展成为一门学科，拥有了丰富的文化、科学与艺术等方面的内涵。《中国烹饪概论》就是以研究中国烹饪文化和烹饪科学、烹饪艺术为主要内容，揭示中国饮食文明发展规律的中国烹饪学的整体概括性论述。

改革开放以来，《中国烹饪概论》一直是我国高等院校烹饪专业的专业基础课。如今，我国高等教育逐渐走向大众化，通过结合培养学生的职业能力和创新能力已成为高职高专教学改革的重要议题。因此，四川烹饪高等专科学校针对新时期餐饮业发展的实际需要，同时根据教育部关于高校教学改革的要求和高职高专院校的实际情况，编写了这本主要用于高等职业教育的《中国烹饪概论》教材。本书的总体思路和主要任务是以烹饪工作任务为导向，以烹饪饮食文化在餐饮业中的运用为切入点，介绍中国饮食的起源与发展，菜点制作与消费过程中的技术、科学、艺术，以及消费过程中所形成的基本观念、习俗、礼仪等内容，同时增加菜点开发与创新、各种餐饮活动策划等方面相应的案例分析和实训项目，使学生在增长知识、扩大视野、提高专业素质的同时，具备一定的菜点开发与创新、餐饮活动策划等实际操作能力，力求把学生培养成为社会、行业所需的实用型高级管理人才和高级技能人才。为此，我们将全书内容分为六章进行阐述，包括中国烹饪历史与餐饮业发展、中国饮食烹饪科学与技术实践、中国烹饪艺术与美食鉴赏、中国饮食民俗与美食节策划、中国肴馔与特色筵宴设计、中国茶酒与主题餐饮活动策划。本书在编撰原则上，以必需、够用为原则来设计、组合理论知识框架，全方位把握和体现中国烹饪饮食文化的总体精神，在吸收、借鉴已有研究和教改成果的基础上精选内容、保证重点。同时，注重理论与实际相结合，紧紧围绕岗位需求和相关理论知识来设计实践项目、适当增加案例及分析；在编撰体例上，每章开始之处设置学习目标、本章导读和案例引入等内容，每章之中安排案例及分析，每章结尾设置与本章理论知识相关的实训项目以及本章特别提示、本章检测和教学参考建议等，以期学以致用，将知识转化为能力。

本教材的编写人员具有多年从事《中国烹饪概论》课程的教学实践经验，并有大量相关著述公开出版。其中，杜莉教授担任主编，制订全书大纲，撰写第一、三章并负责全书的统稿工作，李想撰写第二章，张茜撰写第四、五章，

目 录
CONTENTS

绪 论

饮食，是人类生存和提高身体素质的首要物质基础，也是社会发展的前提，正如中国古语言："民以食为天。"人类饮食的历史主要分为原始、自然饮食阶段与烹饪、调制饮食阶段，而烹饪使人类的饮食区别于动物的本能饮食，具有文化属性。可以说，烹饪饮食历史是人类适应自然、征服与改造自然以求得自身生存和发展的历史，在这历史过程中便逐渐形成了人类的烹饪与饮食文化。中国烹饪饮食文化作为其中重要的组成部分，源远流长，博大精深。而在系统学习中国烹饪饮食文化之前，首先应该了解几个关键词。

一、烹饪与烹调

（一）烹饪与烹调的含义

1. 烹饪的含义

所谓烹饪，在中国古代最早的含义是用火熟食。"烹饪"一词最早出现于《周易·鼎》："以木巽火，亨饪也。"木指燃料，巽指风，亨同烹。这句话的意思是：鼎下的燃料随风起火燃烧，使鼎内的食物原料发生变化，由生食变为熟食。现代工具书的解释也很简洁。《辞源》：烹饪就是"煮熟食物"；《现代汉语词典》：烹饪是"做菜做饭"。

但是，随着时代的高速发展、社会日益进步，烹饪工具、能源、烹饪技法发生了极大的变化，甚至烹饪食物的方式也有了很大的改变，烹饪逐渐发展成为一门学科，其内涵和外延都在不断扩大。至今，"烹饪"一词的含义更多地表述为：人类为了满足生理需要和心理需要，把可食原料用适当方法加工成卫生、安全、营养、具有美感的食用成品的活动。烹饪水平是人类文明的标志之一。

2. 烹调的含义

"烹调"一词的出现晚于"烹饪"，但在宋代已有使用，主要指烹煮或烹炒调制。宋代韩驹的《食煮菜简吕居仁》诗中有"空费烹调功"句，陆游的《种菜》诗则有："菜把青青间药苗，豉香盐白自烹调。"这里的"烹调"之义，都是指烹煮或烹炒调制。现代工具书对其词义的解释也十分相近。《辞源》和《现代汉语词典》都称：烹调是"烹炒调制"；《中国烹饪辞典》则言：烹调是"制作菜肴、食品的技术"。

（二）烹饪的本质与特性

1. 烹饪的本质

概念是对事物本质属性的反映，是在感觉和知觉基础上产生的对事物的概括性认识。“烹饪”作为一个历史概念，最早见于《周易·鼎》，唐代孔颖达的《正义》在进行了较为深入的阐述和论证后指出烹饪的本质是变化、创新。他说：“鼎者，器之名也。自火化之后，铸金而为此器，以供亨饪之用，谓之为鼎。亨饪成新，能成新法。”古代所谓的金，泛指金、银、铜、铅、铁等金属，这里指铜或铁。他进一步指出：“鼎之为器，且有二义：一有亨饪之用，二有物象之法。故彖曰‘鼎，象也’，明其有法象也。杂卦曰‘革去故也鼎取新’，明其亨饪有成新之用。”就烹饪实践而言，烹饪的过程是用火或其他能源加热、制熟食物原料，使食物原料由生变熟，必然会产生变化；烹饪的目的是为了满足人类的生理需要和心理需要，而随着社会、经济和生活水平的改变，人类的生理和心理需要也会发生改变，烹饪的食用成品也应当随之变化，由此可以说，烹饪的本质确实在于变化、创新。

2. 烹饪的特性

烹饪作为一门学科，虽然还不太成熟，却有着鲜明的特性。

（1）技术性

关于技术，有多种解释，而最通俗的解释源于现代工具书《辞海》。该书将“技术”一词的含义分为狭义与广义。狭义的技术，是指根据生产实践经验和自然科学原理而发展成的各种工艺操作方法与技能。广义的技术，是除了操作方法与技能外，还包括相应的生产工具和其他物资设备，以及生产的工艺过程或作业程序、方法。烹饪作为食用成品的加工活动，不仅有原料选择、加工与切配、风味调制、加热制熟、造型与装盘等生产工艺过程和环节，而且在各个环节都有独特的操作方法与技能以及相应的烹饪设备、炊事用具等，因此，烹饪具有极强的技术性。

（2）文化性

“文化”一词的含义广泛而复杂，世界上有一百种至数百种定义。但是，不论人们对文化的表述有多么不同，其基本含义却大致统一，即文化是由人所创造、为人所特有的东西，是人类在适应和改造自然的过程中发挥主观能动性创造出的财富和成果，有广义和狭义之分。从广义而言，文化是指人类社会历史实践过程中所创造和积累的物质财富和精神财富的总和。从狭义而言，文化是指社会的意识形态以及相适应的制度和组织机构。烹饪不仅创造了丰富的物质财富如众多的肴馔品种，也创造了多姿多彩的精神财富如肴馔制作技术、组配方式等，是人类生存和发展必不可少的，也是人类文化的一个重要组成部分，因此，烹饪的文化性十分显著。中国近代著名学者梁启超在其《中国文化史目录》一书中列有28篇，几乎涉及中国人生活的全部内容，其中就包括独立的“饮食篇”。

(3) 科学性

所谓科学，是关于自然、社会和思维的知识体系，其任务是揭示事物发展规律，探索客观真理，以作为人们改造世界的指南。按科学学对科学本身的研究，科学既有已经系统化的静态知识体系，也有正在探索中的动态知识体系。烹饪是对食物原料的加工制熟活动，其中蕴涵了大量的知识体系，如烹饪原料学、烹饪工艺学、烹饪营养学、食疗养生学、风味化学、食品卫生学等学科的知识体系，必然具有较强的科学性。只有了解和掌握这些知识体系，并用来指导实践，才能更好地进行烹饪。

(4) 艺术性

所谓艺术，是指通过塑造形象具体地反映社会生活和自然现象，表现作者思想感情的一种社会意识形态。烹饪有着艺术的共同性，也塑造着自己的形象即菜点形象。这种形象渗透和反映着作者即厨师的思想感情和生活感受，从而成为审美对象，给人以美感享受。如原料的形状、菜点的组合、色彩的搭配、餐具的使用等常遵循着形式美和内在美的规律。因此，烹饪具有极强的艺术性。

此外，需要指出的是，烹饪不是普通的艺术，而是实用性艺术，除了具有艺术的共同性外，还有自己的个性，即食用性。它创造的形象是为了供人食用、满足人们生理和心理需要。但是，这种个性不会损害烹饪的艺术性，还能将其艺术性升华到“崇高”的境界。雨果在其《论文学》中指出：“实用不仅不会限制崇高，而且会加强它。崇高运用于人类的事物便会产生意想不到的杰作。”

(三) 烹饪的类型

烹饪作为食品加工活动，由于烹饪工具、能源和加工食物的方式等方面的不同，主要分为两种类型，即手工烹饪和机器烹饪。

1. 手工烹饪

又称传统烹饪，是以事厨者的手工制作为主的食品加工活动。它至少具有三个突出的特点：一是手工化。在整个食品加工过程中，无论是家庭还是餐厅、酒楼，无论规模大小、档次高低，即使有一些机器作为辅助工具，仍然是以家庭主妇和专业厨师等事厨者的手工劳动为主。二是多样化。由于地理、物产和人们的饮食习俗、口味爱好等因素的不同，事厨者选择当地多种多样的特产原料，进行多种多样的切割、搭配，采用相同或不同的烹饪方法和调味方法，必然制作出丰富多彩的饮食品种。三是个性化。食品的手工制作虽然有一定的格局与规范，有一定的模式和要求，但是在实际加工制作过程中往往受到事厨者各自的文化、科学、艺术等综合素质与制作技能高低的影响和制约，表现出明显的个性特征、个人风格，有时甚至不可避免地带有较大的随意性。正是这些特点，使手工烹饪能够对人们不断变化的饮食需要做出迅速而灵活的反应，能够向人们提供成千上万的菜点，最大限度地满足不同经济条件、不同口味爱好的人群的生理与心理需要。

2. 机器烹饪

又称现代烹饪，是与传统烹饪相对的、以机器制作为主的食品加工活动，习惯上也常常称为工业烹饪或食品工业。机器烹饪是随着生产力和生产技术的发展，逐渐出现食品生产作坊和工厂，用机器生产食品而产生的。就其本质而言，机器是手工的延续，作坊、工厂的食品生产也是食品加工活动，而且是从手工烹饪脱胎而来的，与手工烹饪没有根本区别。但是，机器烹饪与手工烹饪又有许多明显的差异，具有一些显著的特点：一是机械化。在整个食品加工过程中，机器烹饪的食品加工方式是使用各种半机械、机械甚至自动化的机器进行生产，同时加工场所大多是拥有各种机器、设备的车间、工厂。二是规模化。在整个食品加工过程中，由于使用的是各种机器，生产加工出来的食品数量必然而且应当是大规模、大批量的，只有生产加工出数以千万、成批的食品，才能确保机器烹饪的持续高效。三是标准化。用机器进行大规模生产，其首要的条件和前提是必须设计和制订出一定的标准，并且严格按照标准进行生产加工。用机器进行大规模的食品生产也毫不例外，必须有食品的生产标准和品质标准。正是这些特点，使机器烹饪不仅极大地减轻了事厨者繁重的体力劳动，确保了大批量的食品品质更加稳定，而且能够提供方便快捷、营养卫生的食品，满足人们快节奏生活条件下的新需要尤其是生理需要。

可以肯定地说，随着时间的推移和社会的发展，机器烹饪将会得到极大的发展，在整个烹饪中占据越来越重要的地位，但是它不可能在短时间内取代手工烹饪，相反，会长期与手工烹饪并存下去。

二、烹饪与饮食文化

（一）烹饪与饮食

“饮食”一词，就词性和词义而言，既可作名词也可作动词，作名词时是指各种饮品和食物，作动词时则是指喝什么、怎么喝以及吃什么、怎么吃。

烹饪与饮食的关系，如果仅从含义上看，它们本是两件不同的事情，各有自己的特点。但是，如果从两者的历史渊源和关联度来看，烹饪和饮食又密不可分。综观人类漫长的饮食历史，主要经历了两个阶段：一是原始、自然饮食阶段。在蛮荒时代，人类与其他动物一样进行着“茹毛饮血”的原始饮食，直接食用生冷的食物原料，饮与食只是他们的天然本能。二是烹饪、调制饮食阶段。进入文明时代以后，人类开始利用火来进行烹饪饮食，把食物原料加工制熟后再食用，饮食品已成为人类智慧和技艺的创造。可以说，人类的饮食是因为有了烹饪，才从本质上区别于其他动物，有了文化的属性，创造出灿烂与辉煌；而烹饪的终极目的是为了人类的饮食，离不开人类的饮食需求，否则，烹饪将失去存在的意义和价值。

（二）烹饪文化与饮食文化

烹饪文化和饮食文化，是基于烹饪与饮食的不同点而言的。通常说来，烹饪文化是指人类在长期的饮食品的生产加工过程中创造和积累的物质财富和精神财富的总和，是关于人类食物做什么、怎么做、为什么做的学问，涉及食物原料、烹饪工具、烹饪工艺等。饮食文化，则是指人类在长期的饮食品的消费过程中创造和积累的物质财富和精神财富的总和，是关于人类吃什么、怎么吃、为什么吃的学问，涉及饮食品种、饮食器具、饮食习俗、饮食服务等。由此可见，烹饪文化是在生产加工饮食品的过程中产生的，是一种生产文化；饮食文化则是在消费饮食品的过程中产生的，是一种消费文化。

但是，饮食品的生产和消费又是紧密相连的，没有烹饪生产，就没有饮食消费，饮食与烹饪密不可分，烹饪和烹饪文化是饮食与饮食文化的前提，而在消费过程中产生的饮食文化是狭义的、由烹饪文化派生出来，因此，人们又常常将饮食品的生产和消费联系起来，用广义的饮食文化加以概括和阐述。具体而言，广义的饮食文化，包含烹饪文化和狭义的饮食文化的内容，是指人们在长期的饮食品的生产与消费实践过程中，所创造并积累的物质财富和精神财富的总和。

三、中国烹饪与饮食文化

中国烹饪与饮食文化是中国文化的重要组成部分，在其形成与发展过程中始终受到中国文化总体特点的影响，有着一定的联系。

（一）中国文化的基本精神与特点

中国文化，是指中国人在其社会历史实践过程中所创造的物质财富和精神财富的总和，主要包括儒家文化、道家文化、佛家文化。从总体而言，中国文化是以人为中心和主体的“三才文化”。所谓三才，指的是天、地、人。《说文解字》言：“三，数名，天地人之道也。”《老子》说：“道生一，一生二，二生三。”而在天、地、人中，人又处于天地之间的中心位置，且为一小天地。其基本精神与特点是注重整体思维，强调平衡和谐，崇尚群体利益和自强不息，至少表现在三个方面。

1. 哲学思想上崇尚“天人合一”

“天人合一”是中国哲学最根本的思想观念之一，对它的含义历来有众多的阐释。其中一种较为通俗的解释指出，它有两层含义：一是天人一致。宇宙、自然是大天地，人是一个小天地。二是天人相应或天人相通。人和自然在本质上是相通的，一切人事均应顺应自然规律，达到人与自然和谐。中国哲学认为宇宙是气的宇宙，这种气是无、是虚空，却又充满生化创造功能，能衍生出有、生出万物，有无相生，有与无、实体与虚空是气的两种形态，有机结合、密不可分，因此在人与自然的关系上强调人与自然的和合、不可分离，主张“天人合一”。老子《道德经》言：“人法地，地法天，天法道，道法自然。”汉代董仲舒在《春秋繁露·深察名号》中也明确提出："天人之际，合而为一。"

2. 思维模式上提倡直觉思维、感性思维

直觉思维和感性思维，通常是在探讨客观对象时，主体在进行充分思想准备的前提下，不经过有意识的逻辑思维、不对客观对象进行分解研究和定量分析，而通过感觉器官而产生的感觉、知觉和表象等直观感受，突然产生认识上的质变与飞跃，直接获得某种质的和整体的结论。它不仅具有直接性、简单性，而且具有间接性、复杂性，既能单刀直入、简洁明了，又能直入底蕴、揭示本质，但是也具有模糊性和不精确性。中国古语常说："只可意会，不可言传。"

3. 行为方式上注重群体利益、平衡和谐

对群体利益的看重是直觉思维的必然结果。因为直觉思维的特点是从整体上把握事物，把整体放在首位，忽视个体，体现在对待人的价值上则必然是重视群体利益、忽视个人价值与利益，强调国家、集体利益高于个人利益，注重个体的义务和责任。此外，孔子主张"礼之用，和为贵"，平衡和谐成为中国人追求的重要目标，也深刻地影响着中国社会的各个方面。如在建筑上，有和谐对称的四合院；在对外关系上强调"和平共处"；在日常生活中提倡"和气生财"、"家和万事兴"；在烹饪饮食上则讲究"五味调和百味鲜"、合餐共食。

（二）中国烹饪与饮食文化的特点

中国历史悠久、文化内涵丰富而独特，历来非常重视饮食，"民以食为天"的思想根深蒂固，因此中华民族创造出了光辉灿烂而又特色鲜明的烹饪与饮食文化，其特点主要表现在以下六个方面。

1. 烹饪历史悠久

中国的烹饪历史悠久而辉煌。它起源于人类早期的用火熟食，历经了新石器时代的孕育萌芽时期、夏商周的初步形成时期、秦汉至唐宋的蓬勃发展时期，到明清时期成熟、定型，然后进入近现代繁荣创新时期。而在每个时期，中国的烹饪与饮食不论是在物质上还是在精神上，尤其是在炊餐器具、食物原料、烹饪技法、饮食品种、饮食著述、饮食思想等方面都有自己的独特之处，并对世界尤其是周边国家的烹饪与饮食产生了一定影响。

2. 烹饪技艺精湛

先秦时期，孔子就提出了"食不厌精，脍不厌细"的主张。此后，中国人在饮食品的制作上就十分注重精益求精、追求完美，无论菜点的烹制还是茶酒的制作都表现出精湛的技艺。仅以菜点烹制技艺为例，在原料使用上具有用料广博、物尽其用的特点，注重辨证施食，讲究荤素搭配、性味搭配、时序搭配；在刀工上具有切割精工、刀法多样的特点，常常是基本刀法与混合刀法并重，切割而成的原料形态多为丝、丁、片、条等小巧型，有利于满足快速成菜和造型美化等需要；在加热制熟上具有用火精妙、烹法多样的特点，擅长以液体为介质传热的烹饪方法，如炒、爆、蒸、炖、焖等；在调味上具有精巧与多变的特点，十分重视加热过程中的调味，特别强调味型的丰富与层次；在菜点的造型与美化上十分强调意境美，装盘讲究繁复、秀丽，常刻意通过细致入微的拼摆、雕刻装饰、点缀菜点，并且非常重视美食与美名、美食与美器、美食与美境的配合，以此构成美妙的意境。

3. 烹饪科学独特

中国的烹饪科学内容比较丰富，其核心是独特的饮食思想以及受其影响形成的食物结构。在饮食思想上，由于中国哲学讲究气与有无相生，在文化精神上形成了天人合一、强调整体功能、注重模糊等特色，使得中国人在烹饪科学上产生了独特的观念，即天人相应的生态观念、食治养生的营养观念与五味调和的美食观念，强调饮食与自然的和谐统一、食用养生与审美欣赏的和谐统一，讲究饮食品的色、香、味、形、器与养协调之美，既满足人的生理需求，也满足人的心理需求。从这些饮食思想出发，中国人选择了“五谷为养，五果为助，五畜为益，五菜为充”的食物结构，即以素食为主、肉食为辅。长期的历史实践证明，这个结构是比较科学与合理的，有益于人体健康。

4. 饮食品种丰富

中国地大物博，在悠久的烹饪历史发展过程中，中国人凭借丰富的物产和精湛的烹饪技艺，创造了数以万计的各色肴馔和饮品。在肴馔方面，许多菜点是在不同社会背景中孕育出来的，如果从肴馔的产生历史和饮食对象等角度看，可以分为民间菜、宫廷菜、官府菜、寺观菜、民族菜、市肆菜等不同类别的菜。如果从地域来看，则可以分为众多的地方风味流派，最著名和最具代表性的是四川菜、山东菜、江苏菜、广东菜、北京菜和上海菜等。这些著名的地方风味菜大都有各自独特的发展历史、精湛的烹饪技艺。而其他的地方风味流派，如湖南菜、东北菜、陕西菜等，也有各自浓郁的地方特色和艺术风格。在饮品方面，中国茶叶品类繁多，仅根据制造方法和品质差异，就分为绿茶、红茶、乌龙茶（即青茶）、白茶、黄茶和黑茶六大类，每一类都有许多著名品种；中国的酒，按照日常生活习惯则分为白酒、黄酒、果酒、药酒和啤酒五大类，每一类也有众多著名品种。

5. 饮食民俗多彩

饮食民俗，即民间饮食风俗，是广大民众从古至今在饮食品的生产与消费过程中形成的行为传承和风尚，又简称为食俗。中国地域辽阔，民族众多，因而拥有多姿多彩的饮食民俗。其中，在日常食俗方面，汉族的食品是以素食为主、肉食为辅，饮品主要是茶和酒，而少数民族却各不相同，但在进餐方式上，无论汉族还是少数民族大多采用合餐制，即多人共食一菜或几道菜，具有团聚、共享、热闹等优点；在节日食俗方面，汉族的节日基本上是源于岁时节令，以吃喝为主，祈求幸福，少数民族则有自己的节日及相应的食品；在人生礼俗方面，中国各族人民的共同特点是以饮食成礼，祝愿健康长寿；在社交礼俗方面，中国各族人民也有共同特点，那就是在行为准则上注重长幼有序、尊重长者；在宗教食俗方面，主要有道教食俗、佛教食俗和伊斯兰教食俗，而道教、佛教食俗对中国素食的发展起到了推波助澜的重要作用。

6. 饮食著述繁多

从先秦至今，关于烹饪与饮食的各种著述十分浩繁，不仅有专门记载和论述饮食烹饪之事的烹饪典籍，主要包括论述烹饪技术理论与实践的食经、食谱和茶经、酒谱，而且有涉及饮食烹饪的各种文献，包括史书、野史笔记、方志、医书、农书、诗词文赋等。根据著述的内容来划分，仅烹饪典籍就分为烹饪技术类、饮食文化与艺术类、烹饪科学类和综合类等类型，每一类型中都有众多的典籍。其中的一些烹饪典籍声名卓著、影响深远。如《饮膳正要》由元代忽思慧根据管理宫廷饮膳工作的经验和中国医学理论写成，是一部营养卫生与烹调密切结合的食疗著作。《随园食单》是清代袁枚撰写的一部烹饪技术理论与实践相结合的著作。书中的20须知和14戒首次较为系统地总结前人烹饪经验，从正反两方面阐述了烹饪技术理论问题；其菜单则比较系统地介绍了当时流行的菜肴342种。这些著作为中国烹饪技术理论和饮食保健理论形成完整的体系打下了坚实基础。

总之，中国烹饪与饮食文化博大精深、内涵极为丰富，不仅涉及烹饪与饮食生活直接相关的内容，还涉及各个时代政治、经济、文化、思想、信仰等社会生活的各个方面，因此，在学习了解中国烹饪与饮食文化时，应当与中国政治、历史、文化相联系，尤其应当与中国经济和餐饮业实际密切结合，触类旁通、举一反三，才能学以致用，为中国烹饪的进一步发展做出贡献。

第一章 中国烹饪历史与餐饮业发展

学习目标

1. 了解中国烹饪历史各阶段的基础条件和发展特点
2. 掌握中国餐饮业的发展状况和未来趋势
3. 运用多种方法对中国当代餐饮市场进行调查

本章导读

中国作为世界上著名的“烹饪王国”，从烹饪的起源、萌芽到发展壮大，直至繁荣创新，在漫长的历史发展过程中铸就了有着鲜明特色的灿烂辉煌。如今，随着中国经济的发展和人民生活水平的提高，中国餐饮市场生机勃勃，中国餐饮业的发展速度连续多年在国民经济各行业中位居前列，行业规模持续扩大、业态纷呈。但是，它作为市场化程度最高的行业之一，并且正处于逐步从传统餐饮向现代餐饮转变的过程中，竞争十分激烈，存在着许多问题和不足，往往是你方唱罢我登台，热闹开张、冷清关门的现象交替出现，需要人们通过市场调研和分析，扬长避短，采取相应的对策，促进餐饮业持续健康、快速地发展。这些正是本章将要讲述的重要内容。

案例引入

21 世纪以来，随着人们生活水平、质量的提高和每年“黄金周”的到来、其他公众假期的增多，人们外出旅游的热情高涨、次数增多，旅游业不断发展壮大，餐饮业成为许多省市和地区地方经济的重要支柱之一。位于某著名旅游风景区附近的企业拟扩大其经营范围，在景区游客接待中心投资一个旅游餐饮项目。该企业在投资餐饮项目之前，通过市场调查发现，这一景区的餐饮企业伴随着旅游业的兴起已越来越多，竞争已十分激烈，但是，绝大多数餐饮企业的同质化现象严重，餐饮环境较差，菜品缺少特色，因就餐时间过分集中而难以保证服务质量，而游客对旅游餐饮的需求已不再是简单的吃饱，还要求吃好，吃得营养、便捷，吃得有文化、有特色，景区现有的餐饮企业难以很好地满足游客的需求。针对该景区餐饮市场的现状，企业投资兴建了一个地方特色和景区特色浓郁的餐厅，精心选择具有当地特色并且营养健康、绿色环保的菜点组配成多种套餐和自助餐，同时在餐饮环境装饰、器物摆设等方面尽力烘托出浓郁的地方特色和景区特色，很快就受到游客的普遍欢迎。不久，这家餐厅就后来居上、名声远扬，成为该旅游风景区最著名、生意最好的餐饮企业之一。

这个案例说明，在当今餐饮业竞争空前激烈的情况下，餐饮企业必须了解中国烹饪的特点和餐饮市场的发展状况，采取相应的策略和措施，抓住机遇、迎接挑战，才能更好地生存、发展，在竞争中立于不败之地。

第一节 中国烹饪历史

中国烹饪的历史，是中国烹饪文化发展的历史，是中国人征服自然、适应自然以求得自身生存与发展的历史，主要包括物质和精神两个层面，二者相互联系、相互影响，甚至相互制约。对于中国烹饪历史的分期，有较多的划分方法和观点。这里仅以烹饪发展的进程为标志，将中国烹饪历史划分为萌芽时期、形成时期、发展时期、成熟时期、繁荣时期等。而在每一个时期，中国烹饪都有其独特之处，并对世界烹饪产生了一定影响。因此，本节拟对每个时期的中国烹饪在炊器、食物原料、方法、成品等四个物质层面表现出的特色进行阐述，以期认识和了解中国烹饪历史发展状况特别是中国烹饪物质文化发展状况。

一、中国烹饪的起源与萌芽时期

烹饪，最早的含义是用火熟食。它使人类饮食由生食到熟食，是人类的饮食从原始、自然饮食阶段上升到烹饪、调制饮食阶段的标志。而最早的用火熟食成为人类饮食区别于动物本能饮食的分水岭，也意味着烹饪的起源与萌芽。

（一）中国烹饪的起源

1. 生食时期

在中国历史的最早阶段，中国的古人类以打制石器为主要生产工具，过着采集和渔猎的原始生活，处于茹毛饮血的生食状态。他们将猎获的飞禽走兽、蚌蛤鱼虫及采到的果实茎叶都生吞活剥地吃下。《礼记·礼运》记载：昔者先王“未有火化，食草木之实、鸟兽之肉，饮其血，茹其毛”。《古史考》也说：“太古之初，人吮露精，食草木之实，穴居野处。山居则食禽兽，衣其羽毛，饮血茹毛。”然而，这样的生食对人体健康极为不利，正如《韩非子·五蠹》所言：“上古之世……民食果蓏、蚌蛤，腥臊恶臭而伤腹胃，民多疾病。”据考古发现证明，当时的人寿命很短，许多人活不到十几岁就夭折了。

2. 用火熟食时期

火，在地球上出现的时间比人类还早，但是，人类开始懂得用火制熟食物，却经历了许多万年的漫长岁月。火对于烹饪有着至关重要的意义。

（1）自然火的利用与保存阶段

最初的火，也许是电闪雷鸣、火山爆发、岩石撞击、枯草自燃等原因引起的。一直生食的先民们在饥饿中不得不食用被大火烧死的动物时，却发现烧熟的肉比生肉好吃得多、香气更浓，而且易嚼、易消化。此后，先民们不断摸索，终于懂得用自然火来制熟食物，开始跨入熟食时期。

关于中国先民最早用火的时间问题，主要有四种说法：一是180万年说。考古工作者在山西省芮城县西侯度文化遗址中发现了烧骨、带切痕的鹿角等，经古地磁断代初步测定它们距今已有180万年，有学者认为这可能是中国古人类最早用火熟食的遗迹。二是170万年说。云南省元谋县元谋人遗址中出土了厚约3米的灰烬和哺乳动物化石、烧骨等，据古地磁断代测定，其时间距今有170万年。三是100万～50万年说。在距今100万～50万年的陕西省蓝田县蓝田人遗址中也出土了灰烬和灰屑。四是50万年说。在距今50万年左右的北京房山县周口店北京人遗址中，不仅有更多的灰烬和灰屑，或成堆，或为层，最厚的灰烬达6米，而且有许多烧过的骨头、石头和动物化石。综合起来，可以说，在距今170万～180万年前，中国先民开始懂得用火，但是真正能够很好地管理火、长期保存火种，却是在50万年前的北京人时期。

（2）人工取火阶段

据考古学家分析，中国先民人工取火的时间，大约是距今5万～1万年的旧石器时代后期。中国古代传说中的燧人氏钻木取火，就是这段历史的形象反映，也表达着后人对祖先伟大功绩的赞颂。《韩非子·五蠹》在叙述了生食对人体健康的损害后说："有圣人作，钻燧取火以化腥臊，而民说之，使王天下，号之曰燧人氏。"燧，是取火用的工具，有阳燧、木燧两种。用钻子钻木，因摩擦发热而生出火星，即可取得火种。这就是人类最古老的人工取火，表明人类对火这种自然力有了支配能力，也为人类熟食提供了有力的保障。

3. 用火熟食的意义

用火熟食，为人类烹饪历史的起源奠定了基础，对人类以及中国烹饪与饮食有着重大的意义。

（1）标志着人类从野蛮走向文明，意味着人类烹饪历史的开始

恩格斯在《反杜林论》中说："摩擦生火在解放人类的作用上，甚至还超过蒸汽机的。因为摩擦生火第一次使人支配了一种自然力，从而最终把人同动物分开。"他在《自然辩证法》中还认为："可以把这种发现看做是人类历史的开端。"可以说，摩擦生火、用火熟食，也意味着包括中国人在内的人类烹饪历史的开始。

（2）结束人类生食状态，使其体质和智力得到更迅速的提高

用火熟食，不仅改善了食物的滋味，而且消灭了许多病菌和寄生虫，有利于人体消化吸收其营养成分、减少疾病，从而增强了人的体质，更促进了大脑的发育。用火熟食，在一定程度上扩大了食物来源，并且可以贮存食物，使古人类逐渐摆脱了"饥则觅食，饱则弃余"的境况。另外，火的使用还给古人类带来了光明和温暖，增强了人类同猛兽作斗争的能力。

（3）孕育了原始的烹饪，奠定了中国烹饪史上第一次大飞跃的物质基础

人类自从用火熟食，就意味着烹饪的起源与开始。最初，人们把食物直接放在火上进行烧、烤、烘、熏使其成熟，这被后人称为"火烹法"。后来，为了使食物成熟均匀，避免焦煳和火灰等污染，改善其风味，人们又逐渐发现并利用热

传导原理，开始出现“包烹法”、“石烹法”等原始烹饪方法，或将食物包裹上草或泥后再用火烧、烤或煨制成熟，或将石板、石块等加热后使食物受热成熟。同时，火的使用还开拓了制作工具的新途径，促进了具有划时代意义的陶器诞生，为中国烹饪史上第一次大飞跃创造了条件。

（二）中国烹饪的萌芽

用火熟食，是中国烹饪的起源，也为烹饪文明播下了种子。但是，要想使这些种子生根、发芽，还需要有一定的土壤。自从人类开始农耕以后，农业生产就成为人们烹饪、饮食的重要来源，恩格斯曾指出：“农业是整个古代世界的决定性生产部门。”农业的发展必然不同程度地促进畜牧业、手工业等行业的发展，从而使生产力以及生产技艺不断改进和提高，使人们的烹饪、饮食进入不断发展时期。可以说，农业、畜牧业、手工业等是烹饪发展的重要因素和基础条件。

1. 中国烹饪萌芽的基础条件

据考古成果表明，新石器时代，我国在农牧业、手工业等基础条件方面已经有相对稳定的食物原料和人工制造的陶制炊餐具等，从而使烹饪进入萌芽时期。

（1）农业和畜牧业

在新石器时代，人们逐渐掌握了种植谷物和养殖禽畜的技术，黄河流域及长江中下游的农业和畜牧业有了一定的发展，食物原料来源相对稳定。在谷物方面，粟、黍、稷、稻、麦等都是中国最古老的栽培作物，在中国古文化遗址中有大量发现。如粟，在距今6000～7000年前的河南裴李岗文化遗址、河北武安磁山文化遗址，在距今6000多年的河南渑池县仰韶文化遗址等都被发现过。而稻谷的遗存物，在中国已挖掘的新石器时代文化遗址中发现30余处。其中，湖南曾发现距今8000年以上的稻谷遗存，浙江余姚河姆渡文化遗址发现的稻谷也有7000多年历史，都是世界上早期的人工栽培稻。在禽畜方面，猪、狗、鸡、牛、羊、马等已先后被人工饲养，同样也大量出现在中国古文化遗址中。如在距今6000～7000年前的河北武安磁山文化遗址，出土过猪、狗等家畜的骨骸；在距今6000多年的河南渑池县仰韶文化遗址中，除了猪、狗外，还可以看出鸡已成为家禽；在距今7000多年的河姆渡文化遗址中，也可以看出，猪、狗、牛已被人工饲养。正是由于能够人工种植谷物、饲养禽畜，使得中国先民的食物原料来源已经相对稳定。

（2）手工业

中国先民最初用火熟食、进行原始烹饪时没有使用炊具，而是直接在火上或用石头加热制熟食物。这种烹饪状况持续了很长时间，直到陶器产生并且使用才发生了根本变化。

关于陶器发明的时间，考古学家认为是在新石器时代。当时的古人类通过长期的实践发现，被火烧过的黏土会变成坚硬的泥片，不仅其形状与火烧前完全一样，而且不会再熔散，于是人们就试着在荆条筐的外面抹上厚厚的泥，风干后放入火堆里烧，待取出来时荆条已化为灰烬，剩下的便是形状与荆条筐相同的坚硬容器了，这就是最早的陶器。据考古资料显示，新石器时代早期的裴李岗文化遗址、磁山文化遗址等出土的陶器都比较原始，陶质较疏松，形状较简单；到后期的龙山文化时，制陶技术明显提高，陶器生产有了很大发展。陶器的产生和制陶业的兴起，对中国烹饪、饮食历史具有划时代的意义。人们用陶器来盛装食物，便有了盛具和饮食器具；用陶器加热制熟食物，便产生了炊具。由于陶器拥有远胜于石材的传热力和较高的耐火性，可以在其中加水煮熟食物，于是出现了今人所称的具有完备意义的烹饪。因此,“火食之道始成”(据《古史考》)，中国烹饪进入了萌芽时期。

2. 中国烹饪萌芽时期的特点

中国烹饪萌芽时期的时间很长，几乎与新石器时代相一致，即大约始于公元前6000年，延续到公元前2000年左右。此时，中国先民已从完全依赖自然的采集渔猎跃进到主动地改造自然的生产活动中，开始农耕和畜牧，饮食生活明显变化，在烹饪物质文化发展上形成了以下特点：

(1) 炊餐器具基本齐备

陶制炊具在当时已有很多种类。最初，先民们是用篝火、火塘、火灶来加热制熟食物，但是后来却感到它们不能移动的局限性，就开始想办法，制作出既能移动又可与其他炊具配合使用的陶灶、陶炉。然而，这些可移动的陶制炉灶在较长时间承受高温火力后易烧裂、破损，所以使用不甚广泛。弥补它们缺陷的是鼎。鼎大多有三只足，是釜与灶结合的炊具，不仅便于在其下生火炊爨，还可以安稳地使用和随意移动，是当时出现较早、又普遍使用的炊具。接着，又出现了可以煮饭的陶鬲，可以烧水的陶鬶，可以蒸熟食物的陶甑和陶甗等。其中，陶甑有孔，置于陶釜或陶鬲上配合使用，极似今日的笼屉。陶甗是甑与鼎、鬲结合的连形体炊具，被一些学者看做是中国最古老的蒸锅。这些陶制炊具不仅名目繁多，而且形式多样，种类齐全。

陶制餐具在当时也很丰富，并出现了许多精美之品。据考古发现，当时的陶制餐具有碗、盘、杯、钵、壶、豆、盆、缸、瓮、簋、瓶等，为先民的饮食生活提供了极大的方便。在这众多的陶器中有着许多精美之品，如仰韶文化的白衣彩陶钵，龙山文化的蛋壳黑陶高柄杯、双层镂孔蛋黑陶杯，马家窑文化的提梁彩陶罐、旋涡纹彩陶壶等，其印纹、彩绘或工整严谨，或生动流畅，十分精美。

(2) 采集渔猎与农耕畜牧原料并重

在新石器时代，人们已经逐渐掌握了种植谷物和养殖禽畜的技术，黄河流域及长江中下游一带的农业已相当发达，粟、黍、稻成为主要农作物，并栽培了芥菜、白菜等蔬菜品种。家畜饲养以猪、狗为主，还有少量的马、牛、羊、鸡等，到新石器时代晚期已基本达到了“六畜”齐备。尽管如此，由于生产技术和各种条件的局限，还不能完全满足人们的饮食需要，必须通过采集渔猎获得天然野生的动植物进行补充。以动物原料为例，在新石器时代早期的一些文化遗址中，发现了许多野生禽兽，有的多达数十种。直到新石器时代后期的一些文化遗址中，野生动物的遗骨才逐渐减少。因此，当时人们的食物原料是采集渔猎与农耕畜牧原料并重。这极大地丰富了食物品种，从而奠定了中国人以粮食作物为主食、以蔬果及肉类为副食的饮食格局。

（3）烹饪技艺与饮食品初步发展

这一时期，烹饪技艺的初步发展表现在三个方面：

一是食物原料开始初步加工。在新石器时代，人们有了磨制的石刀、贝刀、骨刀、陶刀，有陶制斧及俎案，可以用来切割整体或大块的动物肉；还有石磨盘、石磨棒可以研磨、碾制粮食。由此，烹饪原料在进行初加工后更有利于加热。

二是产生了蒸煮的烹饪方法以及调味方法。在陶器出现以前，原始的烹饪是直接用火熟食，只有烧、烤、煨、熏等烹饪方法。陶器出现以后，蒸、煮等以水熟物的烹饪方法便应运而生，并且成为常用方法。中国新石器时代的制陶工艺表明，作为炊具使用的陶釜、陶鼎、陶鬲、陶甑等，在制作中大多加入了砂粒、稻草末、稻壳、植物茎叶或蚌壳末等掺和料，增加了陶器的耐热急变性能，而且陶器的烧制温度在800℃、900℃～1050℃，特别适宜水煮、汽蒸。此外，先民们在长期的烹饪实践中逐渐发现某些菜与某些肉混合烹煮最适宜，味道最佳，便有意识地加以选择使用，从而出现了原始的“调羹”。但是，这种羹没有加任何调味料，又被称为“太羹”。后来，中国人在山西运城一带的盐湖中发现了湖盐，在海边学会了“煮海为盐”。相传黄帝之臣夙沙氏最早开始煮海水取盐。人们知其味后便开始用盐作为调料来调制食物，出现了调味方法，烹饪真正进入有烹有调的阶段。

三是制作出的饮食品数量增多、味美可口。蒸谷为饭，烹谷为粥，均可用陶制炊具进行。由于用石刀和陶刀切割整体或大块动物肉，并将它们放入陶制炊具中进行烧、煮、蒸、炖，这样，又加上用盐来调和滋味，制成的菜品不仅明显增多，而且鲜美可口。

（4）人工酿酒与筵宴的产生

关于人工酿酒出现的确切时间及地点尚无权威资料能够说明，但在新石器时期已经开始则是可以证明的。仰韶文化遗址出土的陶器六孔大瓮，证明7000年前的中国人已经懂得酿酒技术。大汶口文化遗址出土的陶制酒器，大溪文化居民村落和墓葬中出土的供酿酒与贮酒用的较大型器具等，都足以说明在新石器时代已开始了人工酿酒。而人工酿酒的产生，不仅使酒的产量相对稳定和增多，使人们能以酒助兴、以肴佐酒，极大地丰富人们的饮食生活，而且直接促进了先民们由原始聚餐向宴会的转化，促进了筵宴的产生。

所谓筵宴，是筵席与宴会的合称。宴会是指因习俗或礼仪等需要而以饮食为主线的聚会，筵席则是宴会上供人们宴饮的菜点组合，二者密不可分，因此常常合在一起称呼。中国先民最初过着群居生活，共同采集渔猎，然后聚在一起共享劳动成果。随着社会发展，开始农耕畜牧，聚餐逐渐减少，但在丰收时仍然要相聚庆贺，载歌载舞，共享美味佳肴。此时聚餐的食品比平时多，而且有一定的进餐程序。同时，由于人们不了解自然现象和灾害的真正原因，便产生了原始宗教及其祭祀活动，而祭祀仪式后往往会有聚餐活动，共同享用作为祭品的丰盛食物。到人工酿酒出现之后，这种原始的聚餐便发生质的变化，从而产生了筵宴。中国最早有文字记载的筵宴是虞舜时代的养老宴。《礼记·五制》言："凡养老，有虞氏以燕礼。"唐代孔颖达解释说："燕礼者，凡正享食在庙，燕则于寝，燕以示慈惠，故在于寝也。燕礼则折俎有酒而无饭也，其牲用狗。"燕即宴，这种养老宴较为简单、随便。

二、中国烹饪的初步形成时期

（一）中国烹饪初步形成的基础条件

从夏朝开始，中国进入奴隶社会，历经殷商和西周，直到战国才基本结束。此时，中国的政治、经济和文化等发生了极大变化，农业和畜牧业逐渐发达、兴旺，为人们提供了较为丰富的食物原料，加之手工业日趋精细，尤其是青铜器的出现及其在烹饪饮食中的使用，促使中国烹饪进入初步形成时期。

1. 农业和畜牧业

夏商周的统治者为了巩固和加强统治，十分重视农业生产，强迫大批奴隶进行农业耕作，使农业生产有了较大的发展。夏禹时大力治水，为农业提供有利条件。《论语·泰伯》和《国语·周语》中说禹"尽力乎沟洫"，不仅减少洪灾，而且引水灌溉农田，以致"养物丰民人"。商朝时，农业生产已经成为社会生产的主要部门，甲骨文大量记载了当时的农事活动，卜辞中经常出现"受年"、"受黍年"、"受稻年"等。商王不仅亲自视察田作、进行农业祭祀活动，还常令臣下监督农耕，使得农业生产已经能够提供较多的剩余产品，而盛极一时的酿酒、嗜酒之风也从侧面反映了农业生产的发达。西周时，周天子每年要在春天举行"藉礼"，亲自下地犁田、劝民务农。春秋战国时期，各国为了富国强兵、称霸天下，更加重视农业，形成了"农为本"的思想。齐国宰相管仲在《管子》中就说："农事胜则入粟多"、"入粟多则国富"。这些都大大促进了农业生产的发展。

由于农业生产不断进步，也使得畜牧业有了快速发展。在商朝时，后世所称的"六畜"已经具备，并且用于饮食和祭祀。食品中的馐字从羊，豚字从豕，表明羊、豕等已经成为商朝人的普遍食物。祭祀所用的牺牲中有太牢（即牛、羊、豕）及少牢（即牛、羊或豕、犬）之分，而一次祭祀常常是牛、羊、豕、犬合用，数量达几百头，可见当时畜牧业的快速发展。

2. 手工业

随着农业的发展以及生产部门的进一步分工，夏商周时期的手工业也有了新发展，呈现出分工和技术日趋精细、品种不断增多的特点，最具代表性的是青铜器的冶炼和铸造。其实，早在龙山文化时期，先民们就开始炼铜，但由于当时的冶炼技术极其原始，炼制的红铜硬度极差，只能用做装饰品和小型工具。直到距今4000多年，先民们的冶炼技术才有所提高，炼制出了青铜，在文献中有禹铸九鼎、后启命人在昆吾铸鼎的记载。河南郑州牛寨的龙山文化晚期遗址中出土过一块炼铜坩埚残块，属于铜、锡合金的青铜遗存，登封王城岗一带也出土了青铜残片，因此学者认为，夏朝已经从石器时代进入了青铜器时代。青铜主要是铜与锡的合金，具有硬度高、经久耐用的特点，很快得到较普遍的使用，尤其作为贵重金属广泛用于贵族饮食烹饪之中。商周时期，青铜器的制造已经达到炉火纯青的境界。如商朝的司母戊大方鼎，高137厘米，长110厘米，宽77厘米，重875公斤，鼎身和四足皆为整体铸造，其青铜铸造技艺非常精湛。

（二）中国烹饪初步形成时期的特点

中国烹饪的初步形成时期基本上始于公元前21世纪，止于公元前221年，属于夏、商、西周和春秋战国时期，几乎与中国奴隶社会的产生、发展与衰亡相始终。这一时期在中国烹饪史上具有重要的奠基意义，不仅在炊餐器具、食物原料、饮食品制作等物质财富的创造上有了新变化，而且在烹饪技术上有了较为系统的创造，其主要特点表现如下：

1. 炊餐器具种类多样

（1）青铜炊餐具品类繁多

在夏商周时期，人们用青铜铸造多种多样的炊餐器具。其中，青铜炊具有鼎、鬲、镬、釜、甑、甗等，青铜制的切割器或取食器有刀、俎、匕、箸、勺等，青铜制盛食器有簋、豆、盘、敦等，青铜制的酒器有尊、壶、方彝、爵、角、瓿、斗、舟、卮、杯、兕、卣等。它们形制多样，纹饰各异，品种繁多。在众多的青铜器中，青铜鼎在当时最为盛行、最具寓意。它不仅是炊餐具，而且是礼器，被奴隶主当做权力和地位的象征。鼎的种类多样，按用途分，有专门供烹饪用的镬鼎，有供席间陈设用的升鼎，有准备加餐用的羞鼎等。周代时，宴飨用鼎有严格的等级制度，规定地位最高的天子用九鼎，诸侯等用七鼎、五鼎，地位最低的贵士用三鼎。此外，湖北随州曾侯乙墓中出土的青铜“鉴”，呈方形，高50余厘米，纹饰精美，内外两层，夹层可放冰以便冷藏食品，可以说是中国古代的“冰箱”。

铜制餐饮器在此时也品种繁多。铜制的酒器有觚、爵、觯、尊、卣、壶、觥、瓿、彝、盉、斗、舟、卮、杯等，西周时更出现了动物形状的尊和角。铜制的盛食器有簋、盘、敦、豆，还有水器盘、盂、盆、鉴等，形制多样，且有多种纹饰，其中不乏精美绝伦的艺术品。

（2）其他质地的炊餐具层出不穷

在这一时期，青铜器主要是供上层贵族使用，平民百姓仍然是大量使用陶器。不过，人们在陶器制作中不断改进、提高，采用不同的原料，利用高温烧制技术、施釉技术，逐渐制作出质地精致的白陶器，进而在商代中期创制出原始瓷器。这种原始瓷器是以高岭土为原料，用1200℃以上的高温烧制而成的，坚硬耐用，表面有釉，比较光洁美观，很受欢迎。到西周时，原始瓷器的生产已遍及黄河与长江中下游地区，餐饮器具有尊、钵、豆、簋、碗、盘、瓮等。此外，还有以玉石、牙骨、竹木为材料制作的餐饮器具。河南安阳殷墟妇好墓出土的玉壶、玉盘、玉簋、玉匕、象牙杯等，湖北随州曾侯乙墓出土的漆耳杯、漆食具盒、漆豆、漆尊等，形制精美，色泽雅丽，都是其中最有代表性的精品。

2. 食物原料以种植、养殖品为主并迅速增加

（1）种植、养殖品成为食物原料的主体

夏商周时期，中国大多数地区的农业、畜牧业都有较大发展，种植、养殖所提供的烹饪原料已成为主要的食物来源，其品种非常丰富，到周代时已经是五谷、五菜、五果、六禽、六畜齐备。据《周礼》《仪礼》《诗经》等典籍记载，当时的谷物原料有黍、稷、菽、麦、稻、粟、麻等品种；蔬菜有瓜、瓠、葵、韭、芹、芥、藕、芋、蒲、菁、莼、莱菔（即萝卜）、菌等品种；果实有桃、李、枣、榛、栗、枸、苌楚（即杨桃）、杏、梨、桑葚、橘、柚、芡、菱、杜、山楂等品种；家禽、家畜有鸡、鹅、马、牛、羊、犬、豕、骆驼等。此外，由于狩猎和捕捞工具的逐步改进，对野生动植物的利用也更进一步，使其成为食物原料的重要补充。

（2）各种优质原料开始涌现

有了颇为丰富的食物原料，人们通过实践逐渐发现并认识了其中的优质品种。成书于战国时期的《吕氏春秋·本味篇》就记述了伊尹向商汤陈述的中国各地的优质食物原料，指出肉类佳品有猩猩之唇、烤獾獾鸟、隽燕尾、大象鼻等，鱼中佳品有洞庭湖的鲋鱼、东海的鲕鱼、醴水的朱鳖等，菜中佳品有昆仑之苹、阳华之芸、云梦之芹等，饭中佳品有玄山之禾、不周之粟等，果中佳品有江浦之橘、云梦之柚等，调料佳品有阳朴之姜、招摇之桂、大夏之盐等。

（3）系列调味料逐渐齐备

夏商周时期的人们通过不断的实践，已经发现了许多调味料，并且在辨别各种呈味物质后将味划分成五种类型，在文献中时常出现“五味”一词。随着时间的推移，调味料的数量和品种都在不断增加，以五味的系列而言，常用咸味调料有盐、醢、酱、豆豉；酸味调料有梅、醯（即醋）；甜味调味料有蜂蜜、饴糖、蔗浆；辛香味调料有花椒、姜、桂、蓼、襄荷、芗、薤、葱、蒜及芥酱和酒

等；苦味调料在调味时能够使菜肴的滋味更丰厚，已得到当时人的认可，但还没有出现常用的品种。

3. 烹饪工艺形成初步格局

在夏商周时期，人们在制作食品的过程中，已经对选料、切配、加热、调味以及造型、装盘等各个环节十分考究，形成了烹饪工艺的初步格局，为后世烹饪工艺的精细发展奠定了基础。

（1）选料

当时开始按时令和卫生要求等选择原料。《周礼·天官·冢宰》中要求掌管渔猎的官吏应当按时节供应相应的食物原料，如“兽人，冬献狼，夏献麇，春秋献兽物”，“鳖人，春献鳖蜃，秋献龟鱼”。《论语》则说：“不时不食。”即不合时令就不吃。《礼记》在《曲礼》和《内则》两篇中详细记载了选料的具体方法，指出：“不食雏鳖，狼去肠，狗去肾，狸去正脊，兔去尻，狐去首，豚去脑，鱼去乙，鳖去丑。”

（2）切配

此时，刀工日益精湛，注意分档取料和按需切割，并且注意按季节和原料的性味配搭原料。周王室将“割烹”列入内饔、外饔的重要职责之一，人们已能根据礼仪和烹饪需要，对动物原料进行“七体”（即脊、两肩、两拍、两髀）、“九体”等分割，实行分档取料，然后再切块、片、丝、丁等。《庄子》中《庖丁解牛》关于神屠中音的描述，虽为寓言，实际上反映了当时刀工技艺的精湛。《礼记》不仅详细记载了动植物原料的相互搭配，如“羊宜黍，豕宜稷，犬宜粱”，而且叙述了不同季节条件下原料间的搭配，指出“脍，春用葱，夏用芥；豚，春用韭，夏用蓼”。

（3）加热调味

在加热调味上，烹饪方法有所增加，调味理论逐渐产生。《吕氏春秋·本味篇》对于烹饪用水与火候提出了一定原则。这时，人们已经能够灵活地运用文火、武火，并且创新出油熟法和物熟法两类烹饪方法，如熬、煎、炸、菹、渍、网油、包烤等。河南新郑一座春秋古墓出土的“王子婴次之卢”，便是一种用于煎、炸等烹饪法的专门炊具。商代妇好墓出土的“三联甗”，是一种由长方形六足架和三件大甑组成的炊具，有专家认为使用这样的炊具，必然会出现相应的新烹饪方法。而关于调味，《周礼》《礼记》《孟子》《吕氏春秋》等有大量论述，主要是强调按季节调味和五味调和、重在本味。

此外，夏商周时期的文献对烹饪成品的造型、装盘要求也有记载，如《周礼》《礼记》《仪礼》记载了食品与器皿配合的礼仪制度，《管子》一书已记载了雕卵，即雕刻而成的蛋，表明食品雕刻至此已经开始。

4. 饮食成品分类细化，并出现明显的地区特征

据《周礼》《礼记》等文献记载，当时的饮食品已分为食、饮、膳、羞、

珍，或饭、膳、饮、酒、羞等类别，每一类下又有许多不同的品种。如食或饭类有黍、稷、粱、麦、菰、秫、菽等；膳类有牛、羊、豕的炙、胾以及雉、兔、鹑等，羞类有鸡、鱼、犬、兔制作的羹和蜗醢、濡豚、濡鸡、濡鳖、麋腥以及各种果品；酒类则包括事酒、昔酒、清酒等。有了如此众多的饮食成品，当时人的饮食生活也变得较为丰富，其中以君主最为突出。《周礼》载，凡供奉君主的饮食，"食用六谷，膳用六牲，饮用六清，羞用百二十品，珍用八物，酱用百有二十瓮"，品类十分丰富。

以品种众多、分类细致的饮食品为基础，中国南北地区的食品逐渐显现出地区特征，而其中的典型代表则是周代宫中的八珍和楚国宫中的名食。周代八珍载于《礼记》之中，包括淳熬、淳毋、炮豚或炮牂、捣珍、渍、熬和肝膋、糁，多以猪、牛、羊、狗为原料，以咸味为主。而《礼记》所记载的饮食品皆为中原及北方名食，因此，周代八珍可以说是黄河流域饮食风味的代表。楚宫名食则载于《楚辞》之中，包括牛腱、吴羹、炮羔、酸鹄（天鹅）、隽凫（野鸭）、煎鸿（大雁）、露鸡、蜜饵以及带苦味的狗肉、酸味的蒌蒿、炙鸹（乌鸦）等，原料多用各种飞禽，味道则更增酸、甜、苦之味。《楚辞》所载的饮食品主要为中南名馔，与黄河流域的食品有明显的差异，因此可以说楚国宫中的菜肴是长江流域饮食风味的代表。它们两者呈现出明显的地区特征，表明中国烹饪的南北风味开始分野，成为中国南北不同地方风味流派之源。

5. 筵宴有所发展

筵宴是由于原始的聚会和祭祀等产生的。到夏商周三代，筵宴的规模有所扩大、名目逐渐增多，并且在礼仪、内容上有了详细的规定。夏朝时，夏启继位后曾在钧台（今河南禹县北门外）举行盛大的宴会，宴请各部落酋长；而夏桀当政，更追逐四方珍奇之品，开创了筵宴奢靡之先河。到殷商时代，因为"殷人尊神，率民以事神，先鬼而后礼"（《礼记·表记》），筵宴随着祭祀活动的兴盛而进一步发展。殷人嗜好饮酒，酒品和菜点都比以前丰富。到周代，由于生产发展，食物原料进一步丰富，周王室和诸侯国除了继承殷商以来的祭祀宴飨外，还把筵宴发展到国家政事及生活的各个方面，朝会、朝聘、游猎、出兵、班师等都要举行宴会，民间相互往来也要举行宴会，宴会的名目已非常多。而这时各种宴会都必须按照相应的制度举行礼仪，所以各种宴会又通称为"礼"。如《仪礼》中载有士冠礼、士昏礼、士相见礼、乡饮酒礼、乡射礼、宴礼、大射礼、聘礼、公食大夫礼等。在这些不同的"礼"中对宴会的仪式和内容都有详细的规定，非常复杂烦琐。仅举行一次"乡饮酒礼"，从谋宾、戒宾、陈设、速宾、迎宾、拜至到最后拜赐、拜辱、息司正等有 24 项程序，参与者必须逐一遵守。此外，周代及其后筵席的规格、档次也较为齐全，饮食品种的选择及其在筵席上的陈列方式也常常根据礼的不同而有所不同。

三、中国烹饪的蓬勃发展时期

（一）中国烹饪蓬勃发展的基础条件

从秦代开始，中国进入封建社会，到汉代发展为第一个高峰，随后经历魏晋南北朝的长时间分裂，到隋代重新统一，唐宋时期成为封建社会的第二个高峰。此时，受政治、经济和文化等高速发展的影响，中国的农业生产方式和技术不断改进，产品数量和品质大幅提高，铁器、漆器和瓷器在烹饪中大量使用，有力地促进了中国烹饪进入蓬勃发展时期。

1. 农业和畜牧业

在整个封建社会，统治者始终坚持农为本、商为末的主张，采取重农抑商的政策。汉代不仅大兴水利，开凿众多沟渠，形成灌溉网，而且积极推广铁农具、牛耕和其他农业生产新技术，使农产品总产量大大提高，全国上下府库充盈。《史记·平准书》载，汉武帝时，“非遇水旱之灾，民则人给家足，都鄙廪庾皆满，而府库余货财”，“太仓之粟陈陈相因，充溢积于外，至腐败不可食”。魏晋南北朝时，南方相对稳定，北方农民不断南迁，带来了北方的农业生产工具和技术，使南方水田面积扩大，稻谷产量高于黍、麦，以致“一岁或稔，则数岁忘饥”（《宋书·孔季恭传》）。唐代时，农业生产工具继续改进，出现了水车、筒车灌溉，耕地面积大幅增加，粮食积累异常丰富，仅天宝八年，政府仓储的粮食就有约一万万石。杜甫在《忆昔》中描述说：“忆昔开元全盛日，小邑犹藏万家室。稻米流脂粟米白，公私仓廪俱丰实。”到了宋代，宋太宗曾下诏，令江南官吏劝民在种稻时杂植粟、麦、黍、豆，令江北诸州郡广种粳稻，后来又在江南广泛种植从越南传入的抗旱力强、成熟较快的占城稻，并且精耕细作，使农作物品种增加，品质和产量有了很大提高。《宋会要辑稿·食货》记载：南宋初年的江南，“乡民所种稻田，十分内七八分并是早占米，只有三二分布种大禾”。而一些地方土地肥沃，改种占城稻后每年可以收获两次，因此谚语称：“苏湖熟，天下足。”

这一时期的畜牧业也有一定的发展。汉代已引入驴、骡、骆驼的饲养技术，并且开始大规模的陂池养鱼。到了唐代，在鲩、青、鲢、鳙等鱼的混养技术上取得突破，使动物原料的品种大为丰富，产量不断提高。

2. 手工业

秦汉至唐宋时期，手工业得到全面发展。在与烹饪密切相关的手工业中，铁器的冶炼与铸造、漆器和瓷器的制作、食盐和酒的生产等，都取得了令人瞩目的成就，尤其是铁和食盐与农业一起，逐渐成为国民经济的三大支柱。

铁的冶炼开始于战国时期，秦汉时的冶铁技术已较为成熟，铁器的种类、数量和质量都大大增加。《汉书·禹贡传》载：当时“吏卒徒攻山取铜铁，一岁功十万以上”。在河南巩县发现的冶铁遗址规模极大，冶铁炉、熔炉、煅炉有 20

座；而河南南阳冶铁遗址出土的一口大铁锅直径达两米。汉武帝以后，铁被大量用于制作兵器和日常生活器具，铁制炊具被广泛用于烹饪之中，由此带来饮食烹饪多方面的进步与变化。

漆器的生产在秦汉时最具特色，不仅分工精细，有素工、髹工、上工、铜耳黄涂工、画工、雕工、清工、造工等十几种，而且工艺精湛。长沙马王堆汉墓出土的漆器有180多件，色泽光亮，造型精美。魏晋南北朝时，漆器的生产工艺仍在发展，但产量不断下降。而此时，瓷器的制作技术却逐渐成熟，产量日益增大，使其到唐朝时有了质的飞跃。据考古资料可见，景德镇胜梅亭出土的唐朝白瓷，其瓷胎白度达70%，接近现代细瓷水平。宋代时，瓷器产量激增，制作技术和规模大幅提高，烧造瓷器的窑户遍布全国各地。其中，最著名的有河北定窑、河南汝窑、处州龙泉窑、江西景德镇窑等，它们烧造的瓷器数量多、个性强，已远销海外。

这一时期，食盐的生产规模不断扩大，品种和数量增多。以品种而言，秦汉时已有海盐、湖盐、井盐和矿盐四大类，但以海盐、湖盐为主。所谓海盐，是利用海水晒制而成的食盐；湖盐是利用盐湖卤水生产的食盐；井盐是通过凿井获取地下卤水制得的食盐；矿盐是利用石盐矿床生产的食盐。《史记·货殖列传》记载“山东食海盐，山西食盐卤”。发展到唐宋，盐的品种更多。宋代沈括《梦溪笔谈》卷十一载：“盐之品至多，前史所载，夷狄门自有十余种，中国所出亦不减数十种。”并且说“今公私通行者四种”：一者末盐，海盐也；其次颗盐，即湖盐；又次井盐；又次岩盐，即矿盐。以数量而言，汉代创盐法、在全国设盐官，说明盐在全国的生产规模和产量很大。唐宋时，随着食盐生产技术的进步，食盐产量更是大增。如《新唐书·食货志》记载：蒲州安邑解县“岁岁得盐万斛，以供京师”。据《宋史·食货志》统计，到南宋绍兴二年（公元1132年），仅成都府、梓州、夔州、利州四路的盐井总数达4900余井，年产食盐1000余万斤。

（二）中国烹饪蓬勃发展时期的特点

中国烹饪的蓬勃发展时期基本上始于前221年的秦朝，历经汉、魏、晋、南北朝和唐朝，止于公元1279年的宋朝。此时，中国烹饪在各个方面都有巨大的发展，主要呈现出如下特点。

1. 能源与炊餐具出现新突破

（1）能源的新突破

秦汉到唐宋时期，烹饪的能源主要是依靠直接燃烧树枝、木柴、杂草、木炭而获得。唐代时还出现了专门用木柴烧炭的行业，白居易的《卖炭翁》就写了“伐薪烧炭南山中”的情形。由于这些燃料的质地不一，烹饪效果也大不一样，人们在长期实践中总结出了一些经验。如认为，桑树质硬，燃烧时火力最烈而且持久，特别适宜炖煮质地老韧之物；杂木的火力足，适宜煎炒菜肴等；各种豆秆作燃料，烹饪的原料易烂且不燥热。

但是，这一时期能源有了新的突破，这就是用煤作燃料。煤，又称煤炭，历史上还称为石炭、乌薪、黑金、樵石、燃石、矿炭等。中国是世界上最早用煤作燃料的国家。秦汉之时，煤已被用来炼铁。在河南南阳、巩县西汉冶铁遗址出土的炼铁用燃料中有原煤和煤饼，这是现在所见的中国历史上最早用煤的遗存。烹饪上用煤则是在东汉末年，但并不普及，《续汉书·郡国志》注引《豫章记》言："（建成）县有葛乡，有石炭（即煤）二顷，可燃以爨。"到南北朝时，人们认识到煤具有燃烧火力足、火势旺的优点，并较容易运输，于是北方的家庭便盛行用煤作燃料来烹饪食物。唐代时，煤的使用在全国范围内已比较普及，人们还将煤进一步加工后使用。如金刚炭，就是唐代人用煤加工而成的合成炭，"方烧造时，置式以受柴，稍劣者必退之，小炽一炉可以终日"。韦陟家的"黑太阳"也是一种合成炭，其形制类似于现代的蜂窝煤球。北宋以后，煤已成为一些地区烹饪食物不可缺少的燃料。

（2）炊具的新突破

煤的使用，促进了用火水平的提高，进而又促进了炊具的变革和提高。此时，炊具方面的新突破表现在铁制炊具的使用。秦汉以后，由于将炼铁铸造收归国家规模经营，铁制炊具在数量和质量上都有很大提高，被广泛用于饮食烹饪之中。铁釜、铁镬、铁锅等铁制炊具都具有耐高温、传热快的特点，与火力足、火势旺的煤一起烹饪食物形成新的优势和极佳组合，一些高温快速成菜的油熟烹饪法如爆、炒、汆、煎、贴、烙等应运而生。此外，汉代还出现了一种简易的铁制炉灶即三足铁架，即可烹煮食物，也可取暖。所有这些新型炊具的出现和使用为烹饪工艺的进一步发展提供了新的契机。

（3）餐具的新突破

餐具的新突破主要表现在漆器和瓷器的使用。漆制餐具主要用于秦汉时期的富贵之家，品种和式样都很多，有时还要镶嵌金玉。长沙马王堆汉墓出土的漆制餐饮器具就有壶、卮、耳杯、盘、案、几、箸等。瓷器是以高岭土、长石和石英为原料，经混合、成形、干燥、烧制而成的制品，以青瓷、白瓷和彩瓷为主要品种。早期瓷器形成于东汉时期，历经魏晋南北朝，到唐宋时瓷器制作技术有很大进步，瓷器产量急增，品种丰富多彩。唐代邢窑的白瓷、越窑的青瓷，宋代定窑的刻花印花白瓷、官窑的纹青釉细瓷、景德镇窑的影青瓷、龙泉窑的刻花印花青瓷等，深受人们喜爱。由于瓷器取料方便，造价低廉，易于大量生产，而且耐酸、耐碱、耐高温和低寒，非常卫生，被广泛用作餐饮器具，并且很快盛行起来，出现了许多令人称赞的名品。如杜甫称四川大邑的白瓷碗胜过霜雪，"扣如哀玉锦城传"。而最值得称道的是秘色瓷器，唐代陆龟蒙在《秘色越器》曰："九秋风露越窑开，夺得千峰翠色来。"极力称赞它的优美形状、温润质地和青绿色泽。

2. 食物原料来源更加丰富

在这一时期，食物原料不仅来源于农业、畜牧业和部分的采集渔猎，更重要的来源还有两个：一是新技术条件下的新原料开发；二是新原料的引进。

从汉代开始，人们就利用各种技术培育和创制新的食物原料。据《汉书·召信臣传》记载："太官园种冬生葱韭菜茹，复以屋芜，昼夜燃蕴火，待温气乃生。"说明汉代已开始利用温室栽培新技术生产蔬菜。至迟到宋代，已经出现了割韭后将韭的根及鳞茎培土软化的黄化蔬菜——韭黄。此外，李时珍《本草纲目》"豆腐"条的集解说："豆腐之法，始于汉淮南王刘安。"河南密县出土的汉朝画像砖中已出现了"豆腐作坊"的画像。由此可知，在汉代还创制出大豆的重要加工制品——豆腐。

新原料的大量引进也始于汉代。张骞出使西域以后，中外交流有了很大发展，从国外引进了许多食物原料，有苜蓿、葡萄、石榴、大蒜、黄瓜、胡荽、胡桃、胡葱、胡豆，还有西瓜、南瓜、芸薹、海枣、海芋、莴苣、菠菜、丝瓜、茄子、占城稻等。它们中的大部分很快被广泛用于饮食烹饪中，成为常用品种，大大地丰富了中国的食物原料。

3. 烹饪工艺不断发展创新

（1）烹饪分工不断细化

秦汉时期，烹饪劳动日趋精细，在汉代就出现了烹饪环节的两大分工。一是炉、案分工。四川德阳出土的东汉庖厨画像砖上画着厨师烹饪劳动的情形，有人专事切配加工，有人专事加热烹调，炉、案分工非常明显。二是红案、白案的分工。《汉书·百官公卿表》中明确记载，汤官主饼饵，导官主择米，庖人主宰割。山东省博物馆陈列的两个汉朝厨夫俑，一个治鱼，一个和面，各司其职，相当于现在的红案厨师与白案厨师。而从山东诸城前凉台村汉墓出土的"庖厨图"画像石更可以看出烹饪规模巨大和分工精细。

（2）烹饪技艺不断创新

烹饪工艺环节日益精细的分工，有利于厨师集中精力，专攻一行，客观上促进了中国烹饪技艺的快速发展与创新。在选料上，不仅按季节、品质选料，而且注重按烹饪方法的需要选择。如《齐民要术》载，"炙豚"要选用乳猪，"饼炙"（煎鱼饼）最好用白鱼。唐代的《膳夫经手录》说，脍莫先于鲫鱼，鳊、鲂、鲷、鲈次之。在切配上，刀工技术大幅提高，既有薄如纸的片、细如发的丝，也有柳叶形、象眼块、对翻蛱蝶、雪花片、凤眼片等众多刀工刀法名称；配菜注重清配清、浓配浓以及荤素搭配、色彩搭配等。在加热上，由于铁器的使用，出现了许多高温快速成菜的油熟法，最典型、最具特色的是炒、爆法。在调味方面，不少人"善均五味"，创制出许多复合味型，甚至在宋代还创制出方便调料"一了百当"。《事林广记》记载，它是用甜酱、醪糟、麻油、盐、川椒、茴香、胡椒等熬后炒制而成，接着放入器皿中随时供烹饪之用，"料足味全，甚便行饔”。

4. 特色菜点大量涌现

随着食物原料的丰富和烹饪技艺的创新发展，作为特色最突出、最令人瞩目的各种各样的花色菜点不断涌现。

（1）食品雕刻

食品雕刻在中国历史悠久，起源于春秋战国时的雕卵，到隋唐之时有了极大发展，用料范围不断扩大。唐代韦巨源《烧尾宴食单》中就载有两款食雕菜点，一款是用酥酪雕刻的“玉露团”，另一款是在鸡蛋和油脂上雕刻后再加其他原料制作的“御黄王母饭”。宋代时，食品雕刻技艺更高、范围更广，成为筵席中的一种时尚。据周密《武林旧事》载，南宋张俊宴请高宗的筵席上有“雕花蜜煎”，共12道菜，用料已扩大到梅子、竹笋、木瓜、金橘、蜜姜等蜜饯食品，雕刻的形状有植物和动物，生动逼真。

（2）花色拼盘

花色拼盘分为简单组合与象形组合，可以直接拼摆而成，也可用模具拓印而成，设计新颖，造型和名称精美独到。唐代韦巨源的《烧尾宴食单》载有数款花色拼盘，如有用木模拓印的“八方寒食饼”、造型为蓬莱仙人的“素蒸音声部”，还有花形、馅料各异的“生进二十四节气馄饨”等。而构思最绝美、制作最精巧的是尼姑梵正制作的“辋川小样”。宋代陶谷《清异录》载，它是以鲊脍、脯、盐酱瓜蔬等为原料，按照诗人王维的《辋川图二十景》设计、拼装而成，每客一盘一景，二十盘合拼则成一大型风景拼盘，充分显示出精湛的烹饪技艺和多彩的艺术魅力。

5. 筵宴日趋兴盛

从秦汉至南北朝时，筵宴日益盛行，无论宫廷还是民间都有大摆筵席的习俗。汉代桓宽《盐铁论·散不足》言：“富者祈名岳，望山川，椎牛击鼓，戏倡舞像。中者南居当路，水上云台，屠羊杀狗，鼓瑟吹笙。贫者鸡豕五芳，卫保散腊，倾盖社场。”扬雄的《蜀都赋》末尾更描绘了当时豪门筵宴的规模和盛况：“若其吉日嘉会，……置酒荥川之闲宅，设坐于华都之高堂，延帷扬幕，接帐连岗。众器雕琢，早刻将皇”，与此同时，“厥女作歌”，“舞曲转节”。可见，汉代筵宴很讲究陈设和器具，并常以优美的音乐、歌舞助兴。魏晋南北朝时，不仅有豪宴，也有典雅宴会。曹操在铜雀台上设宴，曹植在平乐观的宴会，张华的“园林会”、竹林七贤的林中宴饮，以及文人的“曲水流觞”等，都在追求雅趣。

隋唐两宋时期，筵宴有较大发展、走向兴盛，其形式多样，名目繁多，规模庞大，菜点精美。就形式而言，将饮食与游乐有机结合的游宴、船宴最为独特。如唐代长安曲江边的各种游宴、五代时蜀中锦江的船宴和宋代成都官府倡导的游宴等都极负盛名。以名称而言，唐代有烧尾宴、闻喜宴、鹿鸣宴、大相识、小相识等，宋代有春秋大宴、饮福大宴、皇寿宴、琼林宴等，不胜枚举。以规模而言，最盛大且具有代表性的是宋代皇寿宴。据《东京梦华录》和《梦粱录》载，这种为皇帝祝寿的皇寿宴规模庞大，礼仪隆重，赴宴者多为皇亲国戚、文武百官和外国使节，所上菜点共分九次约50道，演出节目包括歌舞、杂剧、足球、摔跤、杂技等，演出人数近2000人，而宴会的服务人员不计其数。此外，唐宋时期，筵宴引人注目的至少还有两点：一是出现并使用高桌、交椅、桌帷等，开始使用细瓷餐具，陈设更加雅致，《韩熙载夜宴图》已经证明。二是较普遍地使用酒令，筵宴的气氛更加热烈、欢乐。

四、中国烹饪的成熟定型时期

（一）中国烹饪成熟定型的基础条件

元明清三代，是中国封建社会的后期，尤其到清代中期又出现了封建社会的第三个高峰。在这一时期，中国社会的政治、经济和文化都有急剧变化，农业在遭受破坏后由于新的政策措施和生产技术推广而有了显著的恢复、发展，手工业的生产技术和生产水平大大超过以往，这些发展、变化促使中国烹饪进入成熟定型时期。

1. 农业和畜牧业

元代初年，由于战争和游牧经济等影响，北方农业受到严重破坏。元世祖忽必烈开始重视农业生产，设立劝农司、司农司等农业管理机构，大力提倡垦殖；颁行《农桑辑要》，推广先进的生产技术；保护劳动力和耕地，限制将农民沦为奴隶，禁止霸占民田改为牧场等。这一切促使农业有所恢复和发展，《农桑辑要》称："民间垦辟种艺之业，增前数倍。"明代初年，朱元璋深知"农为国本"，颁布了鼓励农民垦荒种田的诏令，使得粮食总产量提高，仓储丰裕。《明史·赋役志》言："是时宇内富庶，赋入盈羡，米粟自输京师数百万石外，府县仓廪蓄积甚丰，至红腐不可食。"明代中期，农业生产水平进一步提高，闽浙有双季稻，岭南有三季稻，并且引进了番薯等新品种，使农作物的品种和数量大为增长。清代康熙以来，面对持续不断的民众反抗，统治者不得不下令停止部分地区的圈地，采取相应的劝农措施，促使农业生产出现显著的恢复和发展，主要表现在耕地面积和粮食总产量的大幅增长。到雍正年间，耕地面积已超过明代，江南、湖广、四川等地稻米产量和粮食总产量相对较高。

在元明清三代中，元代和清代的统治者分别为蒙古族和满族。他们原来都过着游牧生活，当政以后曾一度按照惯例过分偏重畜牧业，将大量的农田占为牧场用来放牧。元代时，赵天麟就上疏言："今王公大人之家，或占民田近于千顷，不耕不稼，谓之草场，专放孳畜。"（《历代名臣奏议》卷六十六）清代时，顺治元年（1644年）也下令圈地，许多农田被占为牧场。尽管元代和清代的统治者在中原和江南地区高度发展的农业经济影响下，不得不重视农业、调整政策措施，但元明清时期的畜牧业仍然较之前朝有较大发展。

2. 手工业

农业生产的恢复和发展，也使得手工业有了恢复和发展。元代时，江西景德镇成功地创制出釉下彩的青花、釉里红以及属于颜色釉的卵白釉、铜红釉、钴蓝釉等新型瓷器，使瓷器在生产工艺、釉色、造型和装饰等方面有了巨大创新。明代时，景德镇逐步发展成为全国的制瓷中心，被誉为“瓷都”，官窑有59座，民窑已超过900座，所制的青花瓷器品种丰富、数量众多并且畅销海内外。在一些城市的手工业部门中还出现了资本主义萌芽。到了清代，在农村到处是与农业紧密结合的家庭手工业，而在城市和集镇则遍布各种手工业作坊，如磨坊、油坊、酒坊、瓷器坊、糖坊等，生产水平和生产率都比明朝有所提高，产品的产量和品种更加丰富，北京的景泰蓝、江西的瓷器、福建的茶、四川和贵州的酒等都成为举世公认的名品。

（二）中国烹饪成熟定型时期的特点

中国烹饪的成熟定型时期基本上贯穿了元明清三个朝代，各个方面都取得了极大成就，主要表现出如下特点：

1. 餐饮器具精美绝伦

（1）陶瓷餐饮器具

元明清三代是中国瓷器的繁荣与鼎盛时期，瓷制餐具也随之有了很大发展，品种众多、造型新颖独特、装饰丰富多彩。以品种而言，有盘、碗、杯、碟、盅、壶、盏、尊等。以造型而言，明代永乐、宣德时的压手杯，口沿外撇，拿在手中正好将拇指和食指稳稳压住，小巧精致；清代康熙时的金钟杯，如同一只倒置的小铜钟，笠式碗似倒放的笠帽；乾隆时流行的牛头尊，形似牛头，因器身绘满百鹿，又称百鹿尊。瓷制餐具在装饰上则主要以山水人物、动植物及与宗教有关的八仙、八宝、吉祥物为题材绘制图案，也流行绘写吉祥文字、梵文、波斯文、阿拉伯文等。如明朝成化时的鸡缸杯，高江村在《成窑鸡缸杯歌注》记载：“各式不一，皆描绘精工，点色深浅莹洁而质坚，鸡缸上面画牡丹，下面画子母鸡，跃跃欲动”。

（2）金属餐饮器具

这一时期，金属餐饮器具在数量和质量上有很大提高，其造型和装饰都非常考究。如清代皇帝御用的酒具云龙纹葫芦式金执壶，壶身为葫芦形，由大小不同的两个球体构成，中间为高而细的束腰；全壶采用浮雕装饰手法，花纹凸出且密布壶面，纹饰以祥云、游龙为主，显得高贵豪华且富丽堂皇。而孔府现存的一套“满汉宴银质点铜锡仿古象形水火餐具”，由小餐具、水餐具、火餐具及点心全盒组成，共404件。其造型有两种，一是仿照古青铜器时代饮食器具的形状设计造型，二是根据食物原料的形象设计，有鸭形、鱼形等餐具；其装饰以翡翠、玛瑙、珊瑚等珍品镶嵌，并且餐具外刻有花卉、图案和吉言、诗词等。整套银制餐具可以说是中国文化、艺术、历史与文明的物质再现，是空前精美之作。

2. 食物原料十分广博

元明清时期，食物原料不断增多，到清末已经达2000余种，凡是可食之物都用来烹饪，形成了用料广博的局面，具体表现在以下三个方面：

（1）新原料的开发

此时，人们通过两个途径进行新原料的开发：一是继续发现和利用新的野生动植物品种。二是不断利用提高的各种技术培育和创制新品种。秦汉以后，野生动植物入烹的数量和品种逐渐增多。以植物为例，就有藜、蕺菜、马齿苋、巢菜、荠菜、蒿、珍珠菜、石耳、地耳、孟娘菜、白鼓丁、看麦娘、眼子菜、猫耳朵、油灼灼等野菜，品种十分繁多。明代朱棣在《救荒本草》中记录的野生植物可食者达414种，虽然其目的是用来解饥荒之苦，但客观上却扩大了食物原料的范围、丰富了品种。而对于某些有毒的动植物，则进行加工处理以去其毒，在无毒的情况下也作为烹饪原料。如河豚鱼，其内脏和血液有毒而肉无毒，于是就将河豚鱼去尽内脏和血液后入烹。此外，豆腐作为创制的新品种，到明代时则发展为一个家族，除大豆豆腐、魔芋豆腐外，还有仙人草汁入米制成的绿色豆腐、薜荔果汁加胭脂等制成的红色豆腐、橡栗磨粉制成的黄色豆腐、蕨根磨粉制成的黑色豆腐，虽没有丝毫人工色素却依然五颜六色，好看、好吃、有营养。

（2）新原料的引进

这一时期，中国从国外引进的食物原料有辣椒、番薯、番茄、吕宋芒果、洋葱、马铃薯等，而影响最大的是辣椒和番薯。辣椒原产于南美洲的秘鲁，在墨西哥被驯化为栽培种，15世纪传入欧洲，明代传入中国，被称为番椒，只是作为观赏花卉，后来才逐渐用作调味料。明代汤显祖在万历二十六年（1598年）完成的《牡丹亭》中列举有“辣椒花”。到明末徐光启《农政全书》才指出了辣椒的食用价值：“番椒，又名秦椒，白花，子如秃笔头，色红鲜可爱，味甚辣。”清代时，辣椒的食用价值被充分认识，既作蔬菜，又作辣味调料，朱彝尊在《食宪鸿秘》中正式将它列为36种香料之一。从清代开始，我国的西北、西南、中南、华南等地均大量种植辣椒，并培育出许多新品种供烹饪食用，尤其是川、滇、黔、湘更是大量和巧妙使用辣椒，使当地烹饪发生了划时代的变化。番薯，又名甘薯、朱薯、红薯、地瓜、红苕、甜薯等。它原产于美洲中南部，16世纪传入西班牙，后由西班牙水手带到菲律宾。明代万历年间商人陈振龙在菲律宾吕宋岛，看到当地“朱薯被野，生熟可茹”，“功同五谷”，“民生所赖”（见《金薯传习录》），便经过多方努力，在万历二十一年（1593年）巧妙地将薯藤包扎后“偷”渡、带回福建，试种成功，接着在福建乃至全国各地广泛种植并食用，人们把它看做“救荒第一义”。

（3）已有原料的巧妙利用

虽然元明清时期的生产力水平不断提高，食物原料日益丰富，人们却仍然保持“爱物惜物”的美德，充分利用已有原料进行烹饪，于是在原料的使用上就出现了一物多用、综合利用和废物利用的局面。

所谓一物多用，是指将一种原料通过运用不同的烹饪技法制作出多种多样的肴馔。此时，人们分别以猪、羊、牛等家畜为一种原料，通过分档取料、切配加工，并采用不同的烹饪法和调味技法，已制出有几十乃至上百款菜肴的全猪席、全羊席、全牛席。而以一种家畜的某一部位作原料，采用不同的烹饪技法也可以制作出众多的菜品。如清代《调鼎集》中就列出了以猪蹄为原料经过煨、烧、酱、糟等烹饪方法制成的20余款猪蹄菜。

综合利用，是指将多种原料组合在一起烹制出更加多样的菜点。如人们将粮食与果蔬花卉、畜肉鱼鲜及某些药物配合在一起，制作出上百种粥品。宋代官修的《圣济总录》载有粥方113种，清代曹庭栋《老老恒言》录粥品100种，黄云鹄《粥谱》则收集历代粥品达247种，丰富了人们的饮食生活。

废物利用，是指将烹饪加工过程中出现的某些废弃之物回收起来，重新作为食物原料制成菜点。如锅巴，本是煮焖锅饭时锅底结成的焦饭，可算作煮饭后的废品，但在清代，袁枚《随园食单》所记的“白云片”和傅崇榘《成都通览》所记的“锅巴海参”，都是用锅巴为原料制成的菜肴。又如豆渣，本是用黄豆制豆腐过程中产生的废弃物，然而，清代王士雄的《随息居饮食谱》却记载当时的人用它“炒食，名雪花菜”，清末四川人用它制作的“豆渣烘猪头”还成为高级名菜，别具风味。

3. 烹饪工艺出现较为完善的体系

元明清时期，菜点的制作技术及其工艺环节不断发展创新，形成了较为完善的体系。在菜肴制作上，刀工处理、配菜、烹饪、调味、装盘等技术及其环节都已相对完善。如刀工处理方面，不仅有柳叶形、骰块、象眼块、对翻蛱蝶、雪花片、凤眼片等诸多刀工刀法名称，而且在明代出现了整鸡出骨技术，在清代筵席上有了体现高超刀技的瓜盅。在烹饪方法上，此时已经发展为三大类型：一是直接用火熟食的方法，如烤、炙、烘、熏、火煨等；二是利用介质传热的方法，其中又分为水熟法（包括蒸、煮、炖、汆、卤、煲、冲、汤煨等）、油熟法（包括炒、爆、炸、煎、贴、淋、泼等）和物熟法（包括盐焗、沙炒、泥裹等）；三是不用火而直接利用化学反应制熟食物的方法，如泡、渍、醉、糟、腌、酱等。而每一种具体的烹饪法下还派生出许多方法，如同母子一般，人们习惯上把前者称为母法、后者称为子法，有的子法还达到相当数量。到清朝末年，烹饪方法的“母法”已超过50种，“子法”则达数百种。如炒法，到清朝时已派生出了生炒、熟炒、生熟炒、爆炒、小炒、酱炒、葱炒、干炒、单拌炒、杂炒等十余种。又如烧法，除直接用火熟食的烧法外，还有用铁锅的烧，并且因色泽、味质、辅料、水分多少的不同衍生出红烧、白烧、葱烧、酱烧、软烧、干烧、生烧、熟烧、酒烧等20余种方法。

在面点制作上，面团制作、成形和成熟等技术及其环节也形成了一定的体系。如面团的制作方面，不仅用冷水、热水、沸水和面，而且用酵汁法、酒酵法、酵面法等发酵面团，还用油制油酥面团。面点的成形技术已达到很高水平，有擀、切、搓、抻、包、裹、捏、卷、模压、刀削等成形方法，据清代薛宝辰的《素食说略》载，当时“抻面”已经可以拉成三棱形、中空形、细线形。面点成熟方面，常见的有蒸、煮、炸、煎、烤、烙等方法，并且朝多种方法综合运用的方向发展，清代扬州的“伊府面”就是将面条先微煮、晾干后油炸，再入高汤略煨而成的，形式和风味类似于当今的方便面。

4. 地方风味流派形成稳定格局

地方风味的形成，与经济、地理、政治、物产、习俗等诸多因素有关。据文献记载，中国地方风味的差异，始见于周代，秦汉以后更加明显，到宋代时，京城已经有了北食、南食和川食等地方风味流派的名称和区别。发展到清代，由于烹调技术全面提高，菜点数量众多、品质精良、风格多样，加之长期以来受政治、经济、地理气候、物产、习俗等因素差异的持续影响，地方风味流派形成稳定的格局。清末徐珂的《清稗类钞》粗略地描述了东西南北四方人的口味爱好：“北人嗜葱蒜，滇、黔、湘、蜀人嗜辛辣品，粤人嗜淡食，苏人嗜糖。”同时，还分别列出江苏、上海、浙江、福建、广东、四川、湖北、湖南、云南、贵州、河南、北京、青海、西藏、内蒙古及一些少数民族的饮食嗜好和著名食品，客观地记述了他所了解的地方风味发展现状，指出“肴馔之有特色者，为京师、山东、四川、广东、福建、江宁（即南京）、苏州、镇江、扬州、淮安”。

在清代形成的稳定的地方风味流派中，最具代表性的大致有六个，即全国政治、经济、文化中心北京的京味菜，中国重要经济中心上海的海派菜，黄河流域的山东风味菜，长江流域的四川风味菜，珠江流域的广东风味菜，江淮流域的江苏风味菜。这些地方风味流派对清代以后的中国烹饪影响极为深远。

5. 筵宴开始走向鼎盛

元明清时期，随着社会经济的繁荣以及各民族的大融合等，中国筵宴日趋成熟，并且逐渐走向鼎盛，主要表现在三个方面：一是筵宴组成有了较为固定的格局。当时的筵宴主要分为酒水冷碟、热炒大菜、饭点茶果等三个层次，依序上席。其中，常由热炒大菜中的“头菜”决定宴会的档次和规格。二是筵宴用具和环境舒适、考究。自明代红木家具问世以后，筵宴也开始使用八仙桌、大圆桌、太师椅、鼓形凳等，十分有利于人们舒适地合餐与交谈。在筵宴环境上，讲究桌披椅套和餐具搭配、字画台面的装饰以及进餐地点的选择。当时比较隆重的筵宴已经是“看席”与“吃席”并列，并配有成套的餐具。三是筵宴品类、礼仪等更加繁多甚至烦琐。仅以清朝宫廷筵宴为例，改元建号时有定鼎宴，过新年时有元日宴，庆祝胜利有凯旋宴，皇帝大婚有大婚宴，皇帝过生日有万寿宴，太后生日有圣寿宴，还有冬至宴、宗室宴、乡试宴、恩荣宴、千叟宴、满汉全席等。据《御茶膳房簿册》及有关史料载，千叟宴不但规模庞大，一次宴会就摆了800张筵席，而且等级严格，整个筵席分两等，设宴地点、餐具及菜点均有明显的区别；其礼仪也很繁杂，从静候皇帝升座、就位、进茶、奉觞上寿到皇帝赐酒、起驾回宫，整个程序琐碎、繁多，赴宴者要行无数的三跪九叩之礼。此外，满汉全席是清代著名的、影响最大的满汉饮食精粹合璧的筵席，兴起于清代中叶，据李斗《扬州画舫录》载，当时扬州办的满汉席有110种菜点，集山珍海味、满汉烹法于一席，到清末时，满汉席的菜点最多已达200余种，极为奢华且风靡一时。

五、中国烹饪的繁荣创新时期

（一）中国烹饪繁荣创新的基础条件

从辛亥革命至今，中国社会的政治、经济和文化都发生了翻天覆地的变化，尤其是中华人民共和国成立后、改革开放以来，中国的经济高速增长，农业生产不断创出新高，位居世界前茅，工业则进入机械化、现代化发展阶段，各种烹饪设备、食品加工机械不断涌现，促使中国烹饪进入繁荣创新时期。

1. 农业和畜牧业

在中华民国时期，中国是一个贫穷落后的国家，由于接连不断的战争和帝国主义、封建主义、官僚资本主义的压迫剥削，农业和畜牧业受到严重破坏。中华人民共和国成立后，在20世纪50年代和60年代，农业和畜牧业刚刚有所恢复，却又因大跃进、三年自然灾害和“文化大革命”而遭受严重打击。直到20世纪70年代末改革开放以后，党和政府对土地实行家庭联产承包责任制，充分调动农民的积极性，采取多种措施不断解决“三农”问题，特别是到20世纪末、21世纪初，中国将农业科技进步看做是发展现代农业的决定性力量，强化现代农业产业技术体系建设，加快农业科技创新与应用，促进农业科技成果加快向现实生产力转化，使农业和畜牧业生产出现了前所未有的快速发展。在2000年，中国的谷类、肉类、花生、水果等主要产品的产量已位居世界第一。到2009年，全年粮食产量达10600亿斤以上，再创历史新高，并且连续3年稳定在1万亿斤以上，实现连续6年增产。在粮食丰收的同时，畜牧业也持续增长，并加快向现代畜牧业转型，标准化规模养殖不断推进。在2009年，生猪、蛋鸡和奶牛规模养殖比例分别比2008年提升5%、4%和10%，畜牧养殖专业合作社超过6万个，机械化挤奶站占全国奶站总数的81.8%，全国人工种草保留面积和围栏草原面积达14.6亿亩，全年肉类产量7500万吨，禽蛋产量2660万吨，奶类产量3650万吨，为中国烹饪提供了充足而丰富的物质基础。

2. 工业

工业是社会分工发展的产物，大致分为手工业、机器大工业、现代工业等发展阶段。在古代，中国的工业处于手工业发展阶段。辛亥革命以后的中华民国时期，中国通过向西方工业国家学习，引进机器和技术，逐渐进入机器大工业发展阶段。到中华人民共和国成立以后，尤其是20世纪80年代以后，随着改革开放的深入和科学技术进步，更大规模地学习和引进国外先进技术及设备，中国开始了现代化工业发展阶段。此时，工业产品不断增多，不仅出现了采用电子控制技术的自动化机器和生产线，而且出现了新能源、新材料、机器人和信息技术、网络技术，各种烹饪设备、食品加工机械不断涌现，这些也促使烹饪加工方式和方法发生了极大改变。

（二）中国烹饪繁荣创新时期的特点

中国烹饪的繁荣创新时期始于辛亥革命，延续至今。在这一时期，尤其是20世纪70年代末改革开放以来，时间虽然不长，却发生了翻天覆地的巨变，形成了许多新的特点。

1. 烹饪工具与生产方式逐步趋于现代化

（1）烹饪工具的变化

在这一时期，烹饪工具的变化主要表现为能源的变化和机械设备的使用。就能源而言，城市中已大量使用煤气、天然气、液化石油气、电能以及太阳能等。用这些能源加热制作食物，大多有省时、方便、卫生等优点。如以电为能源的新型炉具微波炉已大量进入城市家庭，其烹调速度比一般炉灶快4~10倍，不仅省时、方便、卫生，而且节约能源，还能保持食物原有的色、香、味和营养价值。

就烹饪机械设备而言，中国出现了一些大型厨房设备生产企业，能够生产出灶具、通风脱排、调理、储藏、餐车、洗涤、冷藏、加热烘烤等8大类300余个规格和品种的厨房机械设备，并且已在部分大城市、大型饭店酒楼逐渐使用。如用于加热的设备有电磁炉、电扒炉、微波炉、电烤箱、远红外线烤箱、电热保温陈列汤盆等；用于制冷的设备有冷藏柜、卧式食物冷藏柜、保鲜陈列冰柜、浸水式冷饮柜等；用于切割加工的设备有切肉机、刨片机、锯骨机、绞肉机以及磨浆机、压面机、和面机、打蛋机、蔬菜清洗机等。此外，还有利用其他能源的烹饪设备如燃气灶、燃气煲仔炉、柴油灶、太阳能灶、沼气灶等。这些设备的生产和使用有力地促进了烹饪工具的现代化。

（2）生产方式的变化

此时，烹饪生产方式的变化主要表现在两个方面：一是以传统手工烹饪为主的餐馆、饭店中，烹饪工艺的某些环节已经由烹饪机械加工替代了厨师的手工操作。如切肉机、绞肉机代替厨师手工进行切割、制茸，用和面机、压面机制作面团和面条。二是食品工业逐渐兴起，出现了食品工厂，全部用机械化甚至自动化生产食品。它不仅能减轻生产者的劳动强度，而且使食品生产具有规范化、标准化、规模化的特征。如在食品工厂，全部用机械制作火腿、香肠、面条、包子等食品，产量大、品质稳定。可以说，食品工业是从传统烹饪脱胎而来、对食物原料加工制造的新兴工业，是现代科学技术进入烹饪领域的产物，也是传统烹饪技艺和生产方式走向现代化的最佳途径。如今，中国食品工业已形成较完整的生产体系，如有膨化与非膨化的挤压食品、焙烤食品等粮食加工，豆浆豆腐制品等大豆加工，蔬菜的罐藏、干制、腌制、速冻等蔬菜加工，水产品、肉禽及制品等加工，门类十分齐全。

2. 优质食物原料快速增加

（1）新型优质原料的引进与开发

这一时期，由于不同程度的对外开放和交流，尤其是改革开放以来提倡优质高效农业，从世界各国引进了许多新的优质食物原料。其中，禽畜类有肥牛、鸵鸟、牛蛙、火鸡、珍珠鸡等，水产海鲜品有挪威三文鱼、太平洋鳕鱼和金枪鱼、西非鱼等，蔬菜有芦笋、朝鲜蓟、西蓝花、玉米笋、菊苣、樱桃番茄等，水果有美国提子和泰国山竹、火龙果、榴莲等。这些动植物原料大多数已在中国广泛种植或养殖，并制作出众多的美味佳肴。如牛蛙原产北美洲，20 世纪 80 年代前后大量引入中国，曾掀起一阵养牛蛙、食牛蛙热，不仅常作为火锅的烹饪原料，而且制作成泡椒牛蛙、干锅牛蛙等美味菜肴。

新型优质原料的开发主要表现在转基因食品、人造食品上。转基因食品，又称基因食品、基因改良食品，是用转基因植物、动物或微生物为原料生产或制造的食品。利用生物技术培育的转基因番茄、甜椒等植物有高产、抗病虫害、抗高低温、生长快等优点，培育的转基因兔、猪、鸡等动物生长快、抗病力强、肉质好。而人造食品特点也很突出，如人造鱼翅、蟹柳等几乎能以假乱真。

（2）珍稀原料的种植与养殖

20 世纪后期以来，为了保护生态环境和濒于灭绝的野生动植物，国家颁布了相关的法律、法规，使得许多珍稀、味美的野生动植物原料远离了人们的餐桌。为了弥补这一缺憾，人们利用先进科学技术成功地对一些珍稀动植物原料进行了人工培植和养殖。如今，人工培植成功的珍稀植物原料有猴头菇、银耳、竹荪、虫草及多种食用菌；人工饲养成功的珍稀动物原料有鲍鱼、刺参、对虾、鳜鱼、鳗鲡、鳄鱼、肉用孔雀、河豚、鲟鱼等。这些珍稀原料或许风味稍逊于野生的，但产量较大并且相对稳定，能够更多地满足食客的需求。如猴头菇，因子实体形似猴头而得名，以黑龙江小兴安岭和河南伏牛山出产的野生品质量为佳，曾被列为贡品，百姓难以问津，但到 20 世纪 60 年代初则人工栽培成功，尤以浙江常山出产的为佳，不但可供普通百姓品尝，而且已销往美国、马来西亚、日本等国。又如鲍鱼，古称鳆，又称镜面鱼、明目鱼、石决明肉、九孔螺等，常栖于海藻丛生、多岩礁的海底，但天然产的鲍鱼数量不多，价格十分昂贵，历代皆视为珍品，到 20 世纪 70 年代后人工养殖成功，产量稳步增长，使更多的人得以品尝其美味。

（3）传统优质原料的品种增多

这一时期，传统食物原料的优质品种也不断增多，最引人注目的是粮食、禽畜及加工品。在粮食中名品众多，仅米的名品就有广东丝苗米、福建过山香、云南接骨糯、湖南乌山大米、天津小站米、江苏胭脂米等。在禽畜类原料中，猪的优良品种有四川的荣昌猪、小香猪和浙江金华猪、湖北宁乡猪、苏北淮猪、云南乌金猪等，鸡的优良品种有寿光鸡、狼山鸡、泰和鸡、固始鸡等。加工制品的优良品种也很多，如火腿名品有南腿、北腿、云腿等；板鸭有江苏南京板鸭、福建建瓯板鸭、四川什邡板鸭、重庆白市驿板鸭等；豆腐名品有八公山豆腐、榆林豆腐、五通桥豆腐、泰安豆腐等；皮蛋名产有湖南松花蛋、江苏松花蛋、山东松花蛋、北京松花蛋、山东鸡彩蛋、四川永川皮蛋等。

3. 国内外烹饪文化与技艺广泛交流

（1）民族交流

中国是一个多民族国家，各民族之间的饮食文化和烹饪技艺的交流从未停止过。通过不断的交流，汉族的烹饪影响了兄弟民族，兄弟民族的烹饪也影响了汉族，共同促进了中国烹饪的发展。其中，交流最多、影响最大的是菜点品种。满族的萨其马、维吾尔族的烤羊肉串、土家族的米包子、黎族与傣族的竹筒饭等品种，已成为许多民族都认同和欢迎的食品，并且有了新的发展。如满族的萨其马已有工业化生产；烤羊肉串在进入四川后，出现了系列品种烤鸡肉串、烤兔肉串等；竹筒饭及其系列品种竹筒烤鱼、竹筒乳鸽等更在北京、四川、广东等地大显身手；彝族的坨坨肉进入攀西地区后演变出坨坨鸡等品种。

（2）地区交流

由于交通日益发达、便捷，人员流动增大，地区间的烹饪交流更加频繁，主要表现在食物原料、烹饪技法和菜点品种等方面。在许多大中城市林立的餐馆、酒楼中，既有当地的风味菜点，也有不少异地的风味菜点，并且出现了相互交融与渗透的现象。如在改革开放后的成都，许多地方风味菜如粤菜、淮扬菜、滇味菜、湘菜等纷纷涌入以争得一席之地，尤以粤菜最具竞争力，一时间粤菜海鲜酒楼随处可见，生意红火，对川菜造成很大的冲击。然而，经过一番冲击与反冲击、对立与统一的实践后，二者开始了部分交融与渗透以适应人们的需要，粤菜借鉴川菜常用味型，菜谱中有了鱼香茄子煲、豉椒炒鱿鱼；而川菜借鉴粤菜擅用鲜活原料之长，制作出众多的海鲜川菜，甚至还借鉴其烹制法和器皿等，出现了铁板回锅肉、麻婆豆腐煲等。此外，四川火锅也曾席卷全国各地，并与当地菜点风味交流融合，产生出一些新品种。

（3）中外交流

20 世纪初，随着西方教会、使团、银行、商行的不断涌入，洋蛋糕、洋蛋卷、洋饮料、奶油、面包、牛排等西点西菜也进入中国，并产生较大的影响。到 70 年代末改革开放以后，中国与海外的饮食交流日益频繁、深入，不仅涉及食物原料、烹饪技法、菜点品种，还涉及生产工具、生产方式、管理营销等多个方面。如面包、蛋糕已经成为许多中国人的早餐食品，面包还常常作为炸制菜肴的辅助原料。西式快餐、日本料理、泰国菜、韩国烧烤等异国风味竞相登陆，冲击着古老的中国饮食，也带来了无限生机。此外，西式快餐的优点及成功经验，西方先进的厨房设施和管理营销方式等正在被中国学习和借鉴。

与此同时，中国烹饪在海外的交流和影响也越来越大。成千上万的华人在世界各地开办中餐馆，传播着中国烹饪技术和饮食文化。改革开放以后，中国又不断派烹饪专家、技术人员到国外讲学、表演、事厨，参加世界性烹饪比赛，使得海外更多的人士了解中国饮食文化，喜爱中国菜点，也促进了世界烹饪水平的提高。如四川从 1979 年开始，先后在美国、加拿大、前南斯拉夫、匈牙利、泰国、尼泊尔、英国、德国、埃及、坦桑尼亚等国家，与当地人士合作开办川菜馆，派厨师主厨，举办菜品交流活动，扩大了中国菜尤其是川菜在海外的影响。

4. 菜点更富有营养和个性

随着生活水平的不断提高，中国人在吃饱的基础上逐渐要求吃好、吃得营养、健康，吃得有文化、有品位。由于西方现代营养学进入中国，与传统的食治养生学说并存，为菜点的营养、健康提供了充分的保证。人们不仅利用二者的方法和原理分析、改良传统菜点，而且广泛用于指导新菜点的烹制，制作出了许多营养、健康的风味菜点。此外，菜点的个性是其文化与品位的重要基础。事实上，改革开放 30 多年来，中国菜点已呈现出许多鲜明、突出的个性特征，主要包括五个方面：一是文化性，即菜点设计、制作中蕴藏着丰富的文化内涵。如东坡菜、仿唐菜、红楼菜、随园菜等，都是根据诗文或轶事等仿制而成。二是新奇性，指菜点在用料或制法上新颖奇特、别具一格。如基围虾，通常采用白灼法，而一些厨师采用“桑拿法”即用蒸汽将活虾蒸焖成熟，鲜嫩异常。三是精细性，指菜点的制作精巧细致。江苏的大煮干丝，豆腐干被切得丝细如发，几乎能随风飘舞。菊花豆腐，用内酯豆腐切成菊花形，入水绽放，栩栩如生。四是乡土性，指菜点在用料和制法上乡土气息、民情风俗浓郁。如四川的江湖菜辣子鸡丁，农家乐的一鸡三吃、石磨豆花等，湖南土菜鳝鱼炒蛋，江苏太湖农家菜等，都拥有浓郁的民间风情。五是生态性，指菜点的用料讲究野生、天然，制作上自然、朴实，不使用或极少使用化学品。如一些菜点以土鸡、土鸭为原料制作而成，味道鲜美，绿色生态。

5. 筵宴持续改良和创新

20 世纪以来，人们的生活条件和消费观念因社会经济的发展和时代浪潮的冲击而发生了变化，中国筵宴也随之出现了新的变化：第一，传统筵宴不断改良。由于时代的变革和人们消费观念等的变化，中国传统的筵宴越来越显出不足，如菜点过多、时间过长、过分讲究排场、营养比例失调、忽视卫生等问题，造成严重浪费，损害身体健康，因此，从 20 世纪 80 年代以来就开始了筵宴改革，力求在保持独有饮食文化特色的同时更加营养、卫生、科学、合理。其中，北京人民大会堂的国宴率先进行改革，北京五洲大酒店第一个将营养要求明确地注入筵宴改革之中，同时在就餐形式上也多样化，既有圆桌上的分食，也有用公筷的随意取食等。第二，创新筵宴持续涌现。为了满足人们新的饮食需求，饮食制作者在继承传统的基础上不断创新，设计制作出大量别具风味的特色筵宴，如姑苏茶肴宴、青春健美宴、西安饺子宴、杜甫诗意宴、秦淮景点宴等，或以原料开发、食疗养生见长，或以人文典故、地方风情见长，不一而足。据《中国筵席宴会大典》载，姑苏茶肴宴是20世纪90年代全国旅游交易会上推出的创新筵宴。它将菜点与茶结合，开席后先上淡红色似茶又似酒的茶酒，接着上芙蓉银毫、铁观音炖鸡、鱼香鳗球、龙井筋叶汤、银针蛤蜊汤等用名茶烹饪的佳肴，再上用茶汁、茶叶作配料的点心玉兰茶糕、茶元宝等，味道佳美，茶香四溢。此外，还引进西方宴会形式，进行中西结合，促进筵宴的进一步繁荣。

第二节 中国餐饮业发展

餐饮业是指通过即时加工制作、商业销售和服务性劳动等手段，向消费者提供食品、消费场所和设施的食品生产经营行业。它随着市场尤其是餐饮市场的产生而产生，随着社会经济和餐饮市场的发展而壮大，是饮食生活商业化的重要标志与内容，也是餐饮市场的重要基础，与餐饮市场密切相关、不可分割。中国餐饮业早在有了市场和餐饮市场之后便开始产生，并随着各个历史时期政治、经济和餐饮市场的不同而呈现出不同的发展状况。

一、中国古代餐饮业发展状况

（一）夏商周时期

在夏商周时期，由于生产力的发展，剩余产品逐渐增多，便开始互相交换，产生和兴起了商业贸易，出现了市场。所谓市场，简单地说，就是买卖双方进行商品交换的场所。在市场中，由于有对饮食品的需求，便逐渐开始了饮食品的制作并将其作为商品进行交换，于是产生了餐饮市场和餐饮业。

《易·系辞下》言：“神农氏作……日中为市，致天下之民，聚天下之货，交易而退，各得其所。”认为神农氏时就有相互进行贸易交换的“市”。而餐饮市场和餐饮业的出现是在普通的“市”出现之后。据文献资料表明，商代的都邑市场上已经开始有饮食店铺出售酒肉饭食，有饮食品的经营者、专业厨师与服务员。当时，朝歌屠牛、孟津市粥、宋城酤酒、齐鲁市脯等，都是很有影响的饮食品经营活动。商代名相伊尹曾经是一名厨师，《鹖冠子》说他当过“酒保”，即酒馆的服务员。姜太公吕尚未遇周文王时也在都城朝歌和重要城市孟津干过屠宰和卖饮之事。刘向《说苑》：“太公尝屠牛于朝歌，卖饭于孟津。”这些记载说明，商代的城邑市肆中已出现了餐饮市场，并且产生了出售卖酒肉饭食等的餐饮业的雏形。

到了周代，商业已有很大发展，出现了商贾阶层，他们有自己的组织，受管理市场的官吏控制，在指定市场进行交易，《周礼》对此有所记载。为满足来往商客的饮食需要，餐饮业有了极大发展，甚至在都邑之间出现了供人饮食与住宿用的综合性店铺。《周礼·地官·遗人》言："凡国野之道，十里有庐，庐有饮食。"发展到春秋之时，各种饮食店铺和专门以烹饪为业的专业厨师不断增多。《韩非子·外储说》言："宋人有酤酒者，斗概甚平，遇容甚谨，为酒甚美，悬帜甚高，然而不售。"即宋国有一个卖酒的人，称量酒的时候很公平，接待顾客很恭谨，酿的酒风味很美，高挂酒旗以招揽顾客，却仍然没有把酒卖出去。这段话虽是寓言，但也说明当时的饮食店铺已较多，相互间为了生存而竞争，必须提供优质的食品与服务。此时，专业厨师的烹饪技艺也较高。俞儿、易牙、专诸等人都当过专业厨师，而易牙甚至以擅长调味而受宠于齐桓公。《淮南子·精神训》言："桓公甘易牙之和。"饮食店铺和专业厨师的增多，加速了餐饮业的发展。

（二）秦汉至唐宋时期

餐饮业和餐饮市场的兴旺反映着一个时期经济文化生活的兴盛。在汉代和唐宋时期，由于农业、手工业的高速发展，对外交流不断加强，带来了交通和商业的空前繁荣，使得餐饮业和餐饮市场日益兴旺，并且出现鲜明的特征。

汉代初年战乱刚结束，统治者不得不实行休养生息的政策，经过文景之治，农业和手工业有了一定发展，加上交通的日益改善和对外交流，带动了商业的发展与繁荣。《史记》载，汉代时全国已形成多个经济区域及相应的大都会。其中，都城长安是全国最繁华、最富庶的城市，在其九市中有全国乃至国外的货物出售。同时，汉代对外贸易不断加强，西部有丝绸之路，东南有海上贸易，往来较为频繁。这一切使得餐饮业和餐饮市场逐渐兴旺起来。汉代桓宽在《盐铁论·散不足》描述长安餐饮市场的状况："熟食遍列，肴旅成市。"《史记·货殖列传》也从另一角度反映了当时餐饮业的兴盛："富商大贾周流天下，交易之物莫不通，得其所欲，而徙豪杰诸侯强族于京师"，正是在这种大环境中，才有"贩脂，辱处也，而雍伯千金。卖浆，小业也，而张氏千万……胃脯，简微耳，浊氏连骑"。汉代人特别是达官显贵所消费的酒食多来自餐饮市场。《汉书·窦婴田蚡传》载，窦婴宴请田蚡，"与夫人益市牛酒"。从史料记载看，餐饮业的发展已不只局限于京都，临淄、邯郸、开封、成都等地也形成了商贾云集的餐饮市场。文君当垆、相如涤器之事已闻名天下。到魏晋南北朝时，由于战乱不绝和各民族交流逐渐加强，使得餐饮业和餐饮市场的发展虽然受到较大影响，却也出现了一些新的特点，即餐饮网点设置相对集中、有了少数民族经营的酒馆。据《洛阳伽蓝记》等史料载，在北魏的洛阳，东市的通商、达货二里之人专以"屠贩为生"；西市的延酤、治觞二里之人"多酿酒为业"。当时，一些来自西域的少数民族在中原地区经营饮食店铺，出现了“胡姬年十五，春日独当垆”（辛延年《羽林郎》）的景象。

隋代统一天下后，都市不断繁荣，特别是洛阳、长安两大都市成为全国商业的两大中心，餐饮业和餐饮市场得到恢复与发展。《大业杂记》言，洛阳三大市场之一的东市丰都，“周八里，通门十二，其内一百二十行，三千余肆，市四壁有四百余店，适楼延阁，互相临映，招致商旅，珍奇山积”。《资治通鉴》卷一八一记载，隋炀帝大业六年，“诸蕃请入丰都市交易，帝许之。先命整饰店肆，檐宇为一。盛设帷帐，珍货充积，人物华盛。卖菜者藉以龙须席，胡客或过酒食店，悉令邀延就坐，醉饱而散，不取其直。给之曰：‘中国丰饶，酒食例不取直。’胡客皆惊叹”。

到了唐代，农业、手工业高速发展，使得交通和商业空前发达。在国内，以长安为中心，形成了向四方辐射的驿道交通网络。《通典·历代盛衰户口》载，“东至宋、汴，西至岐州，夹路列店肆待客，酒馔丰溢”，“南诣荆、襄，北至太原、范阳，西至蜀川、凉府，皆有店肆，以供商旅”。面向国外，陆路有北、中、南三条路通往中亚和印度，水路则航海远至东南亚、日本等国。各种贸易快速发展，长安成为世界上规模最大、最繁华的城市，其商业区布满邸店、商肆，聚居着波斯、大食以及其他国家的商人。此外，一大批新兴城市不断涌现，扬州、苏州、杭州、荆州、益州和汴州等都是拥有数十万人口的大城市。宋代时，商业更加繁荣。各地农村普遍出现了定期集市——草市、墟市，城市的商业贸易则突破了唐及唐以前实行的坊（住宅区）与市、昼与夜的界限，市场十分活跃。《东京梦华录》记载北宋都城汴京：“八荒争凑，万国咸通。集四海之珍奇，皆归市易，会寰区之邑味，悉在庖厨。”所有这些使得唐宋时期的餐饮业和饮食市场高速发展。

从《东京梦华录》《梦粱录》和《武林旧事》等有关史料可以看出，唐宋时期的餐饮业和餐饮市场具有三大突出特点：一是经营档次齐全，网点星罗棋布。以北宋开封为例，从城内的御街到城外的八个关厢，处处店铺林立，形成了20余个大小不一的餐饮市场。其中，既有大型的酒楼“正店”，也有中小型的酒店如“分茶”、“脚店”，还有微型的饭馆和流动食摊。它们遍布城市各个角落，形成一个饮食网，满足着不同阶层人士的不同需要。二是经营方式灵活多样，昼夜兼营。唐代张籍《成都曲》描绘当时成都餐饮市场已无时间限制：“万里桥边多酒家，游人爱向谁家宿。”而宋代的饮食市场，不仅有综合性经营的酒楼如“正店”，有分类经营的面店、酒馆、茶肆等，还有专营小吃的食店、食摊，经营方式多样且灵活，并且夜市开至三更，五更又有了早市，时间间隔极短。吴自牧在《梦粱录》“夜市”中言：“杭城大街，买卖昼夜不绝。夜交三四鼓，游人始稀；五鼓钟鸣，卖早市者又开店矣。”三是服务周到，分工精细。《东京梦华录》卷四载，北宋都城汴京的酒楼食店，“每店各有厅院东西廊，称呼坐次。客坐，则一人执箸纸，遍问坐客。都人侈纵，百端呼索，或热或冷，或温或整，或绝冷、精浇、膘浇之类，人人所唤不同。行菜得之，近局次立，从头唱念，报与局内。当局者谓之‘铛头’，又曰‘着案’讫，须臾，行菜者左手杈三碗、右臂自手至肩驮叠约二十碗，散下尽合人呼嗦，不容差错。一有差错，坐客白白主人，必加叱骂，或罚工价，甚者逐之”。这样的服务满足了食客的饮食需求和欣赏需求，周到而美妙。南宋时，都城临安则出现了上门服务、承办筵席的“四司六局”，各司各局内分工精细、各司其职，提供周到的服务，无须顾主操心。此外，还出现了专门为游览湖光山色者备办饮食的“餐船”和专门为富贵之家烹制菜肴、技艺精绝且身价极高的厨娘。

（三）元明清时期

在这一时期，由于政治、经济的影响，餐饮业和餐饮市场在受到一定制约、经历了一段相对低谷的阶段后又重新发展壮大，尤其是在明清时期，数量众多、类别各异的饮食店铺相互竞争，又互为补充，推动餐饮业和餐饮市场走向持续兴盛。

元代时，由于海运和漕运的沟通，纸币交钞的发行，多民族经济文化的加速交流，促使了商业的繁荣。京城大都号称“人烟百万”，有米市、铁市、马牛市、骆驼市、珠子市等，商品数量和品种极多。《马可·波罗游记》言：大都“有物输入之众，有如川流不息，仅丝一项，每月入城者计有千车”，为商业繁盛之城也。泉州是对外贸易的商港，政府甚至在此设市舶都转运司，“官自具船给本，选人入番贸易诸货”（《元史·食货志》）。商业的繁荣对餐饮业的发展具有重要意义。但是，由于元代是蒙古族入主中原，统治者长期实行民族压迫与歧视政策，对餐饮市场进行严格的规定和管理，划定经营地点、取消夜市等，在很大程度上又制约了餐饮业和餐饮市场的发展。《元史》卷八十五载，在元大都设有专门机构和专职官员，直接管理饮食市场，不仅有“大都宣课提举司，掌诸色课程”，而且根据饮食市场各个行业的规模层次，再分别设有品秩不同的管理人员。政府专门机构和人员对餐饮市场的管理主要包括两个方面：一是地点的规定。熊梦祥《析津志辑佚·城池街市》载，在元大都，“米市、面市，钟楼前十字街面南角”，“菜市，丽正门三桥，哈达门丁字街”，“蒸饼市，大悲阁后”，通常情况下，这些地点的安排与划分不可随意变动。二是时间的规定。最突出的是一些都市实行宵禁政策，取消夜市。元代仇远《题溧阳市》诗言：“万家大县旧留都，一派中江入太湖。缩项鱼肥人鲙玉，长腰米贵客量殊。府分南北寒芜合，桥直东西夜市无。”由于夜市停止，餐饮业者便十分注重天明时早市的开张营业，以延长经营时间，争取更多客源、获取收益，因此，元代的餐饮早市比较兴盛。如元大都，一些大型酒楼茶馆，往往黎明即起，开市营业。元代马臻《都下初春》云：“茶楼酒馆照晨光，京邑舟车会万方。”廼贤《京城春日》也言：“黄鹤楼东卖酒家，王孙清晓驻游车。”其他城市也大都如此，《马可·波罗游记》第二卷言："街市蒸作麦糕，诸糕饼者，五更早起，以锣锣敲击，时而为之。"

明清时期是中国封建社会再次走向鼎盛的时期，同时酝酿出资本主义萌芽。这时，农业、手工业都有较大发展，水陆交通十分发达，中外贸易日益增多，商业非常繁荣。清代孔尚任在《桃花扇》中描写明末时的扬州道："东南繁荣扬州起，水陆物力盛罗绮。朱橘黄橙香者椽，蔗仙糖仙如茨比。一客已开十丈筵，宾客对列成肆市。"吴敬梓在《儒林外史》记述当时南京："大街小巷，合共起来，大小酒楼有六七百座，茶社有一千余处"、"当年说每日进来有百牛、千猪、万担粮，到这时候何止一千头牛、一万头猪，粮食更无其数！"如果说戏剧、小说是文学作品，难免有些夸张，那历史文献则是比较准确可信的了。《皇朝经历文编》卷四十载晏斯盛《请设商社疏》记载汉口镇的情形："地当孔道，云贵、川陕、粤西、湖南处处相通，本省湖河，帆樯相属，粮食之行，不舍昼夜。"此外，对外贸易也更加频繁，在嘉庆以前，中国在国际贸易中始终保持领先地位。如景德镇的瓷器"东际海，西被蜀，无所不至"、"穷荒绝域之所市者殆无虚日"（王宗沐《江西省大志》）。当时，全国最富有、最著名的商人是山西的票商、江南的盐商和广东的行商。

随着商业的繁荣和城市的大量增加，明清时期的餐饮业和餐饮市场也走向了持续的兴盛，形成了能够满足各地区、各民族、各种消费水平及习惯等的多层次、全方位、较完善的市场格局，突出地表现在两个方面：一是专业化的饮食行异彩纷呈。它们主要依靠专门经营与众不同的著名菜点而生存发展，凭借着风味超群、价格低廉、经营灵活的优势，在全国各地饮食市场中数量不断增多，占据着越来越重要的地位。如清代时，在北京出现了专营烤鸭的便宜坊、全聚德，烤鸭技艺独占鳌头，名扬天下；上海有专营糕团的糕团铺，专营酱肉、酱鸭、火腿的熟食店，专营猪头肉、盐鸭蛋的腌腊店；在成都，有许多著名的专业化食品店及名食，据《成都通览》记载，有澹香斋之茶食、抗饺子之饺子、大森隆之包子、开开香之蛋黄糕、陈麻婆之豆腐、青石桥观音阁之水粉等。二是综合性的饮食店种类繁多、档次齐全，在餐饮业和餐饮市场中有着举足轻重的地位。它们有的以雄厚的烹饪技术实力、周到细致的服务、舒适优美的环境、优越的地理位置吸引顾客，有的以方便灵活、自在随意、丰俭由人而受到欢迎。如明代时，南京有十余个官建民营的大酒楼，富丽豪华，巍峨壮观，且有歌舞美女佐宴。清代时，天津的八大成饭庄，庭院宽阔，内有停车场、花园、红木家具、名人字画等，主要经营"满汉全席，南北大菜"，接待的多是富商显贵。而成都的饭馆、炒菜馆等，经营十分灵活，非常大众化。据《成都通览》言，炒菜馆菜蔬方便，咄嗟可办；饭馆可自备菜蔬交灶上代炒，只给少量加工费。除了这些高中低档餐馆外，还有一些风味餐馆和西餐厅。如《杭俗怡情碎锦》载，清末时杭州有京菜馆缪同和、番菜馆聚丰园及广东店、苏州店、南京店等，经营着各种别具一格的风味菜点。上海在西方饮食文化的渗透影响下出现了数家中西兼营的餐馆和西餐厅。

二、中国近现代餐饮业发展状况

（一）民国时期

1840 年的鸦片战争使中国从强盛的封建帝国进入半殖民地、半封建社会，西方文化伴随着坚船利炮逐渐进入中国。到民国时期，中国已经沦为一个贫穷落后的国家，接连不断的战争，帝国主义、封建主义、官僚资本主义“三座大山”的压迫剥削，以及社会交往的日益频繁、社会流动人口和中西交流的增加，各种政治势力和社会团体的蜂起，使得餐饮业和餐饮市场在发展速度上变得十分缓慢甚至有些停滞，但仍然呈现出新的特点。

此时，餐饮业和餐饮市场的特点至少有三个方面：一是主营、专营筵宴的餐馆、酒楼迅速增加。这在当时的中小城市表现尤为突出。如在湖南，据刘泱泱《近代湖南社会变迁》载，民国初年，长沙相继开业的餐馆、酒楼有天然台、天乐居、曲园、玉东楼、奇珍阁等，到 1922 年全市共有酒席馆 41 家。1926 年印行的傅熊湘著《醴陵乡土志》记述，旧时醴陵“县城食肆止于包面茶馆，无以酒席为业者，今则酒楼、菜馆遍于街市”。在河北，据 1936 年印行的《香河县志》载，该县“近年则鱼肉满市，几于供不应求，饭店包办酒席，成为习惯”。二是各地风味餐馆、酒楼跨地域发展十分活跃。这在大城市表现很突出。北京是民国时期各地风味餐馆最为密集的城市之一。据朱汉国、杨群主编的《中华民国史》（生活文教卷）记述，当时北京较著名的风味饭馆有：厚德福，经营河南菜；玉华台，经营淮扬菜；五芳斋，经营上海菜；晋阳春，经营山西菜；西黔阳，经营贵州菜；恩成居、东亚楼，经营广东菜；峨眉酒家，以四川菜著名。据 1943 年重庆中西餐业同业公会会员名册统计，当时重庆市区已有中餐馆 230 家，其中川菜馆 110 家，江浙馆 45 家，北方馆 27 家，粤菜馆 15 家，鄂菜馆 15 家，鲁菜馆 5 家，豫菜馆 5 家，徽菜馆 3 家。三是西餐馆在都市有了较大发展。西餐馆在鸦片战争以后就已出现。到民国时期，随着国人对西餐的日益认同，逐渐将吃西餐作为一种显示身份与品位的饮食时尚，加之来华的西方人不断增加，使得西餐馆在上海、广州、北京、天津、武汉和哈尔滨等地迅速发展。据朱汉国、杨群主编的《中华民国史》（生活文教卷），在上海，20 世纪 30 年代末已有各式西餐馆近百家，到 40 年代末则增至上千家，仅黄浦江附近地区就有西餐馆上百家。其中，西洋西菜社主营英国菜，红房子西菜馆经营法国菜，天鹅阁西菜馆经营意大利菜，德大西菜社经营德国菜。在武汉，到 20 世纪 30 年代末已有大中型西餐馆 26 家；在哈尔滨，民国时期西餐馆达百余家，仅中央大街两侧就有 30 余家。尽管西餐业在中国的许多都市有较大发展，但西餐的流行仅限于一些地区、阶层和场合，大多数地区、阶层和场合仍然以中餐为主，因此，中餐业在整个餐饮业中始终占据着绝对的统治地位。

（二）新中国时期

1949年中华人民共和国成立以后至今，中国餐饮业进入当代发展时期，在经历了一番曲折之后走上了繁荣创新的跨越式发展之路。

1. 改革开放以前

中华人民共和国成立之初，百废待兴，党和政府在恢复国民经济、提高人民生活水平的同时，采取了鼓励经营、互助合作、公私合营等措施发展餐饮业，建立了为数较多的国营饮食服务网点和集体网点，一些曾经因战乱等原因而倒闭的著名餐馆、酒楼得以恢复或重建。仅以四川为例，在1952～1957年期间共建立了国营饮食服务网点1.6万个、集体网点11.8万个，从业人员达20余万人，能够基本满足当地饮食消费者的需要。

然而，1958年以后直至1978年的20年时间里，受"大跃进"左倾思想和浮夸之风、三年自然灾害、十年"文化大革命"的不良影响与破坏，中国餐饮业的发展起伏不定甚至出现了倒退。罗汉平在《大锅饭——公共食堂始末》一书中摘录了1958年《人民日报》关于粮食生产放"卫星"的部分报道标题："（湖北）麻城一社出现天下第一田，早稻亩产36900斤"，"广东穷山出奇迹，一亩中稻60000斤"，最大的稻产"卫星"放到了亩产16万斤、花生亩产53408斤。还记载说，一个七分地的试验田，用700斤种子播种，预计收粮7万斤，但由于麦苗长得太密，实际仅收了163斤秕麦。由于严重的浮夸风，加上三年自然灾害，导致粮食等食物原料严重短缺，餐饮业受到很大打击。从1963年到1966年上半年，党和政府积极纠正错误，在"发展经济，保障供给"方针的指导下采取多种政策、措施，促进农业生产，使国民经济明显好转，餐饮业也通过调整经营方式、增加经营特色、恢复传统服务等举措得到一定的发展。但是，从1966年下半年开始掀起"文化大革命"，直到1976年结束，社会经济的发展遭受极大灾难，餐饮业也未能幸免，主要表现在两个方面：一是餐馆、酒楼大量减少。在这期间，不少老店、名店被当成封、资、修或遭到砸烂，或被迫改名歇业；公私合营店、合作店被撤销或转为国营，自营店、个体店也转为街道经营或取消、减少，甚至仅保留国营餐饮店。二是服务质量降低。在"文革"期间，绝大部分餐饮店在经营服务上将原先的单锅烹制改为大锅烹制、分盘分份出售，品种单调，风味低劣；将传统的点菜上桌、吃后结账改为顾客自行购牌，到窗口交牌端菜。因此，整个餐饮业陷入停滞不前的状态，出现了餐馆饭菜难吃而且凭票供应、吃饭难的状况。据国家统计局统计资料显示，在"文革"结束不久的1978年，全国餐饮业的经营网点不足12万个，员工104.4万人，零售额54.8亿元。而四川省的国营、集体饮食服务网点总共只有2.8万个，比1957年减少82%，是中华人民共和国成立以来的最低点，不仅经营网点少，而且品种单调，严重影响了餐饮业发展。

2. 改革开放以后

1978 年 12 月，中共十一届三中全会确定把工作重点转移到改革开放、发展经济和社会主义现代化建设上来。此后，党和政府十分重视经济建设和商业的作用，把商业和餐饮服务业归属为国民经济发展的“第三产业”，并积极倡导市场经济，鼓励人们经商、办企业，吸引外资参与经济建设，使国民经济有了前所未有的快速发展，人民生活水平大幅提高。世界银行 1997 年的一份报告《崛起的中国》指出，中国国内生产总值在世界中的份额，1820 年时曾高达近 30%，后来迅速下降到不足 3%，在 1978 年尝试改革之前仍有约 6 亿人口的生活低于国家绝对贫困标准，但是改革开放改变了中国经济增长的进程，在最初的 15 年中，中国经济增长了 4 倍，仅用 10 年时间就使人均收入翻了一番，其速度比美国、巴西等多数国家发展的初期都要快。到 2002 年，中国国内生产总值超过 10 万亿元，近 13 亿人的生活基本达到小康水平。随着市场经济的持续、深入发展和人民生活水平的不断提高，第三产业蓬勃兴起，餐饮业也受到前所未有的重视和青睐，不断打破常规，迅速发展为第三产业的一个中坚力量，呈现出空前繁荣与创新的局面，具有以下重要特点：

（1）餐饮业增长势头迅猛，层层跃进

自 20 世纪 70 年代末改革开放到 21 世纪以来，中国餐饮业增长迅猛，始终保持着旺盛的发展势头。经过十余年的酝酿、准备，从 1991 年开始，全国餐饮业零售额每年增幅都在两位数以上，到 2006 年已超过 1 万亿元。2007 年，餐饮消费持续快速增长，中国餐饮业在国民经济各行业中继续保持领先地位。据商务部发布的数据显示，全国餐饮业零售额达 12352 亿元，同比增长 19.4%，其零售额占社会消费品零售总额比重为 13.8%。2008 年，餐饮业零售额达到 15404 亿元，同比增长 24.7%，比 2007 年增幅又高出了 5.3 个百分点。有关方面预计，到 2010 年，全国餐饮业零售额将达到 2 万亿元左右。中国烹饪协会会长苏秋成指出，中国改革开放 30 年，餐饮业营业额增长 200 多倍，餐饮消费成为拉动我国消费需求增长的重要力量，中国餐饮业是起步最早、开拓发展最快、收效最明显、市场化程度最高的行业之一。

杨柳主编的《2008 年中国餐饮产业运行报告》指出，中国餐饮业在改革开放后的 30 余年时间里不断发生巨大变化，层层跃进，可以较为清晰地分为四个阶段：一是改革开放起步阶段。20 世纪 70 年代末至 80 年代，我国餐饮业在政策上率先放开，政策的开放引导和各种经济成分共同投入，使餐饮行业取得新的突破和发展。传统计划经济模式受到冲击，社会网点迅速增加，市场不断繁荣，“吃饭难”的局面得到较大缓解。特别是社会上出现的一批个体私营的中小型网点，以价格优势、经营优势和灵活的服务方式赢得了市场认可，受到社会大众的欢迎。二是数量型扩张阶段。20 世纪 90 年代初，社会需求逐步提高，社会投资餐饮业资本大幅增加，餐饮经营网点和从业人员快速增长，国际品牌也纷纷进入，外资和合资餐饮企业涌现，行业蓬勃发展。同时，餐饮业积极调整经营方向，面向家庭大众消费，满足市场需求的能力提高，使自身焕发出新的生机。三是规模连锁发展阶段。20 世纪 90 年代中后期，中国餐饮企业实施连锁经营的步伐明显加快，在全国范围内，很多品牌企业跨地区经营，并抢占了当地餐饮业的制高点，市场业态更加丰富，菜品创新和融合的趋势增强，各地代表性连锁餐饮企业不断涌现，规模化、连锁化成为这一阶段显著特点。四是品牌提升战略阶段。进入 21 世纪后，中国餐饮业发展更加成熟，增长势头不减，整体水平提升，特别是一批知名的餐饮企业在外延发展的同时，更加注重内涵文化建设，培育提升企业品牌，积极推进产业化、国际化和现代化进程，综合水平和发展质量不断提高，并开始输出品牌与经营管理，品牌创新和连锁经营力度增强，现代餐饮发展步伐加快。

（2）餐饮投资主体多元，业态细化

20 世纪 80 年代初，中国餐饮业是国营企业占据主导地位，但随着国家对民营企业的提倡与政策扶持，餐饮业的开放和市场化程度不断提高，民营餐饮企业开始萌芽和发展。到 20 世纪 90 年代后，民营企业逐渐成为中国餐饮业的主力军。此外，社会各界对餐饮业的投入不断增加，如房地产业、金融业等其他行业的人士都带着资金和现代化的企业管理理念进入餐饮业，成为中国餐饮业的投资主体之一，而国营餐饮企业也逐渐进行了股份制改造，提高了市场竞争力，呈现出投资主体多元化的特征。据统计，目前在全国餐饮业网点中，国有经济比重越来越少，以个体、私营和三资企业为代表的非国有经济的比例已超过 95%。拥有各种投资主体的餐饮企业各显其能，形成了百舸争流的壮观局面。

如今，中国整个餐饮业已经是市场化程度最高的行业之一。面对激烈的市场竞争，众多餐饮企业根据餐饮需求的不断增强和变化，确立和调整自身的生产经营方式和品种，经营重心以家庭、个人和工薪阶层消费为主，满足日益提高的大众化市场需求，开拓和延伸企业经营领域，使餐饮业态的细分化程度不断提高，正餐、快餐、多种业态共存、互补。2009 年 5 月，国家食品药品监督管理局在“关于做好《餐饮服务许可证》启用及发放工作的通知”中根据全国餐饮业的发展状况，将餐饮业态分为五类：第一，餐馆（含酒家、酒楼、酒店、饭庄等）。指以饭菜（包括中餐、西餐、日餐、韩餐等）为主要经营项目的单位，包括火锅店、烧烤店等，又根据经营场所使用面积或就餐座位数分为特大型餐馆、大型餐馆、中型餐馆、小型餐馆四种。第二，快餐店。指以集中加工配送、当场分餐食用并快速提供就餐服务为主要加工供应形式的单位。第三，小吃店。指以点心、小吃为主要经营项目的单位。第四，饮品店。指以供应酒类、咖啡、茶水或者饮料为主的单位。第五，食堂。指设于机关、学校、企事业单位、工地等地点（场所），供内部职工、学生等就餐的单位。其实，关于餐饮业态的分类方法还有许多，并且在每一种业态下还可进一步细化。

（3）餐饮网点数量繁多，个性鲜明

改革开放以来，伴随着行业规模不断扩大、餐饮零售额迅猛增加，餐饮企业和店铺的数量变得十分繁多。据相关统计资料显示，1980 年，中国餐饮网点数量为 29. 8 万个，从业人员为 176. 5 万人。到 1992 年，餐饮网点数量上升 174 万个，从业人员为 480 万人。而改革开放 30 年以后与改革开放前夕相比，餐饮经营网点增加 400 多万个，从业人员增加近 2000 万人。

在数量繁多的餐饮网点中，众多餐饮企业有着鲜明的个性，主要表现在三个方面：一是丰厚的文化底蕴。即将悠久而丰富的文化融入菜点制作和企业的装修、经营之中。如四川的皇城老妈火锅城，以承袭汉风的古建筑，挂满大厅的名人字画，荡气回旋的古典音乐，让人品味到一种沉淀厚重、源远流长的巴蜀文化气韵；而菜根香泡菜酒楼以蔬食为主，凸显的是“吃得菜根，百事可为”的人生哲理。二是强烈的品牌意识。许多著名餐饮企业常常摒弃雷同，不盲目跟风，在调查研究的基础上精心策划，从题材选择、市场定位、形象包装到菜点和筵席的设计、制作以及经营管理等方面，努力塑造自己独具特色的品牌。如巴国布衣酒楼从开业伊始，就确定了以川东民风民俗菜为主题，并从川东农家大院及乡村风情的装修特色和干香、辛辣、味厚、朴实的菜肴特色等方面加以体现。三是新颖的经营理念与模式。许多著名餐饮企业不仅放弃了“酒好不怕巷子深”的传统经营观念，采用“舆论先行，广告开路”的新观念，在媒体上定期或不间断地做广告、发布信息，开展各种促销活动，而且改变过去“小而散，低起点，手工作坊式”的经营模式，将经营、科研、教学及原辅料的生产连成一体，通过规模化、连锁化、多元化的集约型新模式发展壮大。其中，连锁经营成效十分显著。如北京的全聚德（集团）股份有限公司、内蒙古小肥羊餐饮连锁公司、重庆德庄实业（集团）有限公司、四川谭鱼头股份有限公司等，就是其中的部分代表。

（4）餐饮发展方式转变，产业化、国际化进程加快

在改革开放以后，中国餐饮业的发展方式逐步从由传统餐饮向现代餐饮转变，尤其是在餐饮产品的生产上，将现代科学知识和科技手段运用其中，技术创新和科学管理受到重视，集中配餐配送得到越来越多的应用，不断朝着科学化、标准化、规模化和工厂化的方向发展。如一些快餐企业和学校食堂，根据营养学知识、《食物成分表》和人体每人的营养素需求，设计搭配营养菜点或套餐。安徽省烹饪协会则联合该省质量技术监督局，通过科学、细致的实验和研究，对部分著名徽菜品种的原辅料、调料和烹制加工工艺、风味特色等制定出系列标准，出版了《徽菜标准》一书，为这些安徽名菜的科学化、标准化、规模化生产打下了良好的基础。

近年来，由于餐饮发展方式的逐渐转变，餐饮业的产业化不断加快。餐饮业的产业链条不断延伸，出现了大规模的食物原料生产、加工基地和大型中央厨

房、配送中心等，与种植业、养殖业、制造业、食品加工业和旅游业等上下游产业的联系更加紧密，使餐饮业成为拉动消费、繁荣市场、安置就业和带动地方经济发展的重要途径，在国民经济中的地位和作用明显得到提升和加强，因此也受到各级政府的高度重视。据商务部发布的数据显示，在2007年，12352亿元的全国餐饮业零售额，拉动社会消费品零售总额增长了2.6个百分点，对社会消费品零售总额的增长贡献率为15.6%。2008年，餐饮业零售额达到15404亿元，对社会消费品零售总额的增长贡献率为15.8%，继续成为拉动经济增长的重要力量。此外，由于全球经济一体化加快，中国餐饮业的国际化发展进程也不断加快，海外餐饮不断进入中国市场，各大品牌应有尽有，丰富了我国餐饮市场。同时，许多国内餐饮企业纷纷跨出国门，通过中外合资、兼并重组、海外融资与上市等方式跻身世界餐饮大家庭，使中餐馆数量在国外有一定提高。仅以美国为例，据美国餐馆协会的报告，如今美国共有中餐馆约2.8万家，年营业额近300亿美元，约占美国餐饮业网点与营业额的3.4%和8.5%。

三、中国未来餐饮业发展趋势

由于中国经济的稳定增长，国家宏观调控政策上坚持扩大内需方针、重点促进和扩大消费需求，以及餐饮企业自身结构调整和整体服务水平的提升等原因，中国餐饮业成为增速最快的行业之一，行业规模持续扩大。但是，它也是市场化程度最高的行业之一，并且处于逐步从传统餐饮向现代餐饮转变的过程中，存在着许多问题和不足。如行业集中度较低，个体、分散经营仍占大多数；人才匮乏，特别是专业技术人才和高层管理人才短缺现象较为严重；餐饮企业经营管理滞后，水平有待提高等。这使得中国餐饮业在越来越激烈的市场竞争中，面临许多新的严峻挑战。陈光新在《2005年中国餐饮业面临新挑战》一文中指出，新的挑战主要有五个方面：一是“三低两高”激发的矛盾；二是“菜品退化”与“审美疲劳”的冲击；三是洋快餐对中式餐饮的进逼；四是企业骨干人才的匮乏；五是新字号如何延长生命活力。其中，“三低两高”包括两层含义：第一，资本有机构成低、企业科技含量低、从业人员文化素质低，而竞争程度高、淘汰率高；第二，准入门槛低、菜品价位低、企业利润低，而原材料、劳动力成本双提高。今后，中国餐饮业只有始终以餐饮市场需求为导向，扬长避短，借他人之长以补己之短，采取各种举措迎接调整，才能继续保持健康、快速的发展，由此将呈现出众多良好的发展趋势。常言道，有需求，就有生产、有经营。这里仅从与餐饮业发展密切相关的餐饮需求、生产和经营三个方面阐述中国未来餐饮业的发展趋势。

（一）餐饮消费需求更趋于大众化、多元化

面向大众是中国餐饮业永恒的主题，大众消费的比重则随着经济水平的提高而提高。如今，中国已处于消费增长的黄金阶段，伴随着劳动力与时间价值的增

值，越来越多的人不愿意将时间用于自己烹制饭菜，转而外出就餐，使得餐饮市场的消费逐渐从集团消费为主转向大众消费为主。据统计数据显示，在20世纪90年代中期以前，集团消费十分盛行，占许多高中档餐饮企业零售额的70%～80%；20世纪90年代后期尤其是21世纪以来，集团消费依然存在，但占餐饮企业零售额比重最大的是大众消费，家庭私人餐饮消费占80%。2005年，全国年人均餐饮消费支出达680元，比1978年增长118.4倍，超过千元的有上海、北京、天津、广东、浙江、辽宁，广州市人均餐饮消费支出4160元，全国第一。其中，白领人士每周平均在外就餐2.5次，40%为个人消费。2007年，中国人均餐饮消费支出915元，2008年则增长到1158元。随着国家扩大内需、促进消费政策的延续，人们收入水平和饮食消费支出的不断提高，大众消费的巨大潜力将进一步发挥出来，开拓大众化餐饮市场将成为餐饮业发展的重点，因此，餐饮消费大众化的趋势必将继续下去。

但是，大众化主要是针对消费人群而言，并不意味着单一、低档。马斯洛需求层次理论指出了人类需求的金字塔式的层次性，饮食需求按人群构成来看，大多数处于需求的中低层次，餐饮消费的大众化存在着差异性，因不同发展时期、不同地区而各有不同。改革开放至今，餐饮消费已经从过去的吃饭难、有啥吃啥发展到现在的吃特色、吃文化、吃健康和吃啥有啥，各种业态的餐饮都获得了极大发展但又有所差别。据近年来的统计数据分析，主要餐饮业态在全国的比重和规模各有侧重，在东部省市，快餐规模超过正餐，上海、江苏等占市场份额50%以上，广东占90%，而在中西部大多数地区，仍然以正餐为主。今后，人们的餐饮需求将不再是过去的饱腹型、低层次生理需求，而是理智型、多层次的，不仅在生理需求上更加注重方便快捷、营养健康等高层次的追求，而且更注重个性、美感、品位等心理需求，在消费特征上呈现出更加多元化的趋势。由此，餐饮市场上将会出现更多个性独特的餐厅。如餐饮会所，特点是环境雅致、菜品精美、服务到位、私密性强等；主题餐厅，特点是风味独特、文化艺术气氛浓；社区餐馆、快餐厅等，特点是价廉物美、方便快捷。此外，购物、餐饮结合的超市食府和集休闲、娱乐、餐饮于一体的休闲美食广场等也将进一步发展壮大。

（二）餐饮生产方式更趋于科学化、现代化

随着中国餐饮业逐步从传统餐饮向现代餐饮转变，加之原材料和劳动力成本的不断提高，人们日益增强的对营养健康和个性、美感饮食的多重需求，餐饮生产将在科学与艺术结合、手工与机械并存的情况下，更加注重科学知识、现代技术和机械设备的运用，从而使餐饮生产方式更趋于科学化、现代化。

餐饮生产方式的科学化，是指运用现代自然科学知识、技术和社会科学知识进行餐饮生产，达到营养卫生与美感的完美结合。如在食物原料的选择和配搭上，利用农业科学技术、微生物学和营养学知识等，尽量选择天然的绿色食

物原料，并进行营养均衡的搭配；在食物的加工制作过程中，根据食品科学原理，采取更科学的烹调方法、操作程序，最大程度地减少营养损失，同时科学、合理地使用食品添加剂、改良剂、强化剂、乳化剂、蓬松剂和各种风味调料，再根据人们的审美心理和美学原则等，制作出营养卫生、富有美感的食品。

餐饮生产方式的现代化，是指将传统的手工艺与现代食品加工技术相结合，更多地运用现代技术和机械设备进行餐饮生产，达到现代意义的手工烹饪与工业烹饪完美结合。所谓现代意义的手工烹饪，主要指利用现代科学理论与方法，对传统手工烹饪进行改革式继承与发扬，生产出个性化的特色饮食品，其特点是个性化、创造性。手工烹饪重在满足人们的心理需要，但也不能忽视人们最基本的生理需要，将在注重艺术性的基础上辅以标准化，力求在特色突出的前提下让人们吃得更科学。而现代意义的工业烹饪，主要指用现代高科技设备和生产技术生产各种饮食品，其特点是用料定量化、操作标准化、生产规模化，科学卫生、方便快捷。工业烹饪主要是满足人的生理需求，但也不能忽视人的心理需求，应在注重科学的基础上辅以艺术，在保证高效稳定的前提下让人们愉快地吃。以目前为例，一些餐饮企业的菜点成品、半成品、酱料加工都已采用现代化加工方式进行生产。如北京的丽华快餐经营的是无店铺餐饮，只拥有中央厨房和配餐系统进行菜点生产，但做到了“北京三环以内，30 分钟送到”。嘉旺快餐将半成品、酱料在中央厨房制作，分店只烹饪或加热，由 10 分钟缩短为 30 秒，解决了“快餐只快而风味不佳”的问题。而许多火锅企业利用机械生产出火锅底料，在店铺里只需要剪开火锅底料的包装袋、倒入锅中即可。现代化的餐饮生产方式大大降低了原料、人力成本，它一定会在人口规模日益减少的未来社会得到更大运用。

（三）餐饮经营模式更趋于品牌化、连锁化

从已经取得的经验可以看出，品牌化、连锁化的餐饮经营模式有效地降低了餐饮企业的原材料成本和人力成本，使中国餐饮企业和餐饮业获得了巨大的发展。未来的日子里，随着原材料和人力成本的不断上升，面对激烈的市场竞争，能否获得低成本经营的优势对餐饮企业和整个中国餐饮业的发展来讲更加重要，因此，餐饮经营模式在单一店铺经营与连锁经营并存的情况下，将更加趋于品牌化、连锁化。

品牌，主要指一种能为消费者和企业创造长期价值的无形资产，主要包括标志和信誉两大部分。标志是诸如商标、文字、图案等表现方面的因素；而信誉则包括品牌承诺和在承诺方面的表现。这两个方面构成了品牌的两大主题，只有达到这两个方面的均衡发展，品牌才能最终成功确立。品牌作为无形资产，可以有偿转让使用权，扩大市场占有率，是企业发展的有力杠杆。如今，在中国餐饮业的发展中，全聚德、东来顺、马兰拉面等优秀特许品牌的推出对促进餐

饮企业的品牌经营和规模发展起到了积极的推动作用。今后，面对日益激烈的竞争，将会有越来越多的餐饮企业意识到品牌的重要性，并逐步通过有形产品、服务、环境、文化等多种因素的整合创造自己的品牌，大力开展品牌经营。

连锁经营，通常是指经营同类商品或服务的多个经营单位，以共同进货或授予特许权等形式组成一个公司联合体，通过对企业形象和经营业务等方面的标准化管理，实行规模经营，从而实现并共享规模效益，包括直营连锁、特许连锁、自由连锁等三种基本形态。所谓直营连锁，是连锁经营企业总部通过独资、控股或吞并、兼并等方式开设门店，发展壮大自身实力和规模的一种连锁形式，又称为正规连锁。特许连锁是连锁经营企业总部与加盟店之间依靠契约结合起来的一种连锁形式，又称加盟连锁或合同连锁。它能够使连锁经营企业迅速壮大，其发展速度是三种连锁形式中最快的一种。自由连锁是指通过签订连锁经营合同，总部与具有独立法人资格的门店合作，各个门店在总部的指导下集中采购、统一经销规模的一种形式，又称为自愿连锁或合作连锁。从 1987 年肯德基进入中国，中国餐饮业就开始了连锁经营，到如今，连锁经营已成为餐饮企业快速发展的主要途径，但国内餐饮企业多以特许加盟方式进行连锁经营、扩张规模，而外资餐饮企业则多以直营连锁发展进行品牌渗透。中国烹饪协会统计数据显示，中国限额以上餐饮企业集团数仅有 349 家，但到 2007 年，中国餐饮企业的连锁店已达到 2400 家，餐饮零售额 215 亿元，远远超过其他餐饮企业。一些大型餐饮企业如小肥羊、全聚德、俏江南、德庄等连锁扩张步伐明显加快，市场占有率得到极大提高。今后，为了获得更多的市场占有率和社会、经济效益，将会有越来越多的餐饮企业开展更多、更大规模的连锁经营。

可以预料，中国餐饮业以大众化、多元化的餐饮消费需求为导向，借助科学化、现代化的餐饮生产方式，采用品牌化、连锁化的餐饮经营模式，积极开拓、不断创新，必将用异彩纷呈的菜点，满足人们不断出现的各种新要求，创造出更加辉煌、灿烂的未来。

实训项目

某餐饮企业新店开业前的餐饮市场环境调研

实训资料

某餐饮企业是一家大型知名餐饮企业，在省内拥有十余个直营店，生意持续向好。为了扩大餐饮规模，该企业决定跨省开设新的直营店。为此，该企业派出相关人员进行开业前的餐饮市场环境调研。

实训内容

1. 确定市场调研的目的及内容

确定餐饮市场环境调研的目的和内容的主要依据，是客户通过该调研活动需要解决的问题及其解决的程度。餐饮企业新店开业前的餐饮市场环境调研，主要针对的是新店开设的目标市场，其目的大多是收集资料，掌握餐饮市场环境与需求，以最终确定是否适宜在此区域开店，其内容则主要是地理环境调查、行业环境调查、餐饮市场分析等。

（1）地理环境调查

目标市场所在地的地理环境主要包括两个方面：一是地理特点，如区域的具体位置、区域的地貌、政治区域和城市中心带等。二是气候、风土特点，如气温、降水量、干湿度等。

（2）行业环境调查

目标市场所在地的行业环境主要包括三个方面：一是主要经济指标，如当地当年或近年来的国民生产总值、投资状况、接待游客的数量，当地城镇居民人口数量、人均可支配收入及消费者人均收入等。二是产业环境，如当地商业繁盛情况、商业化趋势与潜力、地方政府的优惠与扶持政策等。三是社会环境，如当地的历史文化、风俗习惯、民族结构、国内外交往、主要食品原料的生产和流通等。

（3）餐饮市场分析

目标市场所在地的餐饮市场分析主要包括五个方面：一是餐饮市场经济指标，如当地餐饮企业经营状况、实力排列、营业网点和从业人员数量等。二是餐饮业经营现状，如餐饮企业数量、竞争能力、经营管理水平，餐饮业态、档次等。三是竞争对手分析，如竞争者的数量、地理位置、经营规模和状况、优势与劣势等。四是消费者分析，如消费者的饮食习惯、口味爱好、消费特点与类型等。五是拟开新店在该地的优势分析与策略，如竞争优势与策略、营销策略等。

2. 确定市场调研的范围和方法

确定市场调研范围的主要依据是新店的类型、档次、规模以及开设地等。以档次较高、规模较大的新店为例，开设在大城市如北京、上海、成都等，其市场调研范围则需深入到行政区甚至更小区域，如北京的海淀区、朝阳区等，成都的锦江区、青羊区等；开设在中小城市如四川的绵阳、内江等，其市场调研范围则可以是整个城市。

确定市场调研方法的主要依据是调研内容与目的。市场调研的方法多种多样，主要有问卷调查法、实地考察法、专题研讨法、资料收集法、实验法等，根据调研内容和目的的不同而选择不同的调研方法。

3. 开展市场调查与资料分析，撰写市场调研报告

按确定的调研范围和方法，完成市场调研的内容，对所获取的资料进行整

理、分析，得出调研结果。一般而言，资料分析方法有定性分析、定量分析两种，根据调研内容和目的的不同而采取不同的分析方法。

市场调研报告常通过文字、图表等展示调查结果，其主要内容由五个部分组成：第一，标题及相关信息。包括标题和报告日期、委托方、调查方。第二，前言。主要写明市场调研的时间、地点、对象、范围、目的、调研方法等。第三，正文。即报告的主体，包括详细的市场调研目的、分析方法、调研结果描述与剖析、建议等。第四，结尾。归纳总结，强调观点。第五，附件。与正文有关必须附加说明的部分，包括数据汇总图表及必要的工作技术报告等。

实训方法

主要采取仿真模拟体验的方式，在教师的指导下，同学以小组为单位进行餐饮企业新店开业前的餐饮市场环境调研活动。

实训步骤

1. 学生根据实际情况，自主结合成小组，每组3～4人，并确定餐饮市场调研活动的目的及内容。

2. 各小组利用课余时间选定市场调研的范围和方法，做好具体的市场调查工作和资料分析，撰写出市场调研报告。

3. 将市场调研报告的核心内容制作成多媒体PPT文件，进行分组展示、讲解及同学评分和教师评点。

4. 教师根据全班的总体情况，指出共同缺点或不足，并提出改进建议。

实训要点

1. 科学确定餐饮市场调研的内容

应当根据模拟客户的需求和各小组的情况，科学地确定餐饮市场调研的具体内容，力求贴近餐饮市场和企业实际，具有较高的科学性和较强的可操作性。

2. 恰当选定餐饮市场调研的范围和方法

餐饮市场的调研范围必须根据拟开餐馆的类型、档次、规模等有所不同，而调研方法则必须根据调研内容和目的来选择和确定，做到实用、高效。

3. 认真开展调研分析并撰写餐饮市场调研报告

市场调研报告是市场调研成果的一种表现形式，是使餐饮投资人能够系统而全面地了解所调研的市场状况、做出决策的重要依据。其报告要求文字叙述简要，分析问题客观，并且应当提出解决问题的意见和观点等。

相关链接

九寨沟旅游风景区餐饮市场调查与分析

九寨沟是中国唯一拥有“世界自然遗产”和“世界生物圈保护区”两项国际桂冠的旅游胜地，2007年九寨沟景区共接待游客250多万人次，是1998年的1215倍。随着人们生活水平的不断提高，人们对就餐的要求标准也提高了，除了吃饱外，人们更加注重就餐环境、内容及就餐时间。每年7～9月是九寨沟的旅游旺季，“十一”则是一个极端峰值，让蜂拥而至的游人能在较短的时间内品尝到自己满意的美食，是当前景区餐饮业亟待解决的难题。由此，对九寨沟风景区餐饮市场进行了一次综合调查及系统分析。

1. 市场调查

（1）调查目的

了解九寨沟餐饮的实际情况，掌握游客对九寨沟景区餐饮的看法，了解九寨沟景区餐饮的市场供需情况，为九寨沟景区餐饮的发展提供借鉴。

（2）调查对象

主要是18～60岁在九寨沟旅游的游客。

（3）调查方式

采取随机访问、填写试卷的方式进行。

（4）调查时间

2008年某月某日～2008年某月某日

（5）调查内容

九寨沟景区的餐饮特色，现有餐饮是否能满足游客需要，游客对九寨沟景区的餐饮有何需求等情况。

2. 九寨沟景区游客结构分析

（1）游客年龄结构分析

由于九寨沟地处偏远的川西北高原，通过公路等交通方式进入，路途所耗的时间较长，致使旅游中的安全和舒适度受到影响，所以到九寨沟旅游的游客中，中青年游客（20～35岁）所占的比重达到48%（见表1）。

表1　　九寨沟旅游者的年龄结构

年龄层次	20岁以下	20～35岁	36～44岁	45～64岁	65岁以上
百分比/%	14.4	48.1	21.5	15.7	0.3

（2）游客文化程度结构分析

九寨沟游客文化程度较高（见表2），本科及本科以上占到41%。文化程度越高的游客对旅游的舒适度和膳食营养的需求越重视。

表2　　九寨沟旅游者的文化程度结构

文化程度	本科以上	本科	专科	高中或中专	初中	小学	其他
百分比/%	9.6	31.4	25	24	8	1.4	0.6

（3）游客地域结构分析

九寨沟游客来源于全国绝大多数省市区，成都、重庆、兰州、西安、绵阳等大中城市成为其主要的客源市场。

3. 九寨沟景区游客餐饮需求分析

（1）游客对九寨沟景区的餐饮类型需求分析

从九寨沟景区游客餐饮类型的需求来看，人们对简便、快捷、就餐时间短的自助餐、小吃和营养套餐需求最大（见表3）。

表3　九寨沟景区的餐饮类型需求

餐饮类型需求 年龄段（岁）	自助餐	营养套餐	桌餐	快餐	小吃	火锅
18～30岁	49%	23%	5%	8%	14.7%	0.3%
31～50岁	42.4%	25%	12%	9%	11%	0.6%
51岁以上	43%	35%	17%	1%	4%	—

（2）游客对九寨沟景区餐饮风味流派及特色需求分析

受当地风俗习惯及美食猎奇心态的影响，人们对有当地特色的川菜需求最多（见表4）。

表4　九寨沟餐饮风味流派及特色需求

风味流派及特色需求	川菜	粤菜	湘菜	西餐	自助餐	当地特色餐	抗高原反应饮食
人数统计	47%	9%	2.7%	2.3%	6%	25%	8%

（3）游客对九寨沟景区餐饮营养需求的分析

调查显示，游客对景区饮食的营养特别重视（见表5），游客在两天的旅游过程中，热能消耗较大，同时九寨沟属于高山地区，对抗高原反应的饮食需求就显得更为突出。在饮食的搭配上要尽量考虑高热量的膳食搭配，营养素尽量均衡，多补充新鲜的水果和蔬菜，以便通过饮食更好地恢复游客的体力。

表5　九寨沟餐饮营养需求

营养需求	特别需要	一般需要	无所谓	不需要
人数统计	47%	36%	17%	—

4. 九寨沟景区餐饮核心吸引力分析

通过调查发现，九寨沟餐饮的核心吸引力主要体现在两个方面：一是营养均衡、方便快捷的套餐或自助餐；二是具有藏、羌特色的餐饮。营养均衡和方便快捷能满足大多数游客的基本需求，而在饮食中增加藏羌特色菜品，通过餐厅环境和服务员服装、服务等，体现藏羌文化，也可增加九寨沟餐饮的核心吸引力。

5. 结语

九寨沟旅游是国内外著名的旅游热点。游客对九寨沟饮食的需求偏好于具有当地特色的川味自助餐，以营养健康、卫生安全优先，其次是味道和方便，而九寨沟的餐饮市场基本能满足游人的需要，但还应当进一步增加地方特色，提高餐饮质量。

本章特别提示

本章主要叙述了中国烹饪历史各阶段的基础条件和发展特点，阐述了中国餐饮业从古至今的发展状况和未来趋势，并且辅以餐饮市场调研的实训项目，以便使人们更加系统、深入地认识和了解中国烹饪和餐饮市场的全貌，更好地开展餐饮市场调研活动，为餐饮投资人提供重要的决策依据。

本章检测

一、复习思考题

1. 中国铁器烹饪阶段用料广博有哪些表现？
2. 各民族、地区及中外的烹饪文化与技术交流及其作用体现在哪些方面？
3. 明清时期餐饮市场的突出特色是什么？
4. 改革开放后餐饮业发展出现了哪些新特点？
5. 中国餐饮业未来发展趋势是什么？

二、实训题

学生以小组为单位，根据餐饮市场调研的步骤和要点，设定虚拟客户具体需求，对所在城市或地区进行一次餐饮市场调研，并且撰写出相关的餐饮市场调研报告。

教学参考建议

一、本章内容和重点、难点

本章的教学内容主要包括三个方面，即中国烹饪历史、中国餐饮业发展和餐饮市场调研。其中，教学的重点和难点是中国现当代餐饮业发展状况和餐饮市场调研，要求学生掌握现当代餐饮业发展的特点、面临的挑战和未来发展趋势，能够有效地开展餐饮市场调研活动。

二、课时分配与教学方式

本章共6学时，采取“理论讲授+实训”的教学方式。其中，理论讲授4学时，实训2学时。

第二章

中国饮食烹饪科学与技术实践

学习目标

1. 了解中国饮食烹饪科学思想、中国饮食结构的相关知识
2. 掌握中国菜点制作技艺的主要内容与特点
3. 运用菜点开发与创新的相关知识进行主题菜点设计实践

本章导读

科学，《辞海》中的定义为运用范畴、定理、定律等思维形式反映现实世界各种现象本质规律的知识体系。与其他科学一样，饮食烹饪科学的本质也是揭示饮食烹饪中各种现象本质的规律，是知识整理和加工的过程。自烹饪产生以来，历经数千年，中国从饮食烹饪的科学思想到饮食结构，从中国菜点制作技艺到菜点开发与创新等方面，已积淀而成了系统的有别于其他国家和民族的丰富内容和鲜明特点。到如今，中国饮食烹饪科学与技术仍然在各个方面不断地发展、完善和创新。本章则重点阐述其中三个主要内容：一是中国饮食烹饪科学思想与饮食结构；二是中国菜点的制作技艺与特色；三是菜点的开发与创新。

案例引入

据《宋史·谢谔传》中记载：大儒家谢谔，字昌国，晚居桂山，钻研儒学，授弟子百人，当时人称“桂山先生”。谢谔喜食豆腐，认为豆腐能补中益气、和脾胃、清热润燥、生津止渴、消胀满，是饮食养生的佳品。每天早晨起床，他都要命令厨师烹制一锅豆腐羹，有时还亲自下厨，将肉切成细丝，投入锅中与豆腐同煮，加入众多调味料，然后上桌食用。弟子们都知道他这一喜好，想吃他做的豆腐羹时就在早晨去拜访他。谢谔不论来者何人，都热情地邀请与他共食豆腐羹。陆游《渭南文集》里曾记载道：“（谢谔）晨兴，烹豆腐菜羹一釜，偶有肉，则缕切投其中，客至，亦不问何人，辄共食。”

这个案例说明了由淮南王刘安发明的豆腐作为我国特色食品，有着悠久的历史，深受我国人民的喜爱。豆腐营养价值丰富、食疗效果好，因而成为中国人食物原料中非常重要的组成部分。厨师和美食家们凭借高超的烹饪技艺，开发和创新出众多独具特色的菜品，体现了中国饮食烹饪科学与技术实践完美的融合。

第一节　中国饮食烹饪科学思想与饮食结构

中国饮食烹饪科学是以中国人烹饪食物、制作肴馔的技术实践和消费饮食品的过程为主要研究对象，揭示饮食烹饪发展客观规律的知识体系和社会活动。饮食烹饪科学研究内容所涉及的范围较广，既包括生物学、医学、营养学、化学、

物理学的内容，也包括食品加工技术和民俗学的内容。中国饮食烹饪科学体系的建立是通过中国人几千年不断探索和积累而形成的，既有已经成系统的静态知识体系，也有还在不断钻研、探索中的动态知识体系。中国饮食烹饪科学的内容十分丰富，但归结起来最为重要的包括两个方面，一是中国饮食烹饪的科学思想；二是围绕科学思想建立起来的饮食结构。

一、中国饮食烹饪科学思想

中国许多烹饪理论研究者都非常重视关于中国饮食烹饪科学思想的研究，而且取得了许多的研究成果。其中，熊四智先生的《中国烹饪概论》中提出的观点颇为系统、全面。他指出，中国饮食烹饪科学思想的核心主要包括三大观念，即天人相应的生态观、食治养生的营养观和五味调和的美食观，并对其内容作了精辟的论述。

（一）天人相应的生态观

天人相应的观点最早出现于《黄帝内经》。古代先哲认为，世界先有天地，后有万物，人生活在天地之间，与自然界成为一个整体，正如庄子在《齐物论》中所言："天地与我并生，而万物与我为一。"《黄帝内经·素问》中记述："人以天地之气生，四时之法成"，"夫人生于地，悬命于天，天地合气，命之曰人。人能应四时者，天地为之父母；知万物者，谓之天子"。中国古代哲学和医学都把人的生存与健康放在自然的环境中去认识，认为人是一个开放的系统，与自然界关系最为密切，甚至是一个整体，人的生命就是不断与自然界进行物质交换的过程，人们从自然界中获取营养，在体内消化吸收，并将废弃的物质还给自然界，不获取或不给予都会使人们失去健康，而获取营养的方式就是通过饮食。所以，人的健康与否与所处的自然环境和饮食有非常密切的关系，各地的地理、气候、物产甚至是季节都会对人体产生不同的影响。人们要想达到健康长寿的目的，就必须适应自然和环境的变化，保持正常的生活规律，以保正气、祛邪气；而获取自然界的食物烹制成菜肴时要在宏观上加以控制，保持阴阳平衡，使人与天地相应。

1. 适应自然，适应环境

适应自然、适应环境，是指人的饮食必须根据气候、季节、环境、地域的不同做出相应选择。此观点的产生来自于先哲们对人与健康以及人与自然界关系的认识。中国古代哲学和医学认为"精、气、神"是人体生命活动的根本，人们把"精、气、神"称为人身的三宝，常言道："天有三宝日、月、星；地有三宝水、火、风；人有三宝精、气、神。"中医认为，构成人体和人生命活动的最基本的物质基础是气，人体的各种生命活动均可以用气的运动变化来解释。根据气的来源、功能和存在部位的不同，可分为元气、宗气、脏腑之气、经脉之气、营气和卫气。元气，又称原气，来自于父母，是维持人体生命活动的最基本的物质。宗气，即胸中之气，由呼吸之气和饮食所化生的水谷之气结合而成。存在于人体脏腑之中的气，称为“脏腑之气”；运行于人血脉中的气，称“营气”，行于脉外、具有防御外邪侵犯作用的气，称“卫气”。而以上所有的气相对于侵犯人体的“邪气”来说，统称为“正气”。气是无形之物，但气化可以生精，精即是存在于人体的有形之物，如肌肉、毛发、骨骼等。神是人生命活动的体现，包括魂、魄、意、思、智、志、虑等活动，通过这些活动能够体现人的健康状况。精、气、神三者关系非常密切，相互滋生、相互助长。从中医学讲，人的生命基础是“精”，维持生命的动力是“气”，而生命的体现就是“神”的活动。气足则精充，精充则神旺，而气足的基础首先是要保证水谷之气的充足，所以，人的饮食必须适应自然、适应环境，具体体现在饮食要因时调适和因地制宜。

（1）因时调适

一年有四季，一天分昼夜。一年中气候变化的一般规律通过四季中的春温、夏热、秋燥、冬寒来表现。生物在季节更迭的影响下，产生了春生、夏长、秋收、冬藏等相应的适应性变化。当然，人体也要与之相适应，《礼记》中指出：“凡和，春多酸，夏多苦，秋多辛，冬多咸，调以滑甘。”说明在调味的过程中要与季节相适应，这对于指导人们不同季节的养生有重要意义。清代著名美食家袁枚在《随园食单·须知单》的时序须知中记载：“夏日长而热，宰杀太早，则肉败矣。冬日短而寒，烹饪稍迟，则物生矣。冬宜食牛羊，移之于夏，非其时也。夏宜食干腊，移之于冬，非其时也。辅佐之物，夏宜用芥末，冬宜用胡椒……有先时而见好者，三月食鲥鱼是也。有后时而见好者，四月食芋艿是也。其他亦可类推。有过时而不可吃者，萝卜过时则心空，山笋过时则味苦，刀鲚过时则骨硬。所谓四时之序，成功者退，精华已竭，褰裳去之也。”可见，中国烹饪非常重视根据不同季节选用不同的原料。如今，为了维护健康，人们仍然遵循着因时调适的原则。

（2）因地制宜

《黄帝内经·素问》中说：“高者其气寿，下者其气夭，地之小大异也，小者小异，大者大异。故治病者，必明天道地理。”中国幅员辽阔，地大物博，地域的差异导致人们的生活习惯和身体状况有很大不同，江南多湿热，人体腠理多疏松；北方多燥寒，人体腠理多致密，“南甜、北咸、东淡、西浓”，形成了东西南北各地口味的差异。晋代张华在《博物志》中记载：“东南之人食水产，西北之人食陆畜。食水产者，龟蛤螺蚌以为珍味，不觉其腥臊也。食陆畜者，狸兔鼠雀以为珍味，不觉其膻也。”表现了人们在选择食物过程中的地域差异。

可以说，长期以来，人们在选择原料、调配口味和制作菜品的过程中都尽量做到因时、因地制宜，以适应自然、适应环境。

2. 宏观控制，阴阳平衡

宏观控制是指从整体上把握住人与自然环境的和谐，而这种和谐的中心乃是人体的阴阳平衡。阴阳，是中国古代哲学的一对范畴，最初是用来表示阳光的向背，向日为阳，背日为阴，后来又引申为气候的寒暖，方位的上下、左右和内外，运动状态的躁动和静止等，进而又用阴阳来解释自然界两种对立和消长的物质势力，并认为阴阳的对立和消长是事物本身所固有的、是宇宙的基本规律，阴阳既对立，又统一。《黄帝内经·素问》阴阳应象大论言："阴阳者，天地之道也，万物之纲纪，变化之父母，生杀之本始，神明之府也"。对于自然界的阴阳来说，凡是剧烈运动的、外向的、发散的、上升的、温热的、明亮的都属阳；相对静止的、内守的、凝聚的、下降的、寒冷的、晦暗的都属于阴。所以，天地相对，天为阳、地为阴；一年四季相对，春夏为阳、秋冬为阴；昼夜相对，白天为阳、夜晚为阴；水与火相对，火为阳、水为阴。此外，人体而言，腹背相对，背为阳，腹为阴；脏腑相对，六腑为阳，五脏为阴。任何事物均可用阴阳的属性来划分，但必须是针对相互关联的一对事物，或是一个事物的两个方面，否则就毫无意义。

人体与自然界（饮食）有着密切的关系，因而可以用阴阳属性来看待，二者必须做到阴阳平衡，人体才能保持健康，否则就会受到损伤。《黄帝内经》中《素问·生气通天论》言："阴之所生，本在五味；阴之五宫，伤在五味。味过于酸，肝气以津，脾气乃绝；味过于咸，大骨气劳，短肌，心气抑；味过于甘，心气喘满，色黑，肾气不衡。"意思是说，人体精血的产生，来源于人对饮食五味的摄取，但是，人体的五宫（即五脏，指肝、心、脾、肺、肾）又可能因过食五味而受到损害。如过多食用酸味的食物，肝气就会太盛，脾气就会衰竭；过多食用咸味的食物，大骨就会受伤害，肌肉会萎缩，心气会抑郁等。人与自然界（饮食）应当是一个大的阴阳平衡体，如果人体属阳，则饮食属阴；如果人体自身的阴阳达到平衡，则所摄取的饮食中的荤素原料也应当构成一个阴阳平衡体，才能维持人体正常的生理状态。

长期以来，天人相应的生态观对中国人的饮食烹饪产生了非常重要的影响。首先，它推动了汉族饮食结构的形成。以素食为主、荤素搭配正是顺应了天人相应的观点。其次，促进了饮食禁忌、饮食须知和饮食制度的形成。中国传统饮食中有众多禁忌，如螃蟹不能与柿子同食，因为二者相配，有违阴阳平衡的原则。第三，促进了菜肴与筵席的合理组配。菜肴中讲究荤素搭配，筵席中也要荤素结合、菜点结合。

（二）食治养生的营养观

食治养生的营养观是指人的饮食必须有利于养生，以食治疾，辨证施食，饮食有节，以保正气、除邪气，达到健康长寿的目的。人饮食的根本目的是为了满足养生的需要，达到"气足、精充、神旺"的状态。围绕这个目的，形成了辨证施食和饮食有节两个观点。

1. 辨证施食

辨证，原本是中医学的术语，是指以中医学理论为指导，对四诊（望、闻、问、切）所得的资料进行综合分析，辨别为何种症候的思维方法。熊四智先生在其《中国烹饪概论》中对“辨证施食”的内容进行了概括：“将食物原料的属性，即食物的性能和作用，以性味（四气五味）、归经加以概括，使人通过饮食兴利除弊，并使人体阴阳达到平衡。”用现代营养学知识来解释辨证施食的原因，则主要是因为不同食物所含的营养素差别很大，其生理功能和作用也不一样。因此，要先了解食物的性能和对人体的作用，才能达到均衡营养和平衡膳食的目的，才能有利于人体的健康。而进行辨证施食的关键环节主要有以下两个方面：

（1）正确认识食物的性味、归经

辨证施食的前提是必须正确认识食物的性味、归经。性味，本是中药四气五味的统称，运用到饮食烹饪中则是指食物的性质。四气，又称四性，是指食物寒、热、温、凉的四种属性。寒凉和温热是两种对立的性质，一般寒凉的食物多具清热、解毒、泻火、凉血、滋阴的作用；而温热的食物多具温中、散寒、助阳、补火的作用。寒与凉、热与温之间只是程度的不同，介于寒与凉、温与热之间的，还有平性，具有健脾、开胃、补肾、补益身体的作用。在粮谷类食物中，大米、玉米、青稞、番薯（山芋、红薯）、芝麻、黄豆、蚕豆、赤小豆、黑大豆性平，小米、小麦、大麦、荞麦、薏米、绿豆等性凉；在蔬菜中，番茄、丝瓜、冬瓜、黄瓜性凉，苦瓜、苋菜、空心菜性寒，大葱、大蒜、洋葱、韭菜、生姜、香菜性温，辣椒性热；在水果中，香瓜、西瓜、芒果、柿子、梨、香蕉、柚子性寒，荔枝、石榴、龙眼、榴莲、杏、椰子、樱桃性温；在动物类原料中，螃蟹、蛤蜊（沙蛤、海蛤、文蛤）、田螺、螺蛳、蚌肉、蚬肉、乌鱼、牡蛎肉、蜗牛等性寒，黄牛肉、狗肉、羊肉、鸡肉、野鸡肉、鹿肉、虾、蚶、淡菜性温，猪肉性平。

五味是指食物的酸、甘、苦、辛、咸五种味道，与药物一样，不同味道的食物具有不同的作用。酸味为主的原料如乌梅、柠檬、橙子、木瓜、醋、杏、枇杷、山楂等具有收敛、固涩作用；甜味为主的原料如蜂蜜、丝瓜、土豆、芋头、胡萝卜、白菜、豆腐、菠菜、金针菜、西瓜、甜瓜、豆类、粮食等具有补益、和中、缓急的作用；苦味为主的原料如苦菜、苦瓜、茶叶、苦杏仁、白果、海藻、百合、橘皮等具有清热、泻火、燥湿、降气、解毒的作用；辛味为主的原料如辣椒、花椒、生姜、大葱、洋葱、大蒜、薤白、茴香、芥菜、白萝卜、芹菜、芫荽、胡椒、酒等具有发散、行气、行血的作用；咸味为主的原料如盐、紫菜、海带等具有软坚散结、泻下、补益阴血的作用。

归经是把食物、药物的作用与脏腑联系起来，通过对脏器的定位观察，说明其作用。如菠菜具有滋阴润燥、养血止血、止渴润肠的作用，归胃、肠经；丝瓜具有清热解毒凉血、祛风化痰通络的作用，归肝、胃经；粳米具有补中益气、健脾和胃的作用，归脾、胃经；小麦具有养心除烦、健脾益肾、除热止渴的作用，归心经；芹菜具有平肝清热的作用，归肝经。

（2）根据人体状况合理搭配食物

根据人体和客观现实的需要，按照食物的性味、归经作用合理选择搭配食物原料，将原料一物多用、综合利用、荤素配合、性味配合，使主料、辅料、调料协调互补。从性味的配合来看，《黄帝内经·素问》言："用凉远凉，用寒远寒，用温远温，用热远热，食宜同法，此其道也。"即寒凉的季节要少吃寒凉的食品，炎热的夏季要少吃温热的食物。在中国烹饪里，人们不仅常采取荤素搭配的方法，还根据人体不同的症状选择不同的食物。如同样是清热，梨、柿子偏于清肺热，莲心偏于清心热，猕猴桃偏于清肝热，人们在烹饪时常根据人体的症状和食物的归经选择原料。此外，凡体质虚寒，特别是胃寒、患哮喘的病人，常忌食鸭肉、绿豆、竹笋等寒凉食物；体质偏热者，尤其是发烧，伴有急性炎症者，常忌食羊肉、狗肉等热性食物。

结合食物性、味、归经理论，选择合理的食物配膳，注重"五味入口，各有所归"，以及食物性、味与五脏六腑特定的对应关系，这些都是中国传统食治养生学说的精髓所在。

2. 饮食有节

饮食有节的观点最早见于《黄帝内经》："食饮有节，起居有常，不妄作劳，故能形与神俱，而尽终其天年，度百岁乃去。"饮食有节包括饮食数量、质量和寒温的调节。

（1）饮食数量的调节

饮食数量的调节，是指食物的数量搭配合理。常言道："大饥不大食，大渴不大饮"，"食惟半饱无兼味，酒至三分莫过频"，"欲得身体安，须带三分饥和寒"。意思是说，不要过饥过饱，不要暴饮暴食。晋代张华的《博物志》中记载："所食逾少，心开逾益；所食逾多，心逾塞，年逾损焉"。宋代温革也曾说过"饱生众疾"的名言。现代营养学的研究成果也表明，必须注意饮食数量的调节。食物摄入过多，热量超过机体消耗的需要，过多的能量就会以脂肪的形式储存，其结果会导致肥胖、心脑血管疾病等文明病、富贵病的高发；长期摄入的食物过少，会导致血糖浓度下降、脑组织产生功能性障碍，出现饥饿、头晕、心悸、出冷汗等现象。所以，在日常生活中要保证三餐能量的合理分配。

（2）饮食质量的调节

饮食质量的调节，是指食物种类和搭配合理，不能偏嗜，在条件允许的情况下，尽量选择一些优质的食物原料。《黄帝内经·素问·藏气法时论》就提出合理选择食物种类："五谷为养，五果为助，五畜为益，五菜为充，气味合而服之，以补精益气。”不同种类的食物对人体有不同的作用，必须要合理地选择。现代营养学研究表明，除了母乳能满足0~6个月婴儿所有的营养需要外，任何食物都不能单独满足成年人的需求。由于人体每天需要七种不同的营养素，而它们分别来自于不同种类的食物，所以在食物选择中种类越多、种属越远，营养素的来源越广泛也越合理。

(3) 饮食寒温的调节

饮食寒温的调节，是指食物的“寒凉温热”属性以及温度搭配合理。我国民间十分重视食物属性的调节，通常吃寒性食物时喜欢搭配一些温热的食物。如螃蟹离不开姜和酒，清蒸大闸蟹在制作时只需在蒸蟹时放上两片姜，撒上一些料酒，蒸熟即可，食用时配上姜醋碟和一壶绍兴老酒，十分恰当。正所谓“一手持蟹螯，一手持酒杯，拍浮酒池中，便足了一生”。厨师非常看重食物温度的调节，热菜须热吃，正所谓“一热当三鲜”；冷菜需凉吃，做好后须冷藏，以保持爽脆的口感。冬季气候寒冷，宜吃汤锅；夏季气候炎热，宜吃凉食，正如《黄帝内经·灵枢·师传》言：“饮食者，热无灼灼，寒无沧沧，寒温适中，气将持。”

(三) 五味调和的美食观

五味调和的美食观，是指通过对饮食五味的烹饪调制，创造出合乎时序与口味的新的综合性美味，达到中国人认为的饮食之美的最佳境界“和”，以满足人的生理与心理双重需要。它主要包括以下三个方面：

1. 本味为美

“本味”一词首见于《吕氏春秋》的篇名，通常有两层含义，一是指原料本身的自然味道；二是指原料经烹饪调和后所产生的美味。所谓本味为美，是指在烹调过程中充分展示食物原料自然的美味，并把握原料本身的优劣，排除一切不良味道，创造出新的美味。

烹饪调和，首先要了解原料的自然之味，同时也要关注经烹饪后所产生的最佳美味，即至味。《吕氏春秋·本味篇》列举了各地、各类独具自然美味的优质原料，如“肉之美者，猩猩之唇，獾獾之炙，隽燕之翠，述荡之腕，旄象之约。流沙之西，丹山之南，有凤之丸，沃民所食。”同时指出：“凡味之本，水最为始。五味三材，九沸九变，火为之纪。时疾时徐，灭腥去臊除膻，必以其胜，无失其理。调合之事，必以甘、酸、苦、辛、咸。先后多少，其齐甚微，皆有自起。鼎中之变，精妙微纤，口弗能言，志不能喻。若射御之微，阴阳之化，四时之数。故久而不弊，熟而不烂，甘而不哝，酸而不酷，咸而不减，辛而不烈，淡而不薄，肥而不腻。”

中国古代很多美食家都非常强调本味为美。唐代人所写的《玉堂闲话》和宋代陶谷的《清异录》中都曾记载“段成式喜食‘无心炙’的故事”。宋代美食家苏轼在《狄韶州煮蔓菁芦菔羹》中更是感悟了饮食的本味之美，诗曰：“我昔在田间，寒疱有珍烹。常支折脚鼎，自煮花蔓菁。中年失此味，想像如隔生。谁知南岳老，解作东坡羹。中有芦菔根，尚含晓露清。勿语贵公子，从渠醉膻腥。”清代美食家袁枚在《随园食单》中也从不同的角度记载了有关本味的问题。“一物有一物之味，不可混而同之……使一物各献一性，一碗各成一味”，“余尝谓鸡、猪、鱼、鸭豪杰之士也，各有本味，自成一家”。袁枚除了强调在烹调中要注意保持原料自然之味外，还强调利用五味调和充分展示原料经烹调后而产生的美味。“调剂之法，相物而施。有酒水兼用者，有专用酒不用水者，有专用水不用酒者……有物太腻，要用油先炙者；有气大腥，要用醋先喷者；有取鲜必用冰糖者；有以干燥为贵者，使其味入于内，煎炒之物是也；有以汤多为贵者，使其味溢于外，清浮之物是也”；“食物中，鳗也，鳖也，蟹也，鲥鱼也，牛羊也，皆宜独食，不可加搭配。何也？此数物者味甚厚，力量甚大，而流弊亦甚多，用五味调和，全力治之，方能取其长而去其弊。”

从养生和营养的角度来看，许多养生家和美食家认为本味的最高层次是“淡味、真味”。《道德经》言：“五味令人口爽。”爽，指伤败之意，味多、味厚则容易损伤胃口。汉代王充在《论衡·自纪》中言：“大羹必有淡味，至宝必有瑕秽。”清代曹庭栋在《老老恒言·饮食》中介绍自己的养生经验：“凡食物不能废咸，但少加使淡，淡则物之真味真性俱得。”时至今日，厨师们在烹饪中依然强调“菜存本味”，力求使食客品尝到味美、养生的佳肴。

2. 合乎时序为美

合乎时序为美，是指饮食调和应适应人体和四时需要。将人的饮食和自然环境联系起来，适应自然，适应环境，对此在天人相应的生态观和食治养生的营养观中均有论述。《礼记》中的“凡和，春多酸，夏多苦，秋多辛，冬多咸，调以滑甘。”并在这个总原则之下，指出了四时煎和之宜和四时调配饮食之法。《论语》中的“不时不食”也是对合乎时序为美的精辟概述。

合乎时序为美，包括两个方面的内容：一是原料的选择，讲求合乎时序。因为应季的原料口味最佳，营养效果最好，而且经济实惠，所以在选择原料的时候，应尽量选择当地产的时令原料。民间流传的很多饮馔语言也说明了不同原料在不同季节食用效果最佳，如：“九月韭，佛开口”，“七荷、八藕、九芋头”，“冬吃萝卜，夏吃姜”等。二是人的饮食习惯要与自然环境中的时令相适应。汉代董仲舒在《春秋繁露》中曾记载：“饮食臭味，每至一时，亦有所胜所不胜之理，不可不察也。四时不同气，气各有所宜。”袁枚在《随园食单》中时节须知言：“冬宜食牛羊，移之于夏，非其时也。夏宜食干腊，移之于冬，非其时也。辅佐之物，夏宜用芥末，冬宜用胡椒。”

合乎时序为美对中国烹饪的影响也体现在两个方面：一是促进了民间良好饮食习俗的形成。民间谚语道，“饮食勿违时，勿食不定食，勿偏嗜，勿暴食，勿暴饮，勿食不洁，勿在情绪不宁时进食”；“早吃好，午吃饱，晚吃少”；“人愿寿长安，要减夜来餐”。人们根据劳动和养生需要所形成的饮食习俗，均与合乎时序有关。二是肴馔和筵席的制作也讲究时令配合。夏季气候炎热，常选择寒凉食物以祛暑，如很多家庭喜欢熬绿豆汤，吃冰镇西瓜和杨梅汤；冬季气候寒冷，宜选择温热食物以驱寒，通常汤锅、火锅非常受欢迎。此外，餐厅纷纷推出的时令蔬菜、时令水果、时令汤羹，在筵席搭配时也充分考虑时令的变化。

3. 适口为美

适口为美，是指烹饪的肴馔应当适合人们的口味爱好。这个观点最早由宋代苏易简提出。据宋代文莹《玉壶清话》、林洪《山家清供》等记载，一次，宋太宗赵光义问苏易简：“食品称珍，何物为最?”苏易简言：“臣闻物无定味，适口者珍”，并且说“臣止知齑汁为美”。太宗又问原因。苏易简说，一天晚上特别寒冷，他喝酒喝得酩酊大醉，倒头便睡，醒来后口中极渴，翻身到庭院，在月光中见残雪覆盖盛泡腌菜汁的瓮子，顾不得去叫家僮，连忙捧起雪当水洗手，满满地喝上好几杯齑汁，觉得“上界仙厨鸾脯凤腊殆恐不及”。后来，元代阙作者的《馔史》、清代顾仲的《养小录》等烹饪著述都提到“物无定味，适口者珍”的观点。

人们对饮食的需要，因时间、地点和条件的不同，对肴馔的感觉也不一样。适口为美的观点对中国烹饪产生了两个方面的影响：一是促进了美味食品和地方风味食品的发展。历史传承至今的众多名菜、名点，如人们喜欢的饺子、汤圆、粽子、包子、馒头、腊八粥等均说明适应众口的菜点是有极强的生命力的。各地口味的差异也促进了各具特色的地方风味食品的产生，如云南的火腿、贵州的酸汤、四川的小吃等。二是涌现出一些猎奇怪异的饮食现象。如福建少数地区的人们喜欢吃老鼠干，当地历来有“老鼠干猪肉价”的说法。

二、中国传统饮食结构

饮食结构是指人们在饮食生活中食物种类与数量的组成。饮食结构的形成是一个漫长的过程，它不仅反映了人们的饮食习惯、健康状况、生活水平，也反映出一个国家经济发展的水平和农业发展的状况，是社会经济发展的重要特征，也是烹饪科学思想的具体化表现。

（一）中国传统饮食结构的基本内容

《黄帝内经·素问》中有：“五谷为养，五果为助，五畜为益，五菜为充。气味合而服之，以补精益气。此五者，有辛酸甘苦咸，各有所利，或散，或收，或缓，或急，或坚，或软，四时五藏，病随五味所宜也。”这段话本是从中医学角度论述怎样通过饮食治疗疾病的，然而，中国传统医学和养生学自古有“医食同源”之说，食物既可食用也可以当做药物用，不过主要还是为饮食之用，其最终目的是养生健身，因此，如果从养生学的角度看，这段话则是在论述怎样通过饮食养生的，而其中的“五谷为养，五果为助，五畜为益，五菜为充”就是关系到中国人养生健身的食物结构。虽然长期以来没有人把养、助、益、充作为中国人的食物结构来论述，但事实上，两千多年的历史实践表明，中国人特别是汉族人的饮食基本上是按这个食物结构进行的。

1. 五谷为养

“五谷”，原指五种具体的粮食，唐代的王冰注释为“粳米、小豆、麦、大豆、黍”，明代李时珍则注指“麻、稷、麦、黍、豆”，《周礼》中也有五谷，是指黍、稷、菽、麦、稻；也概指所有的粮食，包括谷类和豆类。所谓五谷为养，是指包括谷类和豆类在内的各种粮食是人们养生所必需的最主要的食物。均衡的营养要建立在热能满足的前提下，人们在选择五谷时强调杂食五谷，以粮谷类的食物为主食，获取大部分的热能，并在此基础上，通过与“五畜”、“五菜”、“五果”的配合，辨证施食，达到养生健康的目的。从现代营养学的观点来分析，在五谷为养中，谷类和豆类作为主食，提供了人体每日所需的大部分能量和部分蛋白质，而能量是一切生命活动所需动力的来源，蛋白质是所有生命细胞最基本的组成成分，所以粮食成为人体摄取营养素的主体和根本。

五谷为养的原则在中国饮食烹饪中的运用主要体现为三个方面：一是中国古代烹饪专著中所列的食谱，大多将“五谷”排在第一位。如元代贾铭的《饮食须知》在介绍水火之后，便按照谷类、菜类、果类以及味类、肉类排列。清代的《养小录》《调疾饮食辨》《食宪鸿秘》《随息居饮食谱》也均将谷类列在了蔬菜、果类和肉类的前面。二是在中国的饮食品中有众多以“五谷”为主体、以“养”为目的的主食和豆制品。中国的主食非常多样，包括饭、粥、面食、糕团、饼饵等有上千个品种，而它们又多是以粮食为主料制作的。豆制品的制作在中国有着悠久的历史，豆浆、豆花、豆腐、豆芽、腐竹、千张、豆豉等均深受中国老百姓的喜爱。其中，豆腐就可做出成百上千种菜肴，足见其品种繁多。三是中国饮食的制作和格局都形成了养与助、益、充结合的传统。如饺子、馄饨、面条，大多需要加入肉类和蔬菜；粥品也可在白粥的基础上加入各种辅料，加入皮蛋、瘦肉即成皮蛋瘦肉粥，加入芹菜、熟牛肉即成芹菜牛肉粥，与海鲜同煮，则做成了海鲜粥，此外，还有南瓜粥、红薯粥、鸡肉粥、鱼肉粥、猪肝粥等。而中国人的饮食格局，也是由主食、菜肴和果品组成，而筵席的格局则大多包含菜肴、果品、面饭和水酒。

2. 五畜为益

“五畜”，原指五种具体的家禽家畜，包括牛、犬、猪、羊、鸡，也概指动物性食品，包括为畜类、禽类、水产类及蛋类、乳类。五畜为益的含义，是指适当地食用肉、乳、蛋及其制品对人体健康特别是机体的生长有很大的补益作用。它强调必须食用动物性食物，但又不能过量，必须与五谷配合，且不能与五谷的比例颠倒，以满足人体需要、促进健康发展。“五畜”主要提供机体所需的蛋白质和脂肪，也是人体热能的重要来源。蛋白质和脂肪虽对人体有非常重要的作用，但超过需要量，则可能会引起疾病，特别是增加患心脑血管疾病的风险。因此，食用动物性原料的数量一定要恰当。

五畜为益在中国烹饪中的运用主要体现在两个方面：一是动物性原料成为中国菜肴原料的核心组成。在中国菜肴中，以动物性原料作为主料或辅料烹制的菜肴占到50%以上。无论家畜、家禽，还是河鲜、海产，每一种原料在中国厨师的手上，均可制作出几十种或者上百种菜肴。以猪为例，其皮、肉、骨、内脏、血等均可作出几十种菜肴，还可组合成全猪席、内脏席等特色筵席。由于动物性原料种类众多、品种各异，所以以动物性原料为主体烹制的菜肴也品种繁多，各具特色，成为中国菜肴非常重要的组成部分。二是动物性原料成为厨师施展烹饪技艺的主要加工对象。中国烹饪具有多种多样的刀法，运用这些刀法对动物性原料进行切割；以动物性原料不同质地和口感为依据，根据配菜原则，选择不同的配菜方法；再运用变化多样的调味手段和方法，特别是针对异味较重的原料，如牛肉、羊肉、鱼虾、内脏等，在调味时做到“全力灭腥去臊除膻”；最后选用独具特色、变化多样的烹饪方法烹制成菜，不仅表现出厨师高超的烹饪技艺，也使中国菜变化无穷。在长期的烹饪实践中，中国厨师还擅长一些以动物性原料为主体的表演菜，如川菜中的巴掌耳片，将猪耳片成巴掌大小，展示的是厨师高超的刀工技艺；灯影牛肉制作好后可透过牛肉见灯芯，展示的是厨师高超的刀工和火功。除此之外，在绸缎上切肉丝等则单纯用于表演的技艺，同样也是以动物性原料为对象来施展的。

3. 五菜为充

“五菜”，原指葵、韭、藿、薤、葱五种原料，也泛指各种蔬菜。蔬菜种类繁多，现代营养学依食用部分将其分为根菜类、叶菜类、茎菜类、花菜类、茄果类、瓜菜类、菌藻类以及杂菜类。五菜为充的含义，是指食用一定量的蔬菜作为对粮食和动物性食物的补充，使人机体的营养得以充实和完善，有效地促进健康。

五菜为充强调是在“养”和“益”的基础上，食用一定量的蔬菜。因为蔬菜主要供给人体所需要的维生素、膳食纤维和矿物质，是在热能和三大产热营养素蛋白质、脂肪、碳水化合物基本满足需求的前提下对营养的补充，而热能和产热营养素主要来自于“五谷”和“五畜”。所以，蔬菜的作用是补充，在食物短缺的时候，蔬菜也能起到充饥的作用，但食用蔬菜比例过大，甚至是以蔬菜为主食，则可能会造成人体热能不足而导致营养不良。

与五畜为益相似，五菜为充在烹饪中的运用也主要体现在两个方面：第一，蔬菜是中国厨师施展烹饪技艺的主要加工对象。无论是在家常菜肴还是在高档的筵席菜肴中，对蔬菜原料进行刀工处理、合理搭配以及调味和制熟，都需要而且能够展示厨师高超的烹饪技艺。如传统菜肴中的灯影苕片，厨师用刀精心地将红薯片成极薄的片，油炸后透过灯光可看到书本上的字。另外，厨师通过粗菜细作、细菜精做、一菜多做、素菜荤做也可以创制出众多味美可口的菜肴。孔府菜中的镶豆莛、《红楼菜》中的茄鲞、传统川菜中的开水白菜均是粗菜细作，细菜精做的典范。最擅长一菜多做和素菜荤做的则是宫观、寺院的厨师们。据史料记载，南北朝时期建康建业寺中的僧人用一种瓜类就可做出十余种菜肴，并且一菜一品。同时，他们用香菇、竹笋、豆筋、面粉、豆腐、青笋、萝卜等原料，制作出众多以素托荤、栩栩如生的菜肴，令人眼花缭乱，难辨真伪。第二，蔬菜是中国菜肴原料的另一个核心组成。厨师们以蔬菜为原料，在“五谷”和“五畜”的配合下创制了众多荤素、主辅结合的菜点。在中国四大菜系中，荤素配合的菜肴占到整个菜肴的50%以上，可以说，荤素搭配制作菜肴已成为中国菜肴制作的传统。

4. 五果为助

“五果”，原指枣、李、栗、杏、桃等五种果类，也泛指各种果类，包括水果和干果。现代营养学对果类的分类有仁果类、核果类、坚果类、浆果类、柑橘类、什果类及热带果类。五果为助的含义，就是指在“养”、“益”、“充”的基础上，食用少量的果品，对维护人体的健康有很大帮助。

果类中含有很多生物活性物质，是其他食物所缺乏的，食用果类是在热能和其他营养素基本满足需要时，补充一些在加工过程中容易损失的营养素，如维生素C和矿物质，以满足人体不同需要，有助于增强体质。果类含有丰富的营养成分，如人体需要的多种维生素、糖类、矿物质和生物活性物质等，有助于增强人体的抵抗能力、维持酸碱平衡、促进消化和肠蠕动。但是，果类所含的营养成分多属于微量元素和维生素，是人体必需但需要量不大的，过多食用则有害身体健康。因此，果类只能是在热能和其他营养素基本满足需要的基础上适量食用。

五果为助在中国烹饪的运用也主要体现在两个方面：一是果品成为中国菜点的重要原料之一。长期以来，果品尤其是鲜果常作为制作甜菜的主要原料，如拔丝苹果、拔丝香蕉、八宝酿梨、蜜汁桃脯、木瓜雪蛤等。随着人们对干果营养的认识，越来越多的干果、蜜饯、果脯作为辅料或者馅料，运用到菜肴和点心的制作中，丰富了菜点品种，板栗烧鸡、龙眼烧白、八宝锅珍、雪花桃泥、八宝粥等成为众多人喜欢的品种。二是很多果品作为食品雕刻和工艺菜肴的造型原料，也成为厨师施展烹饪技艺的重要加工对象。食品雕刻直接体现了烹饪艺术，而其核心原料之一就是果品。用西瓜雕成西瓜盅、用椰子雕成椰子盅、用橘子雕成橘灯，以及古代的攒盒、雕花蜜饯等都是用果品雕刻、拼摆而成，非常精妙。此外，果品还是制作各种酒水、饮料的重要原料，鲜榨苹果汁、橙汁、橘子汁、葡萄汁、西瓜汁等都是以相应的水果为原料制成的，而青城山的洞天乳酒则是用猕猴桃酿造而成，独具特色。

（二）中国传统食物结构分析

1. 中国传统食物结构的合理性

（1）符合中国人养生健身的营养需要

现代营养学指出，人体必须从外界摄取食物，以获取相关的营养物质，才能维持人的生命与身体健康。而食物中所含的能够维持人体正常生理功能、生命活动及生长发育所必需的营养素有七大类，即蛋白质、碳水化合物、脂肪、维生素、矿物质、水和膳食纤维。中国传统食物结构恰恰能提供人体所需要的这七大营养素，从而满足了人们养生健身的需要。

在“养助益充”结构中，“五谷”包括谷类和豆类，谷类含有大量的碳水化合物，豆类则含有大量的植物蛋白质，五谷在食物结构中所占的比例较大，人们日常的主食基本能满足人体对热能和蛋白质的基本需要。只是由于不同种类的粮食所含的营养价值不同，所以，强调杂食五谷、粗细搭配。“五畜”富含动物蛋白、脂肪，还含有丰富的 B 族维生素、矿物质和其他植物性食物所不具备的生物活性物质。人体对动物蛋白的吸收率一般较高，而膳食中较为理想的蛋白质摄入比例应是动物蛋白占 1/3 以上，其余从粮谷类食物中获取，所以，食用一定量的动物原料，不仅可以对蛋白质的总量进行补充、弥补植物蛋白质量较差的缺点，还能一定程度上补充人体每日所需的热能。热能和三大产热营养素基本满足的基础上，食用适量的“五菜”和“五果”，能够基本满足人体对维生素、膳食纤维、矿物质和水分的需要。其中，特别是蔬菜水果中的膳食纤维含量较大，能够弥补“五谷”和“五畜”中含量的不足。而“五果”的营养价值虽然与“五菜”接近，但因食用习惯的不同，使得“五果”中的营养素尤其是水溶性的维生素损失较少，所以，补充一定量的“五果”可以对营养素的补充起到辅助作用。可以说，养、助、益、充相互配合，能够满足并符合中国人养生健身的总体营养需要。

（2）适合中国的国情

中国进入封建社会的时间较早，长期以来，一直是以农为本的农业大国，虽然地大物博、物产丰富，但也人口众多，人均占有的土地和食物原料数量并不大，在这样的背景下，逐步形成了以素食为主的饮食结构，比较符合中国的国情。首先，粮食、蔬菜和果品等植物原料的产量大、价格低，比较容易满足人的饮食需要；而动物性食物原料的产量较小，所以价格也较高，若以它为主则不太容易满足人的饮食需要，普通老百姓只能根据自己的条件来选择，经济条件较好的家庭，可以经常食用；经济条件不好的家庭，则很少甚至是无法食用。其次，因中国是农业大国，粮食的产量较大，以粮谷类食物为主食既符合农业社会的特点，又能养活众多的人口，如果将粮谷类食物转化成肉类，则需要消耗几倍的粮食，才能养活同样数量的人口。同时，植物性食物中的豆类，蛋白质的含量和质量较高，能一定程度地弥补动物性食物不足带来的影响。因此，选择以植物性食物为主的食物结构，非常符合中国的国情。

2. 中国传统食物结构的不足

受中国哲学宏观思想的影响，“养助益充”传统食物结构最大的不足是它的模糊性和由此而来的随意性。在传统食物结构中，不同种类食物只有质的区别，而没有量的规定，即主要强调各种食物品种、质量的搭配，但并没有指出明确的数量。它强调包括豆类在内的粮谷类食物是人们的主食，在此基础上补充肉类、菜类、果品类，使机体的营养充实和完善，总体来看，就是以素食为主、肉食为辅。但这个食物结构阐述得相当模糊，历代养生学家和医学家也没有明确提出量化的标准，使人们在搭配食物的种类和数量上有很大的随意性，导致了整个食物结构并没有充分地发挥作用，也是中国居民的饮食中极易出现优质蛋白、B 族维生素、钙等营养素缺乏的原因，进而诱发各种疾病。

（三）中国当代膳食结构改革与居民膳食指南

改革开放后，我国非常重视膳食结构的作用，1989 年就发布了《中国居民膳食指南》以弥补传统食物结构的不足。1993 年，国务院颁布的《九十年代中国食物结构改革与发展纲要》指出：“食物是人类生存和发展的重要物质基础。随着我国经济的发展和人民生活水平的提高，我国人民的食物状况已经发生了深刻的变化，开始进入一个新的重要发展阶段。及时地引导我国食物结构的改革和调整，促进食物生产与消费的协调发展，并尽快建立起科学、合理的食物结构，已经成为关系到我国国民整体素质提高和国民经济发展与繁荣的一项十分紧迫而重大的任务。”随后，我国又于 1997 年和 2007 年先后两次发布了《中国居民膳食指南》，目的是帮助我国居民合理选择食物，并进行适量的身体活动，以改善人们的营养和健康状况，减少或预防慢性疾病的发生，提高国民健康素质。

2007 年发布的《中国居民膳食指南》是中国营养学会在 1997 年《中国居民膳食指南》的基础上，经过多次论证、修改，并广泛征求相关领域专家、机构和企业的意见形成的。它由三个部分组成：第一，一般人群膳食指南。该指南适用于 6 岁以上的普通人群，共有十条：一是食物多样，谷物为主，粗细搭配；二是多吃蔬菜水果和薯类；三是每天吃奶类、大豆或其制品；四是常吃适量的鱼、禽、蛋和瘦肉；五是减少烹调油用量，吃清淡少盐膳食；六是食不过量，天天运动，保持健康体重；七是三餐分配要合理，零食要适当；八是每天足量饮水，合理选择饮料；九是如饮酒应限量；十是吃新鲜卫生的食物。第二，特定人群的膳食指南。该指南是根据各人群的生理特点及其对膳食营养需要而制定的，包括孕妇、乳母、婴幼儿、学龄前儿童、儿童青少年和老年人群。第三，平衡膳食宝塔（如下图）。该宝塔由五层构成，塔顶是烹调油和食盐，每天烹调油摄入量为 25 ~ 30 克，食盐不超过 6 克；四层是奶类和豆类食物，每天吃相当于鲜奶 300 克的奶类及奶制品，吃相当于干豆 30 ~ 50 克的大豆及制品；三层是鱼、禽、肉、蛋等动物性食物，每天摄入 125 ~ 225 克；二层是蔬菜和水果，每天分别摄入

300～500 克和 200～400 克；塔底是谷类食物和水，每天摄入 250～400 克谷类食物、1200 毫升水。这个宝塔是为了帮助人们在日常生活中实践《中国居民膳食指南》中的一般人群膳食指南的主要内容而制定的，以图片形式直观地告诉居民每日摄入的食物种类、合理数量及适宜的身体活动量，为居民合理调配膳食提供了可操作性的指导。

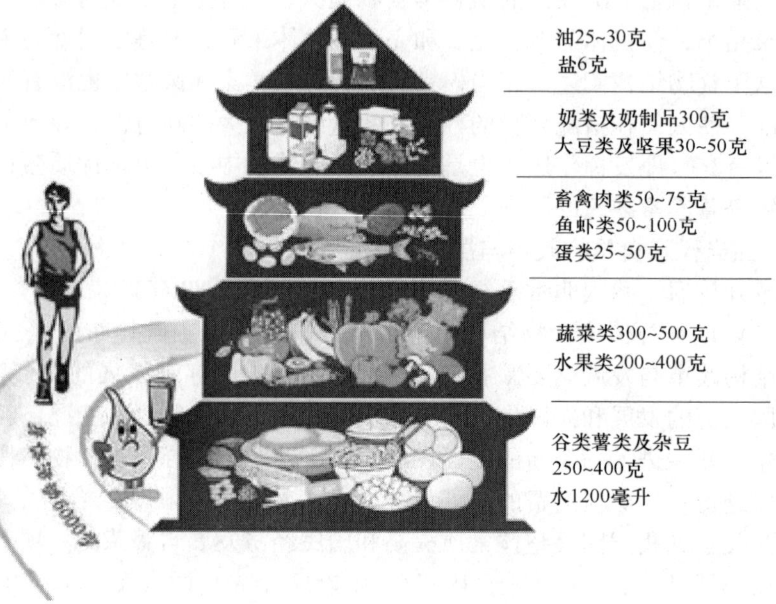

第二节　中国菜点的制作技艺与特点

中国菜点的制作技艺贯穿于整个烹饪过程，从食物原料的准备，到对原料的刀工处理和组配，再到调味和熟处理以及装盘等方面均有丰富的内容和鲜明的特点。

一、用料技艺的特点与主要内容

（一）用料技艺的特点

1. 用料广博

我国幅员辽阔，物产丰富，多样的地理环境和气候为各种动植物原料的生长和繁衍创造了良好的自然环境，再加上在漫长的历史过程中，先民们创造性地开发了许多腌制品、干制品，使我国常用原料的数量达到了 3000 种。与此同时，中国还不断通过对外交流引进新的食物原料，从汉唐到明清，从近代到当代，引进了数量众多的优质原料，如胡豆、胡瓜、胡葱、黄瓜、南瓜、茄子、番茄、辣椒、番薯、洋葱等。中国烹饪所用原料数量之多，居世界之首。

2. 选料严格

由于地理、气候的不同，使得各地大量出产不同的优质资源，如东北的大马哈鱼、鹿、林蛙、人参、野菌；渤海湾地区的海参、各种贝类；广东地区的各种海产鱼类；西南地区的花果蔬菜、江鱼河鲜等。单以中国老百姓最常用的猪肉而言，其优良品种就有东北的黑猪、四川的荣昌猪、浙江的金华猪、广东的梅花猪、云南的乌金猪等。因此，中国厨师在制作很多名菜时选料非常严格。如制作东坡肉时，必须选用软五花肉，不选其他部位，即使是肋条肉和硬五花肉也达不到最好的效果；糖醋里脊、抓炒里脊则必须选用猪的通脊，而不是小里脊；北京烤鸭一定要选择北京的填鸭，配上山东的甜葱和六必居的甜面酱。

3. 物尽其用

面对丰富和优质的食物原料，中国厨师在具体使用过程中绝不浪费，而是物尽其用。有时将一种原料按不同部位或不同用途分档取料，制成不同的菜点，做到一物多用；有时将各类原料组合在一起，制成多个菜点，进行综合利用；有时把常用原料加工过程中产生的边角料或废弃原料，用合理的烹调方法加工成美馔佳肴，进行废物利用。所有这些均是中国厨师聪明才智的体现。如一只鸡，除了毛、骨头不吃外，其余的部分均可利用，做成全鸡席，体现的是一物多用；鸡的大部分内脏则可以进行综合利用，鸡肫可以卤制，也可以与鸡肝、鸡心合炒，做成火爆鸡杂；就连大多数国家废弃不用的鸡肠，经过处理以后也是某些特色菜肴的原料，这是典型的废物利用。中国烹饪中将废弃原料重新利用的例子还有很多，如锅巴、兔头、芹菜叶、西瓜皮等。

此外，中国烹饪创制出了数量众多的动植物原料加工制品，如干货制品、腌腊制品和发酵制品。而制作它们的最初目的是为了便于储存、运输，后来则发现可以增加风味，火腿、干贝、虾米、鱿鱼、榨菜、霉干菜、腊肉、香肠、酱、豆豉等就这样走上了中国人的餐桌。经过千百年沉淀，这些原料已成为中国烹饪的重要组成，极大地丰富了食物原料资源，也充分体现了中国烹饪用料的物尽其用。

（二）用料技艺的主要内容

1. 常用原料

中国烹饪常用的原料有数千种，所以对原料进行分类就显得尤为重要。常见的分类方法有很多种：按原料性质分，主要有植物性原料、动物性原料、矿物性原料、人工合成原料四类；按原料加工程度分，主要有鲜活原料、干货原料、复制品原料三类；按原料商品学分，主要有粮谷类、肉及肉制品、蛋奶、野味、水产品、蔬菜、果品、干货、调味品；按原料在烹饪中的作用分，则有主配料和调辅料；按中国疾病预防控制中心营养与食品安全所编著《中国食物成分表 2004》

中对原料及食物进行分类，有谷类及制品，薯类、淀粉及制品，干豆类及制品，蔬菜类及制品，菌藻类，水果类及制品，坚果、种子类，畜肉类及制品，乳类及制品，蛋类及制品，鱼虾蟹贝类，婴幼儿食品，小吃、甜饼，速食食品，饮料类，含酒精饮料，糖、蜜饯类，油脂类，调味品类，药食两用食物及其他，共21类。在此，结合人们的生活习惯和烹饪特点，按照原料商品学的分类，对中国烹饪常用的主要原料进行简要介绍。

（1）粮谷类原料

粮谷类食物是中国人的主食，在膳食中占有非常重要的地位。早在7000多年前的河姆渡文化中就已经有了粳、籼等稻作物；半坡文化遗址中也发现了粟、黍等谷类作物，说明当时的先民就已经开始原始的农业生产。中国常用粮谷类原料包括三大类：一是谷类，常用的主要有稻谷、玉米、小麦、高粱、小米、燕麦、荞麦等；二是豆类，主要分为大豆和杂豆，杂豆包括绿豆、黑豆、红豆、蚕豆、豌豆、扁豆等；三是薯类，常用的品种有马铃薯、甘薯、木薯和芋薯等。这些粮谷类原料既是中国人的主食，也是制作菜肴的主辅料，还可以酿造各种调味品和酒。

（2）蔬菜类原料

蔬菜是中国人膳食中每日摄入量最多的食物，在烹饪过程中常作为主料、辅料、调料和装饰性原料而具有非常重要的作用。中国烹饪常用的蔬菜可分为六大类：一是叶菜类，常见的品种有大白菜、小白菜、甘蓝（又称莲白、圆白菜、包菜、椰菜）、苦苣、菊苣、芥菜、苋菜、落葵（又称软浆叶、木耳菜、豆腐菜）、蕹菜（又称空心菜、竹叶菜）、菠菜、生菜、豌豆苗、茼蒿、叶用甜菜（又称厚皮菜、牛皮菜）、芦荟、蕺菜（又称折耳根、鱼腥草）、荠菜、香椿（又称春芽）、韭菜、芹菜、香菜（又称芫荽）、葱等；二是茎菜类，常见的品种有莴笋（又称青笋、莴苣）、茎用芥菜（我国特有的蔬菜品种，常用的青菜头、儿菜、棒菜等）、竹笋、茭白、莲藕、菜用仙人掌、荸荠（又称马蹄、红慈姑）、慈姑（又称白慈姑）、芋头、魔芋、马铃薯（又称土豆、山药蛋、洋芋）、山药（又称薯蓣、长薯）、蒜、洋葱（又称圆葱）、百合、藠头、姜、洋姜（又称菊芋、鬼子姜、毛子姜、洋大头、姜不辣等）等；三是根菜类，常见的品种有萝卜、根用芥菜（又称大头菜、辣疙瘩）、芫菁、胡萝卜、豆薯（又称凉薯、地瓜）、牛蒡、根用甜菜（又称甜菜头、红菜头）、辣根等；四是果菜类，常见的品种有冬瓜、黄瓜、丝瓜、苦瓜、西葫芦（又称角瓜）、菜瓜、南瓜（又称倭瓜）、茄子、辣椒、番茄（又称西红柿）、豇豆、四季豆、刀豆、嫩蚕豆、嫩豌豆（又称青元）、扁豆、青豆（又称毛豆）等；五是花菜类，常见的品种有金针菜（又称黄花菜、忘忧草）、花椰菜（又称花菜、菜花）、茎椰菜（又称西蓝花、青花菜）等；六是低等植物蔬菜类，常见的品种有木耳、银耳、石耳、树花、冬虫夏草、海白菜、海带、海苔、紫菜、石花菜、各种菌类等。

（3）畜禽肉及肉制品

畜、禽肉是中国烹饪的主要动物性原料，主要品种有猪、牛、羊、兔、鸡、鸭、鹅、鹌鹑、鸽子等，另外还有一些野生的禽畜肉。除了烹制各种肉类，中国厨师还擅长利用各种内脏、头、蹄、尾和血液、乳汁。同时，还将新鲜原料用腌腊等方式制成风味产品，如火腿、腊肉、酱肉、蹄筋、灌肠、熏肠、风鸡、板鸭等，作为制作特色菜肴的重要原料。

在中国的畜禽肉中有很多优良品种，荣昌猪、太湖猪、金华猪、秦川牛、鲁西黄牛、滩羊、成都麻羊、九斤黄、寿光鸡、芦花鸡、狼山鸡、麻鸭、蒲河白鸭等。家禽和野禽的蛋也是中国烹饪的优质原料之一，中国人还利用家禽的蛋制作出盐蛋、皮蛋、糟蛋等品种。

（4）水产品

水产品通常分为海产品和淡水产品两大类，尤以鱼类、贝类为主。常用的淡水鱼主要有：青鱼、草鱼、鲢鱼、鳙鱼、鲤鱼、鲫鱼、鳡鱼、鳝鱼、泥鳅、黑鱼、鳜鱼、江团、鲟鱼、鲮鱼；常用的海产鱼类主要有：大黄鱼、小黄鱼、带鱼、鲭鱼、加吉鱼、牙鲆、鳕鱼、鲈鱼、金枪鱼、沙丁鱼、虎鱼；常用的洄游鱼主要有：鲥鱼、鲑鱼、银鱼、河豚、青鳝等；低等水产品主要有：田螺、扇贝、虾、蟹、海参、鲍鱼、对虾、龙虾等。将鱼、虾、贝类等水产品采用不同的加工方法制成腌制品，也丰富了水产品的品种，如咸鱼、咸虾等。

（5）干货原料

干货原料是将不容易保存的鲜活原料通过不同干制方式制作而成的，它不仅延长了保存时间，而且在制作过程也中改善了口感、增加了风味。最常用的干货原料主要有蹄筋、响皮、鱼翅、鱼肚、干贝、海参、鱿鱼、鲍鱼、紫菜、海带、黄花、黑木耳、银耳、香菇、百合等。

（6）调味料

调味料通常分为单一调味品和复合调味品。常用的调味料主要有盐、糖、醋、酱油、蚝油、味精、花椒、辣椒等。此外，中国烹饪也擅长使用各种发酵制品，如豆酱、面酱、豆瓣、复合型调味酱等，既丰富了调味品的种类，也增加了菜肴的风味，同时还提高了菜肴的营养。

2. 原料的选择

高质量的食物原料是烹饪高质量菜品的基础。选择食物原料的目的就是通过对原料品种、品质、产地、部位、卫生状况等多方面的挑选，为特定的烹调方法和菜点提供优质的原料，为菜点提供安全、质量的保障和营养支持。清代袁枚在《随园食单》中说："大抵一席佳肴，司厨之功居其六，买办之功居其四。"

（1）原料选择的原则

原料的选择主要是根据食用者的要求和菜肴的需求进行，在选料中主要遵循四个原则：第一，选择安全、卫生的原料。严格按照《食品安全法》的要求进行选择，充分了解原料生长或饲养过程中的安全性，凡是受到污染、腐败变质或含有有毒、有害物质的原料坚决不能使用，只能选用经卫生检疫部门检疫认可的各类原料。第二，选择营养丰富的原料。影响原料营养价值的因素有很多，如原料的品种、部位、生长时期以及加工方法等。通常是根据进餐者的营养需要，选择适合的主料，进而科学合理地搭配辅料，真正使菜点达到平衡膳食的要求，充分发挥原料的作用。第三，尽量选择风味最佳的原料。影响原料风味的因素很大，有进餐者的民族、宗教、个人喜好等，也有某些原料选择的时限性，如某些蔬菜水果在相应的采摘季节风味最好，俗话所说的“七荷八藕九芋头”、“九月韭，佛开口”等；某些水产品在特定捕捞季节风味最佳，如“桃花流水鳜鱼肥，赏菊吟诗啖蟹时”。另外，某些菜肴对原料有特殊要求，则必须根据菜肴的要求选料。如北京烤鸭就一定要选用北京填鸭，甜面酱要配六必居的甜面酱；火腿的质量以金华和宣化火腿为最佳等。在选择原料时必须根据顾客的情况、烹调方法和菜肴的要求选择风味最适合的原料。第四，选择最实用的原料。选择原料，除了营养、风味等因素以外，还要综合考虑原料的形状、大小、色泽、产地等多种因素。形状、大小的选择主要是根据菜点的要求，在烹调的过程中要尽量提高原料的利用率，做到物尽其用；色泽的选择主要是为了菜肴的美观；产地的选择主要是为了价格合理、质量优良，非本地产的价格一般要高于本地产的价格，而质量则会因不同地区而出现品质的差异，如山东的大葱、东北的大米、四川的蔬菜、云南的水果等均是各类原料的佼佼者。

（2）原料选择的方法

食物原料选择的方法主要有三种，即感官鉴定法、理化鉴定法和生物鉴定法。理化鉴定法和生物鉴定法在食品加工过程中使用较多，烹饪过程中最常用的则是感官鉴定法。感官鉴定法是指通过人的感觉器官，对食物原料的色、香、味、形、质等方面进行综合评价，进而判断食物原料的质量。感官鉴别的具体方法包括视觉鉴别法、嗅觉鉴别法、味觉鉴别法、听觉鉴别法和触觉鉴别法，也就是通过人的五官（眼睛、鼻子、耳朵、嘴巴）和手触摸等方法，对原料的品种、部位、色泽、气味、质地、成熟度、完整度等各方面的指标判断原料的优劣。

3. 原料的初加工

原料的初加工是指将选择好的原料进行初步处理，使原料由毛料变成净料的过程，通常包括解冻、去杂、洗涤、涨发、分档、出骨等工艺流程。不同类别原料的初加工内容和步骤各不相同，如家禽、家畜的初加工要经过宰杀、煺毛、去内脏、洗涤等步骤，根据菜肴的需要，有些还会有分档、出骨等工艺；蔬菜的初加工主要内容就是择去枯叶、老帮，有的还要削皮、去根，然后是洗涤的工序；干货原料的初加工，主要是涨发，大致包括预发、涨发、精加工复原等步骤。

原料初加工的目的主要有三个：首先，保证原料的清洁卫生。在初加工过程中去除一些污物和菌虫，保障原料的质量。其次，使原料符合切配和烹调的要求。初加工的过程中去除不可食用或者质量不好的部位，以满足菜肴的需要。第三，合理利用原料。合理的初加工能保证原料各部位的充分利用，如对鸡进行初加工后，鸡肉可以用来炒菜，鸡骨架可用来吊汤，鸡爪、鸡翅可卤制，内脏可爆炒等，突出烹饪特色，做到物尽其用。

4. 原料的保藏

食物原料的保藏是指在一定条件下，通过一些手段和方法以保存食物原料品质的方法，常用的方法有低温保藏、干藏、腌渍与烟熏和辐射保藏等方法。

低温保藏可分为冷藏和冻藏，其原理是通过维持食物原料的低温水平或冰冻状态，以阻止和延缓其腐败变质的速度，从而达到保藏的目的。干藏的原理是使食物原料中的水分降低到足以防止腐败变质的含量，并保持低水分而进行长期储藏。干藏常采用的方法有干燥、脱水，近年来采用的真空冷冻干燥技术是干藏技术中最先进的，干制后的原料在保藏中要注意保持干燥和通风。腌渍保藏的原理主要是利用盐、糖或醋等渗入食物原料组织中，提高渗漏压，降低水分活性，以控制微生物的生长与繁殖，从而防止食物原料的腐败变质。腌渍常用的方法有糖渍、盐渍、酸渍，适用各类蔬菜、水果、肉类等原料。我国较早开始使用此保藏方法，原料在保藏过程中还会产生独特的风味。烟熏保藏通常是原料在腌渍的基础上，利用木材或其他可燃原料不完全燃烧时产生的烟雾对原料进行加工的方法。其原理是由于烟雾中含有醛类、酚类等物质，可以起到杀菌的作用，同时熏制过程中的高温和腌渍时的高渗透压也可消灭或抑制部分微生物的生长，从而达到原料保藏的目的。高温保藏的原理是利用高温杀灭引起原料腐败变质和使人致病、中毒的有害微生物，并且使原料中的酶失去活性，从而保证原料安全卫生，延长原料的保藏期。在烹饪中常将各类动植物原料进行卤制、加热制熟等均属于此方法，此外，巴氏消毒、高温瞬时消毒等均是利用高温延长食品保藏期的方法。辐射保藏的原理是利用原子能射线的辐射能量，对食物原料进行杀菌、杀虫、酶活性钝化等处理。此种保藏方法具有较高的科技含量和设备要求，常在大批原料食品工业化保藏时使用，如粮食类、薯类、花生等。

除了上述原料保藏的方法以外，还将家禽、家畜、水产品等采用活养的方式进行保藏，如将鲜活鱼虾放入清水中，同时经常换水，或者采用加氧泵等方式以延长保藏期；将螃蟹用绳将蟹钳扎紧，以防止螃蟹经常活动而变瘦或者死亡。家禽、家畜的活养要根据情况采用合适的饲养方法，海产品则要注意养殖过程中的盐度和温度，同时保持充足的氧气。

二、刀工技艺的特点与主要内容

（一）刀工技艺的特点

刀工技艺是指运用不同刀具和各种刀法对原料进行切割加工的技艺，是厨师必备的基本技能。中国烹饪历来讲究刀工，经过长期的积累，已经拥有众多技法，具有很强的技术性和艺术性，主要呈现以下特点。

1. 技艺精湛

早在中国烹饪形成的初期，中国厨师就非常重视刀工技艺。《庄子》中著名的“庖丁解牛”描述了当时厨师出神入化的刀工技艺。《礼记·内则》则介绍了一些运刀经验，如“取牛肉必新杀者，薄切之，必绝其理”。到了唐宋时期，刀工技艺又有了很大的提高，不仅出现了第一本刀工专著《砍脍书》，而且很多书籍描写了当时厨者高超的烹饪技艺。《江行杂路》描述了一位宋代厨娘运刀切肉的情形：“据坐胡床，缕切徐起，取抹批脔，惯熟条理，真有运斤成风之势。”可见当时厨娘高超的刀工技艺。元明时期的刀工技艺已经非常专业，出现了柳叶形、骰块、象眼块、对翻蛱蝶、雪花片等很多刀法名称，而且明代还出现了整鸡出骨的技艺。明朝冯梦龙在《古今谈概》中记载一位刀工技艺十分高超的厨师可以在同伴的背上切肉，其绝技让人惊叹。到了近现代，厨师利用精湛的刀工技艺创造出很多经典的名菜。如四川的灯影苕片，将红薯片好后，可透光看字；全聚德的北京烤鸭，每只鸭子片出 108 片，片片带皮，片片带肉。此外，淮扬菜中的大煮干丝、文思豆腐更是刀工精湛的集中体现。

2. 刀法多样

中国厨师根据菜品的不同要求，将原料切割成丝、丁、片、条、块和各种花刀。中国烹饪常用的刀法可分为直刀法、斜刀法、平刀法、其他刀法和混合刀法。直刀法又可分为切、剁、砍等三种，切又可分为直切、推切、拉切、锯切、铡切和滚料切，剁、砍的刀法又有很多种类型。斜刀法、平刀法、其他刀法和混合刀法又可分为很多种，使得整个刀法的名称多达几十种。运用这些刀法，可以将原料切割成各种不同的形状，仅片一种形状，就有刨花片、骨牌片、鱼鳃片、斧片、火夹片、双飞片、灯影片、梳子片等十余种。

（二）刀工技艺的主要内容

中国烹饪大多讲究在厨房中完成原料的刀工处理，端上桌的成品仅需要用筷子便可食用，哪怕是大块的整形原料，也通过火候使原料能够方便地夹取，或者由烹调者当面分食。将原料切割成形状大小基本一致、厚薄基本均匀的小型形态，不仅是为了减轻进餐者餐桌上的切割之劳，还可以起到便于传热、便于入味、便于形状多样、便于人体消化吸收的作用。

1. 运用刀工的基本原则

（1）根据原料的性质运刀

在对原料进行刀工处理前，必须掌握原料的性质，并根据原料的性质选择适合的刀法。如鱼肉中的水分含量较高，纤维短，结缔组织比较少，肉质地比较细嫩，所以在对鱼肉等类似原料进行刀工处理时就应该顺着肌肉的纤维切割；牛肉的纤维较长、结缔组织含量较高，肉质比较老，为了便于嚼烂，应横着牛肉肌肉的纹路切割。

（2）运刀清爽利落，规格一致

刀工处理的过程中要求运刀清爽利落，不能出现“藕断丝连”的现象。经过刀工处理后的原料，无论是丝、丁、片、条、块，还是其他形状，都需要粗细、长短、厚薄尽量一致，以避免出现成品成熟度、滋味渗透不均等现象，使烹制出的肴馔色、香、味、型俱佳。

（3）主次分明，配合得当

菜肴通常由主辅料组成，而在对主辅料进行刀工处理时要注意突出主料，要让辅料的形状与主料相协调，丝配丝、条配条、丁配丁、块配块，但一般而言，辅料要略小于主料，充分起到烘托、辅助主料的作用。根据菜肴烹调的要求，高温短时间成菜的烹调方法，通常要求原料小、薄或者细，加热时间较长的烹调方法如烧、炖、煨等，成品要求软烂，刀工处理时则可以适当地切得大一些。

（4）合理用料，物尽其用

对原料进行刀工处理时要根据原料的大小、形状运用最适合的刀法，做到大才大用、小才小用、边角余料综合利用，以避免浪费。

2. 刀工技艺的主要方法

刀法，是指对原料进行切割时运刀的方法。中国烹饪中常用的刀法主要分为以下五种。

（1）直刀法

直刀法是指刀刃与原料接触角度为直角的运刀方法，包括切、剁、砍、排。切是指刀刃垂直于原料、自上而下割离原料的方法，根据用力方向的不同，又有直切、推切、拉切、锯切、铡切、滚切等。剁，是指运用小臂的力量，迅速击断原料的方法，包括砧剁、排剁、跟刀剁、拍刀剁等。砍与剁的方法所达到的效果基本相同，区别是砍通常用于更大块的原料，运用大臂的力量，将刀举高，迅速将原料截断。排是与剁中的排剁法比较接近，区别在于排不使原料断离，仅使之骨折、筋断、肌肉组织疏松的方法，分为刀跟排、刀背排两种方法。

（2）平刀法

平刀法是指刀刃的运行与原料保持平行的一种刀法，行业中常叫“片”或“批”。运用平刀法成形的原料一般具有平滑、宽阔、扁平的特点。平刀法根据用力的方向，分为平刀片、推刀片、拉刀片、推拉片、旋料片等。平刀片在片的过程中，原料保持在刀刃的一个固定位置，刀平行推进，一刀到底，常用于无骨、易碎的软嫩原料，如豆腐、豆干、血等。推刀片运刀时，刀刃平行进入原料后运用往外的推力，一推到底，常用于制熟的原料及脆嫩性的原料，如榨菜、茭白、莴笋等。拉刀片与推刀片的区别在于刀刃进入原料后，运用往里的拉力，原料向刀尖方向移动断离，常用于韧性较强的动物性原料，如猪肉、鱼肉、猪肝、鸡脯、猪腰等。推拉片是将推和拉两种运刀方法结合在一起，常用于处理韧性较强、软烂易碎或者体型较大的原料。旋料片在刀刃进入原料的同时将原料在砧板上滚动，片成较长的片，常用于圆柱形或球形的原料，如黄瓜、莴笋、萝卜等。

（3）斜刀法

斜刀法是指刀刃与原料成一定角度的刀法，包括正斜刀片、反斜刀片两种方法。正斜刀片运刀时，左手按住原料，右手握刀，根据菜肴烹调需要，取倾斜角度和厚薄程度，刀刃向左手边，每片一片即屈指取下，再按料进刀，反复进行。适用于质软、性韧、体薄的原料，如鱼肉、猪腰、鸡肉等。反斜刀片运刀时，右手握刀，左手中指抵住刀身，刀刃朝外运动，适用于脆性的植物原料和体薄、易滑动的动物原料，如芥蓝、鱿鱼、熟牛肚、熟猪耳等。

（4）剞刀法

剞刀，又称剞花刀、上花刀、混合刀，是直刀与斜刀混合使用的方法，通常在原料的表面切割成某种图案条纹，受热后收缩或卷曲成花形。常用于韧中带脆的原料，如猪腰、鱿鱼、鱼肉等。采用剞刀处理后的原料成熟后常呈现的形状有眉毛形、凤尾形、荔枝形、菊花形、鳞毛形、蓑衣形、葡萄形、绣球形等。

（5）其他刀法

其他刀法是指除以上刀法之外的刀法，常见的有削、剔、刮、拍、撬、挖、碾等，常根据原料的特点或菜品的要求选用。

三、调味技艺的特点与主要内容

（一）调味技艺的主要特点

中餐一直以味的丰富闻名世界。徐珂在《清稗类钞》中指出："西人当谓世界之饮食，大别有三。一我国，二日本，三欧洲。我国食品宜于口，以有味可辨也。日本食品宜于目，以陈设时有色可观也。欧洲食品宜于鼻，以烹饪时有香可闻也。"中国的菜是舌头的菜，全世界的人都知道中餐好吃。仔细分析中国烹饪的调味技艺主要有以下特点：

1. 调味品众多

中国烹饪讲求"五味调和"，调味品众多。其中，咸味调味品常用的有食盐、面酱、酱油、蚝油、豆酱、豆豉、腐乳等；甜味调味品主要有白糖、冰糖、红糖、蜂蜜、饴糖、果酱等；酸味调味品主要有陈醋、酒醋、米醋、番茄酱、柠檬酸、酸奶油等；苦味调味品主要有茶叶、咖啡、豆蔻、陈皮、杏仁等；辣味调味品有辣椒粉、辣椒油、干辣椒、泡辣椒、辣椒酱、大蒜、葱、芥末、咖喱等。对于五味之外的鲜味，中国烹饪主要用汤来赋予，有清汤、奶汤、原汤、味精、鸡精、酵母抽提物、蚝油、虾油、笋油、菌油等；香味主要来自香料，香料的种类和数量众多，桂皮、八角、香叶、小茴、丁香、孜然、芝麻、香草、紫苏等均是中国常用的调味品。此外，不同的地区由于调味习惯的不同，选用的调味品也不一样，由此各地还出现了一些代表性的优质调味品。以四川为例，优质的调味品就有自贡井盐、内江白糖、阆中香醋、成都辣椒、郫县豆瓣、汉源花椒、南充冬菜、宜宾芽菜、涪陵（原四川）榨菜、德阳酱油等，正是这些优质的调味料构成了川菜“一菜一格，百菜百味”的特点。

2. 技艺精湛，善用酱料

《吕氏春秋·本味篇》言：“调和之事，必以甘、酸、苦、辛、咸。先后多少，其齐甚微，皆有自起。”调味是一门艺术，马虎不得。中国烹饪在调味时强调分次调味，即菜肴烹制前的码味、烹制过程中的入味、烹调后的辅助调味等。不同的菜肴选用的调味方式也不同，可以是一次调味、多次调味，也可以在菜肴烹调结束后配味碟等。无论如何，大多是将各种主料、辅料和调料有序有别地汇集在一起，通过有机的组合变化，做到“有味使之出，无味使之入”，最后到达“五味调和”的至高境界，创造出美味的菜肴。由此可见中国调味技艺的精巧。

除了分次调味外，中国烹饪还擅长用酱料调味。《论语》中有：“不得其酱不食”，说明早在先秦就开始使用酱料作为调味品。到如今，厨房里所用的基础酱料大多是由工业化生产，按生产工艺划分有多种类型：一是以大豆和面粉为原料酿制的豆酱，如豆瓣酱、黄豆酱；二是以蚕豆和面粉为原料酿制的蚕豆酱，其中加入辣椒酱，则成蚕豆辣酱；三是以面粉为原料酿制的面酱，又称甜酱、甜面酱。此外，将豆酱磨细，与甜酱、辣酱混合后再加入虾米、牛肉、火腿、猪肉、鸡肉、蘑菇、花生酱、芝麻酱等辅料，可以配制成各种花色辣酱。酱料用在烹饪中，既提高了厨房的工作效率，又起到了维持菜品风味稳定的作用。

3. 味型变化多样

中国烹饪调味的魅力就在于运用多种多样的调味品创造和变化出了众多的复合味。仅以川菜的味型为例，常用的复合味型已达20余种，包括家常味、鱼香味、怪味、麻辣味、糊辣味、红油味、陈皮味、椒麻味、椒盐味、荔枝味、蒜泥味等。川厨尤其擅长运用麻辣，在辣味调味品的选用上十分用心，可以做到麻辣适口、辣而不燥，味型变化多端。如家常味必须用郫县豆瓣，取其纯正而鲜香的微辣；红油味则用辣椒油，使菜品色泽红亮，风味辣香；鱼香味必须用泡辣椒，取其辣及泡菜的风味；糊辣味则是干辣椒的香辣和花椒香麻的完美结合。

（二）调味技艺的主要内容

1. 调味的作用

在中国菜肴的评判标准中，味是第一位的，因此调味在烹饪中具有非常重要的作用，具体表现在三个方面：

（1）赋予菜品新的美味

烹调中有很多原料本身淡而无味，如水发鱼翅、粉丝、水发海参等，必须借助鲜味比较足的原料或者味道比较重的调味品来烹制，赋予其味道，这就叫做“无味使之入”。

（2）改善菜肴的滋味

利用味的相加或相乘原理，把各种鲜味比较足的原料混合在一起，使其鲜味和调味品的味道相互渗透、融合，做出美味的菜肴。如佛跳墙、奶汤什锦、坛子肉等。同时在烹饪的过程中，利用蔬菜或者调味品与腥臊味较重的原料合烹，可以去腥除膻，尽力发挥这些原料的美味。这就叫做“有味使之出”。

（3）丰富菜肴的色彩

很多复合调味汁或者调味品具有一定的颜色，把它们与原料混合，可以使菜品的色彩更加吸引人。如川菜中的鱼香味具备色泽红亮的特点，用它做的鱼香八块鸡、鱼香蚕豆等菜品色彩艳丽，增加了顾客的食欲。

2. 调味的基本原则

（1）因料调味

不同原料均有各自的味道，如鸡、鸭、鱼肉本身味道就很鲜美，调味过程中要注意保持其鲜美之味。炖汤或烹制白味菜肴时要口味清淡，以充分展示原料本身的味道。牛肉、羊肉、内脏等味道较重的原料，在烹制过程中应加入一些去腥除膻的调料，或烹制成红味的菜肴。海参、鱼翅、燕窝经过涨发后并无鲜味，在调味时要尽量搭配鲜味较足的高汤或调味品，赋予菜品新的美味。总之，因料调味要保证“有味使之出，无味使之入”。

（2）因地调味

我国幅员辽阔，各地的地理、气候、物产各不相同，导致了人们饮食习惯上的差异，正所谓“一方水土养一方人”，“南甜、北咸、东淡、西浓”。所以，调味也要因地制宜。江浙地区的口味好甜，做菜喜欢放糖；东北地区因气候干燥、寒冷而口味厚重；东部沿海地区口味清淡，强调原汁原味；西部地区口味浓厚，陕西、山西喜酸，四川、贵州、湖南、云南喜辣。在不同地区做菜时要适应当地人的口味，在广东的川菜要少一分麻辣，在北方的江苏菜用糖量也要减少，这样也更符合当地人的需要。

（3）因时调味

人的口味会随着季节、气候的变化而变化。如夏季气候炎热，消化能力下降，菜肴宜清爽，可增加略带苦味的凉性蔬菜、豆制品和水产品等。秋冬天气寒凉，口味可较夏天稍重，可以增添一些沙锅、汤锅、烧烤之类热气腾腾的菜肴。

（4）因人调味

宋代苏易简曾说“物无定味，适口者珍”。在烹制菜肴前最好能先了解顾客对于口味的偏好，根据他们的需求来调和菜肴味道。通常老年人看重营养，一般讲究原汁原味；中年人看重档次，喜欢口味适中、香气浓郁的菜肴；青年人看重感觉，喜欢口味奇特、方便快捷的菜肴；儿童对口味的要求不高，最喜欢色彩鲜艳、形状各异的菜肴。

调味过程中通常要遵循上述原则，但不能被原则所束缚。因为调味要适应众人之口，并不是一件容易的事，需要不断地在实践中总结，还要注意恰到好处。

3. 调味的程序及方法

为了使菜肴的口味达到最好的效果，通常以加热制熟为中心，分三个阶段进行。

（1）加热前调味

在原料加热前，运用调味品对其调味，达到改善原料味道、色泽、质地的目的，行业中称为“基本调味”。加热前的调味通常采用拌的手法对原料进行腌渍，根据原料特性和烹调方法的不同，腌渍的时间也不一样，从数十分钟到数小时或者更长时间不等。加热前调味最适合用于在加热过程中无法进行调味的烹调方法，如炸、烤、焗等，在调味过程中往往还辅助挂糊、上浆等处理手段完成。

（2）加热中调味

在原料加热的不同阶段加入各种调味品，使各味之间分解、渗透，从而确定菜肴的滋味。加热中调味通常有两种方法：一是一次性对汁调味，要注意各种调味品的比例，通常要加入水淀粉调成味汁，利用淀粉的糊化使调味品均匀地包裹在原料周围，达到调味的目的；二是多次性程序化调味，除要注意各种调味品的比例以外，还要注意投料时机和先后次序，一般按照先对原料进行去腥除膻，然后确定主味，最后再装饰增香。

（3）加热后调味

原料加热成熟后，再对菜肴进行辅助调味，以补充前两个阶段调味中的不足。炸制菜配的味碟，冷菜配的酱汁，火锅配的调料都属于加热后的调味。加热后的调味往往能满足顾客个性化的需求，起到锦上添花的作用。

四、制熟技艺的特点与主要内容

（一）制熟技艺的主要特点

中国人喜欢熟食和热食，绝大多数菜肴都要加热制熟后再食用，所以制熟在中国烹饪中非常重要，从制熟的过程看主要有以下特点：

1. 用火精妙

中国烹饪历来讲求火候，《吕氏春秋·本味篇》曾说：“火为之纪，时疾时徐。”本意是说烹饪时要注意调节和掌握火候，做到时而用文火，时而用武火。袁枚的《随园食单》中须知单专门列举了火候须知：“熟物之法，最重火候。有须武火者，煎炒是也，火弱则物疲矣。有须文火者，煨煮是也，火猛则物枯矣。有先用武火后用文火者，收汤之物是也，性急则皮焦而里不熟矣。”

中国著名菜品中能体现厨师用火精妙的有很多，如汤爆双脆、油爆肚仅需用大火加热几秒钟便可达到脆嫩的口感，火小或时间过长都无法做成此菜；川菜中的小笼蒸牛肉、粤菜中的清蒸鱼对火力的大小和蒸制的时间有严格要求，时间不够则肉未成熟，超过时间则肉质变老。正如聂凤乔先生在《中国食经》中所言：“中国烹饪中用火的种类有很多，除了通常所讲的大火、小火和中火以外，还有旺火、猛火、冲火、飞火、上火、慢火、微火、煨塘火等，因菜品需要的不同而分别施用，而且手法变化甚多。有许多变化甚为微妙，个中奥秘甚难用文字或语言描述，运用之妙全在烹调师存乎一心。”

2. 烹饪方法多样，擅长油熟法

中国厨师善于用火，因而产生了众多的烹饪方法。按传热介质的不同来看，从最早以水为传热介质的水煮汽蒸法，到以油为传热介质的炒和炸，再辅助以固体为传热介质的盐焗、沙炒等，中国传统的烹饪方法有数十种之多，并且在烹饪过程中还常将这些烹饪方法综合使用，以达到最佳效果。如今，随着烹饪设备的不断发展，传热方式的不断变化，烹饪方法也在不断丰富，出现了以微波、光波、远红外线、电磁等为传热介质的新兴烹饪方法，如挂烤、熏烤等。

在众多的烹饪方法中，中国厨师最擅长的是以油为传热介质的烹饪方法。特别是两千多年前发明的炒，是中国烹饪独有且最具特色的烹饪方法。它以油为传热介质，要求旺火，快速成菜。炒又可根据加热的温度、原料的特点等分为爆炒、滑炒、生炒、熟炒、软炒等。由于炒法成菜时间较短，在温度、速度、芡汁量上较难把握，同时在锅和勺的配合上也要求非常熟练，因此对于初学者则难度较大。

（二）制熟技艺的主要内容

将组配好的菜点原料加工成可以直接食用的菜点的过程，我们称之为制熟加工。这里的制熟主要是指将食物原料营养、卫生、美感三要素完备地统一，而不单只加热制熟。比如日常生活中大家经常食用的皮蛋、泡菜等，它们制熟加工的过程就没有通过加热，但已可以直接食用。

1. 制熟的主要方法

烹饪过程中制熟方法的分类众多，各地也不尽相同，在烹饪业界和学术界一直存在较大争论。这里，选用陈苏华先生在《中国烹饪工艺学》教材中的观点，将制熟的方法进行分类。虽然人们对其具体的制熟方法划到哪类传热介质中仍然有争论，但此分类体系的划分方法已得到较大的认同。

（1）热制熟方法

主要包括三类：一是固态介质导热制熟的方法，有沙导热制熟（沙炒）、盐导热制熟（盐焗）、泥导热制熟（泥烤）、金属器导热制熟（烙、锅烤）等。二是液态介质导热制熟的方法，有水导热制熟（汆、涮、白焯、汆溜、汤爆、炖、卤、煨、煮、烩、烧、熬、焖等）、油导热制熟（炸、熘、炸烹、炒、爆、煎、贴等）等。三是气态介质导热制熟的方法，有蒸汽热制熟（蒸、蒸熘）、烟热制熟（熏）、干热气制熟（烤烘）等。

（2）非热制熟方法

包括四类：一是发酵制熟的方法，有泡、醉、糟、霉等。二是化学剂制熟的方法，有腌、泡等。三是凝冻制熟的方法，有冻、挂霜等。四是调味制熟的方法，有炝、拌等。

2. 火候的掌握

火候，最早是指古代道家炼丹时火力大小与久暂的节制，后来指厨师烹煮、煎熬食物时掌握食物成熟的度。目前很多烹饪书籍中对火候的定义是“火力的大小和烹饪时间的长短”。但随科技的进步，加热方式的改变，当今火候的定义应为热源的强弱和加热时间的控制，而使原料达到所需的成熟度的控制。但无论如何，由于原料质地有老、嫩、软、硬的区别，菜肴的要求也有酥、烂、脆、嫩等不同，在火候的掌握上应遵循以下原则：

（1）根据原料性质、形状和菜品要求掌握火候

原料质老或形大、口感要求酥烂的，需用小火甚至微火、长时间加热，使其里外成熟一致；质嫩或形小、口感要求脆嫩的，需用旺火短时间加热，原料断生即可。如清炖牛肉，用小火煮制，烹制前先把牛肉切成块，入温水锅焯水，清除血沫和杂质。这时牛肉的纤维处于收缩阶段，要移中火，烧煮片刻、定形，再转移到小火上烧煮，使牛肉收缩的纤维逐渐伸展。当牛肉快熟时，再加入调料炖煮至熟，这样做出来的清炖牛肉，色香味形俱佳。如果用旺火烧煮，牛肉就会出现外形不整齐、表面熟烂、里面嚼不动的现象，汤中还会有许多渣滓而混浊。

（2）根据烹饪方法的要求掌握火候

炒、熘等烹饪方法要求火旺、短时间加热，以保持原料脆嫩的口感；烧、焖等法宜用中火较长时间加热，以使原料达到软糯的口感；煨法宜用小火长时间加热，以使汤鲜味美。爆、涮的菜肴通常只能用旺火烹调，主料多选脆、嫩为主，如葱爆羊肉、涮羊肉、水爆肚等。涮羊肉，肉要薄、水要沸、时间要短，这样涮出来的才会鲜嫩。原因在于旺火涮制，能使主料迅速受高温而急剧收缩纤维，保持肉中鲜嫩的水分和营养。如果不是用旺火，或者锅中水不沸，主料不能及时收缩，羊肉将越煮越老。

（3）根据饮食习俗掌握火候

我国幅员辽阔，各地饮食习俗差异较大，对原料成熟度的要求不尽相同，因此，在烹制菜肴时要充分考虑各地的饮食习俗，如大多地区对于牛羊肉要求达到软烂的口感，但西部一些地区则要求牛羊肉要有嚼劲，断生即可；北方人做鱼要求时间要长，俗称“千滚豆腐，万滚鱼”，南方很多地区做鱼要求鲜嫩，时间要短，几分钟即可。

五、菜点装饰技艺的特点与主要内容

（一）菜点装饰技艺的主要特点

菜点烹制成熟后、在端上桌前，要进行装饰加工，包括盛具的选择，盘饰的运用，食品雕刻、面塑、糖艺等的辅助，目的是烘托菜点的色、香、味、形，体现菜点的文化、艺术内涵。菜点装饰技艺是整个菜点制作工艺的最后一个环节，

在制作中往往起到画龙点睛的作用。菜点装饰在不同时代所选用的原料和方法也不太一样，但无论哪个时代，中国烹饪的菜点装饰大多具有以下两个特点：

1. 强调整体，讲求和谐

受中国哲学、文化精神和思维模式的影响，中国菜点在装饰过程中非常强调整体美观，讲求平衡和谐。俗话说“人靠衣装马靠鞍”，一道设计巧妙的菜点，必须选用与之相匹配的器皿盛装，方能彰显菜点的特色。唐代大诗人李白诗曰：“金樽美酒斗十千，玉盘珍馐值万钱”，杜甫也有诗云：“紫驼之峰出翠釜，水晶之盘行素鳞”。美酒配金樽，珍馐配玉盘，驼峰配翠釜，鱼肴配上水晶盘，和谐的搭配使菜点与盛具珠联璧合，满桌生辉。

袁枚在《随园食单》须知单的器具须知：“惟是宜碗者碗，宜盘者盘，宜大者大，宜小者小，参错其间，方觉生色。若板板于十碗八盘之说，便嫌笨俗。大抵物贵者器宜大，物贱者器宜小。煎炒宜盘，汤羹宜碗，煎炒宜铁锅，煨煮宜砂罐。”这段菜点与器具搭配的原则，至今仍然被厨者奉为经典。如乡土风味餐厅中选用竹笼、陶罐搭配乡土风味的菜肴；云南的民族风味餐厅选用竹筒、菠萝当盛具，选用鲜花、水果装饰菜点；海南名菜椰子饭，选用椰子壳作为盛具。这些无不体现了菜点装饰的整体与和谐。

2. 装饰技法多样，注重意境

意境原指文艺作品或自然景象中所表现出来的情调和境界，用在中国菜点装饰技艺上则体现在菜点的造型、命名等方面。而创造、烘托意境的技法有很多，最常见的是雕刻和拼摆，通过精雕细琢、模仿、再现自然中的各种景物来创造意境。如用香菇拼成假山，用芹菜茎和香菜做成树木和小草，用卤猪舌、卤牛肉、蛋黄糕、蛋白糕和各种蔬菜等拼摆出雄鹰、猛虎、公鸡等图案，再以充满意境的词语命名，即雄鹰展翅、虎跃龙腾、雄鸡报晓等。近年来，厨师在创造菜点意境时更加注重借鉴中国绘画的写意技法和中国盆景的拼装技法，最有名的是北京大董烤鸭店推出的“大董意境菜”。该店的菜品在装盘布局时通过巧妙地处理空白、疏密之间的关系，使菜品造型更加灵动、富有意境，正所谓“虚实相生，无画处皆成妙境”。其中，董氏烧海参、江雪糖醋小排等众多意境菜，受到海内外顾客的欢迎。此外，面塑、糖艺、巧克力也广泛应用到菜点装饰中，以烘托意境。

（二）菜点装饰技艺的主要内容

1. 菜点装饰的原则

（1）实用性

装饰要坚持为菜点服务的原则，不能喧宾夺主。装饰的目的是为了烘托菜点，并不是所有的菜点都需要装饰，过分的装饰往往会画蛇添足。装饰过程要避免华而不实，尽量选用可食用的原料或者利用主辅料本身的颜色、形状以及与盛具的配合进行装饰。

（2）简约性

简约是指简单的风格，用最简略的方式达到最佳的美化效果。现代餐厅的菜品装饰强调简约、时尚，如鲍鱼、鲜贝、赤贝、海螺、螃蟹等一些贝壳类和甲壳类的软体动物原料在制好后，用其外壳作为造型盛器而一起上桌，既增加了饮食趣味，又达到了最好的美化效果。但需要注意的是，简约不是简单，要做到少而精，不是装饰得越少越好。

（3）形象性

形象生动的菜点在中国菜中有很多。如松鼠鱼、菊花鱼、葫芦鸭、石榴鸡、琵琶酥、雪梨酥等菜品都是通过具体形象的装饰来营造菜品的美感。用南瓜、芥菜、海蜇、虾仁、红椒拼摆的“迎宾花篮”也栩栩如生。在进行菜点装饰时，可尽量利用主辅料的颜色、形状等拼摆出形象、生动的图案。

（4）协调性

菜点的装饰要与菜点本身、盛具相协调。大董烤鸭店的招牌菜一品冰花玫瑰燕，洁白细瓷漂着几朵娇艳玫瑰，雪白的燕窝点缀着晶莹鱼子般的玫瑰露，令人遐想联翩。一道绿色的蔬菜放入白色盛具中，给人碧绿鲜嫩的感觉；高档的鱼翅、燕窝和鲍鱼需要用金银器或玉器烘托其档次。总之，菜点的装饰不能胡乱搭配，必须做到菜点、装饰、盛具相互协调，才能体现烹饪艺术之美。

（5）卫生性

菜点制作的基本目的之一是满足人的生理需要，因此，菜点在装饰过程中必须确保其安全性。首先，菜点装饰的整个操作过程必须严格按照卫生标准进行，注意操作规范。其次，选择的装饰原料必须以卫生、安全、美观为前提，不能把损害人体安全和健康的原料作为装饰原料。如以鲜花装饰，则应选用可食鲜花，必须清洗、保洁、新鲜。最后，装饰的动作要迅速，不能让装饰的菜点长时间暴露在常温条件下，以保证菜品的安全、卫生。

2. 菜点装饰的方法

（1）盘饰

盘饰，又称围边，是指采用适当的原料和器物，经一定的技术处理后，在餐盘中摆放成特定形状，以美化菜肴。盘饰的原料一般以瓜、果、蔬菜、鲜花为主，经过构思、选料及加工、初坯成型、拼摆图案四个步骤完成。

构思主要是根据菜点主题，设计出构图美观、新颖的盘饰方案。然后，根据构思的图案选择适合的原料，并对其进行处理。选择原料时应尽量根据原料本身的颜色，如红色可选择甜椒、火腿、番茄、心里美萝卜；绿色可选青椒、黄瓜、青菜；黄色可用蛋黄糕、胡萝卜、南瓜。选好原料后通常要对其进行刀工处理，达到所需要的形状，通过焯水、盐渍或刷油等方式保持盘饰原料最佳的效果。接着，利用菜刀、雕刻刀将所需原料处理成片、条、丝、块、丁和其他形状。最后，将处理好的原料进行拼摆，可采用平面拼摆、立体拼摆两种方式。

（2）食品雕刻

食品雕刻在菜点装饰中运用得非常广泛，如冷拼孔雀开屏的孔雀头，可用南瓜或者胡萝卜进行雕刻；热菜中的糖醋脆皮鱼，可用南瓜雕刻渔童手持钓竿，做成渔童垂钓的形象，增加菜点的饮食趣味。

食品雕刻常用的原料以瓜果、蔬菜类为主。其中，瓜果类主要是西瓜、苹果、柑橘等，蔬菜类原料主要是冬瓜、南瓜、黄瓜、胡萝卜、芋头等。食品雕刻的品类繁多，所涉及的内容也非常广泛，常用的雕刻类型可分为整雕、组合雕、浮雕、镂空雕等。

（3）面塑、糖艺、冰雕及其他装饰方法

面塑，俗称面花、礼馍、花糕、捏面人。它是以糯米面为主要原料，调和不同色彩，用手和简单工具塑造出各种栩栩如生的形象，常用在菜点装饰中。面塑根据其用途分为两类，一类专用于收藏，通常用糯米粉、精面粉、盐、防腐剂及香油等原料制作；另一类则是可以食用的，通常用澄粉、生粉等可食性原料制成。

糖艺，是指利用白砂糖、葡萄糖或饴糖等经过一定比例的搭配、熬制，运用拉糖、吹糖等造型方法进行加工，制作出既具观赏性、艺术性又具可食性的独立食品或食品装饰插件的加工工艺。糖艺制品具有色彩绚丽，质感剔透，立体感强的特点，原本是西餐、西点中最奢华的展示品或装饰原料，现在也常用在中餐菜点尤其是点心的装饰中。糖艺也因此成为目前高档餐厅常用的菜点装饰技法之一。

冰雕，是以冰块为主要原料雕刻的艺术形式。经过雕琢后的冰块晶莹剔透，用来衬托菜肴可以使之增色，渲染气氛，给宾客以清凉感和舒适感。同其他材料的雕塑一样，冰雕也分圆雕、浮雕和透雕三种。

除了以上常用的装饰方法之外，最近几年，中国厨师还借鉴、引进了西餐装饰中常用的奶油装饰、巧克力装饰和烘焙制品装饰，再配上精美的器具，使整个菜点熠熠生辉，给人留下难忘的印象。

第三节　菜点的开发与创新

菜点的开发与创新是每一个餐饮企业最重要的课题。随着餐饮业的高速发展，餐饮企业之间的竞争日益激烈，传统的菜点已不足以应付市场竞争的复杂局面，再加上顾客需求的不断提高，对健康、美味、快捷、个性菜肴的喜好，还有新原料、新设备、新技术的出现，都迫使餐饮企业不断地开发和创新菜点，以赢得更多顾客的青睐。

一、菜点开发与创新的原则

虽然菜点开发与创新是绝大多数餐饮经营者和厨师非常重视的一项工作，各家对此似乎都有独门绝技，毫无章法、套路可言，但事实上菜点开发和创新也必须遵循以下原则：

（一）食用性

菜点制作的基本目的是满足人的生理和心理需要，因此，菜点设计与创新时首先就要考虑它的食用性，要以适应顾客的口味和饮食习惯为宗旨。有的菜点制作得非常好看，但所选原料比较单调，不太好吃；有的餐厅为了满足顾客好奇的心理，以昆虫或部分中药材为原料开发和创新菜肴，但所选的昆虫是顾客无法接受的或所选的药材药味太重，使菜点失去了可食性，也就使菜点失去了开发和创新的意义。特别需要注意的是，在菜点开发和创新过程中，从选材、设计到制作完成都必须严格按照食品安全法的要求，选用安全、可食的原材料，不用可能有毒或者腐败变质的原材料，同时充分考虑原料配伍的禁忌，以满足菜点的食用性。

（二）营养性

菜点的三大属性包括安全卫生、营养和美感。早在上古时期，神农氏遍尝百草，实现了对食物原料与药物的筛选，为黎民百姓找到了五谷，并为后来我国“养、助、益、充”的膳食结构搭配及菜点的开发奠定了基础。如今，人们更加重视养生和保健，均衡营养、平衡膳食的理念已深入人心，在菜点设计和创新的过程中应充分考虑热能与各类营养素的搭配，考虑菜点所适应人群的营养需要，设计出营养、美味的菜点。但与此同时，在菜点设计和创新过程中也不能因为一味地追求营养而忽略菜点的美感等属性。如豆渣，从营养角度看，它是一种低热量、高膳食纤维的理想食品，营养价值较高，能降低血液中胆固醇含量，减少糖尿病病人对胰岛素的消耗，同时豆腐渣中丰富的膳食纤维，有预防肠癌及减肥的功效，但仅将豆渣这种粗糙的原料提供给顾客，大多数人都不能接受，必须将豆渣通过精心烹饪，做成豆渣馒头、豆渣丸子、豆渣排骨等菜点，才能受到顾客的喜爱。

（三）适用性

一个成功的菜点必须具有广泛的适用性。从顾客角度而言，新菜点的推出要满足大多数顾客的喜好，从选材、烹调方法到口味均带有普遍性，食用者便会众多；从餐饮经营者的角度而言，新菜点的制作应当尽量简便、快捷，充分满足人们生活节奏加快和餐饮经营需要，菜点的制作和销售才能卓有成效。而真正能够传承且影响深远的菜点也恰恰都具有广泛的适用性。为此，在菜点设计与创新时可以从家常风味和大众菜肴中寻找灵感。如川菜厨师以传统的民间菜回锅肉为基础，通过更换原料等方式，创制出锅盔回锅肉、干豇豆回锅肉等，深受人们喜爱。

（四）市场性

菜点的开发与创新必须紧跟市场的需求，要考虑顾客的需要，要顺应餐饮发展的趋势。改革开放以后，富裕起来的中国人对外来事物非常好奇，西餐慢慢地渗透到中国餐饮市场，很多大城市的餐饮企业便越来越多地学习制作西餐，走出了一条中西合璧的道路，既满足了顾客的需要，也紧跟了市场的需求。未来餐饮发展将会向个性化、快捷、营养的趋势转变，所以菜点的开发者要注重开发人无我有、方便快捷、营养的菜点，以顺应和引领餐饮发展的潮流。

二、菜点开发与创新的思路

（一）从继承、模仿到创新

模仿、学习他人的作品和技法是菜点开发和创新的一条传统捷径，既可以节省时间，又可以减少工作量。四川的蒜泥白肉是模仿北方地区少数民族的白煮肉而来，广东名点虾饺是模仿北方的月牙蒸饺创制的，香港的富贵鸡是模仿江浙叫花鸡创制的。这是因为中国厨师的培养方式是从师傅带徒弟开始的，徒弟继承师傅已有的经验和技术，模仿、学习他人的作品和技法，最后融会贯通，进而产生菜品开发与创新的灵感。

将继承和模仿的经验与技术融会贯通变成菜点开发与创新的思路，将会使菜点开发与创新相对容易一些。当今的厨师界流行“采风”，餐厅经营者和厨师经常到乡下或者是地方风味流派的源头地区寻找菜点设计与创新的灵感。川菜的发源地成都和重庆，粤菜的发源地广东和香港，江苏菜发源地江苏和浙江，成为各地餐饮业经营者和厨师们经常光顾的地区。如成都著名的餐饮企业“大蓉和”经营者就曾带领自己的厨师班子到湘菜的发源地湖南学习剁椒鱼头，到粤菜的发源地广东学习爽口牛肉丸，然后回成都开发了新菜品开门红和香菜丸子，并且在继承四川卤法和北方酱法的基础上，创制出酱卤猪肉，成为“大蓉和”的三道经典招牌菜。

从继承、模仿到创新是一个比较漫长的过程，要求菜点的创作者必须具有广博的科学文化知识和深厚的理论基础、熟练的专业技能，在继承中发扬，在模仿中创新。

（二）从变化中出新

烹饪讲究的是鼎中之变，从传统的菜品搭配和技法中探寻一些变化，往往可能收获意想不到的效果。成都大蓉和餐饮管理有限公司刘长明董事长在《开餐馆的滋味》一书中说：“市场是检验菜品的唯一标准，烹饪和艺术一样均有很强的个人风格，由个人的感觉来进行，在无限的可变中选择自己的做法。”但是，在变化中出新，不是盲目地推翻原来的一切，而是要探寻改变的对象，到底是原辅料的搭配，还是口味和技法，通过改变要能够有所创新。

创新的具体思路有多种，或从餐饮业以外去寻找灵感，或从原料、技法等方面考虑。如传统的饺子皮用面粉和水调制，饺子的变化也无非是馅心和形状的变化，而成都的喻家厨房用白菜、冬瓜和鱼皮做皮，使食客的眼前一亮；淮扬菜的经典松鼠鳜鱼，改变其刀法，可创新出葡萄鱼、菊花鱼、翠珠鱼；从传统的火锅变化到今天的干锅、冷锅；将鲍鱼的烹饪方法从传统的烧、扒、煨等法，变化为涮，配上上等的海鲜原汤。这一系列在变化中创新而来的菜肴均深受顾客的喜爱，也给消费者留下了深刻的印象。

（三）用心思索求创新

菜点开发与创新，还需要敢于突破传统、锐意探究，甚至可以是“以异出奇、以巧取胜”。广东最早开发的油炸冰激凌，把冰激凌挂脆浆糊，用高温油炸的方式成菜，收到了奇效；今天很多餐厅热卖的“火焰”系列菜品，将用盐焗熟的田螺、牛蛙等菜品用锡箔纸包好装入盘中，再堆上炒热的细盐，撒上白兰地，点火上桌，既保持了菜肴的温度，又增加了菜品的气氛；新派川菜中的石锅三角峰，以极辣的青色小米辣和成都人非常喜欢的河鲜“三角峰”为原料，选用耐高温且保温好的石锅为炊具烹制成菜，深受顾客的喜爱。

三、菜点开发与创新的方法

（一）食物原料的开发与应用

原料是烹饪的基础，菜点的开发与创新首先就要考虑原材料的变化、加工和新原料的使用。历代烹饪的发展、菜点的丰富都离不开新原料的开发与应用，从最早以食用野生动植物为主，到人工驯养野生动物、开始种植各种农作物，食物原料的品种开始逐渐丰富。随着对外交流的深入，又引进了众多的优质食物原料，如辣椒、番薯、番茄、南瓜、土豆等。到了近现代，随着农业、养殖业的发展，各种珍稀原料开始种植和养殖，食物原料更加丰富，为菜点开发与创新奠定了基础。从新原料的开发与应用角度进行菜点开发与创新主要从以下几个方面考虑：

1. 特产原料的开发与应用

我国地大物博、物产丰富，各地均有品质优良的特产原料，华北、东北地区的山珍，西南地区的瓜果蔬菜，华东地区的江鲜、湖鲜，华南地区的海鲜均成为各地烹饪的上佳选择。围绕特色原料开发和创新菜品，往往可以吸引更多的顾客，所以，很多餐厅都下大力气去寻找各地的特产原料。如成都某餐厅专门选用青藏高原特产的藏香猪为原料，创制出系列新菜品，深受顾客喜爱。北京的全聚德以烤鸭闻名于世界，其原料选用了北京的填鸭，以保证烤鸭肥而不腻、皮脆肉嫩，但今天的全聚德除了卖北京烤鸭以外，围绕鸭子身上的不同部位开发和创新众多的菜品，鸭肝做成柠檬鸭肝，鸭掌做成芥末鸭掌，还有火燎鸭心、雀巢鸭宝、炸鸭胗肝、糟熘鸭三白等均成为全聚德的招牌菜，既节约了成本又丰富了全聚德的菜品。北京的 8 号公馆粤菜酒家大胆地采用各地的特产原料，如招牌菜妙龄乳鸽据说是来自广东一个小县城里出生只有几天的鸽子。

2. 引进原料的开发利用

中国早在秦汉时期就已从国外引进新原料并加以开发、利用。如今，随着现代交通运输的发达，以及种植、养殖技术的发展，越来越多的国外优质原料成为中国菜点开发和创新的新亮点，走上了中国人的餐桌。澳洲的龙虾和鸵鸟肉、挪威的三文鱼和鲱鱼、阿拉斯加的帝王蟹和比目鱼、日本北海道的秋刀鱼和扇贝现在已登上中国人的餐桌；荷兰豆、紫甘蓝、樱桃番茄、彩色辣椒、樱桃萝卜等西餐中常用的原料，在我国已广泛地种植，为菜点开发和创新提供了新的原料品种。成都锦江宾馆有一道特色菜椰子炖鸡，引进和选用了来自东南亚的袖珍椰子，每个椰子只有小指尖大小，但椰子的香味特别浓郁，成为很多客人都必点的一道菜。此外，蒜蓉蒸龙虾、红焖鸵鸟肉、水煮三文鱼、山椒泡鲱鱼、炭烧帝王蟹、干烧比目鱼、红烧秋刀鱼、豉汁蒸扇贝等，都是利用外来原料，中西合璧，创制出适合中国人口味的时尚佳肴。

3. “废料”的综合利用

这里的废料是指食物原料在加工过程中通常被废弃的边角余料，利用这些原料开发和创新出美味的菜点，体现了厨师们“化腐朽为神奇”的功力。如动物的头、皮和内脏在制作很多菜品时均是废弃原料，但利用它们同样可以开发、创新出著名的菜点。江苏菜拆烩鲢鱼头、湖北菜精武鸭脖、粤菜美极鸭舌、川菜麻辣兔头都成为红极一方的名菜。以猪为例，用猪皮做成炸响铃，猪大肠做成肥肠粉，心肺可凉拌、也可做成心肺汤；鸡也如此，鸡肫、鸡心、鸡肝、鸡血、鸡肠创制成爆炒鸡杂、钵钵鸡等。

四川人吃饭时离不开泡菜，而人们最喜欢吃的则是泡萝卜皮。泡菜的精髓就在于任何蔬菜的边角料均可放入泡菜坛子，莲白、洋葱、黄瓜、胡萝卜、豇豆、子姜，再放点红辣椒，什锦泡菜便做成了，红绿相间，清脆爽口，现吃现取，决不浪费。四川的泡菜体现了劳动人民生活节俭的习惯，更体现了厨师开发菜品时的聪明才智。围绕泡菜，开发创制出泡菜系列菜品，如泡椒墨鱼仔、泡椒牛蛙、酸菜鱼、山椒猪手等已成为各餐厅的流行菜。

4. 粗菜细作、细菜精做

粗菜通常是指烹饪中最常用的普通原料，如白菜、南瓜、萝卜以及各种粗粮。粗菜往往能够给人们带来乡土、怀旧之情，带来健康，但粗菜必须细作。小土豆、玉米、芋头、苦笋、花生用盐水煮熟，用竹篓装好，色彩鲜艳，搭配合理，命名为大丰收；将白菜心调以高级清汤，制作成开水白菜；将土豆、红薯制成泥，加上馅料，制成红薯饼、土豆饼；粗糙的玉米面加上绿豆粉和面粉，制成小窝头，均深受食客们的喜爱。

细菜精做是指烹饪中比较优质的素菜原料，如各种菌类、笋类，在制作时需要用上好的配料进行精细的加工，其核心在于“精细”。新鲜嫩绿的蚕豆，与鱼丁配炒，装入金盅制成金盅蚕豆鱼；新鲜的菌类配上好的高汤，碧绿的嫩豆芽配上鲜红的火腿，成为风味绝妙的菜品。

此外，通过对现有菜点的原料进行变换，开发创制新的菜点，也是菜点开发与创新的常用方法之一。如将宫保鸡丁中的鸡丁换成虾仁，便可做成宫保虾球，还可以将花生米换成腰果，使菜品的口感更丰富。

（二）调味技艺的组合与变化

利用调味品的组合与变化和各地方、各菜系已有的调味成果，选择当地顾客能接受的味型，可以创制出一系列新菜点。如本为咸鲜味的咸烧白，用水煮方法二次加工，创制出麻辣味十足的水煮烧白。红油鸡块中减少红油的用量，加入藤椒油，则做成了全新的藤椒鸡块；若将红油改为山椒汁，再加入白醋，调成酸辣味，就做成了山椒鸡块。传统的糖醋脆皮鱼是用糖和醋来调配糖醋味，如今则改用番茄酱调配，制成新型的茄汁味糖醋脆皮鱼；若加入柠檬汁或者菠萝汁，则变成了带果味的糖醋脆皮鱼。此外，以萝卜为原料，变化不同的味型，可制作出麻辣萝卜丝、糖醋萝卜、五香萝卜、腌萝卜、红烧萝卜、奶油萝卜等菜品；以鸭掌为原料，通过调味品的组合与变化，可制成糟香鸭掌、水晶鸭掌、芥末鸭掌、泡椒鸭掌等菜品。需要注意的是，利用调味技艺的组合与变化创制菜点时，要充分考虑原料的性质和顾客的口味习惯。鲜味较足的原料一般保持其本身味道，不做过多的修饰；异味较重的原料一般选用味道厚重的调味品以去腥除膻。

如今，利用调味技艺的组合与变化创新菜点时出现了五个趋势：第一，各地的口味不断融合，调味的适应性逐渐增强。各地烹饪在交流时互相取长补短，使不同地区的调味产生了很多相同点，出现了一大批迷宗菜、融合菜。粤派川菜、港式川菜、海派川菜等，来自不同地区的菜品在异地生根发芽，缩小了各地烹饪的距离。第二，中西调味的不断融合，使中餐的味型越来越国际化。番茄酱、咖喱酱、沙拉酱已是中餐厨房中普遍使用的调味品，奶油、奶酪、千岛汁、醋油汁也已渐在中餐厨房中应用。为适应中国人的口味习惯，许多餐厅将中西调料混合使用，十分受欢迎，特别是将奶油、沙拉酱等与中式调味品混合使用，产生多种不同的味道，千变万化。无论北京、上海还是广州，如今的中高档中餐厅大致有30%以上的菜点部分或全部增添了西餐元素。第三，更加注重优质调味品的开发及应用。由于地理、气候及物产等原因，各地调味品的质量差异较大。如北京六必居的甜面酱、山东的大葱、浙江的花雕、广东的李锦记复合酱料、东北的大豆酱、阆中的香醋、自贡的井盐、郫县的豆瓣、内江的白糖、汉源的花椒等均是各地具有代表性的优质调味品。而同一种调味品在不同产地之间的质量差异也很大，比如花椒，四川的花椒麻味和香味较足，是其他地方所不及的。近年来流行的水煮鱼大都采用四川的花椒作为麻味调料。第四，复合型酱料在烹饪中的应用越来越多。目前，市场上比较流行的酱汁可以分为两大类：一是传统酱汁，它来源于传统菜肴，是将传统菜肴制作时使用的调味品调制在一起制成酱汁，烹制新的菜肴，给人以相知如故的怀旧感；二是新派调味酱汁，是对传统酱汁加以变化并增加一些新兴的调味品而制成的，给人似曾相识的新鲜感。使用酱汁调味最大的好处就是可以保持菜肴风味的稳定，提高工作效率。第五，新兴食品添加剂的广泛应用。随着人们生活质量的改善和食品工业的高速发展，味精、鸡精、核苷酸、干贝素等呈鲜及增鲜等调味原料大量出现，方便汤料、鸡精复合调味料、火锅底料、烧菜料、香辣酱等高档复合调味品也不断面市，使厨房中的调味品也在不断更新换代，由此创制出许多新菜点。

（三）中西烹饪技艺的交流与融合

随着中国对外交流的日益频繁，将西餐与中餐的烹饪技艺有机结合起来开发和创新菜点，成为厨师们非常喜欢的菜点开发与创新方式。除了前面所述的原料和调味的引进使用外，中国厨师还大量利用西餐的烹饪方法和烹饪设备创造中餐新菜点。如西餐最擅长的烹饪方法是烤和煎，最常用的设备是烤箱、煎锅和扒炉，中国厨师则将鸡翅用中式调味品进行腌制，用西式的烤法制熟，别有一番风味；西餐的平底煎锅则被广泛用来制作中式锅贴、煎饼、蛋皮之类的菜点；利用西餐中的酥皮，替代包裹叫花鸡的泥土，创制出新的叫花鸡；借鉴西餐服务中的“面客服务”，开发出“堂烹”类的菜肴，俏江南的摇滚沙拉、蜀国演义的奶汤鲍鱼等是其代表。

需要注意的是，利用中西合璧的方法开发和创新菜点时必须充分考虑中国人的饮食习惯。将中餐和西餐烹饪技艺融合得最成功的地区是素有“美食天堂”之称的香港。由于历史、地理等原因，香港饮食在原料上常选用西方人非常喜欢的牛肉和海鲜，同时又保持了中国传统膳食结构中大量的粮谷类食物和蔬菜；在调味的方式上，保持了中国菜入味的优良传统，又学习和借鉴了西餐酱汁的调味方法，使味与汁融合，变化多样；在烹饪方法上贯通中西，煎、烤、炸与中餐的炒相互融合，裱花、烘焙与中餐、中点相互结合最终形成了独具特色的港式中餐、港式中点。

（四）器具与装饰手法的变换

菜点的开发与创新离不开器具与装饰手法的变化，盛器搭配精美，装饰手法合理恰当，会使开发的菜点熠熠生辉，给顾客留下美好回忆。所以，器具的选择和装饰手法的变化已成为菜点开发与创新过程中不容忽视的方式之一。

1. 器具的变化与改良

从器具变化的角度进行菜点的开发与创新，首先要打破器具仅为盛装工具的思想，将盛具延伸为炊具。如中国传统的炖汤，最看重是炖制火候，对器皿无特殊要求，但如今的厨师们在制作炖汤时采用西餐的汤盅和隔水炖的方法，使菜品有了新意，接着又开发了不同形状和材质的炖盅，以形状而言，有南瓜形、橘子形、花生形；以材质而言，有用竹筒、椰壳的，也有用陶罐、紫砂的，增加了食用炖汤的乐趣。四川的火锅闻名全国，但最早的四川火锅是以麻辣的牛杂火锅为特色，盛具也是炊具，多用一个不锈钢的火锅盛装，“荤素一锅煮，百菜一锅涮”，麻辣鲜香，但却使很多顾客因接受不了麻辣而却步，后来火锅的经营者发明了太极形状的鸳鸯锅，一半白味，一半红味，使火锅有了新意，接着又将太极

门研发了含有鸡蛋的芝士蛋堡、香脆营养的薯棒，并特别配有饮料如牛奶、果汁和港式奶茶等，组成一个中西合璧的早餐系列。虽然有人曾对洋快餐做粥提出质疑，但中国百盛餐饮集团副总裁兼首席企划官陆穗雯女士却说："只要消费者喜欢，我们就坚持下去。因为消费者是企业生存的唯一条件。"

一直以来，人们对快餐的指责不绝于耳，说洋快餐是垃圾食品，吃快餐能导致肥胖，等等。为此，肯德基高层把他们长期调查研究的《健康食品政策白皮书》公布于世，提出"推动均衡饮食、倡导健康生活"的理念，并于2000年成立了食品健康咨询委员会，通过专家指导完善产品的选择，探索开发更适合中国人口味的产品，尤其在推动蔬菜、植物类食品开发方面更是不遗余力。田园脆鸡堡就是肯德基针对儿童营养特点开发的产品，分量较小，在鸡肉中添加了胡萝卜、玉米和青豆，并根据儿童的喜好调整了口味。2003年肯德基首次推出的烤鸡类产品——新奥尔良烤鸡翅，就突破了肯德基50年的传统烹饪方法，在减少脂肪含量方面迈出了重要的一步。

[评析]

肯德基总部设在美国肯塔基州的路易斯维尔市，是世界上最大的鸡肉餐饮连锁店，1952年由创始人哈兰·山德士先生创建。如今，肯德基在世界各地的连锁分店多达1.1万家，遍布世界近100个国家，每天为超过800万的顾客提供服务。肯德基从1987年开始进入中国，截至2010年6月1日，肯德基在中国餐厅数量达到3000家。肯德基在中国的成功，源于其在中国执行的本土化策略，采购的本土化、员工的本土化，当然最根本的是产品的本土化，豆浆、油条、老北京鸡肉卷、枸杞南瓜粥、川香辣子鸡、老鸭汤，肯德基在不断迎合中国顾客的口味，在菜点开发和创新的过程中走出了一条成功的道路。

（二）摇滚沙拉与俏江南的菜点创新

在互联网中搜索有关俏江南的资料，将会发现俏江南的菜点创新有着非常独特的思路。

俏江南集团由张兰女士创始于2000年，总部位于北京，旗下品牌包括俏江南品牌餐厅、兰会所（LAN Club）和SUBU三大高端品牌。俏江南最吸引顾客的地方是将改良川菜运用到中西合璧装修的餐厅中。

而俏江南菜品的创新正是由"摇滚沙拉"开始的，而摇滚沙拉其实是张兰的创作。她在法国一家餐厅吃饭时，服务员到她面前演示做沙拉。当时，她一闪念想到何不自创"摇滚沙拉"呢？回国后，张兰买了些长玻璃瓶子，自己动手配料做实验。不久，俏江南的顾客就享受到服务员在自己面前演示如何把沙拉"摇滚"出来的整个过程：由一名服务员将事先切配好的蔬菜和各种调味酱用一漂亮的餐车推到顾客面前，先将各种蔬菜放入透明的长玻璃瓶中，然后依次放入各种秘制的调味酱，盖上盖子，像玩万花筒一样"摇滚"出鲜香甜美的沙拉来，倒在盘中，加入新鲜的蛋黄即成。其中，最关键的是摇制过程，服务员还会送上祝福的摇滚歌："一摇客从八方来，二摇宾客笑颜开，三摇福禄并双至，再摇财源滚滚来。"此外，著名的石烹豆腐花则是地道的小资川菜。将鲜豆浆倒进玻璃盅，顾客能亲眼看到豆浆凝固成豆腐花，一切程序都在眼前，新奇有趣。

2009 年 6 月 1 日的腾讯财经中有一篇"俏江南全力打造精品川菜力推创新菜式"的报道，介绍了俏江南餐厅菜品创新的理念："俏江南集团作为中国餐饮行业的领军品牌，弘扬川菜精髓，传承川菜文化，在融合成都菜、重庆菜特点的基础上别出心裁，创造出凝聚川菜神魄的俏江南精品川菜。为保证菜品口感正宗，俏江南全部选用来自全球美味食材及四川本土优质原材、调料等，运用炒、煎、炸、爆、烤、蒸、焖、拌等 38 种烹饪手法制作不同菜肴，精于变化、味尽其妙，将食色香味发挥得淋漓尽致，呈现出真正意义的精品川菜。"

[评析]

俏江南的摇滚沙拉和石烹豆腐花等菜品的成功之处在于在菜点开发和创新过程中除了注意菜点的色、香、味、形之美外，还要考虑饮食的味外之美。摇滚沙拉最出彩之处，不仅是菜肴的口味，更是菜肴的形式和营造的氛围，既迎合了不同宾客的口味需要，又满足了宾客心理的需要。而俏江南的成功则说明，菜点的创新意识和创新行为在餐饮企业中起着关键的作用。没有创新和发展，餐饮企业将无法在市场中立足。

实训项目

季节性养生保健菜肴（或套餐）的设计

实训资料

位于成都某商住楼中的一高档餐厅，在冬季推出滋补养生美食活动，目的是为让广大客户品味冬季生活，享受鲜香时尚的美食，感受生态与健康。在活动期间，餐厅每天午市针对商务客户，推出 38 元和 58 元的两款滋补养生套餐；每天晚市针对零点客户推出滋补养生系列菜品。

实训内容

1. 冬季滋补养生套餐设计

针对商务客人的特点，结合中国饮食烹饪科学思想和冬季滋补养生的需求，并根据四川当地的饮食习惯设计套餐，以满足商务客人对午餐营养、快捷、养生的需求。

2. 冬季滋补养生菜点设计

结合中国饮食烹饪科学思想，充分考虑季节的特点、原料之间的搭配、原料的价格与档次等因素，运用菜点开发与创新的方法，设计不同菜点，以满足零点客户的需求。

实训方法

主要采取分组讨论、模拟开发与创新的方法，在教师的指导下，学生以个人或小组为单位进行保健菜肴和套餐的设计。

实训步骤

1. 学生根据实际情况，以个人或者以小组为单位进行设计。若以小组为单位，则每组 3 ~4 人，并确定设计的目的和主题。

2. 个人或者小组利用课余时间进行资料的收集和讨论，进行养生套餐、菜点的创新设计，完成设计书。

3. 将养生菜点（或套餐）的设计书制作成为多媒体文件进行分组展示、讲解及同学评分和教师评分。

4. 教师应根据全班的总体情况，指出共同缺点或不足，并提出改进建议。

实训要点

1. 考虑季节的需要

以中国饮食烹饪科学中天人相应、阴阳平衡的观点为依据，选择恰当的食物原料设计、制作养生菜点或套餐。

2. 考虑人群的需要

餐厅的档次在一定程度上反映了餐厅口味的整体走向和顾客的平均消费水平、饮食习惯，因此在设计、制作该餐厅的养生菜点或套餐时应当根据餐厅的实际和顾客的需要进行。

3. 菜点设计与创新方法的选择

在设计、创新养生菜点或套餐时应尽量选择不同的菜点开发与创新方法，如新原料的开发与应用、调味技艺的组合与变化、中西烹饪技艺的融合、菜肴与点心的组合、各地及各民族风味的融合等，以便使养生菜点更加丰富多样、新颖别致。

本章特别提示

本章讲述了中国饮食烹饪科学思想和中国传统的饮食结构，介绍了中国菜点制作技艺的主要内容与特点，论述了菜点开发与创新的相关知识。中国饮食烹饪科学思想是中国烹饪科学的具体体现，它与西方现代的营养学有着互补作用。中国菜点的制作技艺内容丰富、特点鲜明，而主要围绕菜点制作技艺的各个环节总结出的菜点开发与创新的基本原则、思路和基本方法，对中国烹饪的发展具有积极的作用。

本章检测

一、复习思考题

1. 中国饮食烹饪科学思想的主要内容是什么?
2. 中国传统结构的具体内容是什么?有何优缺点?
3. 中国居民膳食指南有哪些?
4. 中国烹饪技艺的主要特点有哪些?
5. 菜点开发与创新的原则和基本方法有哪些?

二、实训题

学生以个人或小组为单位，选择菜点设计与创新的方法，设定虚拟客户对新菜点的要求，撰写菜点创新设计书，要求构思新颖巧妙、所设计菜点有一定的现实推广价值。

教学参考建议

一、本章内容和重点、难点

本章的教学内容主要包括四个方面，即中国饮食烹饪科学思想、中国饮食结构、中国菜点制作技艺和菜点的开发与创新。其中，教学的难点是中国饮食烹饪科学思想，教学的重点是菜点开发与创新设计，要求学生掌握菜点开发与创新的原则、思路和基本方法，能够进行构思新颖、操作性较强的主题菜点创新设计。

二、课时分配与教学方式

建议本章共6学时，采取“理论讲授+实训”的教学方式。其中，理论讲授4学时，实训2学时。

第三章

中国烹饪艺术与美食鉴赏

学习目标

1. 了解中国肴馔的主要美化手段及其形成的艺术风格

2. 掌握美食的概念、特性、表现形式与基本原则、美食鉴赏模式与方法

3. 运用中国肴馔的美化手段和美食鉴赏方法，进行餐厅及其美食的艺术创造与鉴赏实践

本章导读

烹饪艺术是以烹饪技术加工成的饮食品为审美对象，满足人们饮食实用与审美双重需要的艺术，主要包括肴馔具有的味觉艺术、味外之外和筵席艺术等。中国烹饪艺术有着十分丰富的内容和独到特色，在全世界享有盛誉。其中，肴馔之美就是中国烹饪艺术的重要内容。它常通过美食与美名、美器、美境的配合，使美食具有极高的艺术性和丰富多彩的艺术风格，人们在品尝美食时能够获得色、香、味、形、质、器、养、名、趣、境等十个方面的美感享受。由此，创造美食、品尝美食不再是简单地制作食物、单纯地吃，而是一种艺术的创造与鉴赏。本章将讲述中国烹饪艺术尤其是肴馔艺术的创造与鉴赏方法。

案例引入

中国烹饪艺术异彩纷呈。肴馔的烹制加工过程是烹饪艺术的创作过程，主要通过塑造具有色、香、味、形之美和味外之美的肴馔形象，表达制作者的思想感情；肴馔的消费、品尝过程则是烹饪艺术的享受、欣赏过程，即美食鉴赏过程，主要通过对肴馔色、香、味、形之美和味外之美等方面的鉴赏，获得美感享受。如“年年有余”，通常是用鲤鱼为原料炸制后加糖醋汁、放在盘中而成，造型犹如年画中的胖娃娃抱大鲤鱼，表达制作者美好的祝愿。人们在品尝时，甜酸、鲜美的味道，独特造型和意蕴美好的名称，常常让人获得味觉、视觉和心理上的多重美感。又如1996年，在当代川菜发展中是关键的一年，巴国布衣的经营者在川菜制作和经营中大打“文化牌”，把川东的乡土菜引入大雅之堂，把川东风格的乡土文化引入餐厅装修和陈设之中，消费者置身其间，品尝美食，感受到浓郁的乡土艺术风格，惬意非凡。由此，巴国布衣一举成名，并对当时的川菜发展产生了惊人的影响和促进作用。

这些案例说明，肴馔乃至整个烹饪艺术的创造与鉴赏密不可分，它们不仅能够相互促进、共同发展，而且能够提高餐饮企业和个人的竞争能力、促进行业的发展。因此，餐饮从业者非常有必要了解和掌握烹饪艺术创造与鉴赏方面的双重技艺。

第一节　中国肴馔的美化艺术

在古代，肴、馔二字为两个词，肴指鱼肉类熟食荤菜，馔常指食物或饭食；

如今，常将肴、馔合成一个词，指的是由人们加工制作并食用的饭菜。在长期的烹饪实践中，中国烹饪制作者通过自己的聪明才智和勤奋努力，逐渐摸索出多种多样的方法对加工制作的饭菜进行美化，使肴馔之美成为中国烹饪艺术的重要组成部分。而在中国肴馔艺术中，最重要的美化手段主要有三个方面，即美食与美名配合、美食与美器配合、美食与美境配合。

一、美食与美名配合

美味佳肴离不开包装、美化，其中一个重要手段就是用各种方法给美味佳肴配上美好的名称，使其更具有艺术性。

（一）美食与美名配合的方法

中国人在菜点的命名上，以写实为基础，但更注重、更有特色的是写意。需要指出的是，写实与写意，本来是艺术创作的两种基本方法。所谓写实，主要是指通过精确、细腻的笔墨，客观、真实地描绘或再现现实社会生活和物象的原来样式的创作方法；写意，主要是指通过简练、概括的笔墨，着重描绘物象的意态神韵、表达作者情意的创作方法。这里将它们借用来代指饮食品的两种命名方法。其中，写实主要是指用准确、明了的词语，直接描绘和再现菜点各种外在特征的命名方法；写意则主要指用具有特殊寓意或象征意义的词语，着重描绘和反映菜点的意态神韵、表达作者思想感情的命名方法。中国人认为，饮食烹饪必须满足人们生理与心理的双重需要，是实用与审美相结合的艺术，因此在给菜点命名时，不仅大量采用写实手法，也非常多地采用写意手法，使菜点名称充满实用性和艺术性。

1. 写实方法

用写实方法命名的菜点非常多，占整个中国菜的一半以上。它们常常是直接使用菜点的外在特征即原料、烹饪方法、味道、形状、颜色、质地、制作地等来为菜点命名，简洁实用、一目了然，有利于人们明明白白地消费。归纳起来，至少有三种命名方法。

（1）以原料命名

这种方法使用得较为广泛，命名的菜肴众多。如荷叶包鸡，是用荷叶包裹鸡肉等原料制成；鲢鱼豆腐，是用鲢鱼和豆腐为原料制成；白菜大虾，则是以白菜和大虾为原料制作而成。此外，还有腊肉豌豆、子姜鸭子、青椒皮蛋等。

（2）原料加上烹饪方法或味道、形状、颜色、质地等命名

这种方法使用得最为广泛，是在原料的基础上分别结合菜点的烹饪方法、味道、形状、颜色、质地等来命名。如“原料 + 烹饪方法”命名的菜点有烤乳猪、粉蒸肉、扒羊肉、炸肉丸、火爆腰花等。用“原料 + 味道”方法命名的菜点有糖醋排骨、鱼香肉丝、椒盐肘子、五香兔头、麻辣肚条等。用“原料 + 形状”方法命名的菜点有红油肝片、凉拌鸡丝、茄汁鱼卷、菊花鱼、太极蛋等。用

“原料+颜色”方法命名的菜点有三色鱼丸、黄金糕、青团等。用“原料+质地”方法命名的菜点有香酥鸭子、口口脆等。

（3）以制作地命名

这种方法使用相对较少，主要是用菜点的著名制作地来为该菜点命名。如北京烤鸭、天津包子，分别出自北京和天津，在烤鸭、包子中特色十分突出、享有很高声誉。又如连山回锅肉，出自四川的连山一带，与四川普通的回锅肉有一定区别，但很有特色；西坝豆腐，出自四川乐山西坝镇。此外，还有德州扒鸡、道口烧鸡、合川肉片、潮州牛肉丸等。

（二）写意方法

用写意方法命名的菜点，在中国菜中占的比例不及写实类，但很特别、很突出，非常值得称道。它们大多使用比喻、祝愿、富有情趣和意境的词语，使用具有特殊意义的人物、事件等来为菜点命名，是中国菜追求盘中有画、画中有诗、诗中有情意的具体体现，也是中国美食配美名最独特之处。归纳起来，至少有三种命名方法。

1. 以比喻、祝愿的词语命名

使用这种方法的目的是表达制作者的美好愿望和感情。如著名的孔府菜兼善汤，是以鱿鱼、海参、干贝、火腿、冬菇、菜心等制作的汤菜，兼多种原料和营养于一身，取孔子“穷则独善其身，达则兼善天下”的名言来命名，更祝愿人们飞黄腾达，称得上形神兼备。又如近年来流行的开门红，是在剁椒鱼头表面均匀地盖上大红牛角辣椒，上笼蒸熟，因成菜表面一片红而得名，吉祥的寓意尽在其中。而在由一系列菜点组成的筵宴上，往往会用比喻、祝愿的词语来命名菜点，烘托气氛。如在婚庆筵宴上常用百年好合、吉祥如意等菜点，在寿宴上常用松鹤延年、寿比南山等菜点，在庆贺开业的筵宴上常用一帆风顺、恭喜发财、鹏程万里等菜点，在团年宴上常用全家福、年年有余等菜点，它们有的作为冷盘，先声夺人；有的作为热菜或小吃、点心，穿插其中，产生画龙点睛的艺术效果。

2. 以象征、诗意的词语命名

这种方法主要是根据菜点独特的造型、意蕴等，用象征手法和充满趣味、诗情画意的词语为菜点命名。如获奖菜品珠联璧合，是将鸽蛋磕入小盅蒸熟，贴上涂有虾茸的面包片略蒸，再将另一部分虾茸捏成球，裹上面包粒、炸成金黄色即成，此菜的虾球似珠、鸽蛋如玉，两种烹调方法、两种颜色、两种味道，巧妙地配合成菜，真的是珠联璧合。又如名菜推纱望月，是从传统川菜竹荪鸽蛋演变而来，在造型时将竹荪做成窗纱、鱼糁做成窗格，用鸽蛋做成皎月，灌以清澈透明的清汤为湖水，配上青笋做的修竹，构成一幅窗前轻纱飘逸，窗外皎月高悬、湖水静谧的美妙画面，令人想起明代话本《苏小妹三难新郎》中“闭门推出窗前月，投石冲开水底天”的诗句和意境，在盘中把诗画情意演绎得淋漓尽致。

3. 以人物、事件命名

这种方法主要是用具有特殊意义的人物、事件等来为菜点命名，每一道菜点都有一个典故。如宋五嫂鱼羹，原名赛蟹羹，是开封人宋五嫂在杭州创制的，因宋代皇帝品尝后大加赞赏而出名，便命名为宋五嫂鱼羹。此外，用人物来命名的菜点还有麻婆豆腐、宫保鸡丁、太白鸡、贵妃鸡翅、东坡肉、眉公饼等。用事件命名菜点有消灾饼、油炸鬼、大救驾、光饼、轰炸东京、宫门献鱼、霸王别姬、佛跳墙等。如消灾饼，是唐僖宗狼狈逃往四川的路上随行宫女所献的普通面饼，相传僖宗吃完后即得到长安平乱的好消息，因此得名消灾饼。又如宫门献鱼，是以鳜鱼为主料，经炖、炸、浇汁而成。相传1670年清代康熙皇帝南下暗访民情时，来到宫门岭外的一家小店进餐。店家烹制了一个鱼肴，康熙吃后问此菜何名，答曰："胶胶鱼"。于是，康熙皇帝亲手写下"宫门献鱼"四字，署名"玄烨"。后来，这道菜经改进后因此取名宫门献鱼。

（三）美食与美名配合的艺术风格

美味佳肴通过采用各种方法配上美好的名称以后，不仅使美味与美味之间有了明显的区别，而且使美味得到升华，形成多种艺术风格，把人们的审美感受引向更加丰富、更加高远的艺术境界。概括而言，美食与美名配合呈现出的艺术风格主要有以下四种：

1. 质朴之美

质朴之美集中体现在用写实方法命名的菜点上。这些菜点名称直接地反映了该菜点所使用的原料、烹饪方法或所具有的味道、形状、颜色、质地以及制作地等，简洁明了，有利于人们明明白白地消费。如咖喱鸡，表明此菜的味道是咖喱味道；酥豌豆，则表明此菜的质地是酥软。又如清蒸鳜鱼、干煸四季豆等，让人了解到它们是以鳜鱼、四季豆为原料，用清蒸、干煸的烹饪方法制作而成，一目了然。而红烧牛肉、葱爆鸭舌、小煎鸡、泡凤爪等，这些名称分别表明它们是用红烧、爆和煎、泡的烹饪方法制成的。

2. 意蕴之美

意蕴之美主要体现在用比喻、祝愿的词语命名的菜点上。这些菜点名称，通常不是直接反映菜点的外在特征，而是蕴涵着制作者的美好愿望和感情。如食品雕刻"华夏之魂"，选择中华民族最有象征意义的龙和长城为形象，先在盘中用南瓜、萝卜和青菜叶等堆摆出起伏的山峦，用南瓜刻出雄伟壮丽的长城，摆在山峦上，然后镶上用大红薯整雕出的龙头，使龙与长城融为一体，这其中蕴涵着中华民族独特的精神风貌。又如以数字为首命名的一些菜点名称，有一品锅贴、二度梅开、三元白汁鸡、四喜圆子、五味果羹、六福糕点、七星豆腐、八宝饭、九转肥肠、十全十美、百鸟朝凤、千层糕、万字烧白等。这些数字不再是普通意义上的数字，已蕴涵着特殊的美好寓意。其中，三元白汁鸡的"三元"，是借古代科举会元、解元、状元这"三元"之意，祝愿食者不断进步，节节高升。四喜圆子的“四喜”，则是蕴涵着祝愿食者获得“福、禄、寿、禧”或“久旱逢甘露、他乡遇故知、洞房花烛夜、金榜题名时”的美好情意。

3. 奇巧之美

奇巧之美主要体现在用象征、诗意的词语命名的菜点上。这些菜点名称，通常以制作的奇巧和出人意料为基础，着重描绘和反映菜点的意态神韵。据宋代陶谷《清异录》记载，女尼梵正制作的大型工艺拼盘，以鲊、鲈鲙、脯、肉酱、瓜蔬等为原料，依照唐代大诗人王维的《辋川图二十景》诗制作了二十个小盘，每盘一景，共二十景，然后合拼而成一个大型风景拼盘，因此命名“辋川图小样”。这个菜名直接反映了菜点的意态神韵，让人感受到王维诗歌的意境。该书还记载，吴越之地有一种菜肴，“以鱼、叶斗成牡丹状，既熟，出盘中，微红如初开牡丹”，名为玲珑牡丹鲊。该菜的名与实相配，更使菜肴栩栩如生。而在当今，著名菜肴熊猫戏竹、孔雀开屏、金鸡报晓、绣球雪莲、御笔猴头、太极芋泥、蝴蝶鱼饺等，也都体现出了美食与美名配合的奇巧之美。

4. 谐谑之美

谐谑之美主要体现在用人物、事件命名的菜点上。这些菜点名称，以具有特殊意义的人物、事件等为依托，重在凸显作者的幽默、调侃之意。最具代表性的菜名是麻婆豆腐。在清代末年，成都北门附近陈兴盛饭铺的店主之妻陈刘氏创制了烧豆腐，非常受欢迎，人们为了与其他店铺制作的相区别，就以陈刘氏的脸上有一些麻子为由，将她制作的烧豆腐命名为麻婆豆腐。又如轰炸东京，本名为锅巴肉片，在抗日战争时，重庆的人们因遭受日本飞机轰炸之苦，迫切希望中国人也能够轰炸东京、以抵抗日本鬼子的侵略，于是将锅巴肉片称为“轰炸东京”。这些菜肴名称充分体现了四川人幽默、调侃的性格和情意。

给美食配搭美名是肴馔美化的重要内容，也是烹饪艺术的重要体现。名称太实则可能乏味，太虚又会让人茫然，必须做到虚与实的和谐统一、做到名与实相辅相成，只有这样，才能让中国肴馔更加充满艺术魅力。

二、美食与美器配合

古语云：“美食不如美器。”用器具盛装菜肴，除了具有承装、保温、清洁卫生等功能外，还具有烘托、补充、装饰、造型、表现、增趣等审美功能。美味佳肴要有精致的餐具烘托，才能达到完美的效果。只有美食与美器恰当、协调的结合，才能各显其美，相得益彰。袁枚在《随园食单》中指出，食与器搭配时，“宜碗者碗，宜盘者盘，宜大者大，宜小者小，参错其间，方觉生色”，“大抵物贵者器宜大，物贱者器宜小；煎炒宜盘，汤羹宜碗；煎炒宜铁铜，煨煮宜砂罐”。也就是说，美器之美不仅表现在器物本身的质、形、饰等方面，而且表现在它与菜肴的配搭之美。

（一）美食与美器配合的方法

中国人在菜点装盘时，往往是根据菜点所具有的各种因素来综合考虑，选择搭配相应的餐具，立足美食“选”美器，美器必须“配”美食，以表达菜点或筵宴主题为核心，以美观为标准。这里为了便于阐述，主要根据菜点的原料、造型、色彩、风味等方面的特点分别总结出以下方法。

1. 根据菜点的用料选择配搭器具

中国菜点的用料异常丰富，对于不同类别、形状和价格的原料，则必须选择不同形状和档次的餐具盛装，以突出原料自身特点。如鱼类菜肴，尤其是整鱼，应选择与鱼之大小吻合的鱼盘。盘小鱼大，鱼身露于盘外，不雅观；鱼小盘大，鱼的特色又得不到充分体现。又如白果炖鸡，常使用整鸡，而且汤汁很多，则应当选择汤钵或瓦罐盛装；但对于辣子鸡丁，则宜选用餐盘盛装。此外，以名贵原料制作的精品菜肴应配以名贵的餐具，而以普通原料制作的大众菜肴则通常宜配搭普通的餐具。如用燕窝、鲍鱼制作成的高档菜肴，就不能配以档次、质量差的器具，否则，原料的华贵特色就难以充分体现；而以猪肉、蔬菜等普通原料制作的大众菜肴，如用高档、精美的餐具盛装，会显得不甚恰当。

2. 根据菜点的造型选择配搭器具

中国菜点的造型变化万千，对于不同造型的菜肴，则必须选择形状恰当的餐具与之搭配，以更好地突出和衬托菜肴的造型之美。一般情况下，气势宏大、容量丰富的菜肴，应当选择搭配大型餐具；造型精致与灵巧的菜肴，则应当选择搭配小型餐具。而在展示台和大型的高级宴会上，选择搭配餐具时更应注重与菜肴的造型风格和所要表达的内涵相一致。如制作大型花色冷盘类菜肴，则应选大的圆盘或椭圆形的盘子，使拼制的花色菜造型美，间距大，清晰，不混乱；若选用小的盘子，几种原料拥挤地堆砌在一起，就显得杂乱无章、色调不明，难言美观。山水风景类大型花色冷拼瘦西湖风景、山水清音和工艺热菜双龙戏珠、大漠沙排等菜肴，都必须选择大型器具，只有用足够的空间，才能将扬州瘦西湖的五亭桥、白塔和峨眉山的金顶、云海、瀑布等美丽风光充分展现出来，将龙的腾飞气势、“大漠孤烟”的辽阔苍凉表达出来。如果是花色小冷碟类菜肴蝴蝶恋花、金鱼戏莲、腊梅迎春等，则应选择小型餐具，更能烘托出蝴蝶、金鱼的小巧精致和鲜花、莲叶的秀美飘逸。

3. 根据菜点的色彩选择配搭器具

色彩能给人以视觉上的刺激，进而影响到人的食欲和心境。中国菜点的色彩缤纷多姿，对于不同色彩的菜肴，则必须选择色彩协调的餐具与之搭配，以更好地突出和增添菜肴的色彩之美。如一道绿色的炒豌豆苗盛放在白色餐盘中，会显得更加碧绿鲜嫩，但假如盛放在绿色餐盘中，就会逊色不少。一道金黄色的软炸豆腐，如放在黑色的盛器中，在强烈的色彩对比烘托下，豆腐将更加香美诱人，使人食欲大开。有一些餐具自身饰有各色各样的花边与底纹，则更需要运用得当，才能起到烘托菜点的作用。如香煎鱼饼，金黄的圆形鱼饼，放在镶着黑红花边的圆盘中，配上盛有金红色蘸汁的古铜色圆碟和明黄色的柠檬瓣，圆饼、圆盘、圆碟虽同为圆形却毫不呆板、累赘，而是浑然一体；黑红、金红、明黄与金黄相映生辉；圆盘线条流畅的图案，柠檬不经意间的叠放互为呼应，随意中蕴藏匠心，恬淡中显出韵味。

4. 根据菜点的风味特色选择配搭器具

中国菜点的风味十分繁多，对于具有不同风味特色的菜肴，应选择不同材质的餐具与之搭配，以更好地突出和烘托菜肴的风味特色之美。通常而言，不同材质的器具具有不同的象征意义和风格特征，如金银器具象征和显示着荣华与富贵，象牙瓷器象征和显示着高雅与华丽，紫砂、漆器象征和显示着古典与传统，玻璃、水晶器象征浪漫与温馨，铁器、粗陶器象征粗狂与豪放，竹木、石器象征乡情与古朴，纸质与塑料器具象征廉价与方便，搪瓷、不锈钢器具象征着清洁与卫生等。因此，必须根据菜肴的风味特色选择配搭不同材质的器具。如烧烤菜肴，可选用铸铁或石头为主的盛器，凸显原始、古朴的特色；而对于傣家风味菜肴，则宜选用以竹子为主的盛器，突出傣族人家的乡情乡味。又如快餐菜肴，常选用纸质、塑料或不锈钢餐具，与快餐菜肴价廉物美、方便卫生的特色相协调；而宫廷菜、官府菜，则常选用金银餐具，凸显华贵与尊荣。

5. 根据菜点以及筵宴的主题选择配搭器具

中国的许多菜点以及筵宴常有鲜明、独特的主题，为此应选择搭配不同造型、色彩甚至材质的餐具，才能更好地突出主题，烘托和渲染气氛。如在寿宴中，用桃形小碟盛装冷菜，桃形盅盛放汤羹或甜品等，这些桃形餐具的使用主要是为了点出寿宴的主题，更好地渲染出贺寿的气氛。此外，通过对餐具造型的刻意选择搭配，也可以点明菜肴的主题。如将熘鱼片盛放在造型为鱼的象形盘里，鱼就是这道菜的主题，虽然鱼原有的形状已不见了，但通过鱼形盛器已暗示此菜是以鱼为原料烹制而成。又如，将蟹粉豆腐盛放在蟹形盛器中，将虾胶制成的菜肴盛放在虾形盛器中，将水果甜羹盛在苹果盅里等，都是利用盛器的造型聚集和点明菜点的主题，同时也引发食用者的联想，提高其品尝兴致。

（二）美食与美器配合的艺术风格

美味佳肴通过各种方法配上美器以后，不仅使美味有了盛装的器皿、能够方便地呈现在食用者面前，而且更突出和烘托菜肴各方面之美，形成鲜明的艺术风格。概括而言，美食与美名配合呈现出的艺术风格主要有以下三种：

1. 和谐之美

和谐之美，范围最广，既包括一道菜点与一个餐具的和谐，又包括一席菜点与一席餐具之间的和谐，不仅体现在餐具的大小与菜点的数量搭配得合理、协调上，而且体现在餐具的形状、色彩、材质与菜点的用料、造型、色彩、风味特色和筵宴主题等方面搭配得匀称、适当与协调。在菜点装盘时，餐具的大小与菜量的多少相适应，餐具的形状与菜肴的品种形态相适应，餐具的色彩与菜肴的色泽相辉映等，恰当地运用餐饮器具，通过对比、烘托、修饰等与菜点相协调，便具有和谐之美。如清炒虾仁，在粉色的虾仁上点缀几颗绿色葱花，再配上一只浅蓝色花边盘子，便呈现出了清丽素雅之美。又如茄子烤羊肉，将枇杷形的茄子对剖后盛入烤制的羊肉，再放入盛有米饭的圆盘中，以香菜、圣女果等点缀，茄子好似枇杷的天然形状，与圆盘形成众多柔和的圆弧，给人以婀娜多姿的视觉印象；茄子深沉的色调，与羊肉的棕红互为呼应，米饭的白与香菜、圣女果的绿、红相互映衬，整个色彩丰富而生动，饱满而鲜活，和谐之美尽显其中。

2. 古朴之美

古朴之美，主要通过陶质、木质、竹质等餐具与用料普通、造型自然的大众菜、家常菜等搭配，呈现出古老、质朴、自然的美感。其中，最具代表性的餐具是陶质的沙锅、气锅和竹木制的蒸笼、餐盘等。沙锅，是一种古老的炊餐兼用器具，用砂土经高温烧制而成，有的不上釉，有的则部分上釉，保温能力强、耐酸碱，质地多孔，烹煮和盛放菜点时能少量吸附和释放食物味道，不仅能很好地保存菜点的原味，还能在一定程度上丰富其美味，并且具有独特的质朴风格，被大量用来盛装以普通原料制作的大众菜、家常菜。沙锅米线、沙锅鱼、沙锅豆腐等菜肴都是用沙锅作盛器的，显得古老而质朴。竹木质蒸笼和餐盘在餐具中占据较大比例，而且大小不一、形态各异，汤包、蒸饺、烧卖、小笼牛肉、粉蒸肉等，都必须与它们搭配，才能凸显出应有的风格。此外，竹筒烤鱼、竹筒烤乳鸽、竹筒饭等，更具有山野粗犷、古朴之风，自然、鲜美至极。

3. 精巧之美

精巧之美，主要通过形态特别、做工精细的餐具与制作精美或用料珍稀的精品菜、高档菜的搭配，呈现出精致、巧妙的美感。如片得厚薄均匀、色泽清新的三文鱼片、生龙虾、北极贝等高档海味菜肴，都配搭使用特制的船形餐具，显得精巧别致。而综观古今，最具代表性的精巧餐具是攒盒，又称攒盘，古代称为槅。攒盒由六格、九格、十三格等组成，而九格居多，每一个格放一种菜肴，由此组合而成一个完整的菜肴，用料以及色、香、味、形等都丰富多彩。它出现在三国时期，为长方形，到晋代时为正方形和圆形。晋代左思《蜀都赋》在描述筵席上的菜点时言："金罍中坐，肴槅四陈。"到明清时期，攒盒的使用已非常普遍。明代范濂《云间据目抄》载，当时的江南"设席用攒盒，始于隆庆，滥于万历。初止仕宦用之，近年即仆夫龟子皆用攒盒。饮酒游山，郡城内外，始有攒盒店"。清末傅崇榘《成都通览》载，当时成都肉铺卖烧卤腊类食品，"下酒肉品凡十余均在盒内"。如今，四川名菜九色攒盒，整个攒盒形圆、色黑，内有九格，分别盛装加工成丝、丁、片、条等形状的冷菜，荤素兼有，五彩缤纷，充分体现出美食与美器配合的精巧之美。此外，金银餐具由于使用的是贵重金属，做工十分精细，而且常常在其表面镶嵌上宝石、珐琅、水晶等装饰，更增贵族气息，用它们盛装高档的菜点，自然也十分精巧、华美。

三、美食与美境的配合

环境是指人们所在的周围地方与有关事物，可以分为自然环境与社会环境、客观环境与主观环境、硬件环境与软环境等。心理学家认为，人的心理状况是在环境与人相互影响中形成的，因为人的脑细胞适应能力特别强，人对自己所处的环境很快就会形成一种心理状态，因此，进餐环境的好坏对人们的饮食心理有着非常大的影响，美食与美境的配合则十分重要。人们只有在美境中品尝美食，才能得到更好的美感享受。

（一）美食与美境配合的方法

所谓美食环境，是指人们进食各种美馔佳肴时所在的周围地方与有关事物，涉及进餐的时、空、人、事等多种因素。进餐环境之美，不仅包括就餐时自然、客观和硬件环境之美，而且包括就餐者心境、就餐情境等社会、主观和软环境之美。在美食与美境配合上，必须根据美食的不同，在这些方面都营造出与美食相协调的美，做到时、地、人、事皆宜，才能更加凸显饮食之美。

1. 就餐环境与美食的配合

就餐环境主要包括就餐位置、室内外布局与装潢、各种陈设与灯饰等自然、客观和硬件环境，应当与美食的个性特点与整体风格相协调，才能更加烘托美食之美。良辰吉日，触景生情，可增进食情趣、感受菜点之美；敞厅雅座，花前月下，山前水边，菜点亦得自然清静之趣。晋代王曦之在《兰亭集序》中描写当时美妙的宴饮环境：文人雅士群集于兰亭，在清流激湍之处列坐两旁，流觞曲水，一觞一咏，畅叙幽情，美不胜收。清代学者张文瑞则总结了美食与四季进餐环境的最佳搭配："冬则温密之室，焚名香，燃兽炭；春则柳堂花榭；夏则或临水、依竹、荫乔木之阴，坐片石之上；秋则晴窗高阁，皆所以顺四时之序，又必远尘埃，避风日。帘幙当施，则围坐斗室；轩窗当启，则远见林壑。"由此可知，作为餐饮消费者可以而且应当对餐饮环境进行恰当的选择。作为餐饮经营者，则应该根据所经营美食的不同风格设计和营造不同的餐饮环境，以满足顾客对美食与美境的需要。如今，在中国餐饮市场上，大多数餐饮企业都非常重视餐厅位置的选择、内部环境的装修，小桥流水、翠竹绿树等生态式、仿真式的装潢风格随处可见，目的就是为了让顾客有一个好的就餐环境，能够在品尝美食中真正获得美感。但是，餐厅的装修必须与自身特点、经营风格、营销对象相适应，美食要置身于符合其个性特点的环境中，才会让就餐者领略到美食的风味。在乡村小镇以野蔬山珍为伴，处酒楼宾馆品尝生猛海鲜，才各得其所，各放其彩。倘若高星级宾馆的餐厅，装得乡野味十足，井台、农具、老玉米等充斥其间，会让人产生错位之感；而一些中小类型的特色餐饮店，拼尽全力，贴金抹银，尽显堂皇，也不足取。

2. 就餐心境与美食的配合

就餐心境，主要是指就餐者在进餐之时的心情，属于饮食环境中的主观和软环境，应当使就餐者拥有美好的心情，才能充分感受到菜点之美。对于就餐者而言，拥有轻松、愉快的心情品尝美食，就会食之若甘，其香入脾；而带着烦闷、抑郁的心情就餐，再好的美食也会食之无味、如同嚼蜡。因此，引导和调节就餐者的就餐心境非常重要，经营者要充分利用餐厅的各种条件，采取多种方法调动各种感官激发就餐者的良好心情，把就餐者的注意力集中在嗅觉和味觉上，使其能够尽情地享受美食。在德国，有一家名为“Unsicht Bar”的餐馆，德语的意思就是“看不见”，因为这里一片黑暗，客人们看不见任何东西。餐馆这样做的目的，是为了让顾客心无旁骛、不被其他景象分散，只集中嗅觉和味觉、专注食物的味道，更好地享受美食。该餐厅负责人说：“我们要让顾客拥有非同寻常的经历，让他们的味觉、嗅觉以及就餐心理都有全新的体验。人们会感到，在享受美食时，舌头可以取代眼睛。”而在中国，餐饮经营者通常采用音乐、字画和各种挂饰等引导和调节就餐者的就餐心境。唐代王勃在《滕王阁序》中描绘了宴饮时的一番美妙景象：“睢园绿竹，气凌彭泽之美；邺水朱华，光照临川之笔。”优美的音乐、华彩的文章与美酒佳肴相伴，风情别样，心境无不佳美。如今，许多中餐厅则常播放热闹、喜庆的音乐，悬挂红灯笼、中国结等，让顾客的心中充满洋洋喜气，带着对未来的美好憧憬，其乐融融地进餐，更好地品味到菜肴之美。

3. 就餐情境与美食的配合

就餐情境，是指就餐者与就餐者之间、就餐者与餐饮服务员之间共同构成的暂时性人际环境和人情关系气氛，属于饮食环境中的社会环境和软环境，应当使其感情融洽、气氛和谐，才能充分感受到菜点之美。人的一切心理现象，从简单的感觉、知觉，到复杂的想象、思维、动机、兴趣、情感、意志、性格等，都是人脑对客观事物的反映、是通过人的感官来实现的，因此，影响人的心理因素也是多方面的。其中，人际关系所构成的情感氛围将对人的心理产生重要影响。俗语说：“酒逢知己千杯少，话不投机半句多。”表明就餐情境直接影响到人们对饮食的评定、兴趣以及承受力。换言之，和谐、融洽的人际关系会让人胃口大开，开怀畅饮；尴尬的人际关系，会使人食不知味，举杯难饮。除了就餐者之间的人际关系外，就餐者与餐饮服务人员之间的关系也同样重要。餐饮服务人员的服务方式、服务技能以及仪表、谈吐、态度等都会在很大程度上影响就餐者的饮食心情。如一家名为“炎黄世家”的餐厅推出“包间姓氏服务”，即根据重要进餐宾客的姓氏来为包间命名，若姓李则称“李府”，若姓张则称“张府”，依此类推。这种服务既让人形象地体会到中国独特的文化传统，又拉近了经营者与顾客的距离、增加了亲近感和认同感，菜点自然会更香美。相反，一个就餐者面对着装肮脏或说话粗鲁、服务质量低劣的服务员，必然不会有好心情，也很难获得较多的美食享受。因此，餐饮服务人员只有讲究仪表，注意清洁卫生，礼貌待客，周到服务，才能给就餐者营造美好的就餐情境，使其更好地享受菜点的美妙。

需要指出的是，对美食环境的布置和营造，除了主要根据美食的特色与风格之外，还应该适当地根据就餐者的年龄、职业、习惯、爱好以及筵宴的主题、用餐方式等各种因素进行。就餐者的年龄、职业、习惯不同，宴会主题的不同，用餐方式不同，都应有特定的环境与之相配搭，而且应当将时、空、人、事等多种因素加以综合考虑，营造良辰美景、赏心悦目的效果，让环境美和饮食美共同调动就餐者的全部审美器官，才能使其审美情绪和感受达到更高层次。

（二）美食与美境配合的艺术风格

把美食放在精心搭配或巧妙布置陈设的进食环境，不仅使就餐者拥有了品尝美食的场所，而且使本来不属于美食个体的景物、环境，融入审美对象之中，把美食与美景结合起来，形成了多种艺术风格，让人获得更为广阔深远的审美享受。美食与美境配合的艺术风格十分繁多，或古典，或时尚，或富丽堂皇，或清新自然，或阳春白雪，或下里巴人等。这里主要从“雅”与“俗”的角度阐述两种艺术风格。

1. 典雅之美

所谓典雅之美，主要指就餐环境具有深厚的文化意蕴，并且常与历史文物和记忆、地域特色、民间风情等紧密相连。在现代餐厅酒楼中，呈现着典雅之美的餐厅不胜枚举，北京的大董烤鸭店、俏江南，上海的苏浙汇，江苏的得月楼，四川的银杏、皇城老妈皇城店等餐厅，都是其中的部分代表。如皇城老妈的皇城店，该店主要经营具有浓郁四川特色的火锅，拥有一座大型的建筑，一、二、三各楼层的装修虽然有所不同，但嵌在大厅地面的仿蜀汉皇城建筑模型、壁龛里陈设的古代青花和彩釉瓷器、过道旁摆放的雕花太师椅、墙上挂的表现川西风情的画轴和独特的仿古黄铜方形火锅，都显示着深厚的文化意蕴。四楼的坝坝茶馆、露天电影、蜀道茶艺则是老成都人平常生活风情的再现。五楼又有精心收藏的文献史料、艺术图册、名家书稿等，供人欣赏玩味。崔戈在《走马成都火锅市场》一文中评价：“这里不仅是一座美味食府，还是一座文化藏量丰富的火锅‘博物馆’。人们只要置身于这些刻意装饰的陈设布置中，差不多都会有一种仿佛是在浏览一幅古今历史长卷的感觉。”

2. 乡土之美

所谓乡土之美，主要指就餐环境具有浓郁的自然、乡土气息，而这些乡土气息常常又透着独特的文化内涵，毫不庸俗、浅俗，却是俗中见雅。具有这类风格的餐厅数量众多，在全国范围内占有较大比例。其中，乡老坎、巴国布衣、老四川、老房子、七十二行民俗酒楼以及各地的农家乐餐厅等都具有代表性。如乡老坎酒楼，经营川西风味的乡土菜，最有特色的是一排由传统砖木结构建造的平房。青瓦屋顶，红色柱子，花格窗户，还有那大红灯笼、朱红大门和巨幅的乡间老农画像，都昭示着它是一座农家大院。院内左侧的大厅里有一个引人注目的柜台，它被装修成农家小屋的模样，屋檐挂着方形宫灯，灯下是泡着家酿酒的酒缸，使人仿佛置身川西乡间。又如，农家乐餐厅更是以其特有的环境和装饰来体现乡土风格。它们大多设在城郊的农家院落或公路边，有绿树环绕、修竹掩映，有竹篱围墙、碧藤搭架，还有三角形的五彩旗迎风招展。除了这些可以刻意营造的环境外，它还拥有自然天成的环境，那就是田园的自然之美。如春天有茵茵绿草和梨花、桃花、油菜花，夏天有清朗的荷花、荷叶，秋天有金黄稻谷、累累硕果，冬天则草木摇落、梅绽枝头。这些美丽而率真的自然之物，散发着浓浓的泥土芳香，不仅是农家乐餐厅天然的装饰，而且返璞归真，使人的身心能获得片刻轻松。

（三）美食环境的类型与设计

美食环境，是供人们进食各种美馔佳肴的环境。它与人们的饮食生活息息相关，为了满足不同阶层、不同经济条件和口味爱好、审美观念的消费者之需求，美食环境常分为多种多样的类型和风格。在美食与美境的配合中，美食环境类型的选择和装修、装饰设计，就餐者心境和就餐情境的营造、烘托都十分重要，但这里仅阐述就餐环境即餐厅的类型及装修、装饰的设计原则、方法等。

1. 餐厅的类型

餐厅数量繁多，分类方法也多种多样。如按照菜点的风味流派划分，有川菜餐厅、粤菜餐厅、鲁菜餐厅、湘菜餐厅等；按照餐厅的经营档次进行划分，有高档餐厅、中低档餐厅；按照餐厅的经营特色与风格进行划分，有正餐厅、快餐厅、火锅餐厅等。在20世纪80年代以后，又逐渐出现并一定程度上流行主题餐厅。这里，首先以餐厅是否具有主题为标准，分为主题餐厅和非主题餐厅，然后再进一步做适当的细分。

（1）主题餐厅

所谓主题餐厅，简单地说，是将一个或多个事物、现象等作为主题和吸引标志，向顾客提供饮食的场所。它起源于20世纪80年代，由美国人创造发明，不久便进入中国。主题餐厅的特点是有鲜明的主题特色、浓厚的文化内涵和个性化的消费对象等。在当今世界，主题餐厅可以按照不同的标准，细分为众多的类型。若以地理位置和地域特色为标准，可以分为亚洲风情主题餐厅、欧洲风情主题餐厅、美洲风情主题餐厅、非洲风情主题餐厅等。在亚洲风情主题餐厅中，又可以分为日本料理、韩国烧烤、中国风味等主题餐厅。若以文化类型为标准，可以分为音乐主题餐厅、文学主题餐厅、舞蹈主题餐厅、美术主题餐厅、体育主题餐厅、影视主题餐厅、戏剧主题餐厅、摄影主题餐厅、雕刻主题餐厅、休闲主题餐厅等。以民族风俗为标准，可以分为藏族风俗餐厅、苗族风俗餐厅、傣族风俗餐厅、彝族风俗餐厅等少数民族风俗餐厅。以职业和生活环境为标准，可以分为白领餐厅、学生餐厅、大众餐厅和农家风味餐厅等。以年代情感为标准，则有怀旧型餐厅、现代时尚型餐厅、未来梦幻型餐厅。此外，还可以根据年龄、历史等的不同划分主题餐厅的类型。而每一类餐厅之下仍然可以进一步细分。

在中国众多的主题餐厅中，最具特色并且影响较大的主题餐厅有三类：第一，民族、民俗类主题餐厅。民族、民俗既是中国文化的重要组成部分，也是吸引其他国家、民族、个人的焦点所在。以中国各个民族和各地民俗为主题的餐厅能够典型而具体地呈现出中国各民族、各地区的风情风貌。这类主题餐厅主要是以某一民族、地域的文化特色为基础，通过民族和地域的物品、服装、音乐、舞蹈、饰品和餐具、菜点等方面，全方位地展现民俗文化和民族风情。第二，农家主题餐厅。回归自然、返璞归真是现代人生活的一种时尚。这一时尚使以农家、大自然为主题的餐厅获得发展机遇。农家主题餐厅，可细分为植物类、动物类和农家生活类等三类主题餐厅。其中，植物主题餐厅通常以具有一定营养价值、为本地或某地所独有且最为出名的植物作为主题；动物主题餐厅往往选择具有文化象征、观赏价值和一定美感的动物作为主题；农家生活主题餐厅则以淳朴的民风和田园气息与现代都市人紧张的生活节奏、冷漠的人情世故形成对比，让人们在质朴的氛围中感受一种悠闲的返璞归真的情韵。第三，休闲主题餐厅。20 世纪 80 年代以来，由于物质条件的不断提高、消费意识的日益觉醒和双休日、黄金周的出现，也由于生活、工作节奏加快和精神压力增大，人们逐渐重视精神上的休息与放松，为休闲主题餐厅的产生创造了客观和主观条件。由此，休闲理念注入餐饮市场，休闲类主题餐厅逐渐出现并成为时代的新宠。休闲的内容十分广泛，不仅包括各种室内娱乐活动，还包括大量的户外活动如运动、旅游、垂钓等，因此，与其内涵相适应的休闲主题餐厅也出现了歌舞类休闲、体育类休闲、游艺类休闲、益智类休闲等多种多样的主题餐厅。

（2）非主题餐厅

非主题餐厅，是相对于主题餐厅而言的，指没有特定的主题而仅仅是向顾客提供饮食的场所。它历史悠久，数量繁多，仍然可以按照不同的方法分为多种类型。如在宋代，常按照经营规模、经营的风味品种和经营方式等因素划分餐厅类型，将大型酒楼称为“正店”，将中小型酒店、食店称为“脚店”、“拍户”，将经营南方风味饮食店为“南食店”，将小食店称为“素食店”、“菜面店”、“闷饭店”、“浇店”。此外，也将大饭店称为“分茶”，将经营素菜的餐厅称为“素分茶”，将经营川菜的餐厅称为“川饭分茶”。到现在，非主体餐厅的分类方法及类型仍然多种多样。其中，以经营特色与风格为主来划分，较为普遍而且影响力极大的餐厅类型有三种：第一，正餐厅。指主要为顾客提供午餐和晚餐等正规餐食的餐厅。这类餐厅常经营一种或多种地方风味菜，菜点的数量较多，可供零餐，更能提供多种档次的筵宴菜点，服务周到、细致。正餐厅非常讲究环境的装修与装饰，特色突出，常表现出庄重、典雅、华贵或舒适等风格。第二，快餐厅。顾名思义，它是为顾客提供方便、快捷餐食的餐厅。快餐厅大多营业时间长，有的甚至24小时待客，进餐时间随意，不受正餐时间的约束，所提供的品种较正餐厅单一、简洁。快餐厅装饰讲究色调明快、布置简洁，充满活力和温馨的亲和力，从而使人们乐于一日三餐像进自家厨房一样走进快餐厅。第三，火锅餐厅。指主要为顾客提供火锅餐食的餐厅。火锅餐厅常经营一种或多种火锅餐食，辅以少量面点小吃和冷菜，以零餐为主，也能提供筵宴服务。其营业时间多为中午至深夜，就餐环境的装修、装饰力度和风格等与正餐厅越来越接近。

2. 餐厅设计的原则

餐厅设计，是一门设计艺术，不仅要遵循着艺术设计的基本美学原理，即统一原理、调和原理、均衡原理、律动原理等形式美的基本原理，同时还必须遵循一定的设计原则，而且不同类型的餐厅，其设计原则也不尽相同。这里仅就非主题餐厅和主题餐厅两大类餐厅的设计原则进行阐述。

（1）非主题餐厅的一般设计原则

非主题餐厅的一般设计原则，主要包括整体性、时代性和功能性等三个方面：

第一，整体性。这是指在餐厅设计上要对餐厅的各个环节、各种要素进行全方位、多角度、统一的思考与谋划。餐厅的整体性设计原则主要体现为三点：一是对整个餐厅建筑环境的意境应当有统一的设计思想；二是对整个餐厅的装饰有统一的规划，明确如何装饰及装饰多少艺术品为度；三是对整个餐厅环境的形态基调有统一的设想，应当形成一种该餐厅独有的格调语言。如拥有庭院、古典风格的正餐厅，就常考虑将庭院装饰、布置得像家庭花园一样，并适当点缀餐桌，在风和日丽的日子里，人们可以在虽小而不失精当的庭院中进餐，让传统风味的菜品更添味外之味。如位于大街旁的快餐厅，就常在店面及名称设计上多下工夫，色彩鲜明、简洁的店面，醒目的名称是必不可少的。此外，色彩、照明、饰品点缀等都是餐厅设计中不可忽视的要素。对于快餐厅而言，常用冷暖色调相搭配的基本色，既明快简洁又温馨可人。而对于正餐厅，则常采用暖色调，展现一种雍容华贵的气氛等，华丽的吊灯与具有品位的油画更是正餐厅吸引要求格调高雅的客人的装饰手法。

第二，时代性。这是指在餐厅设计上应当具有时代特征。任何一种形式的餐厅都是时代的产物，可以说，餐厅也是从一定角度反映某一时代装饰技艺、技术和艺术思潮的窗口。在当今社会，餐厅要反映时代特征，需要注意以下两个方面：一是借助现代科学技术和物质材料，使用新技法、新工艺进行餐厅的装饰、装修；二是学习借鉴当代文化艺术成果，开拓新的时空观念，更新设计理念和丰富装饰艺术语言，从而进行餐厅的装饰、装修。例如，对于具有现代风格、时尚气息的正餐厅，尤其应该运用前沿的文化艺术成果及装修、装饰语言，才能真正达到现代、时尚、出奇制胜的效果。即使是古典风格的餐厅，也可以恰当地运用当代装饰语言，将会产生出人意料的效果。

第三，功能性。这是指在餐厅设计上必须满足餐厅本身应有的多重功能。就餐厅的功能而言，最基本的功能是实用功能、经济功能，其次才是审美功能、文化功能、娱乐功能等。任何一种形式的餐厅装饰、装修，必须以很好地满足实用功能为基础，做到实用与审美功能的统一、经济与文化功能的统一、餐厅风格与市场定位的统一。例如，豪华的正餐厅不仅用最精美的绘画、雕塑展示其高雅的格调，并且用最舒适、精美的桌椅以及餐具为顾客提供良好的进餐条件。而快餐厅更是以提供方便、快捷的餐食为己任，实用功能至上，装饰、装修简洁明快。

（2）主题餐厅的设计原则

在主题餐厅，人们不仅要品尝美食，更要享受环境和领略主题餐厅的文化内涵与氛围。因此，主题餐厅在装饰、装修设计上应当更加注重文化内涵与氛围的营造，不仅要像非主题餐厅一样，遵循艺术设计的基本美学原理，遵循餐厅的一般设计原则即整体性、时代性、功能性，而且必须遵循以下五个特殊的设计原则。

第一，主题性。围绕主题、紧扣主题是主题餐厅设计的核心与关键。在餐厅设计中，各种色彩元素、材料元素、音乐元素、形态元素等都必须紧紧围绕着主题服务，从而以十分明确的主题形象吸引顾客。

第二，层次性。主题餐厅作为向顾客提供冠以主题的产品和服务的立体空间，在其设计上必须具有层次性，不仅包括二维设计以及在此基础上形成的三维设计，还应包括四维设计及其意境设计，做到平面设计与立体设计相结合。其中，二维设计即平面设计，是整个餐厅设计的基础。在二维设计中，通常是根据主题的吸引对象，运用各种空间分割方式，包括餐桌、陈列品的位置、面积以及布局、通道等来进行平面布置。如餐厅的主题适合众多朋友闲聊，则无须设置太多的隔离；若餐厅的主题适合情侣，则应考虑其私密性。三维设计即立体空间设计，是主题餐厅设计的主要内容。在三维设计中，常针对不同的顾客以及主题特色，运用不同质地的材料、协调的色彩以及造型各异的物质设施，对空间界面以及柱面进行错落有致地划分组合，创造出一种使顾客视觉与触觉都感到轻松、舒适的空间环境。如以女性为主的餐厅，则应用浅淡的颜色作装饰，以体现宁静与温馨的气氛；而如果在餐厅中采用粗犷的材料进行堆积，则旨在营造一种原始古朴的氛围。四维设计是对空设计，主要突出的是主题餐厅的时代性和流动性，旨在适应与反映时代潮流，打破拘谨呆板的静态格局，增强主题餐厅的活力和情趣。而意境是主题餐厅整体形象设计的最终表现形式，通常根据消费心理、经营主题等因素确定设计理念，并以此为出发点进行相应的设计。

第三，独创性。它是主题餐厅的生命。在进行餐厅设计时，必须开发各类主题，深挖主题内涵，从各个方位寻求最佳卖点，突出其特色和独创性。如以民族、民俗风情作为主题的餐厅，在其建筑和装饰上要以现代化的内核和民族、民俗化的外观做文章，或突出民族风情，或强调古香古色的气息，绝不雷同。而以植物作为主题的餐厅，通常以本地或其他地方所独有且最为著名、有一定营养价值的植物作为主题吸引物；以农家生活为主题的餐厅，则突出地营造乡村独有的田园气息和自然、淳朴的民风，形成与都市主题餐厅截然不同的特色。

第四，经济性。主题餐厅的设计必须重视经济性。其装饰的最终目标是最大限度地吸引客源、增加利润。主题餐厅作为一种餐饮投资，在设计中应当考虑是否值得投入、怎样合理投入，以最小的投入达到较高的设计水平，展示非同凡响的设计理念和餐厅风格。设计贵在创意。餐厅的投入与风格并不一定成正比，投入多并不意味着最终的效果好；而有时投入不多，只要创意好，也会取得意想不到的效果。如一些餐厅用各种流行杂志的彩页装饰墙壁和屋顶，将时尚主题流畅地宣泄出来；有的餐厅以原木作为餐桌、餐椅的原料，设计成简单的直线造型，营造出一股浓厚的乡村氛围；有的餐厅则通过一两件古朴的饰品，如国画、雕塑、陶器等，便展示出悠久的历史文化。

第五，灵活性。主题餐厅设计是一个动态调整的过程。任何有创意的餐厅如果缺乏变动，不仅难以吸引顾客持久的注意力，而且会使人觉得枯燥、单调、乏味，甚至产生厌倦的心理。因此，主题餐厅的装饰装修必须灵活、机动，有一定变化，才能引人注目、不断激发顾客的热情和兴趣。

3. 餐厅设计的内容

无论是哪一种类型的餐厅，其装修、装饰设计由餐厅外部环境设计与餐厅内部环境设计两大部分组成，而且必须遵循艺术设计的基本美学原理和相应的设计原则。但对于主题餐厅而言，在设计时还必须首先确定餐厅的主题。因为餐厅的主题是主题餐厅的中心思想与灵魂，常直接体现出餐厅风格。只有当它确定之后，餐厅的一切设计才能而且必须围绕其主题展开。如以农家生活、田园风光等为主题的餐厅，围绕该主题精心设计、装饰后，餐厅的自然、乡土气息浓郁，表现出质朴的风格；而以文学艺术、怀旧仿古为主题的餐厅，文化底蕴深厚，围绕主题精心设计、装饰之后，将表现出典雅的艺术风格。

（1）餐厅外部环境设计

餐厅外部环境的装饰、装修设计，主要包括餐厅名称、建筑装饰以及庭院绿化的设计等，必须与餐厅建筑相互呼应、相互补充，并与餐厅经营特点形成有机对话。其中，最重要而且必须高度重视的是餐厅的名称设计。

关于餐厅的命名有多种方法，大致可以从传统与流行两个方面加以区分。传统的餐厅命名方法主要有四种：一是以典故命名。即餐厅名称来源于典故，包括语典和事典。如“巷子深酒家”，就是源于“酒香不怕巷子深”之语；而“努力餐厅”，是民国时期成都著名餐厅，源于革命者“为了劳苦大众吃饭而努力”的宗旨。此外，以典故命名的餐厅还有广州大三元酒家、西安曲江春、上海梅龙镇酒家、重庆小洞天饭店和巴将军等。二是以谐趣命名。即以幽默的词语及其含义为餐厅命名。如摸错门，因经营者自认为是无意中误闯入餐饮行业而得名。此外，民国时期重庆著名的餐厅丘二馆、丘三馆，更是以谐趣命名的典范。三是以诗文命名。即餐厅名称来源于诗词文赋。如杭州著名的餐厅楼外楼，名称出自宋代林升的《题临安邸》诗："山外青山楼外楼，西湖歌舞几时休。暖风熏得游人醉，直把杭州作汴州。"此外，以诗文命名的餐厅还有夕阳红、故乡味、归来酒家、绿杨村酒家等。四是以哲理命名。即餐厅名称中蕴涵着哲理。如大蓉和酒楼，既指川湘融合，更寓"海纳百川，有容乃大"之意。此外，以哲理命名的餐厅还有广州大同酒家、重庆的顺风123和成都的菜根香等。当今流行的餐厅命名方法主要有三种：一是以民俗风情命名，如川江号子、乡老坎、巴国布衣、打鱼郎等。二是以时尚气息命名，如晶泽印象（饮食工房）、麻辣空间等。三是以朴实风格命名，即摒弃一切浮华与雕琢，用直白、质朴词语来命名，如喻家厨房、秦妈火锅、老房子、唐家大院等。

（2）餐厅内部环境设计

餐厅内部环境的装修、装饰设计，肩负着体现餐厅经营理念、特点、风格、档次等重任，是餐厅设计的重中之重，必须做到深入、细致而且有创意。餐厅内部环境设计，按照设计要素来划分，大致可以分为餐厅的功能设计、餐厅室内装修设计、餐厅室内物理环境和心理环境设计、室内陈设艺术设计。其中，餐厅室内物理环境和心理环境设计是指对室内物理环境的体感气候、照明、采暖、通风、温湿度调节和人们在餐厅里的心理感受等方面的设计处理。具体而言，餐厅内部环境的装修、装饰设计主要包括三个方面：一是室内装饰、布置和用具等，如大厅、廊壁及其装饰物，包间名称及装饰、陈设，室内色彩、灯光、音乐、家具等方面；二是餐桌布置，如餐巾、餐具、菜单及其他装饰物、用具等；三是餐饮服务设计与特色菜点陈列，如服务人员的服饰、服务方式和服务特色等。而在餐饮服务中，最具民俗特色、最值得一提的是古老的"鸣堂叫菜"。

所谓鸣堂叫菜，又称"喊堂"或"鸣堂"，是一种历史悠久的、富艺术魅力的餐饮服务方式，但由于种种原因，在当今却已被忽视或没有很好利用。鸣堂叫菜在以往的餐厅中几乎伴随顾客进餐的全过程，主要包括六个阶段：一是介绍鸣堂，即用富有韵味的声音大声念唱，向顾客介绍该店经营的酒菜品类；二是点菜鸣堂，即当顾客点完菜后，服务员把菜名一一传唱给厨师，并叫明顾客的座号和方位；三是应允鸣堂，即厨师在听到服务员的点菜鸣堂后，根据原料、数量等情况用同样声腔给以回答；四是喝唤鸣堂，即厨师将菜点烹饪好后喝唤服务员前来端菜，并提示服务员上菜时的注意事项；五是结算鸣堂，当顾客进餐完毕，服务员把食用酒菜的品类、数量、单价、付款金额、找补情况念唱出来；六是送客鸣堂，即顾客离开时，服务员念唱谦虚、客套话相送。宋代孟元老的《东京梦华录》就曾记载了当时鸣堂叫菜的情景：餐厅行菜者即服务员在顾客进店后"百端呼索，或热或冷，或温或整”，“人人索唤不同”，当顾客点菜后，服务员一一记在心中，“近局次立，从头念唱，报与局内，当局者谓之铛头，又曰着案。讫，须臾，行菜者左手杈三碗，右臂自手至肩，驮叠约二十碗，散下尽合各人呼索，不容差错”。鸣堂叫菜，除了有完整的形式结构外，还有特别的鸣叫声腔和专业语言。其声腔分念白、念唱、全唱三种。念白即直接说出；念唱则是边说边唱，如第一句唱，中间说，结尾又唱；全唱是从头到尾都唱。全唱时无固定曲谱，是随意创作，但音乐性极强，且伴以菜点名称，合辙押韵，最能体现服务员的个性和服务水平的高低。鸣堂叫菜的专业语言是服务员和厨师之间传达信息的特定语言，他们使用熟练、呼唤默契，常令外人不知所云但又兴趣盎然，独特韵味尽在其中。这里仅录一例四川的鸣堂叫菜：一名顾客走上餐馆的台阶，服务员立即喊道：“来客一位，请里面坐——”。顾客坐到门边的左一桌，说：“来一碗清汤抄手。”服务员鸣唱道：“左一席来客，‘夜战马’（超，与抄同音），‘免红’（清汤），‘小生落难’（单走，指不要调味碟）。”厨师在厨房内应道：“抄手免红，单走。”厨师做好后喝唤道：“左一抄手‘清汤’，好哩，‘话丑理’（端）走！”

（四）餐厅设计实例

1. 典雅风格的餐厅设计实例

“格林梦”餐厅

该餐厅以梦为主题，通过对其外观和内部环境包括餐厅的建筑材质、结构、色彩、形态，大厅和包间的形态、布局以及桌椅、字画、家具、用具和特殊装饰品的设计，集中体现出典雅的艺术风格。

餐厅的设计者在门、窗等的设计上匠心独运，把它们变成了一个个艺术符号，表现着丰富的文化内涵。一楼的餐厅是大厅房，它的门似“H”形，大厅中央的墙面上出现“Y”，既是这家企业名称的拼音缩写，也是中国“景中有景”的传统造景手法的又一体现。窗的形状和窗格线条极富变化，圆形、长方形、异形等各种图案，颇似苏州园林中的窗景。大厅和包间的廊壁、墙面和名称、字画等都营造着“梦”的情调。厅前的石山水池旁赫然立着一块异形石碑，上书“梦的世界”，点明主题。餐厅的二楼包间是真正的梦园，在过道的白色墙面上有一个由甲骨文字体变形而成的“梦”字，若隐若现，如入梦中。梦园由格林梦厅和海梦、醉梦、仙梦、金梦、春梦、乡梦、韵梦、天梦、恋梦、伴梦、沁梦等12个梦厅组成。每个梦厅都有壁饰或壁画，或写意，或写实，或浪漫，或庄重；有的为木质，有的为丝质；有的画山水，有的为书法。其中，海梦厅选择了古今书法名家书写的篆、隶、行、草、楷等各种形式的“海”字，精心地刻在八块木匾上作为装饰；醉梦厅则将书法与绘画巧妙结合，用单线条刻绘出的李白醉酒图，配合着李白的诗句“但得酒中趣，勿为醒者传”，情景交融、浑然一体，尽显典雅的艺术风格。此外，该餐厅在色彩设计上以黑、白两极色作为基调，间以灰色来调和。这既是对缤纷色彩的浓缩、凝练，也是对中国阴阳哲学的形象诠释，更如梦境一般。这里的黑、白两色作为哲学符号，表示着自然界的阴阳和人体的阴阳；而灰色作为哲学符号，则可以表示天人合一、平衡和谐。可以说，其色彩中蕴涵着中国博大精深的传统文化，更增加了典雅的韵味。该餐厅曾经制作、经营东坡菜。东坡菜是根据宋代大文学家苏轼的诗文和其他文献记载，将苏轼吃过、见过、赞美过的菜点挖掘、仿制而成的仿古菜肴，制作巧妙、独特，不仅在一定程度上反映了宋代的饮食烹饪状况，而且展示了中国古代的饮食文化成就。为此，餐厅配以精美瓷器作为餐饮器具，服务人员衣着典雅、大方，服务周到、细致，更具中国特有的文化意味，十分和谐、典雅。

2. 乡土风格的餐厅设计实例

重庆的老四川餐馆

该餐厅以牛为主题，通过相应的外部和内部环境精心设计与装饰，使餐厅显得质朴、自然，俗中见雅，集中体现出乡土风格。该餐馆的设计者刘有达在《餐馆装饰艺术的探索》中说："（老四川）在整体设计中，贯彻着'牛'字。整体气氛独具四川民居风格，乡耕气息浓郁，处处可领略'牛'的情感。比如，门檐上粉饰着四川大足石刻牧牛的沥粉画；门旁半卧栩栩如生的牛塑像；厅内一角的'映牛溪'千年古榕，老根盘结，层层崖石，清泉流淌；有以四川龙门阵中'牛郎织女'传统图案窗花装点的雅座'鹊桥仙'；有以木雕墙饰及灯照环境巧妙结合的牧童木牛意境的'牧歌院'雅厅；有以中国历代书法名家书写的'牛'字荟萃雕刻于一木作装饰的'图牛居'食屋；还有以香飘万里的牛肉佳肴而得名得'异香楼'，楼中空高有限，不能吊灯，在侧面作斜层顶，用四川民居亮瓦层面形式作照明，瓦上饰着传统的盛具纹样。顾客于楼上就餐，不仅可品尝到香溢满室的佳肴，还可使人触发对'老四川'牛肉佳肴悠久历史的赞美情愫。'老四川'的装饰犹如一篇脍炙人口的散文诗，它的主题鲜明，层次清晰，语句优美。"

巴国布衣酒楼

该餐厅以川东乡土文化为主题，同样通过相应的外部和内部环境精心设计与装饰，集中体现出了川东典型的乡土风格。该餐厅在室内环境设计和餐桌布置上不是如实复制川东乡村民居，而是选取了一些最具典型意义的物品，大厅内有一株老藤缠绕的黄桷树和农家常用的风谷机、水井、石磨、斗笠、蓑衣等，吧台边、梁柱上有一串串黄澄澄的玉米和红艳艳的辣椒，还有反映川东风俗民情的黑白照片以及形态不一但错落有致的方桌、圆桌、条桌和长板凳等，无不渲染着浓浓的川东乡间民俗与风情。巴国布衣制作、经营的主要是川东风味的乡土菜，有农家饭系列如南瓜饭、红苕稀饭、莲米稀饭、荷叶稀饭，有农家菜系列如干豇豆烧肉、泡菜烧仔兔、姜汁马齿苋、萝卜干回锅肉、水豆豉、毛血旺、豆干蒸腊肉，还有风味汤品如酸菜土豆汤、绿豆冬瓜汤、南瓜蹄花汤等，并且在餐具的配搭、使用上以陶器为主，如将毛血旺盛在质朴而古旧的沙锅中上桌，十分契合川东民间较为粗犷、朴实的风情。为此，餐厅的女服务员大都身着兰花图案的花布衣服，脚穿中式布面鞋，宛如村姑一般，服务时热情、温馨，使人晃若置身川东乡间。可以说，巴国布衣的餐厅设计与装饰源于自然，又高于自然，以大俗求大雅，体现着浓郁的乡土气息和俗中见雅的艺术风格。

第二节　美食鉴赏

美食鉴赏，简单地说是对烹饪加工成的饮食品的品尝、欣赏，从本质上说是一种对烹饪艺术的审美活动。它主要通过对肴馔色、香、味、形之美和味外之美等方面的鉴赏，获得美感享受。美食鉴赏的过程其实就是对美食的审美过程。要想在美食鉴赏的实践活动中充分领悟其中的美学意味、获得最完美的审美体验，就必须了解美食的含义、特性，掌握美食鉴赏的方法。

一、美与美食

（一）美的含义与本质

美的历史悠久、内涵丰富，但什么是美却至今没有完全公认的界定。古希腊时期，苏格拉底与希庇阿斯就“什么是美”辩论指出：“美是难的。”中国古代从感官和说文解字的角度指出：“羊大为美。”汉代许慎《说文解字》言：“美，甘也。从羊，从大。”即“美”字是由“羊”和“大”二字组成的，它的本义是“甘”。而对于“甘”字，《说文解字》言其是“从口含一”，其意是“美”，指食物含在口中，引起口舌的快感，从而带来心中愉悦的感受。可以看出，中国古代把美等同于甘，指的是感官的快适，非常形象、具体，但较为片面，难以全面阐释“什么是美”。

至今，关于美的定义有上百种，归纳起来主要有三大流派：一是客观派。认为美是独立于人的意志之外而客观存在的，美是事物的一种客观属性，与和谐、对称、色彩、比例等客观形式因素密切相关。二是主观派。认为美在于心而不在于物，美是人的审美情感和心理活动、审美判断的结果，具有相对性和易变性，与审美者的愉快经验和个人素质、审美主题、时代审美趣味等紧密联系。三是主客观统一派。认为美不只在于客观对象或主观意识，而在于两者的结合与统一，美是客体作为一种美的“潜能”与主体审美知觉相结合的结果，与主观和客观因素都有联系。这里以基本美学为基础，从美食鉴赏活动的内容与特性出发，采用杨哲昆在《旅游美学》提出的美的含义：“美是一种人的本质力量对象化后形成的，遵循社会发展规律而运行发展的，使人类能够从中感受和欣赏自身价值的社会存在。”这个观点比较具体地点明了美的本质在于“人的本质力量对象化”。

（二）美食的含义与本质

关于美食的含义，较有影响的观点有两个：一是熊四智《四智论食》提出的："美食是在一定的时间和空间内，为满足人们的生理需要和心理需要，通过炉灶或作坊、工场制作而成的精细、适口、可以使人身心都获得愉悦的珍美食品"。二是卢一《四川著名美食鉴赏》中所说："美食是能引起人们感官愉悦且营养卫生的食物。简而言之，美食是好吃、好看、有营养、无毒害的食物。"比较而言，两种观点各有侧重，前者特别注重美食的时间性与空间性，不同时代、地域的人对美食的认定有极大不同，众多的美食品种很难始终受到各国、各地区所有人认同。后者着重强调美食的基本要求与功能，在引起感官愉悦的同时必须营养卫生，美食与普通食品一样，其前提或第一要义是营养卫生和安全，以满足人的生理需要，然后才是用美感来满足人的心理需要。这里从相对全面而系统的角度出发，将美食的含义表述为：美食是在一定的时间和空间内，为满足人们的生理需要和心理需要，通过适当方法制作而成的、能引起人们身心愉悦且营养卫生和安全的珍美食品。

至于美食的本质，则仍然与美的本质一样，"是人类社会实践的历史产物"、"自然的人化"或"人的本质力量的对象化"（马克思《1844 年经济学哲学手稿》）。因为美食也是一种美，必然具有美的普遍本质。

需要指出的是，美食是珍美食品，它不等同于食品、食物或菜点。《现代汉语词典》中：食品是"商店出售的经过一定加工制作的食物"，而食物是"可以充饥的东西"。最早对"食品"的概念解释得最准确的是《中华人民共和国食品卫生法》，指出食品是"指各种供人食用或者饮用的成品和原料以及按照传统既是食品又是药品的物品，但不包括以治疗为目的的物品"。菜点的含义较为模糊，是指主要通过手工烹饪而来的食物成品。可以说，美食一定是食品、食物或菜点，但并非所有的食品、食物或菜点都是美食。

（三）美食的特性及其表现形式

根据美食的含义，并且对饮食活动中众多美食品进行深入分析研究，可以发现美食是一种社会的客观存在，是主客观结合、统一的结果，是人的本质力量对象化并且按照社会运行的客观规律运行，由此，美食具备了时间性、空间性、社会性、科学与安全性、文化与艺术性等五种特性，而且通过丰富多样的形式加以表现。其中，最重要、最直接的表现形式则是色、香、味、形、质、器、养、名、趣、境等十个方面之美，统称为"十美"。

1. 时间性及其表现

美食因时间而异。随着时间的推移，人们对美和美食的判断标准也会发生变化。美食的时间性不仅表现为历史、现在和未来，也表现为一年四季和一日之中的早晨、中午和傍晚。仅以历史而言，汉代女子以瘦为美，唐代女子以丰腴为美，反之则不会被视为美，美食也是如此。许多美食如果离开了原来特定的时间就可能不再是珍美之食。如用猪项圈肉制作的项脔、面团发酵制作的开花馒头，在晋代时被认为是皇帝、王公贵戚才能享用的美食，珍美无比，但如今却是极其普通的食物。相反，烤红薯、玉米窝头，在物质匮乏、生活条件极差的年代因长期食用而被人们看做粗恶食品，如今却成为人们追求营养健康、返璞归真的美食。

2. 空间性及其表现

美食因地域而异。在不同的地域环境内，气候、物产、饮食习俗、爱好等各不相同，人们对美和美食的判断标准也会有所不同。美食的空间性主要表现为地域的差异。俗话说，"靠山吃山，靠水吃水"。四川地处内陆、盆地，家禽家畜、山野蔬菜丰富，凉拌折耳根（鱼腥草）是众多四川人喜爱的乡土美食，但川外的许多人却觉得难吃或者不吃；沿海地区人们常喜欢将牡蛎、海胆等生食，以为最具有鲜美之味，许多四川人却认为应当将它们熟制后才是美食。

3. 社会性及其表现

社会是由众多人群构成的，他们有着不同的民族属性、阶层、职业和年龄，这些因素都影响着人们对美食的判断。美食的社会性主要表现为不同民族、阶层、职业、年龄等的差异。以阶层和职业为例，从事体力劳动的农民工多以大鱼大肉为美食，因为体力劳动需要大量的能量来补充机体的营养，但从事脑力劳动的城市白领则常以清水白菜为美食，因为脑力劳动需要大量的维生素来补充机体的营养。如果让他们错位选择食品，则美食可能就不美。

4. 科学与安全性及其表现

人最基本的属性首先是自然属性，其生命过程是人体与自然界的物质交换过程，必须通过营养丰富、卫生安全的饮食维持基本生存和健康发展，这是人的生理需要，也是人对食品及美食的最基本要求。美食的科学与安全性主要表现为食品的营养、卫生和安全。以营养而言，美食常能够提供养生健身所需要的丰富的营养素，如蛋白质、维生素、无机盐、碳水化合物、膳食纤维、脂肪和水等；以卫生、安全而言，美食应是干净清洁、无毒害的。如果一种食品营养素含量过低或者食品添加剂过量、污染和农药残留严重，即使味道很好，也不能算美食。

5. 文化与艺术性及其表现

人除了自然属性之外，还具有重要的社会属性，希望通过人类创造的饮食获得美感享受，这是人的心理需要，也是人对食品尤其是美食的另一个重要甚至不可缺少的要求。事实证明，色、香、味、形、质、器、名、趣、境等方面俱佳的美食是人类在烹饪实践中创造的物质财富，能够最好地满足社会人的心理需要。

美食的文化与艺术性既表现为味觉艺术，也表现为味外之味。味觉艺术是美食艺术性的核心，又主要表现为味的珍美、适口。宋朝苏易简言："物无定味，适口者珍。"所谓味外之味，又称为味外之美，通常指食品除味道之外的其他方面，主要包括色、香、形、质、器、名、趣、境等八方面之美。在美食艺术性的各种表现形式中，味道美、香气美、质地美与科学性的表现形式营养卫生安全之美一起构成美食所必需的内在美，色泽美、形状美、器具美构成美食最基本的形式美，名称美、意趣美和环境美则是构成美食意境美不可或缺的要素，它们密切配合、相互映衬，从而增加美食的美感。如把形式与内在皆美的美食配上美妙的名称，放在精心选择或巧妙布置的美好环境中，人们在进食时既可饱眼福、口福，也能够获得更为广阔深远的美的享受。

二、美学与饮食美学

（一）美学与饮食美学的含义

美学作为一门独立学科建立于18世纪中叶。1735年，德国的哲学家鲍姆嘉通在《关于诗的哲学沉思录》一文中首次提出“美学”一词，1750年又出版了《美学》（Aesthetic）一书，被后世公认为美学学科的创立者、美学之父。他在《美学》中明确阐述了美学的含义：“美学是感性认识的科学。”此后，中外关于美学的含义众说纷纭，至今莫衷一是。其中，有许多学者从概括且系统的角度出发，将美学的含义表述为：美学是研究人与现实的审美关系的一门科学。具体而言，它是以人对现实的审美关系为中心，以一切审美活动现象为对象，系统研究并阐释审美对象、审美意识和审美实践的本质特征、存在形态及其发生发展演变规律的科学理论体系。

饮食美学，作为应用美学的重要分支和组成部分，既有美学的共性，也有自己的个性。它始创于20世纪八九十年代，是一门新兴学科，因此，关于饮食美学的含义至今还没有公认的定论。如果从饮食美学与美学的关系出发，以前面所述美学含义为依据，那么饮食美学的含义可以表述为：饮食美学是研究人与饮食的审美关系的一门科学。具体而言，它是以人对现实中饮食的审美关系为中心，以一切关于饮食的审美活动现象为对象，系统研究并阐释饮食审美对象、审美意识和审美实践的本质特征、存在形态及其发生发展演变规律的科学理论体系。

（二）美学与饮食美学的研究内容和对象

鲍姆嘉通在《美学》中明确指出：“美学研究的内容不是一般的感性认识，而是研究人类感性认识中具有审美属性的感性认识。”从比较全面的角度出发，美学的研究内容和对象应该是以人对现实的审美关系为中心的一切审美现象，主要包括审美对象、审美意识和审美实践等三个方面。其中，审美对象是指美的事物和现象，又称审美客体，具有美的属性；审美意识是指作为审美主体的人所具有的审美观念及其能力素质，主要包括审美心理结构的机制、功能、效应等，又可称为美感；审美实践是指人在物质和精神等各个不同领域对美的创造、发现、体验和欣赏活动，主要包括审美创造、审美欣赏和审美教育。

从饮食美学与美学的共性和个性角度出发，饮食美学的研究内容和对象应该是以人对现实中饮食的审美关系为中心的一切审美现象，主要包括饮食审美对象、饮食审美主体、饮食审美关系、饮食美感和饮食审美实践等方面。其中，饮食审美对象，或称饮食审美客体，是指美食，主要研究它所包含的美的属性。饮食审美主体，指美食鉴赏者或美食家，主要研究审美心理、审美观念以及能力素质等。其中，饮食审美主体的心理对饮食美感的影响极大。饮食审美关系，主要指烹饪从业人员与美食鉴赏者之间的关系，包括服务方式、服务质量、服务态度等，这种关系在美食鉴赏过程中有着极为重要的作用。饮食审美实践，是指人在物质和精神两个层面对饮食美的创造、发现、体验和欣赏活动，主要包括饮食审美创造、饮食审美欣赏和饮食审美教育。

（三）审美的含义、本质与运行机制

1. 审美的含义、本质

审美是人通过感性活动如感觉、知觉、表象等对美进行的一种感知活动，不仅包括对审美对象外在形式因素如色泽、形态等的感知，也包括对审美对象内在要素如情趣、寓意等的感知。从表面看，审美是人的主观意愿和行为，但实际上，它离不开审美对象即审美客体，并且还要遵循审美客体的一般规律。从本质上看，审美是审美主体对审美客体的一种价值判断，涉及审美主体的审美态度、审美趣味、审美理想等，同时又是审美主体的一种心理活动，包括审美感知、审美想象、审美情感和审美理解。可以说，审美作为一种感知活动，是审美价值判断和审美心理活动的统一。

2. 审美的运行机制

由于审美是一种感知活动，是审美价值判断和审美心理活动的统一，因此，感知、想象、情感、理解等心理过程必然同时展开、相互促进，形成审美心理机制。按照美学基本理论和逻辑顺序，审美的运行机制大致划分为三个阶段，即审美准备阶段、审美实践阶段、审美回味阶段。

（1）审美准备阶段

这是审美的第一阶段，即进入审美状态的初始阶段，主要涉及审美主体的审美经验、审美品位和审美理想三个方面。其中，丰富的审美经验会使审美主体在一定程度上形成良好的审美判断力、较高的审美敏感力，进而形成较高的审美品位。审美理想是对审美最高境界的一种追求，是审美的至高标准，与审美经验、审美品位密切相关。三者对审美实践具有非常重要甚至是方向性的指导作用。

（2）审美实践阶段

这是审美的第二阶段，是一种具有积极心理活动的高潮阶段，包括感知、想象、情感、理解等多种因素的交错融合。在这个阶段，审美感知、审美想象、审美情感和审美理解是十分重要的四大心理要素和审美过程，缺一不可、共同进行。通过审美实践，审美主体将获得多层次、多方位的审美体验。这些审美体验主要包括粗浅的快乐体验、深层的愉悦体验和高度的超越体验等。

（3）审美回味阶段

这是审美的第三阶段，是审美效果延续阶段，也是审美实践应有或必然的结果。审美感受和审美体验都将在审美主体对具体审美活动的回味中得到强化和升华。

三、美食鉴赏模式与内容、方法

（一）美食鉴赏的含义与基本模式

1. 美食鉴赏的含义

美食鉴赏，简单而言，是对美食的评鉴、欣赏活动过程。从本质上说，美食鉴赏是一种审美活动，是人通过感性活动如感觉、知觉、表象等对美食进行的一种感知活动，包括审美对象（美食）、审美主体（美食鉴赏者或美食家）和美感三要素。

2. 美食鉴赏的基本模式

美食鉴赏作为一种审美活动、感知活动，是审美价值判断和审美心理活动的统一，必然按照普遍的审美运行机制进行审美，因此，美食鉴赏的基本模式可以分为如下三个阶段：

（1）美食审美准备阶段

这是进入饮食审美状态的初始阶段，可以是审美主体积极、主动和自觉的准备，也可能是审美主体无意识、不自觉的，主要涉及审美主体的饮食审美经验、饮食审美品位和饮食审美理想三个方面，对饮食审美实践具有非常重要甚至是方向性的指导作用。

饮食审美经验是指保留在审美主体记忆中的、对饮食审美对象以及与其相关的外界事物的印象和感受的总和，通常是在多次反复的饮食审美实践中形成、积淀和保存下来的，并成为未来饮食审美活动的基础和前导。如品尝过多种火锅的人，就有了对火锅的审美经验，当他到四川品尝毛肚火锅时就会比其他人更能体会个中滋味。饮食审美品位是指审美主体对于不同层次的饮食之美感受的深度和强度，常因文化素质的高低和饮食审美经验的丰富与否而有所不同。饮食审美理想是对饮食审美最高境界的一种追求，是饮食审美的至高标准，受时代、社会、经济、政治等多种因素的影响。如在温饱难以维系的年代，人们的饮食审美理想或崇尚是丰腴、肥美，但进入小康社会以后则有所不同。

（2）美食审美实践阶段

这是一种对美食展开积极心理活动的高潮阶段，又称即时欣赏阶段。在这个阶段，饮食审美感知、饮食审美想象、饮食审美情感和饮食审美理解等四个重要的心理要素交错融合、共同参与饮食审美实践，使审美主体获得包括粗浅的快乐体验、深层的愉悦体验和高度的超越体验等在内的多层次、多方位饮食审美体验。

饮食审美感知是指审美主体通过感觉、知觉对饮食审美对象形成的初级审美认识，常通过视觉、嗅觉、味觉、触觉甚至听觉等感官来感知美食的最初美感。饮食审美想象是指审美主体在饮食审美对象的表象刺激下，回忆或联想其他事物而产生心境和情感的心理活动，常来自于以往的饮食审美经验和各种知识的积累。联想和想象是审美的关键，它可以使感知超出自身，通过情感构造出一个更加美好的幻象，从而更深入地理解审美对象的内在意义。饮食审美情感是指审美主体对饮食审美对象的一种主观情绪反应，通常是与饮食审美感知和审美想象活动相伴产生的。审美感知和想象的审美实践活动必然伴随着一定的感受和感动，表现出体验美的快乐，使审美主体产生强烈的美感。饮食审美理解是与感知、想象、情感交织在一起的一种感性理解活动，是在审美直觉基础上形成的一种审美领悟。如品尝端午节粽子时，人们首先感受到的是粽子的甜美、软糯、好吃，然后会产生审美想象，想到爱国诗人屈原的故事，体味到粽子所具有的丰富的内在意义和魅力，进而产生缅怀之情、激发爱国之意，在饱眼福、口福的同时，获得了更为广阔深远的美的享受。

需要特别注意的是，在审美主体进行美食审美实践时，美食的创造者或提供者如厨师、服务员应当进行适当的饮食审美引导，通过图文并茂的菜单、简明扼要的讲解等方式介绍美食的特点及亮点，如菜点的来历、原料、制法、风味特色、营养及独特吃法等，激发审美主体的审美兴趣，更深入、全面、准确地欣赏饮食之美。但是，审美引导必须以适度、够用为原则，重点帮助审美主体了解和掌握美食的特点、亮点以及品味、体会的方法，饮食审美要靠审美主体用心品味和体会，过多讲解反而不利于饮食审美。

（3）美食审美回味阶段

这是饮食审美效果延续阶段，也是饮食审美实践应有或必然的结果，又称追思回忆阶段。当饮食审美实践结束后，审美主体常通过回味延续和加深美感体验，而真正的美感体验也只有通过对饮食审美活动的回味才能得到升华。如人们在品尝美食之后常有齿颊留香、回味无穷之感，这种饮食审美回味将进一步增强美食的美感。

（二）美食鉴赏实践的内容与方法

美食鉴赏实践是美食鉴赏的核心和高潮阶段，饮食审美感知、饮食审美想象、饮食审美情感和饮食审美理解等四个重要的心理要素交错融合、共同参与，缺一不可。但人们往往删繁就简以更好地把握美食鉴赏实践的核心。如卢一在《四川著名美食鉴赏》书中指出，美食鉴赏的基本程序是“一品环境，二观色泽，三闻香气，四尝口味，五感意境。”现以美食在表现形式上具有的“十美”为基础，将美食鉴赏实践的内容与方法阐述如下。

1. 欣赏环境

（1）餐饮环境之美的内容

餐饮环境之美是指进餐环境通过恰当选址、设计和装饰、陈设以及营造所呈现出来的美，主要有四种：一是餐厅的室外环境之美，体现在自然风光、交通条件、餐厅外观造型及名称等方面。二是餐厅的室内环境之美，体现在餐厅的整体装修风格，大厅、廊壁及其装饰物，包间名称及装饰、陈设，室内色彩、灯光、家具等方面。三是餐桌布置之美，体现在餐巾、餐具、菜单及其他装饰物、用具等的选择、设计和摆放上。四是餐饮服务之美，体现在服务人员的着装、礼仪、语言、服务态度和服务技能等方面。秀丽的自然风光、优美的室内环境、良好的餐桌布置以及餐饮服务，能够使人们在进餐前就产生美好的心情、激发人们对美食的审美兴趣和情感，达到未尝美味而先得情意的审美效果。

（2）餐饮环境之美的鉴赏方法与标准

对餐饮环境之美的欣赏是美食鉴赏活动的第一步，常通过远观、近看和体会等审美感知活动来进行。至于如何判断、评价餐饮环境之美，特别是餐厅的室外与室内环境之美，并无固定的模式和统一的风格标准，总体上以恰当、和谐为美。如高档餐厅的环境或典雅或华丽，中档餐厅的环境有着浓郁民俗特色、乡土风情，低档餐厅简洁、清新，都不失为美。一般而言，中国人在设计和创造餐饮环境之美时常受传统美学思想的影响，将时、空、人、事等因素综合起来考虑，讲究良辰、美景、可人、乐事的有机结合，恰当、和谐。正如万建中在《中国饮食文化中的艺术魅力》中所言："吉日良辰、触景生情，可增进饮食的情趣；敞厅雅座、山涧水边得高贵典雅之熏陶，抑或自然清静之野趣，皆畅饮嚼味之佳处。天伦至亲、良师益友席间便谈、海阔天空，皆美食之妙境。"

2. 观赏色形

（1）菜点色彩与形状之美的内容

色彩是由色相、明度和纯度三要素构成，色相指色彩名，如红、黄、蓝；明度指色彩的明暗度，如深、中、浅；纯度指色彩的饱和度。菜点的色彩之美不仅指菜点的原材料自然本色之美，更重要的是指原材料通过烹饪、调和与搭配后呈现出来的色彩美，主要有四种：一是同类色的配合之美，即指色相性质相同的颜色搭配，如橘红、桃红、朱红等之间的配合，或一种颜色的明度即深、中、浅的变化配合，有清淡、雅致之感。如银芽鸡丝，色泽近似、鲜亮明洁。二是类似色的配合之美，即指色相性质类似的颜色搭配，如红与橙、黄与绿等，因比较容易调和统一，又称调和色的配合，具有朴素、明朗之感。如口蘑扒油菜，口蘑的浅黄色与油菜的青绿色搭配，色彩相近、色调统一。三是对比色的配合之美，即指色相性质对比强烈的颜色搭配，如红与绿搭配，具有愉快、热烈的气氛和色彩丰富、绚丽之感，其关键是主次分明。如番茄蔬菜汤，以番茄的红与蔬菜叶的绿搭配，色彩对比性强，亮丽而热烈。四是多种色彩的配合之美。用多种色彩搭配而成的菜点数量众多，其关键是必须保持主色调的统一，使色彩丰富但不凌乱。此外，也有学者将菜点的色彩搭配之美简洁地归纳为两种，一是顺色或同色搭配之美；二是异色或岔色、花色搭配之美。但无论如何，色彩配搭成功的菜点，其色彩必定统一在一个总的倾向和基调内，这便是色调。所谓色调，主要指色彩总的倾向性和基调，是色彩配合的最高形式，起着统帅和主导作用。古人云："五彩彰施，必有主色，以一色为主，他色辅之。”色调的分类方式很多，主要有三种：第一，从色性上分，有冷、暖、中三性；第二，从色彩的明度上分，有明、暗、灰等三种；第三，从色相上分，有红、黄、蓝等色调。因色彩具有冷与暖、膨胀与收缩等感觉，不同色调便有不同的感情色彩。如红、黄等暖色调，有热烈、喜庆、兴奋之感，常搭配、出现在喜庆菜点或筵席之中；蓝、绿等冷色调，有清秀、淡雅、宁静之感，常搭配、出现在夏季菜点或筵席之中。

菜点的形状之美不仅包括菜点的原材料通过切割、烹调和搭配、造型后呈现出来的自身形态美，而且包括菜点与盛装器皿搭配所呈现出来的美。菜点自身形态美，主要有三种：一是自然形态之美，是指原材料固有的原始形态或稍加刀工等手段处理的自然形态，具有形象完整、饱满大方的特点。如烤乳猪、葱酥鲫鱼等。二是几何形态之美，是指将菜点的原材料按照一定规律排列、组合，从而形成几何图案，如圆形、方形、三角形、梯形等，具有形状规则整齐、简洁大方的特点。三是象形形态之美，是指将菜点的原材料通过适当处理后模仿动植物或其他事物、场景等创造而成的形态，常具有形象生动、形神兼备的特点，艺术性极强。如熊猫戏竹、孔雀开屏等菜肴。菜点与餐饮器具的搭配之美也有三种：一是古朴之美，主要通过使用陶质、木质、竹质等餐具盛装菜点来实现。如沙锅米线、沙锅雅鱼、沙锅豆腐等都用沙锅作盛器，自然、古朴。二是精巧之美，主要通过使用形态特别、制作精细、质地贵重的餐具盛装菜肴来实现。如生鱼片、生龙虾等菜肴都配搭使用特制的船形餐具，精巧别致。三是和谐之美，范围最广，主要通过餐具的大小与菜点的数量以及餐具与菜点的形状、色彩、质地、风格等方面的恰当配合实现。如咸烧白常用土陶碗盛装，鱼翅菜常用镶金边的高级瓷器盛装，表现出和谐之美，若将餐具互换则显得不伦不类。

（2）菜点色彩、形状之美的鉴赏方法与标准

菜点的色和形是其视觉特性的表现，菜点的色美和形美都必须通过眼睛来观赏，并且常是“远看色，近看形”。在鉴赏之时，不仅要观赏单一菜点的色彩、形状及其与餐具的配合，也观赏一组菜点或筵席的色彩、形状及其与餐具的配合，其鉴赏标准以恰当、协调为最佳。一桌美食当前，有五彩缤纷的各种颜色，有形态各异的各种形状，只有与恰如其分的餐具相配合，高低错落、大小适宜、形色协调，才能产生丰富的美感。清代袁枚《随园食单》在论及美食与美器的配合时：“古语云：美食不如美器。斯语是也……惟是宜碗者碗，宜盘者盘，宜大者大，宜小者小，参错其间，方觉生色”；并且指出：“大抵物贵者器宜大，物贱者器宜小。煎炒宜盘，汤羹宜碗”。

3. 闻赏香气

（1）菜点香气之美的内容

香气有广义和狭义之分。狭义的香气是指食物进入口腔之前，食物中的呈味

形的鸳鸯锅改为圆环形的鸳鸯锅，白锅在中央，以避免红锅对汤的影响。此外，还将圆形的火锅改为梅花形的三味锅，将大家一起涮制的大锅改为每人单独食用的迷你小锅，使火锅品种不断翻新，并且越来越多地受到食客们的喜爱。

在器具的变化与改良中还常常配用精巧、奇妙的盛具，以收到意想不到的效果。如生炒螺片制作好后在菜品旁配上漂亮的海螺壳，螺肉从螺壳中倾泻而出，增添了菜品的趣味；扒原壳鲍鱼、蒸扇贝的盛具则选用鲍鱼壳和扇贝壳优雅造型。将橘子、橙子皮雕刻成橘篮、橙盅，装入做好的菜肴，便创制出橘盅鲜贝、橘篮虾仁、蟹酿橙等菜品；将青椒、番茄、苦瓜、黄瓜等蔬菜做菜肴的盛具，创制出翡翠虾斗、番茄焗鲜鲍、什锦苦瓜船等菜品；用土豆丝、粉丝、面条制作成大小不同的“雀巢”，将炒制的鱿鱼片、虾仁、鲜贝等菜品放入其中，创制出彩凤还巢、花篮虾仁等菜品。除此之外，还可以利用竹筒、菠萝、春卷皮、南瓜、冬瓜、西瓜等做盛具，巧妙运用，创制新菜点。

2. 装饰手法的变化

通过使用不同的装饰手法为菜点装饰、造型，从而创制出新菜点，这也是现代厨师常用的菜点开发与创新方式之一。如传统的竹荪鸽蛋，造型、装饰质朴，而重庆厨师则采用新的造型、装饰手法，以鸽蛋为月，以竹荪为纱，取名为推纱望月，创制出一款内涵丰富的新菜品。如今，中国厨师还较多地借鉴西餐立体化的装饰技法，将原料本身的形状、色彩与餐具相配合，运用糖艺、裱花、巧克力装饰等技术，使传统菜肴焕发新的活力。

（五）菜肴点心的借鉴与组合

菜肴和点心是中国烹饪两个非常重要的部分，一个为红案，一个为白案，由于技术上的差异，菜肴和点心在制作和经营上互不相干，各行其艺。但随着社会的进步，烹饪技术之间的融合，原有菜点相对封闭的模式逐渐被打破，菜肴和点心的制作技艺正在相互借鉴、不断融合，从而创制出新菜点。

1. 菜点形状的借鉴

一些厨师借鉴点心变化多样的形状，将菜肴用特殊的技法制成点心的形状，可谓匠心独具，别出心裁。如用虾仁和鸡肉做馅，用鸡蛋摊皮，做成烧卖形状，蒸熟后挂汁，创制出蛋烧卖；用豆腐、鱼肉捶茸，做成饺子形，创制出豆腐饺和鲜鱼饺；用鱼肉捶茸用裱花袋做成鱼面，与火腿丝、熟鸡丝、香菇丝、鸡汤同煮，做成四色鱼面，与韭黄同炒，做成韭黄鱼面，丰富了菜品的形状。

2. 菜肴与点心的组合

将菜肴与点心搭配在一起，合二为一，既品尝了菜，又吃到了点心，可谓一举两得。如传统名菜北京烤鸭，上桌时配荷叶饼、黄瓜丝、葱丝和甜面酱，烤鸭色泽红亮、皮酥肉嫩，卷入荷叶饼中，加上黄瓜丝、葱丝，抹上甜面酱，咬上一口，面饼筋道、黄瓜清香、烤鸭酥香、咸甜适口。借鉴这种菜点组合的方法，近几年很多餐厅将蒜泥白肉、酱肉等菜品改良，白肉、黄瓜切成大片，放入盘中或晾在特制的架子上，将调好的味碟放入盘中，配上刚出锅的荷叶饼，便是别有风味的新菜。菜肴与点心组合的另一种方式是直接将菜肴和点心的两种原料或半成品加工在一起，开发和创制出新的品种。如锅盔粉蒸肉、锅贴虾饼、面筋烧牛腩、珍珠圆子、三鲜烩面、荷叶蒸饭等均是最近几年菜点组合比较成功的品种。

（六）各地、各民族风味的融合

烹饪本身是没有国界、没有省界的。将各地区之间的烹饪技法、原料、菜点相互融合是菜点开发与创新的重要方式。如“粤料川烹”、“海鲜川做”曾风靡全国，沸腾鱼、香辣蟹成为各地众多餐馆的当红菜。而成都地区很多餐厅热卖的粉丝扣鹅掌也是地区融合最典型的菜肴之一。它是在沙锅中放入带皮烧烤的蒜瓣，上面放入用高汤、虾仁干烧的粉丝，再放上用鲍汁扣好的去骨鹅掌，鲜香味浓、软糯适口。此菜具有典型的东北菜风格，粉丝与鹅掌相配有猪肉炖粉条的影子，将大蒜带皮烧烤是东北菜最常用的处理方式，而此菜用川菜特有的干烧技法进行改良，再加入粤菜调味常用的鲍汁，使整个菜品风姿卓越。

民族风味的融合也是近年来餐饮企业常用的菜点开发与创新方式。我国是多民族的国家，不同民族的饮食习惯和菜品差别很大。如西南地区少数民族中的藏族和彝族，性情均豪爽、率直，饮食也比较粗犷，但两个民族的饮食习俗和菜点却不尽相同。藏族同胞喜欢吃糌粑、酥油，肉制品以牛羊肉为主，要求新鲜，煮至断生即可，喜欢喝青稞酒、酥油茶，招待客人非常热情。彝族同胞最具特色的菜点则是坨坨肉、疙瘩饭、酸菜汤、荞麦粑粑，制作坨坨肉要选用敞放野外的小猪，宰杀后用白水煮熟，拌上调料食用。蒙古族、哈萨克族、傣族、白族的饮食也非常有特色。将各民族的特色原料、独有烹调技法和独特盛具相融合，均可开发出特色的菜点。如借鉴蒙古族的烤肉制法，将大排腌制、炸熟，配上油炸的小土豆，再调配上蒙古风味的酱汁，可制作出蒙汉合璧的菜肴；借鉴傣族竹筒烤的方式，可创新出新式的八宝饭，既有传统八宝饭的风格，又有竹筒的香气。

四、菜点开发与创新的案例

（一）肯德基产品的本土化策略

2004 年 2 月 10 日的《市场报》刊登了一篇题为“解密肯德基本土化战略”的文章，该文章将肯德基在中国的产品概括成“为中国做的鸡”，具体阐述如下：

本土化是肯德基快速拓展中国市场的最大撒手锏。近年来，肯德基不断推出适合中国消费者口味的产品：从老北京鸡肉卷、枸杞南瓜粥、川香辣子鸡到老鸭汤，仅 2003 年就推出了 20 多款“中国特色”的长短线产品。

中国人素有早餐喝粥的习惯。据此，肯德基特别为中国消费者度身定制了海鲜蛋花粥、香菇鸡肉粥两款花式早餐粥。考虑到消费者对早餐的营养要求，又专物质（通常具有挥发性）对嗅觉器官（鼻子）的刺激而引起的感觉，即通常所说的食物的香气，如肉香、菜香、酒香、果香、花香等，一般所说菜点的香主要是指这种香气。广义的香气，除了包括狭义的香气外，也包括香味，即食物进入口腔后在咀嚼、吞咽过程中的呈香物质对嗅觉器官（舌后部和鼻腔相连处）的刺激而引起的感觉，如芥末、冲菜、酒进口后的刺激。美食不仅有香气而且有香味，但不应该有任何腥臭之气和异味。

菜点的香气之美内涵丰富、种类较多。除了以其作用于人的嗅觉器官的先后顺序而言有香气、香味之别以外，还常用两种方式进行分类：第一，根据香的来源分为天然香和烹调香。天然香是指菜点的原材料自身具有或经成熟而挥发出的天然香气、香味，如肉香、谷香、蔬香、果香、花香等；烹饪香是指原材料经过烹饪加工后产生的特殊香气、香味，如红烧菜常产生浓香，烧烤菜常产生焦香等。第二，根据香气、香味本身的差异和人的心理感受分类，主要包括浓香、鲜香、清香、芳香、醇香、异香、甘香、幽香等。其中，浓香，其香浓厚、强烈，如红烧肉；清香，其香清新、质朴，如白油芦笋；异香，其香怪异独特，如怪味鸡片。

（2）菜点香气之美的鉴赏方法与标准

对菜点香气之美的鉴赏是以鼻来嗅闻，可以分为两步：首先是远闻，感受菜点的香气、香味，判断有无异味；其次是近嗅，仔细品评和鉴别菜点香气、香味的特色，从而确定其类型。至于如何判断、评价菜点香气之美，并无固定模式和统一标准，总体上以美妙宜人为佳。俗话说："闻香下马，知味停车。"清代袁枚在《随园食单》中："（佳肴）芬芳之气，扑鼻而来。未必齿决之、舌尝之而后知其妙也。"只有菜点美妙宜人的香气刺激人的嗅觉器官，才能使人产生食欲和快感，进而产生美感，起到"先声夺人"的作用，成为正式品尝美食的引领者。

4. 品尝口味

（1）菜点口味之美的内容

菜点口味之美是指食物原料经过烹饪加工后呈现出来的味道和质地之美。味道之美是指化学味道，包括两大类：一是单一味之美，主要有咸、甜、酸、辣、苦、麻、鲜等。二是复合味之美，是通过使用两种或两种以上的调味料将单一的味有机组合而成，常见的复合味有 20 多种，如咸鲜味、酸甜味、酸辣味、麻辣味、香辣味、五香味、怪味等。复合味在中国菜点中占有非常大的比例，也是中国菜在味道上的重要特色和"以味为核心"的重要体现。川菜即是复合味美的典范，它常用的复合味型有 27 种之多，有"食在中国，味在四川"之誉。

菜点的质地是指菜点的物理属性，主要包括两大类：一是机械特性，主要为硬度、弹性、黏性、凝结性、脆性、附着力等，在咀嚼和吞咽过程中，还能感觉到咀嚼性和胶性。二是触觉特性，是指菜点的物质组织结构性能作用于唇、舌、口腔时的感觉，与食物含水量、油脂量、纤维粗细、含空气量有关。菜点的触觉之美，包括两个方面：一是单一的质地美，有嫩、脆、软、烂、黏、酥、滑、糯、硬、绵、韧等；二是复合的质地美，有脆嫩、软嫩、滑嫩、酥脆、酥烂、软烂、爽滑等。中国各地菜点大多具有复合质感，如四川名菜东坡肘子，质地酥软不烂；江苏名菜大煮干丝，质地绵软；广东名菜红烧大群翅，质地柔软带爽；山东名菜油爆爽脆，质地脆嫩、爽滑。

（2）菜点口味之美的鉴赏方法与标准

菜点口味之美的鉴赏方法是以口品味，主要调动舌、齿、唇及口腔其他部位来多方面品尝、感受菜点的味道和质地，可以分为三步：第一，细嚼，仔细感受菜点对舌、唇和口腔的刺激和质感、先后顺序及强弱。第二，慢咽，仔细感受菜点的呈香物质对舌根和鼻腔相连处的刺激而引起的香味和回味之感。第三，体会，如果面对一组菜点或一桌筵席，还应当体会一组或一桌菜点之间味道和质地的组合关系，是浓淡相宜、变化有序、形成韵味和旋律，还是杂乱无章、百菜一味、百菜同质。至于如何判断、评价菜点口味之美，也无固定的模式和统一的标准，以适口为美。宋代苏易简说："物无定味，适口者珍。"所谓适口，是指菜点在味觉和触觉上带给人美好的主观感受。因人、因时、因事、因地等的不同，菜点的味道和质地所引起的美感也不尽相同，但大体而言，菜点的味道之美标准可以归纳为鲜美可口，即"五味调和百味鲜"，具体而言，则是咸淡恰当、鲜味突出、酸甜适度、麻辣有序、苦而回甘，且各味调和；菜点的质地之美标准可以归纳为物理刺激适宜，即硬脆适当、黏滑易吞、富有弹性等。

5. 体味意境

（1）菜点意境之美的内容

菜点的意境之美是指菜点的色、香、味、形、质、器、养与环境、菜名和意趣高度融合、虚实相生后所体现出来的艺术境界。其中，菜点的色、香、味、形、质、器与餐饮环境已经通过视觉、嗅觉、味觉等感官直接感知在前面四个步骤完成鉴赏，这里需要通过感受、体会来鉴赏的是菜点的营养卫生、名称和情趣之美。

菜点的营养卫生之美主要有两个方面：一是营养之美，表现为菜点所含的各种营养素种类齐全、相互之间比例恰当均衡，适合人体需要，能促进健康、增强体质，不会导致营养缺乏、过剩或其他相关疾病。如一组或一桌菜点中应当含有蛋白质、脂肪、碳水化合物、矿物质、维生素、水和膳食纤维等营养素，并且数量和比例恰当，能够满足人体需要，人们进食后不会导致肥胖、高血脂症、糖尿病、痛风等疾病。二是卫生安全之美，表现为菜点无化学毒物污染、无致病微生物污染、无腐败变质现象等，不会导致人食物中毒、罹患食源性疾病或其他相关疾病。如菜点中应当没有农药、有毒金属、激素、化学致癌物等化学毒物残留，同时不能有致病菌、病毒、食源性寄生虫等，以免损害人体健康。

菜点名称之美，包括四个方面：一是质朴之美，经常是直接使用菜点的原料、烹饪方法、味道、形状、颜色、质地、制作地等来为菜点命名，简洁实用、一目了然。如三色鱼丸、香酥鸭、鱼香肉丝、红烧排骨、合川肉片等。二是意蕴之美，主要用比喻、祝愿的词语等来命名，使菜点意味深长。如用比喻夫妻成双成对的词语"鸳鸯"命名的菜肴有鸳鸯鱼片、鸳鸯火锅、鸳鸯包子；用祝愿吉祥如意、幸福长寿等内容的词语命名的菜肴有如意蛋卷、富贵乳鸽、吉庆有余、松鹤延年等。三是奇巧之美，主要根据菜点独特的造型、意境等用象征手法和充满趣味、诗情画意的词语为菜点命名，具有画龙点睛的奇妙作用。如春色满园、浮波弄影、三峡胜景、子母会、推纱望月等。四是谐谑之美，用具有特殊意义的人名、事件名等来命名，使菜点具有幽默、调侃的色彩。如陈麻婆豆腐、施鸭子等。

菜点情趣之美，是指菜点在烹饪加工后和食用过程中呈现或营造出来的趣味、气氛和情礼之美，主要包括三个方面：一是饮食趣味之美，常通过菜点造型、引导人们参与体验和歌舞娱乐等方式，产生和增加饮食的趣味。如古代的以乐侑食、现代的农家乐等，都是通过饮食与娱乐、游赏的紧密结合，增添了菜点的趣味。二是饮食气氛之美，主要表现为三种：第一，自然和乡土气氛，通过使用天然绿色原料和具有浓郁乡情乡味、土气十足的原料和方法制作菜点进行营造。如以野菜入烹，以农家烹制方法成菜。第二，新奇气氛，通过使用新奇特异的原料和方式制作菜点进行营造。如用昆虫、花卉、部分中药等为原料制作菜点，在制作方式上以大或小出奇、以巧出奇等。第三，华丽气氛，常通过使用珍稀原料或精工细作成菜并且与精美华丽的餐具和环境配合而成。如满汉全席的菜点尽显华丽景象。三是饮食情礼之美，包括亲情、友情、爱情、思念缅怀之情和各种礼仪，主要来自历史、文化的积淀，或通过具有特殊意义的原料和菜点造型等方式实现。如粽子，在端午节时便具有缅怀爱国诗人屈原的情思。

（2）菜点意境之美的鉴赏方法与标准

从审美实践阶段来看，如果说，品环境、观色形、闻香气、尝味道主要处于审美感知过程，那么，感意境则进入了审美想象、情感和理解过程。此时，对菜点意境之美的鉴赏不再是表面、直观的感知，而是丰富的想象、情感体验和深入的理解，可以分为三步：第一，通过丰富的想象和联想充分认识和体会菜点名称的美学意蕴；第二，通过丰富的情感体验全方位感受菜点的各种情趣；第三，通过理性分析、深入认识和了解菜点的营养卫生内涵及对人体健康的作用。只有这样，才能全面、深刻地感受菜点的意境之美。与此相应，菜点意境之美的鉴赏标准也有所不同。以菜点的营养卫生而言，它是美食的基础和前提，其鉴赏标准是营养合理均衡、安全卫生，有益健康；而菜点名称之美和情趣之美是菜点艺术性的集中体现，它们的鉴赏标准则是艺术性强，耐人寻味。

四、美食鉴赏实例

在了解美食鉴赏的基本模式和美食鉴赏实践的内容、方法及标准的同时，应当进行美食鉴赏实践，以便加深对相关知识的理解和掌握。以下是一例美食鉴赏实例：

北京大董烤鸭南新仓店之美食鉴赏实例

大董烤鸭南新仓店是大董烤鸭店的旗舰店，其餐厅环境和美食品种集古典隽雅与时尚华美于一体，以实际行动探索着新中国菜的发展之路，取得显著成绩，受到国内外食客的高度赞赏。

1. 欣赏环境之美

该餐厅以中国古典文化为主题，通过对其外观和内部环境包括餐厅的建筑结构、色彩、形态，大厅和包间的形态、布局以及字画、篆刻和特殊装饰品的设计，集中体现出典雅、华美的艺术风格。

餐厅背倚平安大街，面对着的则是六百年前的皇家粮仓，灰瓦青砖，厚实凝重，似在昭示着“民以食为天”的哲理，令人顿生思古之幽情！店外门的两边，竖立着大理石雕年华表，店门的玻璃上水纹图案，寓意着“上善若水”的哲理。而在室内，大堂的壁墙上，书法家手书的《大董美食铭》让人驻足品味；吧台高大书橱里摆放着的绛紫、暗红、墨绿、银灰四色护封的《四库全书》影印本，文气洋溢，先声夺人；大堂西、北两面玻璃墙上映着墨竹，浓淡相宜，坚劲有力，枝叶疏密有致、摇曳多姿，让人联想到古代文士在茂林修竹中的“一觞一咏”。包间则以四库全书的藏书阁命名，如文津、文淙、文澜、文溯、文源等，配以金石篆刻造型的灯饰、珍贵的古玩瓷器、多彩写意的国画等。餐室内的桌椅，皆以黑色为基调，整个色调协调而温馨；照明的吊灯、壁灯，光线柔美而亲和。可以说，无论是门厅、大堂还是包间，都展示着中国传统文化的博大精深与深厚内涵；每一处细节、每一个角落，都透着中国特色的人文气息，呈现出精致、典雅、大气的风格；每一幅书画、每一首诗词，都体现出皇家图书馆的魅力，与面前的皇家粮仓相映生辉！

2. 品评色香味形之美

顾名思义，该餐厅的主打菜、招牌菜是烤鸭。其烤鸭名为“酥不腻”，是在继承传统北京烤鸭工艺的基础上运用现代科学技术改良而成的。传统的北京烤鸭皮脆柔嫩，但较为油腻，已不符合现代人的营养需要。而“酥不腻”是经过五年探索而研制成功的新型烤鸭。它在烫坯时间、鸭坯冷藏温度、鸭坯风干程度、烤制火力及时间等环节都有严格的控制，成品鸭皮酥松，低脂少油，入口即化，果木烧烤香味浓郁，符合现代人营养健康，因酥而不腻得名。吃此烤鸭有三种方法，并且应依序进行：首先，将烤鸭皮蘸白糖吃，鸭皮入口即化，细细品来，果木烧烤的香味充盈在唇齿之间。其次，甜面酱加葱条、黄瓜及烤鸭片，用荷叶饼卷食。再次，蒜泥加甜面酱、黄瓜条及鸭肉，用荷叶饼卷食。这样，荤素搭配，酥脆与软嫩相间，香浓滋味中略添一丝辣意，层层递进，美不胜收。

此外，该餐厅还有两道招牌菜：一是红花汁鱼翅，其妙在于用红花取其色，汁浓、鲜香，且有补益作用；二是董氏烧海参，柔软滑糯，并且在葱香味浓之中蕴涵着隽雅鲜美之味，十分美妙。

3. 体味意境之美

餐厅名为“大董烤鸭”，貌似简单，实有深刻寓意。“大董”，即大懂之意，主要有两个方面：一是赞誉来餐厅品尝美食的宾客懂美食鉴赏，懂饮食文化；二是激励餐厅的美食奉献者要懂美食内涵，为宾客奉献具有较高品位的美食佳馔。该餐厅确实通过不断的改进和创新，奉献着众多充满意境之美的佳肴。如鳕鱼南瓜盅，将南瓜雕成梅花形开口，盘间用白杏仁和红汁等画出数枝傲雪的梅花，使整道菜肴拥有了“无意苦争春，一任群芳妒”的意境。该餐厅有一本菜谱名为《大董烹饪艺术作品集》，交融着中国传统文化的气韵和当今社会时尚气息，许多菜肴都配有贴切而奇妙的诗词。如糖醋小排，微微红润的糖醋排骨在白雪中仍挺立的绿草映衬下，配以“孤舟蓑笠翁，独钓寒江雪”的诗句，呈现着空灵的意境美。此外，该餐厅按照一年四季推出的应时创新菜名为春歌、夏梦、秋韵、冬趣，同样有着美妙的意境。

实训项目

某主题餐厅环境及美食设计与策划

实训资料

四川省攀枝花市位于攀西大峡谷和中国南方丝绸之路上，如今又是一座现代化的钢铁城市和移民城市，有着丰富而独特的自然资源和人文资源。据此，当地某大型餐饮企业在经过充分的调研后决定开设一家主题餐厅，通过餐厅环境及美食的设计和制作全面展示该市丰富、独特的资源。

实训内容

1. 餐厅主题的设计

根据餐厅所处的地理位置和开设初衷，可以将餐厅的主题设计确定为“攀西风情”。其原因是：攀西地区无与伦比的丰富的矿产资源、植物化石苏铁树、小香格里拉格萨拉、高峡平湖二滩，攀西地区的茶马古道、南方丝绸，以及一批又一批拓荒建设者们的精神等，这些丰富而独具特色的自然、人文资源构成了攀西独有的风情，值得人们自豪、赞美与继承、发扬。而攀枝花市位于攀西地区的核心地带，无论过去、现在还是未来，都集中体现着攀西风情。

2. 餐厅外部环境设计

（1）餐厅名称的设计

根据餐厅所处的地理位置和确定的主题，可以将餐厅的名称设计确定为“得天独厚”。它来源于邓小平同志视察攀枝花市时评价该市的一句经典之语：“这里得天独厚!”

（2）餐厅外部建筑装饰设计

紧扣“攀西风情”主题，可以设计一幅以攀枝花地区自然风光、民风民情为主的大型壁画，突出展示该地区丰富而独具特色的自然资源和历史人文资源，达到先声夺人的艺术效果。

3. 餐厅内部环境设计

（1）大厅装修、装饰设计

紧扣“攀西风情”主题，可以在通道处设计一个风情画廊，通道的地板为透明玻璃，下面展示的是堆砌成攀枝花风景名胜的微缩景观，两边的墙上印挂攀枝花地区30多个民族代表性的装饰图画，配各种字体的“得天独厚”作装饰，通道尽头的幕墙上是攀枝花缤纷的夜景图。大厅其他位置可以点缀民族蜡染画、编织画、铁花画等。

（2）包间装修、装饰设计

包间以攀西地区的历史、地名、景点、物产为依据来命名，并配以相应的老照片、诗词、绘画、书法和其他装饰物，让本地消费者觉得亲切，引起对过去的回忆、对未来的憧憬，让外地来的消费者觉得新奇、受到强烈的冲击。

此外，餐桌布置如餐巾、餐具、菜单及其他装饰物、用具等，都极力烘托“攀西风情”这一主题。

4. 特色菜点与餐饮服务设计

该餐厅是一家民俗风味的主题餐厅，在设计特色菜点时强调“盐边风情”和“巴蜀韵味”的有机结合。所谓“巴蜀韵味”，指的是川菜。而“盐边风情”则指的是攀枝花市盐边县的彝族风味菜，它与川菜有着许多共性，但与其他地方的川菜又有着一些不同之处。如坨坨鸡、油炸爬沙虫等菜肴是攀西独有的。

在餐饮服务设计上，可以通过餐饮服务人员的服装设计、服务方式与特色，如采用简约型的彝族服装乃至头饰等，以突出攀西风情。

实训方法

主要采取仿真模拟体验的方式，在教师的指导下，同学以小组为单位进行主题餐厅环境及美食设计与策划。

实训步骤

1. 学生根据实际情况，自主结合成小组，每组3～4人，并设计确定餐厅的主题。

2. 各小组利用课余时间进行讨论和资料收集，根据餐厅设计的原则和内容要求等，借鉴相关案例，进行主题餐厅环境及美食设计并撰写出策划书。

3. 将主题餐厅策划书的核心内容制作成多媒体 PPT 文件，进行分组展示、讲解及同学评分和教师评点。

4. 教师根据全班的总体情况，指出共同缺点或不足，并提出改进建议。

实训要点

1. 根据实际需求设计策划餐厅的主题

应当根据当地的餐饮市场状况、模拟客户的需求和各小组的情况，进行餐厅的主题设计与策划，力求贴近餐饮市场和企业实际，立意新颖、独特，可操作性强。

2. 根据主题设计餐厅的外部与内部环境

餐厅的主题是主题餐厅的中心思想与灵魂。当它确定之后，餐厅的外部与内部环境设计就必须围绕其主题展开，应当做到深入、细致而且富有创意，以体现餐厅的经营理念、特点、风格等。

3. 根据主题设计特色菜点与餐饮服务

特色菜点和餐饮服务是主题餐厅的重要基石，是餐厅主题的生动、形象展现，应当围绕主题进行设计，做到特色鲜明、突出。与此同时，在设计特色菜点时还应做到营养健康、丰富多彩。

本章特别提示

本章不仅阐述了中国肴馔的美化手段、艺术风格，阐述了美食的概念、特性、表现形式与基本原则、美食鉴赏模式与方法，而且列举了餐厅设计案例和美食鉴赏案例，并辅以主题餐厅环境及美食设计与策划的实训项目，以便使人们较为全面、形象地了解和感受中国烹饪艺术的魅力，更好地进行烹饪艺术的创造与欣赏。

本章检测

一、复习思考题

1. 举例说明中国肴馔的美化手段主要有哪些？
2. 肴馔命名的方法有哪些？
3. 美食的特性及表现形式是什么？
4. 美食鉴赏的基本模式与内容是什么？

二、实训题

学生以小组为单位，根据餐厅设计原则和内容，设定虚拟客户具体需求，以某个城市或著名风景区为背景，进行主题餐厅环境及美食设计与策划并且撰写出相关的策划书。

教学参考建议

一、本章内容和重点、难点

本章的教学内容主要包括三个方面，即中国肴馔的美化艺术、美食鉴赏和主题餐厅环境及美食设计与策划。其中，教学的重点和难点是肴馔美化的手段和美食鉴赏的基本模式、内容、方法以及餐厅环境及美食设计与策划等，只有了解和掌握后，才能使餐饮从业人员更好地欣赏评鉴美食，创造出高品质、深受消费者欢迎的烹饪艺术作品。

二、课时分配与教学方式

本章共6学时，采取“理论讲授+实训”的教学方式。其中，理论讲授4学时，实训2学时。

第四章

中国饮食民俗与美食节策划

学习目标

1. 了解中国饮食民俗的主要类型及其丰富内容
2. 掌握美食节的特点、种类和策划步骤与要点
3. 运用美食节和中国饮食民俗的相关知识进行美食节策划实践

本章导读

中国是一个多民族和谐共处的国家，拥有56个民族。在长期的历史发展过程中，各个民族都形成了自己独特的饮食习俗，主要包括日常食俗、社交食俗、节日食俗、宗教食俗、人生礼仪食俗等，使得中国的社会和文化生活多姿多彩。如今，中国的餐饮从业人员以这些饮食习俗及中国其他的自然、人文资源为依托，设计、策划出众多内涵独特的美食节，深受人们喜爱。本章将概括性地阐述中国饮食习俗与美食节策划的重要内容。

案例引入

某市一家新建饭店自开业以来餐饮生意一直不够理想，在本市知名度也不高。于是，酒店董事会高薪聘请了一名经验丰富的经理，希望能够提高饭店的餐饮业务。经理上任后，认真分析原因，采取“内抓管理，外抓形象”的策略，决定利用饭店开业一周年之际，举办一次美食节，扩大饭店的知名度。他首先让员工明白了举办美食节的重要性，并结合饭店的设备条件、技术力量，精心策划了别具一格的“中秋团圆美食节”，引起新老顾客热烈反响，使饭店的餐饮生意逐渐好转，并成为全市餐饮企业的领头羊。这个案例说明了美食节策划对于现代餐饮企业经营的重要意义，中国饮食民俗是中国饮食文化的重要组成部分，围绕饮食民俗的各项内容可以策划形式丰富、创意新颖的美食节，提高餐饮企业的经济效益和社会效益。

第一节　中国饮食民俗

所谓民俗，其实就是民间风俗习惯，是指一个国家、民族、地区的广大民众在长期历史发展过程中所创造、享用并传承的物质生活与精神生活文化。饮食民俗，作为民俗的重要组成部分，属于物质生活民俗，是指广大民众从古至今在饮食品的生产与消费过程中所创造、享用并传承的物质生活与精神生活文化，即民间饮食风俗习惯，简称食俗。饮食民俗有很强的民族性、地域性、社会性、传承性，对人们的礼仪、道德、行为规范有深刻的影响。

中国饮食民俗，就是指中国人民从古至今在饮食品的生产与消费过程中所创造、享用并传承的物质生活与精神生活文化，它在一定意义上是窥视中华民族社

会心态的窗口，主要分为日常食俗、节日食俗、人生礼仪食俗、宗教食俗、社交食俗等类型。

一、日常与社交食俗

日常食俗，是指广大民众在平时的饮食生活中形成的行为传承和风尚，基本上表现在一个国家、民族或地区的主要饮食品种、饮食制度以及进餐工具与方式等方面。社交食俗，是指人们在社交活动中涉及餐饮活动时所遵循的风俗习惯。由于历史、文化等因素的不同，汉族和少数民族有着不同的日常与社交食俗。

（一）汉族日常与社交食俗

1. 日常食俗

“十里不同风，百里不同俗。”汉族在中国的人口数量最多，主要聚居于长江、黄河、珠江三大流域和松辽平原等。因地域分布广，不同地区之间在原料选用、制作方法及饮食习俗上均有所差异，但汉族在总体上也有相同之处。

（1）食物及其结构

汉族传统食物结构是以植物性食料为主，动物性食料为辅。主食以米、面和杂粮为主，菜肴以畜、禽、蔬菜、水产品、海产品等为主。汉族普遍喜饮茶、酒，茶一般有绿茶、红茶、花茶、乌龙茶、紧压茶等；酒以白酒、黄酒、啤酒、米酒为主，近年来，葡萄酒和洋酒逐渐被接受，药酒和浸制补酒亦受欢迎。

（2）饮食方式

汉族的饮食方式主要是合餐而食，普遍实行一日三餐。合餐，是指将菜点放在所有进餐者的面前，人们共同食用这些菜点而不分彼此。围桌合餐，象征着团圆、统一与和谐。早餐一般在早晨七八点钟进行，品种简单但不单调，或豆浆、油条，或稀饭、馒头、包子，或面条。午餐在中午 12 点左右，晚餐时间在下午 6 点左右，人们常注重其中的一餐，而把另一餐作为便餐。由于工作、学习或其他原因，晚餐常作为正餐受到重视，人们用较多的时间精心制作美味佳肴，品种比较丰富，但仍然是以谷物为主，由米饭、菜点构成，随意性很强，没有固定的格局。

（3）餐具

汉族的餐具主要有筷、匙、碗、盘、碟、盅等，而最常使用、最具代表性的餐具是筷子。筷子是中国历史悠久、功能众多的进餐工具，产生于商周时期，在较长时间内与匕同时使用，人们以匕食用饭粥和羹汤，以筷子夹食羹汤中的菜肴。后来，筷子用途逐渐扩大，几乎能够取食餐桌上所有的菜肴和饭粥、面点。如今的筷子还进一步扩大其功能，成为烹饪中不可缺少的工具。

2. 社交食俗

在独特的文化传统等因素的直接影响下，汉族社交食俗中最核心的行为原则是注重长幼有序、尊重长者，非常重要的内容是筵宴礼仪和待客食俗。

（1）筵宴礼仪

汉族的筵宴礼仪十分重视座位安排、酒水饮用、宾客赴宴等方面的礼俗。

筵宴一般用方桌或圆桌，每席坐 8 人、10 人或 12 人不等。人们很重视席位的安排，其主要规则是右高左低、中座为尊和面门为上。所谓右高左低，是指两个座位并排时，一般以右为上座，以左为下座。这是因为中国人在上菜时多按顺时针方向上菜，坐在右边的人要比坐在左边的人优先受到照顾。所谓中座为尊，是指三个座位并排时，中间的座位为上座，比两边的座位要尊贵一些。所谓面门为上，是指面对正门的座位为上座，背对正门者为下座。而上座常安排给年长者或长辈。

餐桌排列则根据桌数多少、宴会厅的大小与形状、主体墙面位置、门的朝向等情况合理安排。餐桌的排列常强调主桌的位置，一般而言，主桌设在面对大门、背靠主体墙面的位置。筵宴的席位排列则视席数多少、客厅形状、客人情况等合理布置。民间举办筵宴，宾主入座时还有一些规矩，如所请者是平辈，则年长者在前，年幼者在后；所请者辈分有高低，则按高低依次入座；若是长辈请晚辈，晚辈虽是客人，也应礼让长辈；所请者有亲疏，疏者应逊让在后；宾主人数超过两桌时，主人应坐第一桌。

在宴客时，主人常率先敬酒。敬酒时，可依次敬遍全席，而不必计较对方的身份地位。敬酒碰杯时，主人和主宾先碰，人多时则可同时举杯示意。在主人与主宾致辞、祝酒时，其他人暂停进餐、碰杯，注意倾听。席中，客人之间常互相敬酒以示友好，并活跃气氛。当遇到别人向自己敬酒时，应积极示意、响应，并须回敬。要注意饮酒不要过量，以免醉酒失态。

如果作为宾客参加筵宴，其赴宴时应当遵循以下主要礼仪：接受主人的宴请，要准时到达。注意服饰的整洁和仪容仪表的端庄。按筵宴的规定，寻找自己的座位就座。餐巾用来擦嘴部与手部，勿用餐巾擦汗和餐具。就餐时，取菜不要太多，喝汤不要出声，不要用嘴吹太烫的汤，嘴里塞满食物时不要与他人说话。吃剩的菜、用过的餐具都应放在盘内。忌敲筷、掷筷、叉筷、插筷、舞筷和用筷子指向他人。主人说宴会结束，客人才可离席。告别时应向主人表示感谢，过一两天再电话感谢。

（2）待客食俗

请客吃饭与人情往来是人们社会交往中不可缺少的内容，由此也形成了许多相关的饮食民俗。待客食俗中，最常见的是以茶待客、以酒待客。茶酒的饮用大多遵循着一个原则，即“酒满敬人，茶满欺人”。

饮茶的礼俗主要涉及茶叶品种与茶具的选择、敬茶的程序和品茶的方法等。在以茶待客的过程中，主人首先应当根据客人的爱好选择茶叶，然后根据茶叶品种选择茶具，接下来精心沏茶、斟茶与上茶。沏茶时，最好不要当着客人的面从储茶具中取出茶叶，更不能直接用手抓取，而应以茶勺去取，或直接倒入茶壶、茶杯中。斟茶时，茶水不可过满，而以七分为佳。上茶时，通常先给年长者或长辈上茶，然后再按顺时针方向依次进行。客人饮茶时，应当小口地细心品尝，慢慢吞下，不能大口吞咽，一饮而尽，更不能将茶汤与茶叶一并吞下。

饮酒的礼俗主要涉及酒水品种的选择、敬酒的程序与方法等。汉族通常喜欢用白酒、黄酒、啤酒等待客，同时根据客人的爱好和自身的具体情况对酒水品种进行恰当选择。在敬酒前，常需要先斟酒，而且必须斟满，民间有“酒满敬人”之说。在敬酒时，最重要的是干杯。过去，人们干杯时强调“一饮而尽”，杯内不能剩酒，而现在已不十分强求。

（二）部分少数民族的日常与社交食俗

我国自古以来就是一个多民族国家，由于居住地区的自然环境、生产活动、生活方式、历史进程、宗教信仰、风俗习惯的差异，55 个少数民族的食俗多姿多彩，大都有自己鲜明的特点和独特的风格，是中国饮食民俗的重要组成部分。下面简要阐述我国东北及华北地区、西北地区、中南及西南地区、华东地区部分少数民族的日常与社交食俗。

1. 东北及华北地区

（1）蒙古族

蒙古族主要聚居于内蒙古自治区，新疆、辽宁、青海、吉林、甘肃、黑龙江、云南等地也有分布。不同聚居地的蒙古族因其经济类型不同，在饮食上也存在很大区别。牧区的蒙古族主食以牛肉、羊肉和奶及奶制品为主，粮食或蔬菜只是辅助食物。农区则以粮食为主，粮食作物有小麦、谷子、玉米、荞麦、莜麦、高粱等，肉食除牛、羊肉外，还有鸡、鸭、鹅等家禽。蒙古族喜饮奶、酒、茶，奶有马奶、羊奶、牛奶；酒以白酒、啤酒、奶酒及马奶酒等为主；嗜饮红茶和奶茶。

蒙古族的日常饮食一般实行一日三餐制，早餐多为馍馍、酥油、奶茶，中餐不定时、较为简单，晚餐有肉、汤等。通常席地而食，合餐为基本进餐形式。进餐时，习惯于用刀和“手抓”，讲究礼节，以长者、宾客为上。

蒙古族典型的食品有烤全羊、手扒羊肉、奶豆腐、蒙古馅饼、蒙古包子、奶茶、蒙古炒面、炒米、稀奶油、奶皮子、新苏饼、烘干大米饭等。其待客的最高礼遇是全羊宴、马奶酒等。

（2）满族

满族主要聚居于黑龙江、辽宁、吉林、内蒙古、河北等地，主食以米、面、高粱、玉米和小米等为主，肉食以猪肉为主，部分地区禁食狗肉。蔬菜以酸菜、萝卜、豆角等为主。一般爱喝红茶，特别是节日喜庆时，红茶是必备的饮料。

以传统而言，满族在农忙时一日三餐，农闲时一日两餐。喜欢把小豆、粑豆与米和在一起煮饭；部分地区在夏季喜食“水饭”，即把煮熟的高粱米饭或玉米糙子饭用清水过后再泡入清水中，吃时捞出即可。

满族最具代表性的食品是饽饽，有许多不同品种，如栗子面窝窝头、豆面饽饽、苏叶饽饽、菠萝叶饽饽、年糕饽饽、搓条饽饽等。其他有影响的食品还有火锅、酸汤子、白肉血肠、萨其马、清东陵糕点等。

（3）朝鲜族

朝鲜族主要居住在东北三省，以吉林省为多。主食以稻米为主，喜食米饭；肉食有猪肉、牛肉、鸡肉、鱼肉等，喜食狗肉；蔬菜必不可少，有白菜、黄瓜、萝卜、雪里红、黄花菜、芥菜、豆类等；常饮烧酒，喝花茶。

朝鲜族主要从事农业生产，过去有一日四餐的习惯，除早、中、晚餐外，在农村普遍于晚上加一顿夜餐。朝鲜族注重教育，文化传统厚重悠久，讲究进餐礼仪，注重礼仪和食物、餐具摆放的规范，敬老尊客。在家进餐时，在长辈面前不饮酒，饭后不吸烟，通常要为老人单摆一桌饭菜。

知名的朝鲜族食物有冷面、打糕、朝鲜泡菜、铁锅里脊、酱牛肉萝卜块、生拌鱼、神仙炉、补身炉、八珍菜等。

2. 西北地区

（1）回族

回族人口分布较广，较为集中在宁夏、甘肃、新疆、青海等地。回族信奉伊斯兰教，遵守《古兰经》所约定的饮食禁忌，不食猪、马、驴、骡、狗、自死动物、动物血，不食相貌怪异的动物，动物宰杀前需经阿訇或做礼拜的人诵经，否则为不法之物而不能食用。回族一般以米、面、玉米、青稞、马铃薯为主食，肉食有牛肉、羊肉、骆驼肉、鸡、鸭、鱼、海鲜等，尤擅牛羊肉和油炸面食的制作。回族不饮酒，不嗜烟，喜饮茶。

回族一般为一日三餐，合餐为基本进餐形式。喜食面食（汤面、臊子面）和调和饭（米调和、面调和）。回民好客，来客必有茶、点；亲密的客人，要备饭菜；贵重的客人则宰鸡、宰羊，甚至会摆出“全羊席”款待。迎宾席注重口彩，如五罗四海席（五种炒菜加四种汤菜）、九魁十三花（九道大菜带十三个碟子）、十五月儿圆（十五道大菜）、十八盘、二十四盘等。

回族知名的食品有油香、馓子、万盛马糕点、金凤扒鸡、羊筋菜、伊斯兰烧饼、牛羊肉泡馍、绿豆皮、牛干巴、回族油茶等。西北地区回族的盖碗茶、三香茶、五香茶、八宝茶和罐罐茶也比较知名。

（2）土族

土族聚居于青海的湟水和大通河两岸。主食原料有青稞、马铃薯、小麦、大麦、燕麦、蚕豆、豌豆等；肉乳食品以牛、羊为主，忌食马、骡、驴；好饮酥油茶、茯茶，家家会用青稞酿制酩醢子酒。

土族一日三餐，早上较为简单，以马铃薯、糌粑为主；午餐以面制的薄饼、疙瘩、花卷及干粮为主，菜多肉乳类食物；晚餐以面条、面片、面糊糊居多。日常菜肴以肉乳制品为多，手抓羊肉是待客和过节的上等食品。

土族有“客来了，福来了”的说法，待客极为热情。待客时，先敬酥油茶，摆上带酥油花的炒面盒子，然后是一盘大块肥肉，并在肥肉上插一把刀，接着用系着白羊毛的酒壶为客人上酒。有些地方客人一来则先上“吉祥如意三杯酒”，送客时还有“上马三杯酒”。饮酒时，边饮边歌。如不能喝酒者，则用小指蘸三滴，对空弹三下即可。

土族典型的食物有酥油奶茶、油炸馓子、牛肋巴、油包子、糖包子、油面包子、手把肉、擀长面等。

3. 西南及中南地区

（1）藏族

藏族主要聚居于西藏自治区，甘肃、四川、青海、云南等地也有分布。主食以青稞、荞麦、蚕豆等为主；副食有牛肉、羊肉、猪肉，过去蔬菜很少，现在较为常见。部分地区不食飞禽和鱼类。喜饮茶酒，其酥油茶、青稞酒闻名于世。

藏族一般日食三餐，忙时则三、四、五、六餐不等。合餐为基本形式，刀和木碗是其基本餐具。传统藏族筵席实行分餐制，食物无主副之分，道数也无一定。一般而言，首道食物为足玛米饭，最末一道为酸奶，其他常用的食物有肉脯、猪膘、奶酪、血肠等。席间不饮酒，首、末两道食物非食不可，前为吉祥之象征，后为圆满之意。饮酒时，主人将第一杯酒先饮三口，斟满后再饮尽，然后大家自由饮用。饮茶时，客人需待主人把茶捧到面前才可接过。吃饭时讲究不满口、不出声、不越盘。

藏族典型的食物有糌粑、炸果子、水油饼、猪膘、风肉、酥油茶、酸奶、奶疙瘩、奶渣、青稞酒、血肠等。

（2）苗族

苗族主要聚居于贵州、云南、湖南、湖北、广西、四川和海南等省区。大部分地区的苗族一日三餐，以大米为主食，喜吃糯食，常将糯米做成糯米粑粑。常食的蔬菜有豆类、瓜类和青菜、萝卜，肉食多为猪、牛、狗、鸡等。食用油除动物油外，多是茶油和菜油。四川、云南等地的苗族喜吃狗肉，有“苗族的狗，彝族的酒”之说。嗜好酸辣，一些地区“无辣不成菜”。各地苗族普遍喜食酸味菜肴，酸汤家家必备。酸汤是用米汤或豆腐水，放入瓦罐中 3 ~ 5 天发酵后即成，可用来煮肉、鱼和菜。

苗族好饮酒，其中“咂酒”别具一格，饮时用竹管插入酒瓮内，饮者沿酒瓮围成一圈，由长者先饮，再由左而右，依次轮转。酒液吸完后可再冲入饮用水，直至淡而无味为止。日常饮料以油茶最为普遍。湘西苗族还特制有一种万花茶。酸汤也是常见的饮料。

待客时，男女客人分开吃。长者先开杯，佳肴必先敬客。吃鸡时，鸡翅敬客人，鸡头归长者，鸡爪归小孩吃。一家之客也是全寨之客，各家争相宴请。用牛角盛酒敬客，是隆重的待客方式。

苗族典型食品主要有血灌肠、辣椒骨、苗乡龟凤汤、绵菜粑、虫茶、万花茶、腌鱼、酸汤鱼等。

（3）彝族

彝族主要居住在四川、云南、贵州及广西等省区。彝族以杂粮、面、米为主食，日食三餐。早餐多为疙瘩饭；午餐以粑粑作主食，备有酒菜；晚餐也多做疙瘩饭，一菜一汤，配以咸菜，农忙或盖房时请人帮忙，晚餐也加酒、肉、煮豆腐、炒盐豆等菜肴。肉食以猪、羊、牛肉为主，主要制成坨坨肉、牛汤锅、羊汤锅，或烤羊、烤小猪。蔬菜除鲜食之外，大部分都要做成酸菜。

彝族日常饮料有酒有茶，以酒待客，酒为解决各类纠纷、结交朋友、婚丧嫁娶等各种场合中必不可少之物。民间有“汉人贵茶，彝人贵酒”之说。饮酒时，大家常席地而坐，围成一个圈，边谈边饮，端着酒杯依次轮饮，称为“转转酒”，且有“饮酒不用菜”之习。

彝家好客，凡家中来客皆先要以酒相待。宴客规格或大或小，以椎牛为大礼，打羊、杀猪、宰鸡渐次之。宴客时的座次顺序有一定的惯制，一般围着锅庄席地而食，客人坐于锅庄之上首，帮忙者、妇女和亲友则坐于锅庄下首。客人多时，顺延至右侧。行酒的次序依据彝谚“耕地由下而上，端酒以上而下”，先上座而后下座，“酒是老年人的，肉是年轻人的”，端酒给贵宾后，要先老年人或长辈，次给年轻人，人人有份。

彝族知名的食物有荞麦粑、苞谷粑、泡水酒、坨坨肉、血肠、酸菜汤等。

（4）壮族

壮族大部分居住于广西境内，其余分布于云南、贵州、湖南、广东等地。壮族有悠久的农耕历史，饲养业也较发达。主食有大米、玉米、木薯、红薯、高粱等。肉食以猪、羊、禽、牛为主，部分地区喜食狗肉，少数偏远山区沿袭古代习俗而不食牛肉。民间有腌制蔬菜的习惯，常见的有酸菜、酸笋、大头菜等。有自家酿酒的习惯，如木薯酒、米酒、红薯酒等，以米酒为贵。在米酒的基础上分别加以鸡胆、鸡杂、猪肝，则成鸡胆酒、鸡杂酒、猪肝酒。

多数地区日食三餐，少数地区吃四餐。早、中餐较为简单，晚餐为正餐，内容较为丰富。常吃的有饭、粥、米粉、糍粑、粽子、五色糯米饭等。喜用糯米制醪糟。壮族人十分好客，在寨子中，一家的客人就是全寨的客人，一顿饭有时可吃五六家。宴客必须有酒，并有“喝交杯”的习俗，即以白瓷汤匙舀酒，真诚地目视对方，相交而饮 。宴席上男女分开而坐，不分辈分和座次，无论老幼，入席即有一座、有菜一份。

壮族典型的食品有豆腐肴、五色糯米饭、白切狗肉、龙泵三夹、状元柴把、壮家酥鸡、鱼生、烤乳猪、马脚杆、清炖破脸狗等。

（5）羌族

羌族主要分布于四川阿坝藏族羌族自治州的茂县羌族自治县。以大米、青稞、马铃薯、小麦、玉米等为主食；肉食以猪、牛、羊、禽、猎物、鱼类等为主。有些山区的羌族习惯于将猪肉熏制成“猪膘”后食用。新鲜蔬菜较少，有制腌菜的习惯。喜饮咂酒，饮时用一根细竹管插入酒坛，按长幼之序轮流吸饮，边饮边加凉开水，至味淡为止。

羌族民间大都一日两餐，一般早餐后带些馍馍下地干活，中午吃馍馍，下午完工后回家吃晚餐。常吃的食物有玉米粉蒸成的面蒸蒸，玉米粉中掺大米蒸出的叫“金裹银”、大米中掺玉米粉蒸出的叫“银裹金”；小麦粉和玉米粉混合后烤出的馍；麦面片加肉片煮成的“烩面”；玉米粉加蔬菜煮成的“面汤”；玉米、小麦、豆类制成的炒面等。“猪膘”一般与蔬菜同煮，或是切成小块与菜同炒。喜用花椒、辣椒提味。

羌族待客除饭菜丰盛之外，最重要的是美酒，有“无酒难唱歌，有酒歌儿多，无酒不成席，无歌难待客”之谚。羌族以“九”为吉，故设宴时都要摆九大碗，并习惯于用竹签撑起“炖全鸡”的鸡头，使之昂起，以鸡头飨上宾。

羌族典型的食物有猪膘、瓢肚、血肠、血馍馍、羊肉附片汤、黄芪炖猪肉、马铃薯糍粑、咂酒等。

（6）瑶族

瑶族主要分布于广西、贵州、云南、湖南等地，常言所谓“南岭无山不有瑶”。因居住分散，加之各地的经济、文化等发展的不平衡，不同地区瑶族的生活习俗也有所不同。一般而言，主食有大米、玉米，木薯、芋头、棕心、棕衣苞、马蹄、芭蕉心、飞花菜等既作粮食又作菜。肉类食物有猪、牛、鸡、鸭和一些飞禽走兽。蔬菜品种较多。有腌制咸菜、干菜，加工腊肉、鲊肉的习惯。喜饮用大米、玉米、红薯等自酿的酒。喜欢打油茶。

平时一日三餐，天亮前一餐，天黑后一餐，午饭一般用芭蕉叶包饭带到田间吃。煮粥做饭时喜欢把玉米、小米、木薯、红薯、豆角、芋头等加入其中同煮。常吃的食物还有米粉或薯粉做成的粑粑、竹筒饭等。许多地区的瑶族喜食虫蛹（松树蛹、野蜂蛹、蜜蜂蛹等），自制红薯糖、蜂糖、蔗糖。

瑶族崇敬祖先，进餐前要先念几辈祖先的名字。进餐时，老人和客人居上座，有的地方有献鸡冠给客人的风俗。“鸟鲊”为上等菜。一般由少女给客人敬酒，如长者敬酒则为大礼。用油茶敬客时习饮三碗，谓之一疏、二亲、三真心。盐在瑶族有特殊的地位，为请至亲、道公的大礼，俗谓“盐信”，接信者无论有何事情都得按时赴约。大多数瑶族禁食猫、蛇，信奉盘王的禁食狗肉，崇拜“密洛沱”的不食母猪肉、老鹰肉，湘西的部分瑶族农历七月初五前不食黄瓜。

瑶族典型的食物有油茶、粽粑、荷包扎等。

（7）黎族

黎族聚居于海南省的中南部。主食有大米及玉米、红薯、木薯等；肉类以家养的畜、禽为主，捕猎的野味为辅，有食鼠之习；蔬菜有家种和野生；芒果、菠萝、菠萝蜜、椰子、香蕉等热带水果种植闻名全国；有嚼槟榔的习惯；好饮酒，平时多饮家酿的低度米酒、木薯酒和番薯酒，所产山兰酒十分出名。

日食三餐。野外煮饭时用一节竹筒，装入适量水、米，放入火中烤熟，是为竹筒饭；若再加以野味、瘦肉、香糯米、少许盐，则成香糯竹筒饭。夏天多吃粥，经常一天煮一次。

黎族对待来宾的礼仪独具特色。主人先取槟榔盆，让客人吃槟榔，表示欢迎。接着，主人把客人随身携带的东西拿进屋保管好。然后，安排客人休息，主人开始做饭菜。若是女客，先吃饭后喝酒；如果是男客，先饮酒后吃饭。在酒席上，要面对面就座。接待客人以杀鸡佐酒为厚礼。

黎族知名的食物有糯米饼、鱼茶、肉茶、“南杀”、香糯竹筒饭、山兰酒等。

4. 华东及东南地区

（1）畲族

畲族主要居住在浙江景宁畲族自治县，赣、闽、粤、皖等地山区也有分布。主食有大米及面粉、红薯、豆类；肉食有猪、禽、牛、羊、兔、淡水鱼及海产品等；蔬菜以青菜、萝卜、瓜类、菌类、笋类为常见；自制的糟辣椒、糟姜很有特色。酒以家酿糯米酒、白酒为多；喜饮茶，以烘青茶为主。

畲族日常主食以米为主，除米饭外，还有以稻米制作成的各种糕点，畲家常食的米饭有籼、粳、糯三种，以籼米最为普遍。番薯也是畲族农家主食之一。粉丝是招待客人制作点心和菜肴的重要原料。畲族大都喜食热菜，一般家家都备有火锅，以便边煮边吃。除常见蔬菜外，豆腐也经常食用，农家招待客人最常见的佳肴是“豆腐酿”。肉食最多的是猪肉，一般多用来炒菜。竹笋差不多是畲家四季不断的蔬菜。竹笋除鲜吃外，还可制作干笋长期保存。

有客人到门，都要先敬茶，一般要喝两道。有一种说法是：“喝一碗茶是无情茶。”还有一种说法是：“一碗苦，两碗补，三碗洗洗嘴。”客人只要接过主人的茶，就必须喝第二碗。如果客人口很渴，可以事先说明，直至喝满意为止。若来者是女客，主人还要摆上瓜子、花生、炒豆、干菜等零食。

卤姜、咸菜、端午粽子、粉丝、糍粑、水糕、笋干、薯干等是畲族的传统食品。

（2）高山族

高山族主要分布于台湾东部、南部和福建省。主食有稻米及薯类、杂粮；肉类有猪、鸡、牛、鱼及捕获的猎物；蔬菜较多有萝卜、白菜、土豆、南瓜、韭菜等，及各种采集的山笋、野菜；喜腌制猎物和肉类；嗜饮酒，以自酿的米酒、薯酒和粟酒为主；以冷水泡辣椒或生姜为饮料，有的地区有嚼槟榔的习惯。

日食三餐，也有一日两餐的。粮食一般在清晨或头天晚上舂制。多吃米饭，或将糯米和玉米面蒸制成糕与糍粑。高山族性格豪放，热情好客，最富代表性的宴客食品是用各种糯米制作的糕和糍粑，也将糯米做成饭招待客人，还要准备大量的酒，有不醉不散的习俗。有客至，必定要杀鸡相待。

高山族典型的食物有腌肉、腌鱼、咂酒、糍粑等。

二、节日食俗

节日是指一年中被赋予特殊社会文化意义并穿插于日常生活中的日子，是集中展示人们丰富多彩生活的绚丽画卷。节日食俗是指在节日，即一些特定的日子里出现的饮食习俗，常因节日体系及更深层次的自然与社会环境的差异而有所不同。在漫长的历史发展中，中国的56个民族逐渐形成了独特的节日食俗。

（一）汉族节日食俗

汉族有很多传统节日，下面简要介绍春、夏、秋、冬四季的主要传统节日食俗。

1. 春季节日食俗

（1）春节

春节俗称新年，是汉族最隆重的传统节日。春节旧称元旦，时间为农历正月初一。辛亥革命后，我国采用公元纪年，以公历元月一日为元旦，以农历正月初一为春节。习惯上正月初一至初五均叫春节，即所谓“五天年”。春节是人们送旧迎新，祈盼来年好运的节日。旧时，从过小年（腊月二十三或二十四）到元宵节（正月十五）都是属新年范围，其中从除夕至正月初三为高潮。春节的活动内容丰富多彩，节前人们积极置办年货，制作新衣，举行掸尘、祭灶、祀祖、吃年饭、守岁、贴春联、挂年画等活动。节日期间，人们互相拜年，有放爆竹、喝春酒、吃年糕、吃饺子等风俗。

正月初一早上开始，拜年活动拉开了帷幕。在亲朋互相贺岁、拜年时，一般要请客喝茶、留客喝年酒，并在春节期间互相请客宴饮，名曰“年节酒”、“喝年酒”。南朝宗懔的《荆楚岁时记》中说：“长幼悉正衣冠，以次拜贺，进椒柏酒、饮桃汤；进屠苏酒、胶牙饧、下五辛盘；进敷于散，服却鬼丸；各进一鸡子。”

春节吃春饼的食俗，晋代已有记载。《荆楚岁时记》转引晋周处《风土记》说：“元日造五辛盘”，五辛盘装的就是五种气味浓烈的荤辛蔬菜，如大蒜、小蒜、薤、韭、胡荽之类。唐代史料记载，立春日做春饼生菜，称之为“春盘”。之后的史料都能说明春饼就是春盘，并在制作方法上不断改进。春饼之制，有以粉皮杂生菜者，有薄饼卷生菜者，无定制。今人所食春卷，即由春盘、春饼演进而来。

春节吃年糕之举，近人取年年高升之意。年糕的历史悠久，汉朝的米糕已有稻饼、糕、饵、糍等名称。正月、元旦吃年糕盛行于明清时代，尤以南方流行。明末《帝京景物略》中记载了明代的年糕用黍米制成。当今年糕大多仍用糯米粉制作，有黏韧柔软的特点，风干后十分坚硬，食时需要重新加热。苏州桂花糖年糕、苏式猪油年糕、广东糖年糕、海南年糕、福建糖年糕、闽式芋艿年糕、清真鸡油年糕、北京百果年糕皆是由吃年糕食俗传承而来的著名品种。

春节吃饺子的食俗流传至今，吃饺子取“更岁交子”之意，有喜庆团圆和吉祥如意的意思。饺子前身是“馄饨”，馄饨是指面食中带馅的食品。南北朝北齐人颜之推曾说：“今之馄饨，形如偃月，天下通食也。”类似今天的饺子。唐代的牢丸近似饺子，而且有煮有蒸。宋代食品中出现角子一词，元代把饺子叫做“扁食”。明代的饺子如《正字通》所说，称饺饵、粉角、水饺子、蒸烫面饺。此外，还有水点心等叫法。清代北京旗人还把饺子称做“煮饽饽”。正月初一吃饺子兴盛于明清时期的北方。现在人们可随时食用饺子，但在春节时全家人一起包饺子、煮饺子、吃饺子，仍有特殊的含义。

春节的食俗，总是与辞旧迎新、祝愿吉祥有关。吃春饼、年糕、饺子是如此，饮屠苏酒、椒柏酒、年节酒也是如此。

(2) 元宵节

元宵节又称正月十五、上元节、元夕节、灯节。元宵节的主要活动，一为张灯结彩，二为盛吃元宵。

元宵节吃“元宵”（汤团）的习俗，相传始于春秋末期。唐、五代时称元宵为“面茧”、“圆不落角”，宋时叫“圆子”、“团子”。元宵本为农历正月十五日夜，即元宵之夜所食，是用糯米粉包入各种馅心做成的球形食品。南方多称汤圆，或称汤团、汤丸。元宵寓团圆之意，如今，除元宵节外，元宵已随时可食，不受时间限制。

(3) 清明和寒食节

清明乃二十四节气之一，时间在农历三月间（公历4月5日前后），与农历七月十五、十月十五日合称“三冥节”，都与祭祀鬼神有关。清明又名鬼节、冥节、聪明节、踏青节。

清明节前的一两天为寒食节，又称禁烟节、冷节。古代有禁用烟火、只食先期做好的熟食（冷食）之俗。相传此俗起于晋文公悼念介子推之事，因介子推抱木焚死，故定于此日禁火寒食。《邺中记·附录》：“寒食三日，作醴酪，又煮粳米及麦为酪，捣杏仁煮作粥。”大约到了唐代，寒食节与清明节合而为一，有扫墓祭祖、踏青、插柳、植树、荡秋千、野炊等习俗。

古代寒食节时人们所吃的食物主要有子推、糯米团、蒸饼、冬凌粥、姜豉等。子推，即枣饼或枣糕，因寒食节本为纪念介子推，故名。人们有将“子推”用柳枝穿起来，挂在门上做饰物的习惯。糯米团，制作方法与今基本相同，入笼蒸制而熟。蒸团时，人们会在笼底上垫上艾叶，蒸好的团则因之而有一股清香。蒸饼，即今日之馒头。冬凌粥，乃唐代洛阳食铺的应时食物。姜豉，乃宋代风俗，将猪肉煮烂，晚上放在露天成冻，吃时以姜、豉调味。清明节前后，有些地区现在还有特别的节令食物，如苏沪一带的青团、成都的欢喜团、江苏沿江一些地区的柳叶饼等。

2. 夏季节日食俗

(1) 端午节

端午节的时间是农历五月初五，又称端阳节、重午节、端五节、女儿节、天中节等。关于端午节的起源有不同说法，民间最有影响的是纪念屈原说。端午节民间有赛龙舟，食粽子、咸蛋，饮雄黄酒、菖蒲酒，放艾草，挂香袋，吃蒜挂蒜，插菖蒲等风俗活动。

端午节的传统食物有粽子、粉团、枣糕、骆驼蹄糕、糯米粥、酿梅、五毒饽饽、菖蒲酒、雄黄酒、菹龟等。端午吃粽子，起因本很明确。按晋代周处的《风土记》所说，粽子之义“盖取阴阳尚相裹未分散时之象也”。后来则传说是为纪念屈原才食粽子。据《续齐谐记》所载：“屈原五月五日投汨罗水，楚人哀之。至此日，以竹筒贮米，投水以祭之。汉建武中，长沙区曲忽见一士人自云三闾大夫，谓曲曰：‘闻君当见祭甚善，常年为蛟龙所窃。今若有惠，当以楝叶塞其上，以彩丝缠之。此二物蛟龙所惮。’曲依其言。今五月五日作粽并带楝叶五花丝，遗风也。”这个传说反映了人们对楚国伟大爱国主义诗人屈原的崇敬。到了唐代，已法定粽子为端午节日食品，宋代的粽子则品种更加丰富。《岁时杂记》载，端五粽子，名品甚多，形制不一，有角粽、锥粽、茭粽、筒粽、九子粽等。明清时代流行以箬叶包裹糯米为粽，一般称为角黍，不仅家人吃，还要赠送亲戚朋友。关于五毒饽饽的记载，见诸《京都风俗志》，其云五月五日：“富家买糕饼，上有蝎、蛇、虾蟆、蜈蚣、蝎虎之像，谓之五毒饽饽，馈送亲友称为上品。”雄黄酒，是将蒲根切细、晒干，拌少许雄黄，浸白酒，或单用雄黄浸酒而成。端午时，民人午时饮少许，将余下的雄黄酒涂抹儿童面额耳鼻，并挥洒床间，以避虫毒。

端午实际上是一个健身强体、抗病消灾节。古人认为阴历五月是恶月，易得病，因而包括饮食在内的一些习俗均与抗病健身有关。

(2) 夏至节

夏至，古时又称夏节、夏至节。时间在农历五月中旬，公历6月22日左右。夏至日，北半球白天最长，夜间最短。古人认为这时阳气至极，阴气始至。夏至预示酷暑将至，夏至日的传统时令食物有烤鹅、冰酒、百家饭、冷淘面、麦豆饭和粽子等。

关于吃百家饭，《岁时广记》载：“《岁时杂记》：京辅旧俗，皆谓夏至日食百家饭则耐夏。然百家饭难集，相传于姓柏人家求饭以当之。有医工柏仲宣太保，每岁夏至日，炊饭馈送知识家。又云，求三家饭以供晨餐。皆不知其所自来。”关于食面，《帝京岁时纪胜》载：“京师于是日家家俱食冷淘面，即俗说过水面是也。乃都门之美品。向会询及各省游历友人，咸以京师之冷淘面爽口适宜，天下无比。谚云：‘冬至馄饨夏至面。’京俗无论生辰节候，婚丧喜祭宴享，早饭俱食过水面，省妥爽便，莫此为甚。”

3. 秋季节日食俗

（1）乞巧节

农历七月初七，传说是牛郎和织女鹊桥相会的日子。古代女子有在七夕之日祈求织女赐教，以使自己心灵手巧的习俗，故而称这天为乞巧节、少女节、女儿节。现又被称为“中国情人节”。

七夕祭星和食用的食物主要有汤饼、同心鲙、煎饼、巧水、巧饼、巧果等。巧果是乞巧果子的简称，以面粉和糖炸制而成。《东京梦华录》：“七夕以油面糖蜜，选为笑靥儿，谓之果食，花样奇巧。”明代王鏊《姑苏志》：“七夕，市上卖巧果。”《清嘉录》：“七夕前，市上已卖巧果。有以面粉和糖，绾作苎结之形，油氽令脆者，俗呼为苎结。”以巧果为名的食品虽然现在已没有了，但类似巧果之类的点心小吃却大大丰富了。此外，尚有举办七夕宴的风俗。唐代文献对此风俗已有记载，后历代有之。宋代吴自牧《梦粱录·卷四》云：“（七夕）倾城儿童女子，不论贫富，皆著新衣。富贵之家，于高楼危榭，安排宴会，以赏节序。”

（2）中秋节

中秋节的时间是农历八月十五日，因这一天恰在秋季正中，故名。北宋太宗年间始定八月十五为中秋节，节日里有祭月、拜月、赏月、吃月饼的习俗，寓意团圆美满。

苏东坡曾有“小饼如嚼月，中有酥和饴”之句。明代田汝成所著《西湖游览志余》载：“八月十五谓之中秋，民间以月饼相遗，取团圆之义。”最早记载“月饼”这一食品名称的著作，是宋代周密的《武林旧事》。不过，当时的月饼是一种蒸饼，非同现今烘烤出来的月饼。明确记载烘烤而成的月饼，见于《清嘉录》所引祁启萼的月饼诗。清代时已有详细记载月饼制法的书，曾懿的《中馈录》所记的“酥月饼”，就和现在的月饼制法相类似。由中秋食月饼的食俗而来，现在全国各地制作的月饼品种繁多，并形成了粤式、苏式、京式三大月饼流派。除月饼外，传统的节令食物还有玩月羹、桂花酒。

祭月是传统中秋节的主要节事活动，其祭品皆为蔬果之属，除必备的月饼和西瓜之外，常用的祭物还有苹果、红枣、葡萄、石榴、李子、梨、柿子、藕、菱等。此外，中秋之夜家人相聚，饮团圆之酒也是传统风俗之一。

（3）重阳节

重阳节的时间是农历九月九日，又叫重九节、茱萸节，今又以此节为敬老节。曹丕《九日与钟繇书》云：“岁往月来，忽复九月九日。九为阳数，而日月并应，俗嘉其名。”是日有登高、赏菊、插茱萸、放风筝、饮菊花酒和茱萸酒、吃重阳糕等习俗，而酒糟蟹、羊肝饼、九品羹和毛豆等也是古代重阳时的应时食物。

古代重阳糕的花色品种很多，如菊花糕、万象糕、狮蛮糕、食禄糕、花糕等。重阳糕除作祭祀祖先、馈赠亲友之用外，还因“糕”、“高”同音而用于祝吉。据史料记载，重阳糕制无定法。吴自牧的《梦粱录》载：重阳糕“以糖面蒸糕，上以猪羊肉鸭子为丝簇钉，插小彩旗”。刘侗、于奕正的《帝京景物略》又载：“面饼种枣栗其面，星星然，曰花糕。”《清嘉录》则载：“居人食米粉五色糕，名重阳糕。”吕希哲的《岁时杂记》又载：“重阳尚糕时……以枣为之，或加以栗，也有用肉者。”当今的重阳糕，仍无固定品种，各地在重阳节吃的松软糕类都称为重阳糕。其品种、成分、形状虽然不一，但都有含多种果料、品质松软、蒸制而成的共同点。

重阳日“持螯、酌酒、对菊”一直是古今人们心仪的乐事，重阳之宴又有“茱萸会”之称。菊花酒的做法有两种：一是于菊花盛开之时，最好是重阳日，采菊花的茎、叶晾干，后加入米、麦中酿酒，到来年重阳饮用；二是在酒中放几片菊花就成了，也可再加入茱萸。宋代吴自牧在《梦粱录·卷五》中说：“今世人以菊花、茱萸浮于酒饮之。盖茱萸名‘辟邪翁’，菊花为‘延寿客’，故假此两物服之，以消阳九之厄。”

4. 冬季节日食俗

（1）冬至节

冬至节，又名冬节、交冬、亚岁、贺冬节、小年。时间在农历十一月间，公历12月22日前后。冬至日，北半球白天最短，夜间最长。古人认为这时阴极之至，阳气始生。古代冬至日的习俗包括馈送、祭祀祖先、守冬、贺冬、献履、占验等。

冬至节日饮食有鲜明的冬令特点。宋代流行“冬（至）馄饨，年（节）馎饦”的谚语，特别是《武林旧事》说：“贵家求奇，一器凡十余色，谓之‘百味馄饨’”，吃馄饨直到明清时代仍是冬至节民间食俗。馄饨形如鸡卵，颇似阴阳未分时的一团混沌，在阳气始生的冬至日，人们食用馄饨，以模拟的巫术形式破除阴阳包裹的混沌状态，以支助阳气生长。一些地区在冬至节还喜欢吃牛肉、羊肉，认为是冬补食品。民国时期《江津县志》就记有冬至日“邑俗多市牛羊肉煮而食之，谓可以壮体温”。福建有冬至吃糯米丸之俗，江南地区有食冬至团之俗，清代顾禄在《清嘉录·卷十一》中描写吴地冬至团：“比户磨粉为团，以糖、肉、菜、果、豇豆沙、萝卜丝等为馅，为祀先祭灶之品，并以馈贻，名曰‘冬至团’。”从冬至节开始，我国进入一年中最冷的时期，此时腌制鸡鸭鱼肉，不仅不易变质，而且可产生腌腊风味。所腌诸肉，可供春节及开春数月之用。清光绪《增修灌县志》讲冬至日，“乡村于是日多宰割猪只和盐置诸瓮内，十余日取出熏干，谓之‘腊肉’，以为来年宴客、饷农之费。”这种肉历久不腐，民间又称之为“冬至肉”。

古人对冬至极为重视，有“冬至大如年”之说。宋代孟元老在《东京梦华录》卷十载："京师最重冬至节，虽至贫者，一年之间积累假借，至此日更易新衣，备办饮食，享祀先祖，官放关扑，庆贺往来，一如年节。"直到今天，冬至食俗仍影响着人们的饮食生活。

（2）除夕

除夕的时间是农历十二月三十日，又称"大年三十"。除夕守岁之俗至今仍存。周处在《风土记》中叙述：（除夕）各相馈送，称曰"馈岁"；酒食相邀，称曰"别岁"；长幼聚饮，祝颂完毕，称曰"分岁"；大家终夜不眠，以待天明，称曰"守岁"。

除夕民间家家户户要吃年饭，又称年夜饭、宿岁饭、团圆饭。年饭与平时吃饭不同，这一天全家团聚，无论男女老幼，都要参加。除夕前几天，外出的人便纷纷赶回家过年，没有回来的人，在吃年夜饭时也要给他留一个席位，摆上碗筷，象征他也回家团聚了。传统上吃年夜饭的时间多选择在夜间（黎明或晚上），意在一家人团聚不被人打扰。年夜饭的食物丰富，种类繁多，荤素齐备，一定要有酒有鱼，取喜庆吉祥、年年有余（鱼）之意。北方地区还在除夕吃饺子，在包饺子时，要往其中置钱、糖、枣等，并且各有寓意，如吃枣寓意早得子，有钱的饺子象征发财致富，有糖的饺子象征生活甜如蜜。一些地区在除夕时，皆多煮年饭，称之隔夜饭、隔年陈、留岁饭、年根饭、岁饭，多准备春节食品，吃年饭时有吃有剩，寓年年有余之意，剩饭作来年的"饭根"，意为"富贵有根"。此风在南朝文献中已有记载。

随着生活水平的提高，现今人们已发展到去酒店、饭馆享用年夜饭，年夜饭的内容和形式都更为丰富，但万变不离其宗，"团圆"之意仍是年夜饭的核心。

（二）少数民族部分节日食俗

中国是一个多民族的团结大家庭，除了以汉族为主的岁时节日以外，其他少数民族也有自己的独特的节日，而大部分节日都有相应的节日食俗。这里仅简要介绍其中一些影响较大、特色突出的节日及其食俗。

1. 开斋节

开斋节是信奉伊斯兰教民族的重大节日之一。在中国，回、维吾尔、哈萨克、乌孜别克、塔吉克、塔塔尔、柯尔克孜、撒拉、东乡、保安等信奉伊斯兰教的少数民族都欢度该节日。其时间在伊斯兰教历十月一日，又称拉玛丹节，中国新疆地区称肉孜节，回族群众称之为"大尔德"。开斋节是阿拉伯语"尔德·菲图尔"的意译，"尔德"就是节日的意思。

按伊斯兰教规定，伊斯兰教历每年九月为斋戒月，凡成年健康的穆斯林都应全月封斋，即每日从拂晓前至日落禁止饮食和房事等。封斋第29日傍晚如见新月，次日即为开斋节；如不见，则再封一日，共为30日，第二日为开斋节。开斋节的节期为三天，为庆祝一个月的斋功圆满完成。在开斋节的第一天早晨，穆斯林打扫清洁、穿上盛装之后，就从四面八方汇集到清真寺参加会礼，向圣地麦加古寺克尔白方向叩拜，听阿訇诵经。整个节日期间，家家户户都要杀鸡宰羊作美食招待客人，要制作馓子、油香、奶茶等富有民族风味的饮食品互送亲友邻里，互相拜节问候，群聚饮宴，已婚或未婚女婿还要带上节日礼品给岳父拜节。

2. 古尔邦节

古尔邦节是信奉伊斯兰教民族的重大节日之一，又称宰牲节、献牲节，与开斋节、圣纪节并称为伊斯兰教的三大节日，系阿拉伯语“尔德·古尔邦”或“尔德·阿祖哈”的意译，“古尔邦”或“阿祖哈”意为“献祭”、“献牲”。其时间在伊斯兰教历十二月十日，即朝觐期的最后一天、开斋节后的70天。

古尔邦节的宰牲，起源于古代先知易卜拉欣的传说。易卜拉欣独尊安拉并无比忠诚，他常以大量牛、羊、骆驼作为牺牲献礼，人们对他无私的虔诚行为大惑不解。易卜拉欣当众郑重表示，倘若安拉降示命令，即使以爱子伊斯玛仪做牺牲，他也决不痛惜。安拉为了考验易卜拉欣的忠诚，几次在梦境中默示他履行诺言。于是他先向爱子伊斯玛仪说明原委，并带他去麦加城米纳山谷，正当易卜拉欣向爱子举刀时，天使吉卜利勒奉安拉之命降临，送来一只黑头绵羝羊以代替牺牲。从此，穆斯林有了宰牲献祭的习俗，后来又有了宰牲节。节日的早晨，穆斯林打扫清洁、沐浴馨香、穿上盛装，要赶在太阳升起前去清真寺听阿訇念《古兰经》，参加隆重的会礼，观看宰牲仪式，然后就是炸油香，宰牛、羊或骆驼，互相馈赠，招待客人。宰牲时有一些讲究，一般不宰不满两周岁的小羊羔和不满三周岁的小牛犊、骆驼羔；不宰眼瞎、腿瘸、割耳、少尾的牲畜。所宰的肉要分成三份：一份自己食用，一份送亲友邻居，一份济贫施舍。

3. 雪顿节

每年藏历六月底七月初，是西藏藏族传统的雪顿节。在藏语中，“雪”是酸奶子的意思，“顿”是“吃”、“宴”的意思，雪顿节就是吃酸奶子的节日，因此又叫“酸奶节”。因为雪顿节期间有隆重热烈的藏戏演出和规模盛大的晒佛仪式，所以有人也称之为藏戏节、展佛节。传统的雪顿节以展佛为序幕，以演藏戏、看藏戏、群众游园为主要内容，同时还有精彩的赛牦牛和马术表演等。

雪顿节在17世纪以前是一种纯宗教的节日活动。按藏传佛教格鲁派的规定，每年的藏历六月十五日至三十日为禁期，全藏大小寺院的僧尼不准外出活动，以免踏死小虫，他们在寺庙里要行三事：即长净，夏安居直到解制。到藏历七月一日开禁的日子，他们纷纷下山。这时，农牧民要拿出准备好的酸奶子敬献。这就是雪顿节的由来。到17世纪下半叶和18世纪初，雪顿节的内容更加丰富，已开始演出藏戏，并形成固定的雪顿节。后来，雪顿节的活动更加完整，形成了一套固定的节日仪式，并在拉萨的罗布林卡演出藏戏。节日期间，拉萨市附近的藏族人老少相携，背着各色包袱，手提青稞酒桶，涌入罗布林卡内。人们除了观看藏戏外，还在树荫下搭起色彩斑斓的帐篷，在地上铺上卡垫、地毯，摆上果酒、菜肴等节日食品，有的边谈边饮，有的边舞边唱，许多文艺团体也来表演民族歌舞，以此助兴。

4. 火把节

火把节是彝、白、纳西、基诺、拉祜等民族的古老而重要传统节日，有着深厚的民俗文化内涵，被称为“东方的狂欢节”。不同的民族举行火把节的时间也不同，大多是在农历的六月二十四日，主要活动有斗牛、斗羊、斗鸡、赛马、摔跤、歌舞表演、选美等。

有研究者认为，火把节的产生与人们对火的崇拜有关，期望用火驱虫除害，保护庄稼生长。在火把节期间，各村寨用干松木和松明子扎成大火把竖立寨中，各家门前竖立小火把，入夜点燃，使村寨一片通明，人们还手持小型火把，绕行田间、住宅一周，将火把、松明子插在田边地角，青年男女还弹起月琴和大三弦，跳起优美的舞蹈，彻夜不眠。人们还要杀猪、宰牛，祭祀祖先神灵，有的地区还要用鸡在田间祭祀田公、地母，然后互相宴饮，吃坨坨肉、喝转转酒，共同祝愿五谷丰登。

5. 泼水节

泼水节是傣族、阿昌、德昂、布朗、佤族的传统节日，因人们在节日期间互相泼水祝福而得名。泼水节是傣历年新旧交替的标志，一般在阳历四月中旬、傣历六月，为期三至五天。第一天叫“宛多尚罕”，意为除夕，最后一天叫“宛叭宛玛”，意为“日子之王到来之日”，为新年元旦。中间叫“宛脑”，意为“空日”。每逢节日，都要进行泼水、丢包、划龙舟、放高升、拜佛、赶摆等活动。

泼水节的起源与小乘佛教的传入密切相关，其主要活动泼水则反映出人们征服干旱、火灾等自然灾害的愿望。节日第一天清晨，人们采来鲜花绿叶到佛寺供奉，并在寺院中堆沙造塔四五座后围塔而坐，聆听僧人念经，然后又将佛像抬到院中，妇女担来清水为佛像洗尘。佛寺礼毕，人们便涌至大街小巷，互相泼水为戏。所泼的水必须是清澈泉水，象征友爱和幸福，表达美好祝愿。节日期间，美食少不了。节前，人们忙于采摘旱芦叶，磨米面，准备竹笋和蔬菜等各种食物。过节时，家家都杀猪、牛、鸡，备好各种饭菜，招待附近村寨来“赶摆”的亲戚朋友，村中也摆有出售各种食物、瓜果蔬菜的小摊。其中，“毫咯素”、“毫火”、“红黄饭”、“牛皮”是过节时必须制作的食品。毫咯素是将糯米舂细，加红糖和一种叫“咯素”的香花拌匀，用芭蕉叶包裹后蒸制而成。毫火是将蒸熟的糯米舂好，加红糖并制成圆片，晒干后用火焙烤或油炸，香脆可口。红黄饭是红饭和黄饭两种米食混合而成的食品。红饭，是用“咯素”籽挤浆，用之拌和糯米后入瓦甑蒸熟而成。黄饭是用一种叫“路粉”的黄色香花与糯米一起浸泡，然后蒸熟即成。牛皮，是将牛皮煮化后，与糯米浆拌和，制成薄片，晒干，吃时火烤即可。

三、宗教食俗

宗教是人类社会发展到一定历史阶段出现的一种文化现象，属于社会意识形态，其相信现实世界之外存在着超自然的神秘力量或实体。宗教所构成的信仰体系和社会群组是人类思想文化和社会形态的一个重要组成部分。许多宗教都按自己的教义、教规制定食礼、食规和禁忌，可称之为宗教食俗。佛教、道教和伊斯兰教是对中国人影响较大的宗教，它们也都具有一些特有的宗教食俗，对中国人的饮食生活产生了很大的影响。

（一）佛教及其饮食习俗

1. 佛教概况

佛教是公元前 6 ~ 5 世纪中，由古印度迦毗罗卫国的王子乔达摩·悉达多（即释迦牟尼）所创立。它是以无常和缘起思想反对婆罗门的梵天创世说，以众生平等思想反对婆罗门的种姓制度。其基本教义有四谛、八正道、十二因缘等，主张依经、律、论三藏，修持戒、定、慧三学，以断除烦恼得道成佛为最终目的。

佛教在古印度经历了四个发展阶段：一是原始佛教，由释迦牟尼自己阐释教义；二是部派佛教，佛教僧侣因传承和见解不同，先分成上座部、大众部两大派，后继续分成 18 部或 20 部；三是大乘佛教，由部派佛教的大众部中产生，并且形成中观、瑜伽两大系统，而将早期佛教称为小乘佛教；四是大乘密教，由大乘佛教的部分派别与婆罗门教相互协调、结合，主要是秘密传授经典。佛教自西汉哀帝年间传入中国，由于传入时间、途径、地区和民族文化、社会历史背景的不同，在中国形成了三大系，即汉地佛教（汉语系）、藏传佛教（藏语系）和云南地区上座部佛教（巴利语系），而汉地佛教更演化出八个宗派，即天台宗、三论宗、法相宗、律宗、净土宗、禅宗、华严宗、密宗，使佛教完成了“中国化”的进程。

2. 佛教饮食习俗

佛教主张依据经、律、论行事，对于饮食有许多相关的戒律和规定，并且认为饮食不是目的，而是手段。《智度论》曰：“食为行道，不为益身。”得到饮食即可，不择精粗，但能支济身命，得以修道，便合佛意。由此，佛教形成了相应的饮食思想和习俗。

（1）依据戒律选择饮食品种

佛教在早期尤其是小乘佛教要求在宗教道德修养上自我完善，着眼于个人的自我解脱，因此在饮食品的选择上比较宽泛，只有不准饮酒、不准杀生的戒律，没有禁止吃肉的戒律，即只要不杀生，也不禁荤腥。《十诵律》言：我听啖三种净肉。何等三？不见，不闻，不疑。”此外，还有“五净肉”、“九净肉”可吃。而大乘佛教大力宣传大慈大悲、普度众生、建立佛国净土，因为害怕有损于菩萨之大悲心，所以禁止一切肉食，要求“只吃朝天长，不吃背朝天”，不杀生、戒肉食，并且禁食大蒜、小蒜、兴蕖、慈葱、茖葱等“五辛”，只吃粮豆、蔬果、菌笋等素食。

在中国，由于佛教各派对饮食品种选择的戒律有所不同，加上受当地文化与物产等因素的影响，三大派系对饮食品的选择也不同。汉地佛教主要源于大乘佛教，讲究禁欲修行，但汉族佛教徒禁止肉食的习惯和制度在最初则是由梁武帝提倡并强制施行的。他根据大乘佛教的教义，以强迫命令的手段强制佛教徒不准吃肉、一律吃素。云南地区的佛教主要源于小乘佛教，其佛教徒在饮食品的选择上只遵循不准饮酒、不准杀生的戒律，可以吃肉。而藏传佛教虽然源于大乘密教，但与当地的原始苯教结合，并且为了适应当地的物产条件，在饮食品的选择上也是禁止杀生而不禁肉食的，不过，佛教徒只能吃牛、羊、鹿、猪等偶蹄动物，不吃被视为恶物的马、驴、狗、兔等奇蹄动物和鸡、鸭、鹅等，不吃龙王的子孙如鱼、虾、蚌、贝等。

（2）主张过午不食和分食制

过午不食制，是指午后不能吃食物。《毗罗三昧经》说："食有四时：旦，天食时；午，法食时；暮，畜生食时；夜，鬼神食时。"即只有中午才是僧侣吃饭之时。这种过午不食的制度，在中国很难实行，特别是对于参加劳动的僧人，于是又产生了通融之法，只在正、五、九三个月中自朔至晦持每日过午不食之戒，谓之"三长斋月"。一般情况下，佛寺僧人早餐食粥，时间是晨光初露，以能看见掌中之纹时为准。午餐吃饭，时间为正午之前。晚餐大多食粥，称"药食"。因为按佛教戒律规定，午后不可吃食物，只有病号可以午后加一餐，所以称为"药食"。后来则推而广之，所有僧侣都可以在午后加餐，并且沿用其名。

佛寺僧人饮食采取分餐制，吃同样的饭菜，却每人一份，独自食用。只有病号或特别事务者可以另开小灶。食用前均要按规定念供，以所食供养诸佛菩萨，为施主回报，为众生发愿，然后方可进食。

（二）道教及其饮食习俗

1. 道教概况

道教是中国土生土长的宗教，源于远古巫术和秦汉的神仙方术。东汉顺帝汉安元年（公元142年）由张道陵倡导于鹤鸣山（今四川大邑境内）。凡入道者，须出五斗米，故也称"五斗米道"。道教奉老子为教祖，尊称"太上老君"。以《老子五千文》（当时对《道德经》的称呼）《正一经》《太平洞极经》为主要经典。后经张角、张鲁、葛洪、寇谦、陆修静、王重阳、丘处机等倡导，道教不断发展。元代时，道教正式分为正一、全真两大教派。道教认为道是先于天地而生、为宇宙万物的本原，道是清虚自然、无为自化，所以要求人要清静无为，恬淡寡欲。神仙思想是道教的中心思想，道教修炼的目的是为了长生不死、成为神仙。为此，道教有许多修炼方法，如服饵、导引、行气、胎息、辟谷、存神、诵经等。

2. 道教饮食习俗

道教以追求长生成仙为主要宗旨，在饮食上形成了一套独特的信仰和习俗。

（1）重视服食辟谷

道教认为，人在有生之时只要认真修炼、认真修道，就可以“使道与生相守，生与道相保，二者不相离”，得道成仙，因此十分重视养生。而养生之道主要是服食与行气，即外养与内修兼行。坚持内修，则能返本还元、调整阴阳、疏通经络、行气活血，最终增强免疫力、益寿延年。而服食则主要是服用药物，包括人造仙药和草木药。人造仙药主要指丹药，常常是用丹砂、黄金等金石类性质稳定的物质炼制而成。草木药主要是菌、芝等，但也泛指大多数植物类原料。

辟谷，也称断谷、绝谷、休粮、却粒等，并非什么都不吃，只是不吃粮食，但可以服食药物、饮水浆等。关于辟谷，汉代《淮南子·人间训》云单豹“不食五谷，行年七十，犹有童子之颜色。”《后汉书·方术传》载：“郝孟节能含枣核，不食可至五年十年。”晋代葛洪《抱朴子内篇·杂应》云：“余数见断谷人三年二年者多，皆身轻色好，堪风寒暑里，大都无肥者耳。”道教之所以要辟谷，因为道教认为，人体中有三虫，亦名三尸。三尸常居人脾，是欲望产生的根源，是毒害人体的邪魔。三尸在人体中是靠谷气生存的。如果人不食五谷，断其谷气，三尸在人体中就不能生存了，人体内也就消灭了邪魔，因此要益寿长生，必须辟谷。辟谷者不吃五谷，但可食大枣、茯苓、巨胜（芝麻）、蜂蜜、石芝、木芝、草芝、肉芝、菌芝等。

（2）倡导不食荤腥

道教主张人们应保持身体内的清新洁净，认为人禀天地之气而生，气存人存，而谷物、荤腥等都会破坏“气”的清新洁净。因此，陶弘景《养性延命录》云：“少食荤腥多食气。”道教把食物分为三、六、九等，认为最能败清净之气的是荤腥及“五辛”，所以忌食鱼肉荤腥与葱、韭、蒜等辛辣刺激的食物。《上洞心丹经诀》卷中《修内丹法秘诀》云：“不可多食生菜鲜肥之物，令人气强，难以禁闭。”《抱朴子内篇·对俗》言，理想的食物是“餐朝霞之沆瀣，吸玄黄之醇精，饮则玉醴金浆，食则翠芝朱英”。认为只有这种饮食，才能延年益寿。

在饮食等方面，全真道派与正一道派有所不同。全真道徒不结婚，不茹荤腥，常住宫观清修，称出家道士。正一道徒可以有家室，不住宫观，能饮酒食肉，以斋醮符箓、祈福禳灾为业，称在家道士。

（3）注重饮食疗疾

道家为了修炼成仙，首先得去病延年，而医药和养生术正是为了治病、防病、延年益寿，因此道教又将饮食养生与医术结合起来，通过食物来治疗和预防疾病。晋朝葛洪曾说：“为道者，莫不兼修医术。”唐朝著名道士、“药王”孙思邈，首先使用“食疗”、“食治”的词语，在所著的《备急千金药方》中专列《食治》篇，不仅详细介绍了谷、肉、果、蔬等食物原料的疗病作用，而且指出：“食能排邪而安脏腑，悦神爽志，以资血气。若能用食平疴，释情遣疾，可谓良工。长年饵老之法，极养生之术也。”此外，还有“夫为医者，当须先洞晓病源，知其所犯，以食治之；食疗不愈，然后命药”。

（三）伊斯兰教及其饮食习俗

1. 伊斯兰教概况

伊斯兰教是7世纪初阿拉伯半岛麦加人穆罕默德所创立的，在中国又称回教、回回教、清真教、天方教。“伊斯兰”一词在阿拉伯语中意为“顺从”。“清真教”是伊斯兰教在中国的译称，“清真”含有“清净无染”、“真乃独一”之意。明末清初，回族学者王岱舆等在译述伊斯兰教义时指出：“盖教本清则净，本真则正，清净则无垢无污，真正则不偏不倚。”又说：“真主原有独尊，谓之清真。”伊斯兰教信徒通称为穆斯林，意思是“顺从者”、“和平者”，专指顺从独一真主安拉旨意、信仰伊斯兰教的人。

伊斯兰教有基本的教义和信仰纲领，如信仰安拉是唯一的神，穆罕默德是安拉的使者，信天使，信《古兰经》是安拉“启示”的经典，信世间一切事物都是安拉的“前定”，并信仰“死后复活”、“末日审判”等。该教规定穆斯林应遵念、礼、斋、课、朝“五功”。公元7世纪中叶，伊斯兰教传入中国，信奉伊斯兰教的有回族、维吾尔族、东乡族、柯尔克孜族、撒拉族、塔吉克族、乌孜别克族、保安族等少数民族。

2. 伊斯兰教饮食习俗

伊斯兰教认为，若要保持一种纯洁的心灵和健全的思考，滋养一种热诚的精神和一个干净健康的身体，就应对饮食予以特别关注。在《古兰经》及穆罕默德圣训、天方诸贤的典籍中，对饮食禁忌均提出了具体的要求。至今，中国的穆斯林仍遵循着伊斯兰教经典所定的饮食清规，形成了别具一格的饮食习俗。

（1）依据合法且佳美的原则选择食物

伊斯兰教认为，饮食的意义在于“为保持一种心灵上的淳朴洁净、保持思想的健康理智，为滋养一种热诚的精神”、“同时也是一种有效的防病措施”，因此必须选择“合法而且佳美的食物”。所谓合法，首先必须符合《古兰经》《圣训》的规定，如宰杀动物前需由阿訇认可的人诵安拉之名；其次必须是属于自己所有的、劳动所获的、来路正当的，而不是偷盗骗取的。佳美，指食物必须是有益健康的、洁净的、习性善良、卫生的、无污秽毒害的。清代穆斯林学者刘智在《天方典礼·饮食》中说：“人之赖以生者，饮食也。饮食性良，则能养益人之心性。苟无辨择，误食不良，反有大累，何能养益乎?”由此，不仅禁食猪、狗、驴、骡等“不洁之物”，禁食无鳞鱼和凶狠食肉、性情暴躁的动物，还禁食自死的动物、血液以及未诵安拉之名而宰杀的动物等。

此外，伊斯兰教禁止饮酒。《古兰经》云：“饮酒、赌博、拜像、求签，只是一种秽行，只是恶魔的行为，故当远离，以便你们成功。”因而不饮酒、不赌博、不崇拜偶像、不求签问卦是穆斯林应遵守的教规。

（2）有节制地饮食

伊斯兰教规定，即使食用可食之物，也要有节制地吃，不能过分。《古兰经》云："你们应当吃，应当喝，但不要过分，安拉确是不喜欢过分者的。"圣训说："当将胃的三分之一用于吃饭，三分之一用于饮水，三分之一空着。"

此外，虽为禁食之物，在迫不得已的情况下也可以吃，食之无过。《古兰经》云："凡为势所迫，非出自愿，且不过分的人（虽吃禁物），毫无罪过。"因生病、妊娠、哺乳、旅行等特殊情况在斋月里白天可以进食，但须择时补行斋戒。

四、人生礼仪食俗

人生礼俗，即人生仪礼与习俗，是指人的一生中在各个重要阶段通常举行的不同仪式、礼节以及由此形成的习俗。中国的人生礼俗内容十分丰富，其中包括一系列饮食习俗，这里主要介绍诞生食俗、结婚食俗、寿庆食俗、丧葬食俗。

（一）诞生食俗

诞生仪礼是开端之礼，婴儿的降生预示着血缘有所继承，因此整个家族都十分重视，并由此形成了有关新生儿诞生的一些食俗，如办三朝酒、满月酒、百日酒、抓周等宴会和活动，这些宴会和活动充满喜庆气氛，寄托着人们对新生命健康成长的美好希望和祝福。

婴儿出生三天，称"三朝"，要举行仪式及庆贺宴会，孩子的外婆与亲友常带着鸡、鸡蛋、红糖、醪糟等食品前往参加。是日，要为婴儿洗澡，称为洗三。在三朝时举行的宴会，称为三朝宴或三朝酒。在山东，产儿家要煮面送邻里，谓之"喜面"；在安徽江淮地区，则要向邻里分送红鸡蛋；在湖南蓝山，要用糯糟或油茶招待客人。侗族地区讲究"三朝喜庆送酸宴"，即孩子出生后的三天，也可以是五天或七天，外婆或祖母邀请亲友一起聚会吃酸宴。宴会上所有的食品都是腌制的，有酸猪肉、酸鱼、酸鸡、酸鸭等荤酸菜，也有酸青菜、酸豆角、酸辣椒、酸黄瓜等素酸菜。

婴儿降生一个月，称为"满月"。通常要"做满月"，或称"过满月"，置办"满月酒"，也称"弥月酒"。汉族在满月设宴的习俗从唐代开始，延续至今。宴会的宾客是孩子的外婆及其他亲友，其规格和档次视经济条件而定。一些少数民族地区也有做"满月酒"的习俗。如纳西族在婴儿满月的时候，要请客人吃满月酒。客人到达后，主人先奉上一碗甜酒荷包蛋，然后才请客人上席吃饭。白族人在婴儿满月之时，外婆家会邀请亲友中的妇女带上鸡蛋作礼品去看望产妇，婆家则以红糖鸡蛋和八大碗做午餐待客。

有的人家在婴儿诞生 100 天时还要举行仪式和宴会，称为"百晬"、"百日酒"，吃百家饭、穿百家衣、挂百家锁是重要的活动。"百晬"仪式的含义是祝福小孩健康成长，长命百岁。

婴儿出生满一年，称周岁，有“抓周”之俗。这是一种预测周岁幼儿性情、志趣或未来前途的民间仪式。一般在桌上放些纸、笔、书、算盘、食物、钗环和纸做的生产工具等，任其抓取以占卜未来。抓周时亲朋要带贺礼前往观看、祝福，主人家具酒治馔招待。此俗至迟于北齐时即以形成，至今延续，但其性质大多已由预测转为游戏了，并且与小孩周岁庆宴同时进行，更看重欢乐和热闹。

此外，还有许多地方和民族有给孩子认干亲、拜保保以保健康、免灾难的习俗。在汉族地区，通常是孩子的父母事先与所选之人商量好后再举行仪式，由父母摆好酒菜宴请干亲，确立干亲关系。布依族人则是在三岔路口摆起酒席，最先碰上谁，就拜谁做孩子的保爷，被拜者也不推辞。壮族讲究认“踏生父母”。当孩子出生后，第一个走进孩子家的成年人被认作孩子的“踏生父”或“踏生母”，成为孩子的保护人。以后，如果孩子生病，就把孩子抱到踏生父母家喂饭，并取回一只鸡、一把米，目的是为孩子消除灾病。

（二）婚嫁食俗

婚嫁是人生之大事，婚礼是人生仪礼中的又一大礼，历来受到高度重视。古称婚礼为“六礼”，《礼记·昏义》载，婚礼有纳采、问名、纳吉、纳征、请期、亲迎等六种礼节。近代婚礼一般从下聘礼开始，到新娘三天回门结束。婚嫁食俗是指婚嫁过程中的饮食风俗，传统上包括说媒、相亲、定亲、迎娶、回娘家等全过程，以迎娶时的婚宴最为隆重和热烈，祝愿新人白头偕老、早生儿女。

结婚当天，新郎与新娘并立，合拜天地、父母，夫妻互拜，然后在新房内喝“交杯酒”。新娘进洞房后有撒帐习俗，即牵娘把大多由新娘从娘家带来的花生、栗子、枣子、桂圆、瓜子、橘子等“子孙果”放在床上，供儿童们争抢，并认为抢得越多越好。男方家要准备丰盛的酒菜大宴宾朋。酒筵开始后，新郎新娘要出来拜见宾客，给客人斟酒。旧时的婚宴礼仪繁多且极为讲究，从入席安座、开座上菜，到菜点组合、进餐礼节，甚至席桌布置、菜点摆放等都有整套规矩。如今的结婚仪式和婚宴多在餐厅、饭店举行，多上象征喜庆的红色类菜肴和色、味、料成双的菜肴，并且常以鸳鸯命名，如鸳鸯鱼片、鸳鸯豆腐等，旨在祝愿新人白头偕老、早生贵子，因为中国传统观念认为养儿不仅能防老，而且能使家族兴旺。

汉族的结婚礼俗隆重热闹，而少数民族的婚俗也丰富多彩。东乡族人举行婚礼时，女方家设宴款待新郎和其他人。筵席间，新郎要到厨房向厨师致谢，并要“偷”走一件厨房用具，以示将新娘家做饭技术“偷”去，使新娘心灵手巧，无饥馑之虞。畲族人的婚宴由新娘家操办，但筵席上先是空的，既无碗筷，也无饭菜。其实，饭菜早已准备停当，但必须由新郎唱歌来索取，事厨者和歌，所要的餐具与饭菜即应声而出。要筷子，唱“筷歌”；要酒，唱“酒歌”；要什么菜，则唱什么菜的歌。到吃完之后，新郎又须唱歌，把席上的东西一件一件地唱回去，事厨者也唱着歌来收席。席毕，与新娘交拜成礼。傣族人的婚宴酒席，大多要有一碗象征吉祥的白旺。这种佳肴是以杀猪时接下的鲜猪血为料，将烫熟或炒熟的猪肝及脊肉切成的薄片，拌入花生米及葱、姜、蒜与适量的盐，一并倒入猪血中搅拌后凝固而成。除了白旺，还要摆上一包包用芭蕉叶包好的“毫咯索”等菜肴。筵席的篾桌上还要铺上一层鲜芭蕉叶，以表示对客人的尊敬。朝鲜族人的婚礼，先在新娘家举行，后在新郎家举行。延边的朝鲜族人结婚要举行“交拜礼”、“房合礼”、“宴席礼”。“宴席礼”就是新郎接受女家准备的婚席，席上摆满糕饼、糖果和鸡、鱼、肉、蛋等，由傧相和邻里青年相陪。宴席结束前，给新郎上饭上汤，在大米饭碗里放三个去皮的鸡蛋。新郎一般不会吃，要留一两个给新娘吃，以示关心和体贴。

（三）寿庆食俗

生日是人生值得庆贺的日子，中国人尤为注重逢十的生日。汉族习惯上将生日庆贺分为两类：60 岁以下谓之“过生日”，60 岁以上谓之“做寿”。

“做寿”时，通常均邀亲友来贺，礼品有寿桃、寿联、寿幛、寿面等，并要饮寿酒，大办筵席。寿宴上有很多讲究，将宴饮与拜寿相结合，祝愿老年人健康长寿、尽享天伦之乐。其菜品常用象征长寿的六合同春、松鹤延年等，也常用食物原料摆成寿字，或直接上寿桃、寿面来烘托祝愿长寿的气氛。面条绵长，寿日吃面条，表示延年益寿。寿面一般长 1 米，每束应达百根以上，盘成塔形，罩以红绿镂纸拉花，作为寿礼敬献寿星。寿桃一般用米面粉制成桃状，可以实心，也可包馅，也有的用鲜桃。

此外，普通的生日饮食通常也有特别安排，以表示庆贺和祝愿。如今，蛋糕或面条常常是重要的食品。各地因风俗上的差异在生日食俗的表现形式和内容上也有所不同。

（四）丧事食俗

丧葬仪礼，是人生最后一项“通过仪礼”，也是最后一项“脱离仪式”。丧礼，民间俗称“送终”、“办丧事”等。对于享受天年、寿终正寝的人去世，民间称“白喜事”。亲人亡故、出殡、服丧期间，家人往往以特定的饮食方式表示对亲人的悼念，因而形成丧葬食俗。丧葬食俗包括对亡人的食物供奉和对家人的饮食限制，具体形式和内容因民族、地区的不同而有所差异。

民间遇丧后要讣告亲友，亲友则须带联幛等前往吊丧，丧家均要设筵宴招待客人。各地丧宴有一定的差异且繁简不一，但其意都是在悼念死者的同时，慰藉生者和祝愿健康长寿。如扬州丧席通常是六样菜：红烧肉、红烧鸡块、红烧鱼、炒豌豆苗、炒大粉、炒鸡蛋，称为“六大碗”。其中，肉、鸡、鱼代表三牲，表示对死者的孝敬；豌豆苗、大粉、鸡蛋是希望大家安安稳稳，彼此消除隔阂。丧宴上一般不喝酒，即使主人备酒，客人也不能闹酒，也不能谈笑风生，否则与丧事悲哀的气氛不合，被视为对主家不尊重。

第二节 美食节的策划

美食节，是指以节庆的形式，汇集特色美食品进行展销的活动。中国的美食节从举办主体来看，主要包括三种类型：第一类是政府、协会主办，食品企业或餐饮企业承办，为了服务大众、扩大消费、提升品牌、弘扬文化、彰显特色而举行的美食展销活动，如中国成都国际美食旅游节、海峡两岸美食节、中国·苏州美食节等。第二类是食品生产企业为了推销某些食品而策划的一种推销活动，如××啤酒节、××泡菜美食节、××凉茶美食节等。第三类是餐饮企业为了争夺餐饮市场，扩大企业影响，招徕顾客而举办的各种形式的菜品促销方法和活动，如牛肉美食节、川菜美食节、清凉夏日美食节等。狭义上的美食节，特指餐饮企业举办的美食节活动。

美食节活动的内容和形式丰富多彩，丰富了人们的生活，促进了经济发展。餐饮企业举办的美食节，为餐饮企业塑造形象、增强竞争实力、提高经济社会效益发挥了重要的积极作用。本节结合烹饪专业的实际需要，主要介绍餐饮企业举办的美食节及其策划。

一、美食节的特点与种类

（一）美食节的特点

美食节是餐饮企业在正常经营基础上举办的各种形式的餐饮产品推销活动，和正常一日三餐的产品销售方式不同，美食节活动具有如下六个特点：

1. 创意新颖别致

策划创意是美食节举办成功与否的关键因素之一。只有创意新颖、组织有序、方法得当的美食节，才会引起人们的关注，招揽更多的顾客，产生较大的效益。策划者在策划美食节前，通常都要深入餐饮市场调查研究，充分发挥想象力，策划出新颖、别致的主题。如乡土风味美食节，以乡土风味为主题，在餐厅装饰乡间田野的物品、食品，播放民间小调，渲染气氛；花园自助美食节，以亲近自然为主题，在露天宽敞的花园内，花香四溢，环境幽雅，品美酒、尝美食，自由选取，十分惬意。此外，海南风情美食节、药膳美食节、渔家乐美食节等都有独特的主题。

2. 产品特色突出

美食节策划者十分重视美食节的产品设计，通常根据美食节的主题和活动计划进行相应的产品设计，做到特色突出、内容丰富，保证其具有广泛的吸引力。美食节的主题不同，其产品的内容就有很大的差异。如川菜美食节，其菜肴品种必须以四川、重庆地区的名菜、名点为主要内容；重阳美食节，其内容主要是提供适合老年人健康长寿的菜点；牛肉美食节，其菜肴的品种主要以牛肉为主要原料制成的各种名菜名点；法国美食节其产品则以法国代表菜品为主体。

3. 活动形式多样

美食节策划者大多善于抓住机遇，根据餐饮市场的发展态势及企业经营特点与状况，不断开拓创新，在活动地点、方式和就餐形式等方面进行多种多样的设计、策划，成功举办各种美食节。如在活动地点上，常选择各式餐厅、宴会厅及花园池畔等地方；在活动的方式上，常结合抽奖和举行演唱会、音乐会、魔术表演、时装表演等吸引顾客；在就餐的形式上，常采用零点、套餐、自助餐会、正式宴会等各种形式。因此，顾客通过参加美食节能获得多重美感享受。

4. 经营时间较短

美食节的经营活动与餐饮企业一日三餐的产品销售有很大区别，美食节一般经营的时间相对较短，长者为1个月左右，短者一两周为宜。成功的美食节必须经过策划和组织，要求比较高，特色要明显，必须投入大量的人力、物力，时间越长则经营的困难越大。许多餐饮企业选择在淡季举办美食节，这样既能充分利用企业的人力、设备等资源，又能通过美食节塑造企业形象，满足客人的求新、求变的饮食心理，还能提高队伍的技术水平，产生预期的社会效益和经济效益。

5. 组织管理周密

美食节活动从组织策划到运作管理的每一个环节都安排得细致周密。在策划美食节之前，需要深入调研并结合餐饮企业的经营情况及技术力量，选择合适的时机，确定活动的主题和内容、活动的方式，做好客源的预测及成本预算，严密安排好工作步骤及责任目标。在准备工作中，必须充分细致、责任到人、专人负责，保证美食节的正常进行。同时，美食节活动涉及企业的每一个部门，因此组织和管理严格，各部门之间要协调配合形成合力，做好各项工作。

6. 社会影响广泛

美食节活动经过精心策划、周密准备、有效组织、大力宣传，在社会、行业、顾客的心目中大多会产生很好的效果。通过美食节活动，企业市场竞争力会增强，知名度不断扩大，声誉得到提高，从而产生广泛的社会影响，获良好的经济效益。

（二）美食节的种类

美食节种类繁多，有多种分类方式。这里则以美食节常见的主题为依据，将当前的美食节归纳成八种类型。除了这些常见的主题之外，餐饮企业还可根据各地区及餐饮行业发展态势和特点不断开拓、挖掘新的主题，举办更加富有新意的美食节。

1. 以节日为主题

利用国内外重大节日，策划、推出各种创意新颖的美食节成为现代餐饮的一种时尚。如在中国传统的端午节推出品种繁多、风味各异的粽子美食节，八月十五中秋节推出花好月圆美食节，春节期间推出新春佳节美食节、元宵赏灯美食节等。此外，在西方的万圣节期间推出狂欢美食节，圣诞节推出圣诞美食节，情人节推出情人套餐美食节等。

2. 以风味流派为主题

中国地大物博，各民族生活及饮食习惯有很大的差异，形成了众多的地方风味及民族风味，餐饮企业以某一地方风味、民族风味为主题而举办的美食节较为普遍，如川菜美食节、粤菜美食节、侗族风情美食节、苗族风味美食节、蒙古族美食节等。举办这类美食节，可聘请当地一些知名烹饪大师为主厨。特别是民族风味的美食节，在原料运用、餐厅布置、服务员服饰、餐具的选用、服务的方式、菜品的制作等方面都要突出民族的特色，尽力渲染和增加美食节的气氛。

此外，一些大酒店还利用客源市场以外国人为主的优势，突出本酒店的餐饮特点和风格，举办一些以海外风味流派为主题的美食节，如俄罗斯美食节、韩国美食节、法国美食节、东南亚美食节等。

3. 以特色菜点为主题

一个地区、一个知名饭店及餐饮企业常有自己独具特色的系列名菜名点或特色菜肴，美食节策划者便利用这些推出各式美食节，经营形式不拘一格，有宴会、套餐和零点形式销售。其中，以一个地区特色菜点为主题的美食节有南京秦淮风味小吃美食节、九寨沟特色风味美食节、苏州美食天堂美食节，也有江苏盱眙龙虾美食节、四川农家乐美食节、太湖农家菜美食节等；以知名饭店名菜点为主题的美食节有金陵饭店名菜美食月、四川饭店名菜名点回顾展等。此外，一些餐饮企业还以古代某一时期或某一特色的仿古菜为主题而举办美食节，如红楼梦美食节、随园美食节、孔府美食节等。

4. 以食物原料为主题

以某一种或某一类食物原料为主题举办的美食节，主要突出原料的风味特色。在选择原料时，一方面抓住物以鲜为贵的原则，选择时令特色鲜明的原料策划、推出美食节。如春季推出江鲜美食节、海鲜美食节等；夏季推出荷香美食节、蔬果美食节；秋季推出螃蟹美食节、全鸭席美食节；冬季推出全羊席美食节、水产美食节等。另一方面抓住“物以稀为贵”的原则，特推当地很少见的原料，如龙虾美食节、挪威三文鱼美食节等。

5. 以烹调技法为主题

以某种烹调技法为主题的美食节，已在我国餐饮行业较为流行，巴西烧烤美食节、韩国烧烤美食节、养生蒸菜美食节等，它们都以独特的烹调技法，现场烹制，场面热烈，别具一格。如串烧菜美食节选用各种荤、素原料，用竹扦穿好，放入油锅、水锅或炭火等加热成熟，由客人自主选择，撒上各种调味品，别有一番风味。

6. 以食品功能为主题

随着人们养身保健的意识增强，许多餐饮企业推出以菜点的功能特色为主题的美食节，如药膳美食节、美容健身美食节、延年益寿美食节、高考健脑美食节等，这些美食节利用食品及药材的功能，按比例合理地搭配，并针对不同人群及对象进行烹制，达到美容健身、延年益寿等作用。

7. 以餐饮器皿为主题

以某种保温或加热的特殊餐具器皿为主题命名的美食节也较多，如火锅美食节、铁板烧美食节、沙锅美食节、煲仔菜美食节等。这类美食节往往以特殊盛器装盛菜肴，客人既可自烹自调菜肴，又可保持菜肴温度，增加饮食趣味。

8. 以名人名厨为主题

我国许多名菜名点都与历代名人、名厨有一定的关系，美食节策划者常在潜心研究名人、名厨及其名菜名点的制作方法之后，推出以名人、名厨命名的美食节，如东坡菜美食节、×××大师60周年菜肴回顾美食节、张大千菜肴美食节、乾隆御宴美食节等。

二、美食节策划的步骤

(一) 市场调研

美食节活动具有阶段性，它要求策划者和管理人员在每一次美食节活动前都要了解市场行情，根据市场需求和自身条件，初步拟定一些主题，然后深入进行市场调研、分析比较，再完成美食节各项工作的策划。市场调研可为人们提供策划决策的原始信息，使策划更具针对性和竞争力，是保证成功进行美食节策划的首要步骤。

美食节市场调研的内容主要包括两个方面：第一，调查本地区近期内各餐饮场所出现的美食节情况，从而使自己的美食节策划区别于其他餐饮企业的主题内容。只有创意新颖，才有可能具备较强的竞争能力。第二，了解市场中新兴餐饮企业的美食节策划及竞争对手的美食节策略变化动向，以最快速度做出竞争性反应，合理组织美食节策划。通过市场调研以后，可确定美食节的主题内容，再根据主题精心设计美食节的活动计划，以期达到成功策划美食节的目的。

(二) 活动计划的设计

美食节的活动计划是在进行市场调研的基础上，针对餐饮企业自身的客源状况、经营目标设计的。计划的完成将为餐饮管理者提供明确的经营方向及经营手段，为餐饮推广奠定良好基础，同时还是有条不紊进行标准化管理的有效保障。美食节活动计划的内容主要包括确定活动的时间和主题、拟定菜品和菜单、营造环境氛围、做好宣传营销等。它们是美食节策划最基本的要点，而每一个要点之下还有一些细节需要认真设计、系统安排。

以下是一例美食节活动的计划安排，它对举办美食节的各项工作和要点进行了粗略勾画，为形成最后的美食节策划方案奠定了基础。

彝族风情美食节活动计划

1. 活动时间：11 月 18 ~25 日

2. 推广餐段：

午餐：11：00 ~14：00　晚餐：17：00 ~21：00

3. 菜单设计：

彝族风情特色自助餐菜单、彝族风情特色宴会菜单（设计菜单时同样需要提供适当的本地菜肴和改良的西式菜肴，以适应部分本地及外籍客源的需要）。

4. 价格定向：

自助餐每位人民币 80 元，儿童半价。

宴会餐每位 120 元。

5. 广告媒介：

酒店宣传画册、餐饮部美食节传单、餐厅告示牌、电台广告、主要街道宣传横幅。

6. 广告发布时间：10 月 25 日

7. 餐厅装饰：

红、黑、黄三色为主调，以彝族刺绣工艺品、彝族漆器、彝族茶具、彝族酒具等进行装饰布置。

8. 活动计划提纲：

邀请彝族民间艺术表演团进行穿插表演。

（三）策划方案的拟定

在完成市场调研和活动计划之后，美食节策划的各项主要内容都有了较为清晰的思路。为了保证美食节的策划工作有条不紊地顺利进行，应拟定一份详细的文字方案，作为美食节准备工作与运行过程的“脚本”，供各方参考。美食节的策划方案应包括时间、主题、菜品菜单、环境服务、宣传营销、经费预算等方面的内容。以下则着重阐述美食节策划中最为关键的要点，即时间与主题、菜品与菜单、环境与服务、宣传与营销。

三、美食节策划的要点

（一）时间与主题的选定

美食节的时间选择非常重要，必须把美食节放到最合适的时间。在广泛进行市场调研之后，结合自身条件，餐饮企业可从四个方面选择有利时机举办美食节：第一，可以国内外各种节假日为契机举办美食节活动。如中国的春节、端午节、中秋节、重阳节等，西方的圣诞节、复活节、情人节等。第二，以本地区将要发生的重大事件作为美食节活动契机。如重要的国际会议、国际文娱活动、国际博览会、国际体育比赛等。第三，以本店有影响的活动为契机。如饭店开业××周年店庆、星级挂牌、新楼开张、二次装修迎客、分店开张等，利用这些时机举办美食节促销活动能够起到良好效果。第四，利用餐饮企业的淡季，举办创意新颖的美食节，合理利用各种资源，使淡季不淡，提高效益。

美食节的活动主题是决定和影响整个美食节策划工作的依据。在进行市场调研和充分讨论之后，可结合不同种类美食节的特点和餐饮企业自身条件选定美食节的主题，以保证美食节策划活动有目的、有计划、有组织地顺利开展。

（二）菜品与菜单策划

美食节以展示美食为主，因此菜品与菜单策划是美食节策划的中心环节，必须要反映出美食节的经营风格，也要能迎合顾客的一般需求。而菜品及菜单策划的关键是菜品选择和菜单设计。

1. 菜品的选定

菜品的选择和确定应十分慎重，必须遵循五项原则：第一，菜点品种要与主题相一致。主题确定后，美食节菜品就必须根据主题进行选择、确定。如果美食节的主题确定为“川菜美食节”，那么，各种冷菜、热菜、点心都要精选具有代表性的川菜菜点；如果主题是“河鲜菜美食节”，其菜品则要围绕河鲜原料而选定。第二，菜点风格要独特。举办美食节的餐饮企业要有其他餐饮企业所没有或不及的、独特的某个菜点品种、某一烹调方法、某种餐具、某种供餐服务方式等。美食节菜品要在短时间内引起轰动效应，必须精心设计、构思，使其色、香、味、形、器都要具有特色。第三，菜点数量要恰当。由于菜品数量涉及企业成本控制和厨师、服务人员及其他各个环节的安排，必须仔细斟酌、合理选配。对于菜点数量的确定，总的原则是品种不可太多，过多则意味着餐饮企业需要很大的原料库存放，给厨房操作也带来了难度，容易在销售和烹调时出现差错，造成经济损失，影响美食节的气氛。同时，菜品过多会使顾客决策困难，延长点菜时间，降低座位周转率，影响餐饮销售。第四，菜点搭配要均衡。无论是零点菜肴还是套餐宴会菜肴，美食节菜品都应注重原料、口味、营养成分等方面的均衡合理搭配等，以尽量满足不同顾客的需要。同时，还应认真核算菜品的原料成本、售价和毛利，适当选择搭配毛利较大、比较畅销的菜点品种，使餐饮企业获得良好的收益。第五，菜点制作要符合客观条件。美食节的菜点制作，是以餐饮企业的厨师力量和技术水平、食品原料供应情况、库房的储备条件、厨房中的各种设备设施、盛器等客观条件为基础的，因此，必须选择符合这些客观条件的菜点进行制作，才能保证美食节的正常运行。

2. 菜单的策划

菜单是美食节经营、促销、服务的计划书，也是餐厅与顾客信息交流的工具。策划菜单，首先要根据美食节的性质、风格与经营模式，确定供餐方式，然后开始编写菜单。美食节菜单针对不同人群的需求，一般可分为零点菜单、套餐菜单、宴会菜单、自助餐会菜单、综合性菜单等，各种菜单的要求各不一样。

（1）零点菜单

零点菜单是美食节的常用形式。它不同于正常的餐厅点菜单，必须是100%的供应，要求现点现烹，做工精细，所以零点菜单品种不宜过多，具体数量应根据美食节的主题而定，档次可分高、中、低三种，一般高档菜点约占25%，中档菜点约占50%，低档菜点约占25%，这样可以满足不同客人的消费需求。美食节的零点菜单要注重菜品的原料、烹调方法、口味、价格等方面的搭配。

（2）套餐菜单

套餐菜单的特点是仅提供数量有限的菜品。这种形式的菜单，通常会包含美食节中最具代表的招牌菜，不仅可以方便客人点菜，也可方便采购员采购和厨房的备料与制作。套餐菜单的价格大致是固定的，有时会因主菜的选择或客人的要求略作改变。为了满足客人的不同需要，套餐菜单一般分高、中、低三档，也可以根据顾客人数的多少增加其分量，满足消费者的不同需要。

（3）宴会菜单

宴会菜单是美食节中的主要菜单，十分讲究菜肴的色、香、味、形、器及营养配合，更要突出美食节中的特色菜。根据客人消费层次的不同需求，常常设计出高、中、低三种不同档次的菜单，每种档次菜单设计3～5套供客人选择。

（4）自助餐菜单

美食节中的自助餐会菜单必须围绕美食节的主题设计，菜品种类有冷菜、热菜、点心、甜品、饮料、水果等。因为自助餐菜单会预先展示在餐桌上，所以要根据就餐的对象、数量及饮食喜好设计，要注重菜品选择及搭配，讲究菜品的造型、色彩及布局，尽量满足大多数客人的需求。

（5）综合性菜单

综合性菜单既有零点菜单，又有宴会菜单，或者以自助餐菜单为主，又兼备套餐和宴会。综合性菜单可以照顾到各类客人，满足不同客人的需要，菜肴品种可以大体相同，以便于备料和烹调操作，还可以综合利用原料，不致浪费。

美食节菜单的内容和形式确定之后，要做好菜单的印制工作。由于美食节菜单不同于餐厅的一般菜单，有自己独特的个性特色，如短时间性、主题的独特性、小巧精美性、促销性和纪念、收藏性以及餐台、橱窗的展示性等，有扩大宣传之用，直接影响到餐厅的形象，因此，菜单的印制应新颖、美观、大方，这样才能使菜单在美食节中真正发挥其应有的功能，达到预期的宣传效果。

3. 酒水单的策划

从经营的角度考虑，应以尽量多的手段，设计尽量多的推销项目来增加收入，酒水单的策划是一个很好的配合。可以说，酒水单的策划与菜单的策划相辅相成，共同完成推销美食、提高企业效益的目的。

酒水饮料的选择也要与美食节的主题相协调，作为美食节的辅助品，酒水饮料单的设计不需要像美食节菜单那样复杂，海报或台卡都是不错的形式。酒水饮料品种的配合多种多样，如以推销百威啤酒配合“美国美食节”，黄酒配合“绍兴美食节”，用特制的鸡尾酒配合庆典或轻松典雅的美食节，用菊花酒配合“重阳敬老美食节”等，都是较为流行的方法。

（三）环境与服务策划

美食节活动不仅是以菜品、饮料为主体，更伴随着许多文化内涵，雅致而舒适的环境、温馨而独特的服务能带给顾客愉快的用餐体验，因此环境与服务策划也是美食节策划工作中的一个重要方面。

1. 环境策划

美食节的环境策划是美学、装饰布置学与餐饮相融的具体表现形式，有其一定的内在规律和外在因素的作用，并直接通过消费者的感知判断其优劣与否。美食节的环境策划，一方面会受到场地、设施、设备、经费等客观条件的限制；另一方面则具有较强的主观性和实践性，由于设计者在审美标准、情趣悟性、专业化程度上参差不齐，加上一些外界因素的干扰，环境策划没有固定的模式，不可照搬、模仿，应在借鉴成功美食节活动的基础之上，广泛收集素材，良好地解决策划过程中的各种实际问题，体现环境的艺术魅力。

在策划美食节的过程中，为了给客人创造舒适、雅致、美观的就餐环境，应注意两点原则：第一，从美食节的主题出发，根据不同民族文化思维模式和审美情趣的差异，尽量从民族风情、异国情调、色彩搭配、灯光强弱、物件的摆设等方面进行巧妙设计，营造出一种巧夺天工、新颖别致的用餐环境。第二，针对消费人群的职业结构、年龄、性别、婚姻状况、经济收入、文化修养、国籍种族、政治宗教、风俗习惯等人文背景和消费行为特征进行环境的设计，既要考虑到人群的普遍性，又要考虑其个性需求，精心设计餐厅内外的空间环境，细致入微地反映和体现美食节的主题，进而影响和触动宾客的心境和情感，使其留下深刻的印象。

美食节环境策划的内容主要涉及灯箱、彩灯、霓虹灯，悬挂美食节标志、横幅，餐厅的外墙壁画，餐厅的入口布置（模拟景观、展台布置），餐厅的天花板、内墙及地面，餐桌、花瓶、餐巾、台布，音乐氛围等。要注意做到灯箱、彩灯、霓虹灯流光溢彩，不能忽明忽暗；美食节的标志、横幅及各种宣传图案文字、彩旗要突出鲜明、整洁大方，不应有错；餐厅台面布置和装饰设计要同美食节的主题相适应，优雅得体；音乐氛围要格调高雅，使人心境愉悦。如策划主题为“傣族自助餐美食节”时，在餐厅内放置精巧版的傣族传统竹木小楼，在展示台和餐桌旁摆放一些水盆，供顾客享受泼水节的欢乐，自助餐台上布满精美的傣族美味佳肴，盛器注重民族个性，摆放突出层次，配以调光的射灯，使菜点展示更加具备美感和质感。这种良好的环境一定会引人注目，增加食欲，有助于美食节的推广传播，吸引顾客消费。目前，各餐饮企业的中国风味美食节一般都有极富民族特色的艺术装饰，如中国书法、扎染布、民间手工艺品、仿古家具等。除了民族风情的装饰效果外，主题性的装饰和视觉形象设计也能收到良好的效果。如海鲜美食节常选择航海为主题背景，采用船锚、桨、航标、渔网和贝壳等模型作为装饰，使就餐者产生关于海洋的美好联想，既突出了美食节的主题，又营造了独特的文化氛围。

音乐氛围是美食节环境策划的重要组成要素，而其中最常用来营造环境的是背景音乐。背景音乐虽然无形，但它能够通过声音的传播，影响人的心理、情感和精神，产生所预期的一种遐思意境，使就餐者精神松弛。背景音乐的表现形式和体裁内容很广泛，它所表现出的民俗风情、自然景色、精神内涵等历史文化渊源，都是烘托环境、反映美食节主题的极好素材。如江浙沪风味美食节，可选用《紫竹调》《茉莉花》《采茶舞曲》《拔根芦柴花》《太湖美》《姑苏行》《杨柳青》《小小无锡景》《月儿弯弯照九州》等音乐；维吾尔族美食节，可选用《吐鲁番的葡萄熟了》《阿拉木汗》《掀起你的盖头来》《送你一枝玫瑰花》《花儿为什么这样红》等音乐。

此外，美食节的环境策划也应考虑到整体的色彩搭配、灯光的强弱等，它们也是影响美食节策划成功的因素。在色彩上，一定要考虑民族差异，富有民族情趣，符合民族心理。对于灯光的强弱，应掌握好尺度，太亮会造成刺眼，使顾客缺乏食欲；太暗又会让人感到昏昏沉沉，没有情绪。

2. 服务策划

美食节的服务策划主要包括员工服饰、服务方式两个方面，它们共同配合，与环境一起渲染美食节的主题，营造美食节特有的氛围。

员工制服作为配合美食节主题装饰的一部分，衬托和渲染美食节的主题，使广大宾客能够愉悦地融入美食节的氛围。不同的美食节主题，餐厅的环境布置不同，服务员的服饰装束也应有差别。举办地区性和民族性为主题的美食节，员工制服的协调显得尤为重要。如蓝色印花服饰是中国民间乡土风情类美食节中员工服饰的最佳选择，它朴素浑厚，弥漫着浓浓的乡情。人们常选用蓝白印花旗袍、袄裙、筒裙等，也可将蓝色印花布设计制作成一块小方巾，扎在头上，以增添女性的娇美。此外，可供选择的美食节民间服饰还有手绘服饰、蜡染服饰、绣花服饰等。各具特色的民族节日盛装则是少数民族风味美食节喜用的服饰。如维吾尔族美食节，男服务员穿齐膝对襟长袍，用腰带式长方巾系腰；女服务员穿宽袖连衣衫裙，外罩黑色对襟短背心，再戴上四棱小花帽，展示出浓郁的民族风情。需要注意的是，美食节的员工服饰不仅要根据各地、各民族服饰习俗设计，还必须符合餐饮企业服饰的基本要求，切忌铺张和盲目照搬，必须将服饰的装饰性和功能性巧妙地结合起来，才能得到最佳的服饰效果。

服务方式的策划也要紧扣主题。餐饮企业的员工要以“顾客为本，顾客至上”的指导思想，树立优良的服务态度，每个员工对客人要做到殷勤礼貌、体贴、关怀、诚实、尊重，仪表仪容要整洁大方，举止要文明，态度要和蔼可亲、机警灵活，微笑服务，客人提出的问题做到有问必答，对美食节推出的菜品菜单要了如指掌；同时还要创造良好的卫生环境，各种餐具清洁卫生，严格消毒，地面、桌椅、厨房光洁整齐，卫生间、餐厅周围干净、空气新鲜。此外，最重要的是策划建立在主题基础之上的特有服务方式，使顾客拥有更加愉悦的用餐体验。如彝族风味美食节上，服务员可身着彝族传统服装采取以酒迎宾的服务；中国宫廷美食节上，服务员则身着古代宫廷服饰进行讲解、分菜服务；美国美食节上，服务员可身着牛仔服进行现场调制鸡尾酒的服务等。

（四）美食节的宣传与营销策划

在美食节的时间、主题、菜品菜单、环境服务等方面的策划工作完成后，为了达到美食节的举办目的，创造良好的社会效益和经济效益，还需要重视和加强宣传与营销方面的策划，通过宣传与促销，传播美食节的信息，营造美食节的文化氛围，吸引和诱导消费者购买美食节的餐饮产品。

1. 宣传策划

美食节的宣传活动主要通过印刷传播、电子传播、人际传播及其他传播等方式，向客源市场传递餐饮企业的美食节信息，展现美食节餐饮产品、文化气息和服务水准等。在进行美食节广告宣传策划时，必须在全面掌握各种传播媒介特点的基础上，根据公众的信息接受心理特性和餐饮企业的市场目标，科学地选择适用于本企业的宣传媒介，达到行之有效的宣传效果。

（1）确定宣传思路

在进行宣传策划时，首先要确定美食节的宣传思路，需要进行四个方面的工作：第一，确定美食节广告目标市场和公众，广泛收集公众对美食节的意见、态度和需求信息，为做好美食节宣传打下基础。第二，制订美食节宣传策略。宣传目标策略一般分为劝导型、传播型和促销型三大类。劝导型，即说服公众劝导消费；传播型，是向公众发布传播美食节餐饮产品和服务信息，让他们成为某种信息的拥护者、消费者；促销型，是在特别节日或特定时间内推出一系列的美食节促销活动，如赠品奖励、娱乐奖励、打折奖励等，刺激消费。第三，明确美食节宣传内容。美食节宣传内容一般分为餐饮产品品质、消费观念、企业形象、市场定位等。第四，注重美食节宣传的各个细节。在策划具体内容时，要从主题、意境、图画、情节、音响、背景、重要信息、文案等方面构成一个整体，做到有机统一，并且注意控制经费。

（2）选准宣传媒介

美食节的宣传主要通过各种媒介影响公众，媒介选择的准确与否直接关系到美食节宣传的成败，所以要深入了解各种媒介的特点及优势和劣势，准确选定宣传媒介的种类、时间、地点、方式及宣传的内容，如各种报纸、杂志、餐饮企业自行印刷的店报、宣传册子、菜单等，同时利用当地广播、电视、网站等媒介宣传。媒介的选择要根据美食节主题、规模、时间、经费等情况，尽量选择传播快、权威性高、影响范围广、公众接触程度高的媒介，要从视觉、听觉、动觉及感觉全方位宣传美食节的餐饮产品、服务设施及环境、服务姿态和氛围等形象，扩大影响、满足消费者的需求。

（3）做好户外宣传

美食节的户外宣传也是传播信息的重要媒介之一，餐饮企业非常注重利用户外广告牌、灯箱、彩旗、热气球、条幅、交通工具上招贴美食节广告等方法来宣传。如在餐饮外围较醒目的区域、市民广场、交通要道、公共汽车站、地铁站、过街天桥及城市标志性建筑等地利用户外广告牌、灯箱进行美食节的宣传，容易给公众留下深刻印象，让人一目了然。

2. 营销策划

除了在餐饮企业内部，创造良好的美食节环境，提供优秀的服务之外，美食节的营销策划着重体现在电话、通信、赠品等方面的促销工作。

（1）电话促销

电话促销是餐饮企业惯用的营销推介手段，必须掌握好促销的艺术和技巧，使潜在顾客成为美食节的忠诚顾客。接电话时，要给对方亲切可信、和蔼可亲的感觉，对于顾客所关心的美食节主题、菜品质量、服务、价格、特色销售等问题，要有问必答且简短明了，尽量吸引对方前来品尝美食和享受热情的服务等。主动打出去的电话，必须事先准备好措辞，弄清对方的姓名、职务、称呼，千万不可涉及私人事务。在进行电话促销时，有关美食节的资料必须随手可查，以便能够及时回答顾客提出的任何疑问。同时，要注意语言清晰、语速恰当，要开门见山，不可绕圈子，措辞要正确、简洁、有条理。要选准时间，不能在客人午睡、开会或工作繁忙时打电话。

（2）通信促销

通信促销的优点是能精确针对某些特定的对象及老顾客而收到一定的效果，这是其他促销方式无法做到的。通信促销通常包括通知、节日祝贺函、菜单、明信片、美食节活动的宣传卡等。通信函件的设计要写明美食节活动的内容、时间、菜肴特色、促销活动等；其形式可以是信函、小册子、明信片或餐厅广告，其尺寸、颜色、图表、页数、字体都要精心设计，语言要精练、有内涵，能引起读者注意，吸引其前来餐厅消费。

（3）赠品促销

赠品促销可吸引客人参与，沟通顾客与企业的关系，从而带动餐厅的生意，达到促销的目的。赠品一般分为纪念用赠品和促销用赠品两大类，纪念用赠品又分企业赠品和个人礼品，促销用赠品又分为广告赠品和附奖赠品。餐饮企业在策划赠品促销之前，必须慎重拟定策略。首先要明确赠送礼品的目的、经营策略和赠品对象。赠品价值的高低，要同美食节经营利润高低相吻合，要视客人的消费水平及消费者受欢迎的程度确定。其次，要精心考虑赠送礼品的各种细节，如礼品的包装、礼品中卡片的文字内容、赠送礼品时的场合等，要尽量使顾客感受到餐饮企业的重视及真诚，这样才会对推动美食节的促销起到积极的作用。

美食节的宣传与促销策划是互相促进、相辅相成的，宣传是为美食节促销服务，起到推动作用，而促销又对宣传具有强化作用。只有加强和重视美食节的宣传与促销策划，美食节的整体策划才会达到理想的效果。

四、美食节策划的实例

为了保证美食节的准备工作与运行过程做到有条不紊，必须首先拟定一份较为详细的文字方案，供各方参考。下面是某酒店举办美食节的策划方案。

××酒店举办首届新潮胶东海鲜美食节活动的策划方案

1. 美食节主题

新潮胶东海鲜美食节（中、英文标识）。

2. 美食节活动日期

8月1日~8月31日

3. 美食节举办地点

酒店一楼海鲜城、二楼多功能厅、三楼宴会厅

4. 美食节举办方式

零点、胶东渔村风味宴、胶东炕头菜套餐、海鲜自助餐

5. 美食节简介

胶东海鲜菜是我国著名鲁菜的重要组成部分，历史悠久，影响深远。菜品素以取料鲜活，质地脆嫩，口味清淡，原汁原味，善于烹制小海鲜著称。新潮胶东海鲜菜，则是在继承传统胶东菜的基础上，广泛吸取粤菜、闽菜等菜系烹制海鲜的优良技术，在充分体现顾客需求、质量第一、营养合理的原则上发展形成的新式菜品。由于新潮胶东海鲜菜迎合了当前消费者的需求趋势，目前在济南、北京、天津、石家庄、郑州等北方城市中已出现强劲的发展趋势，成为餐饮市场新的消费热点。

本届新潮胶东海鲜美食节，特聘请胶东海鲜菜发源地烟台著名高级技师、中国鲁菜大师×××等来店现场烹制。本届美食节所推出的极品海参系列、新式海鲜小炒系列近百款菜肴，均系近几年来最为流行，也是最受客人喜欢的新潮胶东海鲜菜精品，相信在为酒店创造较好经济效益的同时，还会产生良好的社会影响。

6. 美食节促销策略

本届美食节旨在宣传酒店的餐饮形象，扩大酒店在餐饮市场上的影响力，为本酒店的广大新老客户提供一次品味美食、相聚交流、增添友谊的契机。因此，本届美食节推出的新潮胶东海鲜菜新品，以惠及新老客户为目的，扩大菜品的销

售。美食节期间，拟定所有餐饮菜肴实行消费100元返还30元消费券的奖励销售政策，以真正回报多年来为本酒店捧场的新老客户，增加酒店的人气，扩大餐饮经营。

7. 美食节菜单

（1）零点菜单：由冷菜（海鲜四大拌）、热菜（海鲜四大焖、百味海鲜小炒）组成，菜肴品种60个及特色面点20款。

（2）宴会、套餐菜单：胶东渔村风味宴拟定每桌480元、580元、880元、1080元的标准；胶东炕头菜套餐拟定88元（4人份）、128元（6人份）、158元（8人份）。每个宴席、套餐标准开出A、B两套标准菜单。

（3）自助餐菜单：由10种凉拌、10种热菜、8种面点、8种水果、4种果汁、2种啤酒及适量的渔家小吃组成。拟定价格为每位48元。

8. 美食节技术人员安排

（1）拟从烟台、青岛等地聘请6位擅长烹制海鲜菜肴的厨师（厨师长兼头灶1位、二灶1位、切配2位、冷菜1位、面点1位）。6位厨师在美食节开始前3天（7月28日）抵达本店，有关聘请厨师的协议、条款由人力资源部与之协商拟定。

（2）本店厨师协助完成美食节的原料准备、原料初加工及菜肴、面点的辅助性生产任务。美食节总协调负责人为膳食部经理，厨房生产总负责人为行政总厨。

9. 美食节的环境布置

（1）基本原则：本届美食节为新潮胶东海鲜美食节，所以美食节所涉及的餐厅、雅间、楼道、电梯等客用场所，均应营造富有胶东渔区与胶东渔家文化底蕴的情调、气氛，突出胶东的海洋民俗文化特色。同时与青岛啤酒厂、烟台张裕葡萄酒厂的销售部门联系，在本届美食节期间专门优惠供应，以营造浓郁的饮食文化氛围。

（2）二楼多功能厅为美食节的主题会场：①多功能厅小舞台的背景墙上用大海、海浪、海鸥、帆船的远景图案作为装饰与衬托，小舞台的上方悬挂“××酒店首届新潮胶东海鲜美食节”的横幅（红底黄字），两边垂挂美食节专题对联，大厅的东西两面墙壁上，采用渔网、渔具及各种鱼、虾造型的装饰物，或绘制胶东渔场的全角场景，制造充满渔家风情与海洋民俗文化的氛围；②自助餐食品陈列台横贯大厅中间，主要菜品迎门摆放，台面上摆放精美的美食节宣传材料，以供客人随意取拿；③在大厅的四周摆放适合四人用餐、六人用餐及八人用餐的小型餐桌；④在多功能厅入口处，一侧陈列加工制作渔村式的用海草覆盖的渔家小屋，另一侧摆放渔具实物、渔船模型等装饰物，在小屋内及渔船上摆放各种宣传资料；⑤市场营销部应根据上述的设计绘出效果图，以便实施布置。上述环境布置应在美食节前两天全部完成、备齐，餐台与餐桌应在前一天布置完，各种食品应在开节仪式举行前全部加工、陈列完毕。

(3) 零点、宴会餐厅布置：①零点餐厅除了把鲜活养鱼的玻璃缸进行清洁外，墙壁上要悬挂各种彩色的美食节招贴画，间或悬挂小型渔具；②零点厅门口处，设置圆形带转盘的台面，陈列各种干制海珍品，如海参、鲍鱼、鱼干、鱼翅、海螺壳、贝壳等，制造渔乡特色；③三楼宴会厅各雅间内，均按渔乡风格适当摆放小型渔具、鱼干等饰物，并陈列美食节的宣传资料。

10. 美食节印刷品及广告宣传

(1) 菜单印刷

零点、胶东渔村风味宴、胶东炕头菜套餐、海鲜自助餐等菜单分别打印、部分塑封。菜单内容由厨房提供，市场营销部制作，应在美食节前5天完成。

(2) 优惠办法通告

将写有美食节优惠办法等内容并且制作精美的立式广告牌分别陈列在酒店大门口处、一楼餐厅入口处、二楼多功能厅入口处、三楼宴会厅入口处，使就餐客人一目了然。同时，将相同的内容印制成带有彩色照片的优惠卡，随机分送给就餐客人。

(3) 广告宣传

建议选择影响官方消费和家庭消费两个层面的新闻媒体，分别在本地日报、晚报以及有线电视台进行图文、声像宣传（报纸宣传内容及版面设计由营销部根据相关材料制作提供；电视广告宣传待现场制作、摄像后进行）。报纸宣传应提前一周见报，连续或隔日刊登。电视拟在美食节前夕至美食节开始的一周内连续或隔日宣传。同时，在酒店大门口的上方悬挂有中、英文两种文字书写的“××酒店首届新潮胶东海鲜美食节”的横幅。

11. 经费预算

(1) 聘请技术人员费用，约××万元。

(2) 广告、公关宣传、印刷费用，约××万元。

(3) 添置用具、用品费用，约××万元。

(4) 其他费用，约××万元。

实训项目

美食节策划方案的设计制定

实训资料

成都××酒店根据自身条件以及市场需求，决定通过举办一次美食节以增强酒店的影响力和客流量。酒店的营销管理人员经过市场调研后，确定策划一次春季桃花美食节活动，并设计制定了详细的美食节策划方案。

实训内容

1. 美食节主题

××酒店春季桃花美食节（中、英文标识）。

2. 美食节活动日期

3月5日~3月31日

3. 美食节举办地点

酒店一楼大厅、二楼多功能厅、三楼宴会厅

4. 美食节举办方式

零点、桃花风情宴、桃花风情自助餐

5. 美食节简介

阳春三月，桃花吐妍，桃花的娇美常让人联想到生命的丰润。中国人很早就认识到桃花的食疗价值，自古以来就有食用桃花的习俗。现代医学证明，桃花中含有多种维生素和微量元素，这些物质能疏通经络，扩张毛细血管，改善血液循环，有促进人体健康和美容之效。成都××地区是我国十大著名桃花观赏胜地，每年三月有数以万计的游客纷至沓来，他们在欣赏桃花美景的同时，也希望能品尝到特色桃花美食，桃花系列肴馔和饮品在当地春季餐饮市场成为新的消费热点。

本届春季桃花美食节，特聘川菜烹饪大师、饮食文化专家共同研制推出的桃花菜品系列、桃花美点系列、桃花饮品系列等特色美食。它们将传统与现代工艺相结合，集近年来国内特色桃花美食之大成，且风味独特，创意新颖，相信在为酒店创造较好经济效益的同时，还会产生良好的社会影响。

6. 美食节促销策略

本届美食节旨在宣传酒店的餐饮形象，扩大酒店在餐饮市场上的影响力，为本酒店的广大新老客户提供一次品味美食、相聚交流、增添友谊的契机。美食节期间，拟定所有菜点、饮品实行消费100元返还20元消费券的奖励销售政策，同时举行抽奖活动，中奖者将获得精美的桃花工艺品，中奖率为20%，以回报多年来为本酒店捧场的新老客户，增加酒店的人气，扩大餐饮经营。

7. 美食节菜单

（1）零点菜点：由冷菜、热菜、酒水组成，包括桃花菜肴30款、桃花美点10款、桃花饮品5款。

（2）宴会菜单：桃花风情宴拟订每桌580元、780元、980元的标准；每个宴席标准开出A、B两套标准菜单。

（3）自助餐菜单：由10种凉菜、10种热菜、8种美点、5种水果、4种桃花饮品组成。拟定价格为每位48元。

8. 美食节技术人员安排

（1）拟从成都、重庆聘请川菜烹饪大师、饮食文化专家，共同研制桃花系列美食，并指导本店厨师具体操作。

（2）本店厨师完成美食节的原料准备、原料初加工及产品的烹制任务。美食节总协调人为膳食部经理，厨房生产总负责人为行政总厨。

9. 美食节的环境布置

（1）基本原则：本届美食节为春季桃花美食节，所以美食节所涉及的餐厅、雅间、楼道、电梯等客用场所，均应营造富有桃花风情和春天色彩的环境、气氛。

（2）二楼多功能厅为美食节的主题会场：①多功能厅小舞台的背景墙上用桃花图案作为装饰与衬托，小舞台的上方悬挂“××酒店春季桃花美食节”的横幅，大厅的东西两面墙壁上，布置桃花装饰和桃花诗联，制造充满春天气息的氛围；②自助餐食品陈列台横贯大厅中间，主要菜品迎门摆放，台面上摆放精美的美食节宣传材料，以供客人随意取拿；③在大厅的四周摆放适合四人用餐、六人用餐及八人用餐的小型餐桌；④在多功能厅入口处，陈列一大棵仿真花朵绽放的桃树，一侧摆放树桩样式的休闲桌椅，桌上摆放各种宣传资料；⑤市场营销部应根据上述的设计绘出效果图，以便实施布置。上述环境布置应在美食节前两天全部完成、备齐，餐台与餐桌应在前一天布置完。

（3）零点、宴会餐厅布置：①零点餐厅墙壁和玻璃上要悬挂各种彩色的美食节招贴画，间或悬挂桃花装饰；②三楼宴会厅各包间内，布置一棵小型仿真桃花树，并陈列美食节的宣传资料。

10. 美食节印刷品及广告宣传

（1）菜单印刷

零点、桃花风情宴、桃花风情自助餐等菜单分别打印、部分塑封。菜单内容由厨房提供，市场营销部制作，应在美食节前5天完成。

（2）优惠办法通告

将写有美食节优惠办法等内容并且制作精美的立式广告牌分别陈列在酒店大门口处、一楼餐厅入口处、二楼多功能厅入口处、三楼宴会厅入口处，使就餐客人一目了然。同时，将相同的内容印制成带有彩色照片的优惠卡，随机分送给就餐客人。

（3）广告宣传

建议选择影响官方消费、本地家庭消费、游客消费等多层面的媒体进行宣传。同时，应在酒店大门口的上方悬挂有中、英两种文字书写的“××酒店春季桃花美食节”的横幅。

11. 经费预算

（1）聘请技术人员费用。

（2）广告、公关宣传、印刷费用。

（3）添置用具、用品费用。

（4）其他费用。

实训方法

在教师的指导下，同学以小组为单位，分组撰写美食节策划方案。

实训步骤

1. 学生根据实际情况，分成多个小组，每组 5～6 人，讨论确定美食节的主题。

2. 各小组利用课余时间进行讨论和资料收集，根据美食节策划的步骤和要点，参考教学案例，撰写美食节策划书，并制作成为多媒体 PPT 文件。

3. 各小组分别展示、讲解策划书，其他小组评分，教师进行点评。

4. 教师总结全班的情况，指出优点和不足，并提出改进建议。

实训要点

1. 时间与主题的选定

美食节的时间和主题选择非常重要，在广泛进行市场调研之后，餐饮企业可结合自身条件选择有利时机举办富有创意的美食节。“春季桃花美食节”举行的时间在 3 月，桃花是当地春季重要的旅游资源，美食节的时间与主题较好地契合在一起。

2. 菜品与菜单策划

菜品选定有 5 项原则，即菜点品种要与主题相一致，风格要独特，数量要恰当，搭配要均衡，菜点制作适合客观条件。针对“春季桃花美食节”，菜品选择要注意鲜品桃花、干品桃花、桃胶等原料与春季时鲜烹饪原料的完美结合，口味也要做到多样和平衡。

菜单策划，首先要根据美食节的性质、风格与经营模式确定供餐方式，然后开始编写菜单。针对“春季桃花美食节”，其零点菜单的中档菜肴可占大多数，且品种不宜过多，以满足一般旅游者的需求；其宴会菜单应设计出高、中、低三种不同档次的菜单，每种档次菜单设计 2 套供客人选择，注意突出桃花风情的特殊，同时保证合理的利润；自助餐菜单会预先展示在餐桌上，所以要讲究菜品的造型、色彩及布局，注重菜品选择及搭配，尽量满足大多数客人的需求。

3. 环境与服务策划

美食节的环境策划设计到如下方面：灯箱、彩灯、霓虹灯；悬挂美食节标志、横幅；餐厅的外墙壁画；餐厅的入口布置（模拟景观、展台布置）；餐厅的天花板、内墙及地面；餐桌、花瓶、餐巾、台布；音乐氛围等。针对本次美食节，所有的环境策划要注意突出桃花风情和春天气息；服务策划要紧扣美食节主题，服务员可佩戴相应的桃花饰品，渲染气氛。

4. 宣传与营销策划

在进行宣传策划时，一是要确定美食节的宣传思路；二是要选准美食节的宣传媒介；三是要做好美食节的户外宣传。针对此次美食节，建议选择影响官方消费、本地家庭消费、游客消费等多层面的媒体进行宣传，同时注重户外宣传，增加对游客的吸引力。美食节的营销策划着重体现在电话、通信、赠品等方面的促销工作。针对此次美食节，应加强赠品方面的促销工作，让顾客得到真正的实惠。

本章特别提示

本章主要讲述的基本知识点是中国饮食民俗的分类和内容、美食节策划的步骤和要点。丰富的中国饮食民俗为美食节策划提供了素材，本章的能力目标是学生在掌握了有关中国饮食民俗的知识以及美食节策划的步骤和要点之后，能够通过查找资料、团队协作，撰写一份有特色的美食节策划方案。

本 章 检 测

一、复习思考题

1. 中国饮食民俗的主要类型是什么？
2. 汉族节日食俗、宗教食俗的主要内容有哪些？
3. 美食节的特点和主要类型是什么？

二、实训题

学生以小组为单位，根据美食节策划的步骤和要点，结合当地餐饮企业的竞争态势，撰写一份以岁时节日为主题的美食节策划方案，要求构思巧妙，并突出策划美食节的具体要点。

教学参考建议

一、本章内容和重点、难点

本章的教学内容主要包括两个方面，即中国饮食民俗和美食节策划。其中，教学的重点和难点是美食节策划，要求学生掌握美食节的特点、种类以及该活动策划的步骤和要点，能够进行富有创意的美食节活动策划。

二、课时分配与教学方式

本章共6学时，采取“理论讲授＋实训”的教学方式。其中，理论讲授4学时，实训2学时。

第五章

中国肴馔与特色筵宴设计

学习目标

1. 了解中国肴馔的历史构成与主要地方风味流派的特征及代表品种
2. 掌握特色筵宴的特点、设计和策划要点
3. 运用特色筵宴和中国肴馔的相关知识进行特色筵宴设计实践

本章导读

中国烹饪是世界著名的三大烹饪流派之一，拥有数不胜数的美馔佳肴和绚烂多姿的筵宴，令世人景仰和称道。从历史角度看，中国肴馔主要包括宫廷风味、官府风味、民间风味、民族风味、寺观风味、市肆风味等；从地域角度看，中国肴馔又包括四川风味、广东风味、江苏风味、山东风味、北京风味、上海风味等地方风味流派。中国人将这些风味菜肴巧妙组合，设计、制作出许多充满中国特色的筵宴。本章将概括性地阐述中国肴馔文化与特色筵宴设计的重要内容。

案例引入

太湖是中国五大淡水湖之一。太湖的淡水资源十分丰富，被誉为“鱼米之乡”。无锡某餐厅以太湖水产品资源和当地的其他特产原料为主，设计出特色筵宴“太湖船宴”，其主要菜品有活炝虾、八味佳碟、太极鱼脑、银鱼双味、翡翠塘片、太湖野鸭、雪花蟹斗、荷叶焗鳜鱼、太湖船点、鱼米烧卖、扁豆酥糕、湖珍馄饨、时令三蔬等。整个筵宴主题突出，风格独特，受到社会广泛好评。这个案例说明将地方风味菜肴与筵宴设计相结合，可以策划出个性鲜明的特色筵宴，中国丰富多彩的肴馔文化为特色筵宴的设计提供了广阔的思路和坚实基础。

第一节　中国肴馔的历史构成

馔，《辞海》中解释为食物，《现代汉语词典》解释为饭食。肴，指鱼肉类熟食荤菜。肴馔，实际上就是指人们加工制作并食用的饭菜。从这个意义上说，肴馔文化是烹饪、饮食文化的重要组成部分。中国肴馔，习惯上又称为中餐、中国菜，它具有悠久的历史和深厚的文化内涵。在漫长的历史进程中，一些菜点品种由于各种原因而烟消云散，但也有许多菜点却因其顽强的生命力流传至今，成为人们熟悉的传统菜。仔细探源这些传统菜点，则会发现它们多分属于历史上的宫廷风味、官府风味、民间风味、民族风味、寺院风味或市肆风味。虽然从今天来看，这些菜点早已淡化了彼此间的区别，各种类别的菜点也已相互渗透，但这种变化和渗透正像跳动的脉搏，促使中国肴馔不断发展壮大。

一、宫廷风味

（一）含义及历史沿革

宫廷风味，又称宫廷菜，是指奴隶社会王室和封建社会皇室成员所食用的肴馔。

早在周代，宫廷风味就已初步形成规模。《礼记·内则》载述的“八珍”和《楚辞》描述的“楚宫筵席”，是周代宫廷风味的代表，体现了周代王室和楚国宫廷烹饪技术的最高水平。到汉代，面食的明显增多以及豆制品的丰富使宫廷风味发生了重大变化。魏晋南北朝时期，各族人民的饮食习俗在中原地区交会一处，大大丰富了宫廷饮食。唐代时，由于雄厚的经济基础和繁盛的饮食市场，宫廷风味菜不仅相当丰富而且大有创新。北宋初至中叶的宫廷肴馔较为简约，但后期至南宋则较为奢侈，以羊肉为原料烹制的菜肴在宫廷饮食中占有举足轻重的地位。元代时，宫廷风味以蒙古风味为主，兼容汉、女真、西域、印度、阿拉伯、土耳其及其他民族的肴馔。在明代，宫廷风味十分强调饮馔的时序性和节令食俗，重视南味。明代中叶后，肴馔品种更加丰富，面食成为主食的重头戏，肉食品种增多且烹制方法有所突破。到了清代，其宫廷风味是中国历史上宫廷风味的顶峰，主要由满族菜、鲁菜和淮扬菜等构成，不仅用料珍贵，而且注重肴馔的色彩、质地、口感、营养、造型等方面的协调。

（二）主要特点

在中国古代阶级社会中，国家就是帝王的家天下。因此，帝王拥有最大的物质享受。他们凭借权势役使天下各地名厨，聚敛天下美食美饮，形成了豪奢精致的宫廷风味特色。

1. 选料严格

中国历代皇帝对饮食之事都很重视，宫廷有条件聚集天下的美食原料，不仅如此，由于对礼制和养生的重视，宫廷风味从产生之初就具备了选料严格的特点。据《礼记·内则》载，周代宫廷的“八珍”在选料上大多有严格的规定，如制作“炮豚”时“必取不盈一岁”的小猪，制作“捣珍”必取牛羊麋鹿的脊背之肉。

2. 烹饪精湛

宫廷御厨一般都拥有高超的烹饪技艺，御膳房内良好的操作条件、烹饪环境，宫廷对烹饪程序严格的分工和管理，都使得宫廷风味的烹饪十分精湛。如内务府和光禄寺就是清宫御膳庞大而健全的管理机构，它们对菜肴形式与内容、选料与加工、造型与拼配、口感与营养、器皿与菜名等，均加以严格限定和管理。如针对不同的烹调方法，则要求采用不同的刀法，烹饪红烧鱼时必须先用“让指刀”法对鱼进行刀工处理，烹饪干烧鱼时采用“兰草刀”法，烹饪酱汁鱼时采用“棋盘刀”，烹饪清蒸鱼则要采用“箭头刀”法。在如此严格的限定和管理下，加上厨师高超的技艺，宫廷风味的烹饪必然十分精湛。

3. 肴馔新奇

从奴隶社会到封建社会，在统治者的物欲享受中，饮食享受是很重要的内容，帝王们对饮食的要求苛刻而挑剔。因此，让帝王及其眷属吃好喝好，既是御厨们的职责，也是朝臣讨好帝王的机会。宫廷风味正是在这种满足多重需要中不断出新、出奇。唐代宫廷有“浑羊殁忽”、“消灵炙”、“红虬脯”、“驼蹄羹”、“驼峰炙”等创制新奇的名肴，同时也十分讲究主食的创新，如武则天令宫女采摘百花制作的“百花糕”，中唐敬宗时期的具有清凉消暑作用的“清风饭”，中唐以后用以赏赐给新科进士的“红绫饼饯”等。清宫御厨求新思变，常使用熊掌、天鹅、芦雁、鹿脯、雪地蟾等野味制作美肴，还创制了许多名菜。如“一品麒麟面”，用“四不像”（麋鹿）的头面制成；“明月照金风”，用鹿的眼珠制成，在加工煮制时为防止破裂还要用6根细竹签撑起。

（三）代表品种

宫廷风味形成于周代，历经秦汉、魏晋南北朝、隋唐、宋元等朝代的充实精选，至明清时发展到顶峰。但由于朝代的更替，许多宫廷菜已经失传，而流传至今且影响极大的是清宫的仿膳菜。

所谓仿膳菜，即仿制的宫廷菜。1925年，部分流散的清宫御厨名师聚集在北海公园，开设了仿膳饭庄，经营清代宫廷风味菜。不久，以清代宫廷风味著称的仿膳菜便风靡一时。如今，北京北海的“仿膳饭庄”、颐和园的“听鹂馆”，沈阳的“御膳酒楼”等均以烹制清宫菜而驰名中外。仿膳菜约有800余种，做工精细、形色美观、味道鲜醇、软嫩清淡，尤重造型的工巧和命名的典雅。其著名菜肴有凤凰爬窝、蟠龙黄鱼、蛤蟆鲍鱼、宫门献鱼、荷花大虾、抓炒里脊、凤凰展翅、海红鱼唇、荷包里脊、怀胎鳜鱼、红娘自配、金鱼鸭掌等，它们在色、质、味、形、器等方面大多呈现着皇家雍容华贵的气质。

二、官府风味

（一）含义及历史沿革

官府风味，又称官府菜，是指封建社会官僚贵族之家制作并食用的肴馔。贵族官僚之家生活奢侈，资金雄厚，这是形成官府风味的重要条件之一。

从文献记载来看，官府风味开始于春秋时期，而贯穿于整个封建时代之始末。汉代以后出现了许多著名的官府家厨，如汉代郭况的“琼厨全穴”、唐代韦陟的“郇公厨”、段文昌的“炼珍堂”，到明清时期，达官显贵的家厨急剧增加，他们技艺高超，各具特色，使官府风味达到鼎盛时期，成为十分独特的风味流派。历代高官显宦之家挥金如土，穷尽天下美味以自足，其奢侈的饮食行为不足称道，但官府风味菜在其发展过程中也继承和保留了一些传统饮食烹饪的精华，在一定程度上促进了中国烹饪的发展，如官府风味的代表山东孔府菜、北京谭家菜、南京随园菜、安徽李公（鸿章）菜等大多成为当地风味菜的重要组成部分，推动了当地烹饪的发展，因而官府风味菜是值得了解和借鉴的。

（二）主要特点

凭借经济上的优势和政治上的权力，官府之家往往钟鸣鼎食、食前方丈，官府风味保留了大量的华夏传统饮食文化精华，表现出一些典型的特点。

1. 用料广博

达官显贵享有特权，生活富足，十分讲究饮食，加之相互间的攀比，使得官府风味十分注重烹饪用料的广博。五代时期，吴越国浙东道盐铁副使孙承祐，有一次宴请客人，指着酒筵上的菜肴对客人说："今日坐中，南之蝤蛑（梭子蟹），北之红羊，冬之虾鱼，西之果菜，无不必备，可谓富有小四海矣！"宋代官宦之家不仅重视烹饪用料广博，而且多以侈靡为尚，司马光在《论财利疏》中曾写道："宗戚贵臣之家，第宅园圃，服食器用，往往穷天下之珍怪，极一时之鲜明。惟意所致，无复分限。以豪华相尚，以俭陋相訾。愈厌而好新，月异而岁殊。"

2. 制作奇巧

历代官宦追求饮食享受和高品位，还有人用珍馐美味作敲门砖，谋求升迁，故而官府风味历来在制作上讲究奇巧、精细。据《清异录》记载："金陵，士大夫渊薮。家家事鼎铛，有七妙：齑可照面，馄饨汤可注砚，饼可映字，饭可打擦擦台，湿面可穿结带，醋可作劝盏，寒具嚼者惊动十里人。"这就是唐五代时期著名的"建康七妙"。明代成化年间进士程敏政在《傅家面食行》一诗中，对明代一官宦之家——傅家的精美面食大加赞赏："傅家面食天下功，制法来自东山东。美如甘酥色莹雪，一由入口心神融。旁人未许窥炙釜，素手每自开蒸笼。侯鲭尚食固多品，此味或恐无专功。并洛人家亦精办，敛手未敢来争雄。主人官属司徒公，好客往往尊罍同。我虽北人本南产，饥肠不受饼饵充。惟到君家不须劝，大嚼颇惧冰盘空。膝前新生两小童，大都已解呼乃翁。愿君饤饾常加丰，待我醉携双袖中。"从此诗中可知明代官府肴馔制作技术的奇巧。

3. 筵宴繁多

官宦之家大都拥有权力和政治地位，因此社交来往、应酬交际也比普通人家多，并且习惯于在饮食场合中体现礼制等级和经济实力，因此，常举办各种名目的筵宴，使得筵宴数量繁多，并且其菜肴丰富精美。唐中宗时期出现大臣拜官后，向皇帝进献烧尾宴的惯例，如唐代韦巨源向皇帝进献的烧尾宴就用了 58 种珍肴。到了南宋绍兴二十一年（1151 年），清河郡王张俊接待宋高宗及随员，便按职位高低摆出 6 种席面，不仅皇帝计有 250 件肴馔，就连侍卫也是"各食 5 味"，每人羊肉 1 斤、馒头 50 个、好酒 1 瓶。清代官场中流行一种"满汉全席"，满族菜和汉族菜并举，大小菜肴共 108 件，其中南菜 54 件，北菜 54 件，且点菜不在其中，随点随加，有时满汉全席菜肴多达 200 多种。到了清代光绪年间，满汉全席菜肴更加丰富精美，一般官宦每逢宴客，也无不以设满汉全席为荣。在官府风味中，尤以孔府筵宴品类繁多且等级森严，如有婚宴、丧宴、寿宴、官宴、族宴、贵客宴等，掌事者据参宴者官职大小与眷属亲疏来决定饮馔的档次及餐具的规格。

（三）代表品种

1. 孔府菜

孔府菜历时数千年，经久不衰，是我国官府风味中的佼佼者。它既是一种饮食活动，又是一种文化现象，是中国饮食文化发展历史中的珍贵文化遗产。

山东曲阜县城内的孔府，又称衍圣公府。它是从明清至近代“衍圣公”及其家人居住的宅第。生活在孔府深宅大院内的孔子后裔们，是封建社会里典型的官府之家。自明清到近代，官居“文臣之首”的历代衍圣公及其孔府，权势尤为显赫。皇帝“朝圣”、祭祀活动频繁，皇室的成员每次来曲阜，孔府必以盛宴接待；高官要员纷至沓来，孔府也要设高级筵宴接待。在广泛的社会交际中，孔府从宫廷菜、南北方名菜中吸收了许多经验，加上孔府的内眷多是来自各地官宦的大家闺秀，常从娘家带厨师到孔府来，厨艺互补，孔府名厨能够在继承传统技艺的基础上进行创新，最终使孔府菜形成了自成一格的特点。

第一，烹饪技艺独特。孔府菜的许多肴馔用料很平常，但粗料细做，非常考究。如“丁香豆腐”，主料是绿豆芽、豆腐，制作时先将豆腐切成三角形后油炸，绿豆芽掐去芽和根成豆莛，与豆腐同炒，二者相配，如丁香花开。孔府上此菜时，常是先让食者观赏一番，然后再吃。再如“石榴肉”，主料是猪瘦肉，制作时把猪肉洗净，切成厚2.6厘米、长5厘米的长方块，两面剞网状花刀，在一面划一个大十字（不要划透），用葱、姜、精盐、料酒略腌。锅中入油烧热，加入猪肉炸成银红色呈石榴状后捞出。锅内加少许油烧热，加醋、白糖、清水烧沸，放入炸过的石榴形肉，用慢火收汁后即成。此菜以石榴之形取名，以石榴之味烹调，形美味香，独具特色。

第二，礼仪庄重，等级分明。封建帝王为了维持自身的统治，不仅尊崇孔子，而且十分礼遇孔子的嫡系后裔，使他们生活优越、声势显赫。孔府在与帝王、贵族的交往中，频繁的宴请活动促进了孔府烹饪技艺的发展，并逐步形成了孔府菜礼仪庄重、等级分明的特点，其中尤以孔府筵宴表现得最为突出。孔府筵宴常在接待贵宾、上任、生辰、婚丧喜寿时特备，并遵照君臣父子的等级，分三六九等不同的规格。燕菜席是孔府菜中规格较高的一种筵席，主要提供给迎迓皇帝“圣驾”和随驾“祭孔”东巡的高级官员们享用。鱼翅席也是孔府较高级的筵席，分为四大件、三大件、二大件三种规格，款式各异，主要用于宴请皇帝委派的祭孔大臣或为衍圣公儿女婚嫁筵宾之席面。此外，海参席作为孔府接待亲友或年节时之用的筵宴，花宴作为衍圣公结婚时使用的筵宴等，都有不同的规格、档次。如孔府77代衍圣公孔德成大婚之时，其婚宴的席面基本是上、中、下三等。贵宾是100多道菜的“九大件”，次之是40多道菜的“三大件”，下等则是“十大碗”。

第三，菜名典雅有趣。孔子是几千年来占据中华民族思想主导地位的儒学创始人，位于齐鲁之地曲阜的孔府则弥漫着浓郁的儒家文化氛围。在菜肴命名上，孔府菜既保持和体现着“雅秀而文”的齐鲁古风，又表现出孔府肴馔与孔府历史的内在联系。明清以后，孔子后裔皆封“当朝一品”，居文武之首，故以“一品”命名的肴馔在孔府菜中常见，这也反映了孔子后裔对祖先惠荫后世的感恩心态。孔府筵席的首道菜多用“当朝一品锅”，其他的还有燕菜一品锅、素菜一品锅、一品豆腐、一品丸子、一品白肉、一品鱼肚等。而像神仙鸭子、怀抱鲤、诗礼银杏、带子上朝、烧秦皇鱼骨等菜名，则融孔府历史典故与烹饪技艺于一体，有着丰富的文化内涵。

孔府菜的著名品种有燕菜四大件、诗礼银杏、八仙过海闹罗汉、玛瑙海参、神仙鸭子、合家平安、鸾凤同巢、一卵孵双凤、当朝一品锅等。

2. 谭家菜

作为官府风味流传至今的还有北京的谭家菜。由于较早投入商业经营，谭家菜被基本完好地继承下来，并获得了新发展。从中国烹饪历史角度说，谭家菜为研究清代官府风味提供了很好的资料。

谭家菜始于清末的谭莹。谭莹，道光举人，官至化州训导，他为家中饮食定下了淡雅清新的格调。其子谭宗浚，同治进士，清末翰林，官至云南盐法道，这为其热衷于美食提供了保证。谭宗浚酷嗜珍馐美味，几乎无日不宴。他一生不置田产，却不惜重金聘请京师名厨，令女眷随厨学艺，博采众之长，渐成一派，形成甜咸适中、原汁原味的“谭家菜”。

谭家原籍广东，但又久居北京，故其肴馔虽属广东系列，却又有浓厚的北京风味，集南北烹饪之长。在清末民初的京城官府菜中，谭家菜比孔府菜更负盛誉，当时有“戏界无腔不学谭（即谭鑫培），食界无口不夸谭（即谭家菜）”的民谚。谭宗浚之子谭瑑青，嗜好美食胜过其父，人戏称之“谭馔精”。民国以后，谭家逐渐败落，甚至变卖家产，但谭瑑青一家的口腹之欲仍然不减，慕名到他家做客的人也络绎不绝，直到实在维持不下去的时候，谭家才不得不开始悄悄承办家庭宴席。凡是想品尝谭家菜风味者，须托与谭家有私旧之情者代为预约并预付定金。另外，为了不辱没家风，谭家立了两条规矩：一是食客无论与谭家是否相识，均要给主人设一座位，以示谭家并非以开店为业，而是以主人身份“请客”；二是无论订宴席者权势多大，都要进谭家办宴，谭家绝不在外设席。即便这样，前往订席者趋之若骛，各界名流不惜一掷千金，竞相求订，其原因在于谭家菜的独特之处远非一般官府菜可比。

第一，选料严格，讲究原汁原味，口味南北皆宜。谭家父子在吃上历来非常挑剔，熊掌必须选左前掌，鱼翅要选“吕宋黄”，鲍鱼要选珍贵的紫鲍，烹饪原料都由厨师亲自选购采办，从不马虎。菜品制作讲究原汁原味，吃鸡就要品鸡味，吃鱼就要尝鱼鲜，绝不能用其他异味、怪味来干扰菜肴的本味。在焖菜时绝对不能续汤或兑汤。同时，谭家菜在烹调中往往是糖、盐各半，以甜提鲜，以咸提香，菜肴口味适中，鲜美可口，因而南北之人都爱吃。

第二，火候足，质软烂。谭家菜讲究慢火细做，不像一般市肆菜馆的菜肴，出于经营的需要，多是急火速成。谭家菜采用较多的烹饪方法是烧、烩、焖、蒸、扒、煎、烤以及羹汤等，而很少有爆炒类的菜肴。因此，品尝谭家菜事先预定为最理想，可给厨师留出充足的备料、制作时间。谭家菜以燕窝和鱼翅的烹制最为有名，鱼翅全凭温水泡透、发透，决不用火碱急发，以免破坏营养成分。吊汤时用整鸡、整鸭、干贝、火腿按比例下锅，用火工二日，将鸡、鸭完全熬化，溶于汤中，过细箩，出醇汤，将鱼翅放入汤中，用文火㸆上一日，整个鱼翅烹制过程需三日火工。这样焖出来的鱼翅，汁浓、味厚，柔软糯滑，极为鲜美。

第三，讲究美食、美器、美境。谭家古朴高雅的客厅、异彩纷呈的花梨紫檀木家具、玲珑剔透的古玩、价值连城的名人字画，非一般官府菜可比。谭家菜大部分菜品都用精致的器具分盛，顾客一人一份。美食、美器、美境的良好结合，使人享受到一种典雅大气的用餐气氛。

谭家菜著名品种有黄焖鱼翅、清汤燕窝、红烧鲍鱼、扒大乌参、柴把鸭子、口蘑蒸鸡、葵花鸭子、银耳素烩、杏仁茶等。

三、民间风味

（一）含义及历史沿革

民间风味，即民间菜，是指广大城乡居民日常制作和食用的肴馔。从古至今，人们多是以家庭为单位进行饮食，家庭炉灶烹饪的饭菜，成为中国数量最多、范围最广的饮食之品，它是中国烹饪最雄厚的土壤和基础，养育着中华民族。民间菜分为两大类：一类是四季三餐必备的家常菜，以素为主、搭配荤食，经济实惠、补益养生；另一类是逢年过节聚餐的家宴菜，以荤为主、略配素食，丰盛大方、敦亲睦谊。

可以说，民间风味因家庭的产生而产生，并伴随着中国劳动大众所创造的物质财富和精神财富的不断积累、变化，而有了相应的变化和发展。现有关于民间风味菜的资料不仅来自古代菜谱，更来自文学作品、杂记、民俗等史料和仍流行于民间的众多食品的采集和整理。如明代学者宋诩的《宋氏养生部》、明末清初潘清渠的《饕餮谱》、清代曾懿女士的《中馈录》等都是大量记载了民间菜的著作。历史上的许多文学家也在其诗文中留下赞美民间菜的文字。如杜甫《戏作俳谐体遣闷二首》中的“家家养乌鬼，顿顿食黄鱼”，描述了长江中游渔民的民间风味；李调元的《入山》诗中的“父老知我至，招呼相逢迎”，“烹鸡冠爪具，蒸豚椒姜并”，反映了清代四川乡间炖全鸡和蒸猪肉以椒姜作调味的传统。大量的史料和事实证明，民间风味菜品种丰富，它产生于民间，发展于民间，其影响渗透了中国整个肴馔文化，很多市肆肴馔、宫廷肴馔、官府肴馔及地方风味肴馔，都是从民间风味菜演变而来。从一定意义上说，民间菜是中国烹饪的根。

（二）主要特点

民以食为天，饮食既是广大城乡居民生存和发展的需要，也是其生活乐趣之一，人们十分重视日常制作和食用的肴馔，家庭炉灶不断创制出实惠、适口的民间风味，并形成了自己的特点。

1. 取材方便，操作易行

民间风味的食物原料大多是就地取材得来，而非四方珍品。民间有“靠山吃山，靠水吃水”的说法，是指老百姓主要依靠居住地附近的物产获取食物原料。西北重牛羊，东南多瓜豆，沿海烹鱼鲜，内陆吃禽蛋，取材多是当地农艺、园林、畜牧、渔猎等各业的初级产品，方便自然。普通老百姓为了生存的需要，在烹饪技术方面也常是因料施烹，操作简单，不受制约，正因为如此，民间菜往往可以出新、出彩。

2. 调味适口，朴实无华

民间菜的消费对象是城乡居民，民间菜在调味上则主要以适合家庭成员、普通大众的口味需要为目的，强调适口为美。由于各地民间口味嗜好各有不同，于是，在此基础上便形成了众多口味独特的地方风味流派。如四川民间喜用泡红辣椒、豆豉、郫县豆瓣等调味，北方民间喜用酱油、黄酱等调味，江苏民间喜用糖来提鲜，广东民间注重原料的清鲜，这些都说明民间口味各有所好，人们在调味时注重适合各地区家庭、大众的口味，并由此形成了口味各不相同的川菜、鲁菜、苏菜和粤菜。此外，民间风味追求实用和可口，不刻意追求肴馔的造型、装盘，一些流行在民间用“土办法”制作出来的菜肴，虽不华美，却别有风味，如泡菜、腌菜、皮蛋、腊肉、风肉、水豆豉、豆腐乳等，无不具有朴实无华的乡土气息。

（三）代表品种

中国的民间风味菜数量繁多，各地都有各自的代表品种。如四川有回锅肉、米汤冬寒菜，广东有炒田螺、煎堆，山东有炒小豆腐、煎饼卷大葱，江苏有扬州炒饭、鸭羹汤，北京有涮羊肉、豆汁儿，上海有生煸草头、炒毛蟹，安徽有屯溪酥鲫鱼、油煎毛豆腐，福建有沙茶鸭块、沙县云吞，吉林有猪肉炖粉条、黏豆包，浙江有梅菜烧肉、小鱼咸菜，陕西有凉皮、胡萝卜焖羊肉等。各地的民间筵宴也别具风情，如四川的田席、洛阳的水席等。当今，许多富有特色的民间风味菜稍经加工改造，立刻成为市场上的盘中之珍，身价倍增。如近20年来，菜品流行潮中涌现出的“火锅热”、“地方小吃热”、“乡土菜热”、“花卉食品热”、“昆虫食品热”、“野菜热”、“杂粮热”等，都源自中国烹饪之根——民间菜。

随着现代人们生活水平的提高和旅游经济的发展，为了满足人们回归自然、休闲娱乐、追求绿色健康等心理需要，在我国的乡村、城郊等地出现了一些以旅游消费为主、经营民间菜的餐厅、店铺和农家乐，并涌现了一些极具吸引力的民间风味特色菜肴，如江苏震泽的太湖螺蛳烧土鸡、蹄髈烧草鸡蛋，北京平谷区的烤全羊、炖鱼头，四川成都的新津黄辣丁、球溪河鲢鱼等，它们深受消费者欢迎。可以说，民间风味与现代旅游业、农业等结合在一起，焕发出了崭新的生机和无限活力。

四、民族风味

（一）含义及历史沿革

民族风味，又称民族菜，是除汉族以外的55个少数民族菜点的总称。我国是一个幅员辽阔、人口众多的国家，少数民族占有很大比例，少数民族风味以其独特的烹调方法和著名的菜肴享誉中华大地。

民族风味是与民族史同步发展的。秦汉之前，黄淮一带有九夷，中原有夏，江汉有九黎、三苗和蛮，西北有戎、狄、羌等部族，出现了雉羹、蟹胥、雏烧和鱼脍等肴馔。汉魏六朝时期，先有东夷、南蛮、百越和诸戎，后有匈奴、东胡、肃慎、扶余、鲜卑、契丹、突厥与回纥等民族，出现了羌煮、貊炙、胡羹、胡饼、蒸豚、灌肠和炰菌等民族风味食品。从唐朝到清朝的漫长历史中，相继有党项、女真、西夏、大理、吐蕃、乌蛮、大南、维吾尔等民族，先后出现了蜜唧、虾生、鲎酱、肉鲊、过厅羊、腌鹿尾、马驹儿、马思答吉汤等民族风味菜品。民国以后，中国作为多民族国家，已经拥有了满、蒙古、朝鲜、回、维吾尔、藏、苗、傣、壮、土家、高山等50余个民族，出现了白肉火锅、烤全羊、抓饭、哈达饼、水卵大虾、火中烧肝、油煎干蝉、腌鳇鱼子等一大批著名的民族风味菜品。

由于各民族所处的自然环境、社会经济条件的不同，人们在长期的饮食活动中，经过世代的传承和延续，逐渐产生了众多本民族特有的传统饮食品种。以牧业为主的民族，拥有众多的牛、羊肉肴馔；以农业为主的民族，则拥有大量的米面食品。各民族所留下来的宝贵的饮食文化遗产，有些完整地保留了下来，有些则因时代的变迁而改良。同时，随着各民族的迁徙、交流，民族之间的饮食文化也相互地影响与交流。事实上，各民族之间的饮食文化一直处于内部和外部多元化、多渠道、多层面的持续不断的渗透、吸收和流变之中。

（二）代表品种

民族风味在中国饮食文化中占有重要地位，可以说，每个民族风味都有自己的特点和著名品种，这里仅选取影响力最大、特色最鲜明的民族风味之一——清真菜作为代表进行介绍。

1. 清真菜的含义及历史沿革

清真菜，曾名回回菜，广义上是指信奉伊斯兰教民族菜肴的总称。中国信奉伊斯兰教的少数民族有回族、维吾尔族、哈萨克族、塔吉克族、柯尔克孜族、乌孜别克族、塔塔尔族、撒拉族、东乡族和保安族等。最初，由于回族人口最多，分布最广，人们便将伊斯兰教称为回教，并将信奉伊斯兰教民族的菜肴概称为回回菜。到明末清初时，回族学者王岱舆等在译述伊斯兰教义时指出："盖教本清则净，本真则正，清净则无垢无污，真正则不偏不倚"。又说："真主原有独尊，谓之清真"。从此，"清真"一词便为社会广泛使用，"清真教"成为伊斯兰教在中国的译称，而"清真菜"之名也取代了"回回菜"的旧称。

清真菜起源于唐代，发展于宋元，定型于明清，近代已形成完整的体系。早在唐代，由于当时社会经济的繁荣和域外通商活动的频繁，很多外国商人特别是阿拉伯人带着本国的物产，从"丝绸之路"和海上进入中国，进行商贸活动，也随着传入了伊斯兰教。穆斯林独特的饮食习俗与禁忌逐步为信仰伊斯兰教的中国人所接受。到了元朝，回族逐渐形成并遍布全国，于是，回族菜也迅速发展起来。元代的《居家必用事类全集》已载录了"秃秃麻失"等多款为阿拉伯译音的回族菜点，其制法与今之清真菜点不同，且甜食居多，由此推测，元代的回族菜较多地保留了阿拉伯国家菜肴的特色。而元代宫廷饮膳太医忽思慧在《饮膳正要》中也载录了不少回族菜肴，且羊肉菜肴居多。到清代，清真菜广泛流行于回汉杂居的民间，并大量吸收汉族及其他民族烹饪之长而进一步发展，在北京等地出现了许多著名的清真饭庄、餐馆，如东来顺、烤肉宛、烤肉季、又一顺等。

由于各地物产及饮食习俗的影响，清真菜形成了三大流派：第一，西北地区的清真菜，善于利用当地特产的牛羊肉、牛羊奶及哈密瓜、葡萄干等原料制作菜肴，风格古朴典雅；第二，京津、华北地区的清真菜，除牛羊肉外，多以海味、河鲜、禽蛋、果蔬为原料，讲究火候，精于刀工，色香味形并重；第三，西南地区的清真菜，善于利用家禽和菌类植物，菜肴清鲜淡雅、原汁原味。此外，人们又把我国的清真菜划分为三个不同的类型：一是清真寺院菜，也叫教席菜。在开斋节、古尔邦节、圣纪节等伊斯兰教的重大节日，清真寺内大摆没有酒的宴席。别具一格的宴席有一整套清真菜点，多为阿拉伯传统饮食结合当地饮食特点逐步形成。例如北京地区的油香、肉粥、肉火烧、炸卷果、红松羊肉、醋熘肉片等。二是市肆菜，也叫小型商业菜，即清真餐馆经营的菜点、小食摊和商贩走街串巷经营的清真菜点。其中，既有高中档的珍馐佳肴，也有大众化的风味小吃。三是家常菜，也叫民间家庭菜。即穆斯林群众居家一日三餐的常用菜点。

2. 清真菜的主要特点

清真菜有着很鲜明的特点，主要表现在以下两个方面：

(1) 禁忌严格，选料严谨

受伊斯兰教教规的制约，清真菜在原料的使用上有严格禁忌，选料十分严谨。伊斯兰教主张吃“佳美”、“合法”的食物。所谓“佳美”食物，指的是清洁、可口、富于营养之食。按照穆斯林的教规，允许吃的食物是牛、羊、驼、鹿、兔、鸡、鸭、鹅、鸠、鸽等食草动物，以及河海中的有鳞鱼类；不可食用的原料是“自死动物、血液、猪肉以及诵非安拉之名而宰的动物”，以及鹰、虎、豹、驴、骡之类的凶猛禽兽和无鳞鱼等。所谓“合法”，指的是以合法手段获取那些“佳美”的食物。按照穆斯林的教规，宰杀供食用的禽兽，一般都要请清真寺内阿訇认可的人代刀，并且必须事先沐浴净身后再进行屠宰，宰杀时还要口诵安拉之名，只有这样才是合法的。

(2) 工艺精细，菜式多样

清真菜选料主要取材于牛、羊两大类，特别是烹制羊肉菜肴极为擅长。在清代乾隆年间就已经有以羊肉、羊头、羊尾、羊蹄、羊舌、羊脑、羊眼、羊耳、羊脊髓和羊内脏为原料的清真全羊席，可以做出品味各异的菜肴120余种，体现了厨师高超的烹饪技艺。全羊席在清代同治、光绪年间极为盛行。以后，因烹制全羊席过于靡费，便逐渐演化为全羊大菜。全羊大菜是全羊席的精华，由独脊髓(羊脊髓)、炸蹦肚仁（羊肚仁)、单爆腰（羊腰子)、烹千里风（羊耳朵)、炸羊脑、白扒蹄筋（羊蹄)、红扒羊舌、独羊眼八道菜肴组成，制作工艺十分精细。

3. 清真菜的著名品种

据资料记载，中国清真著名菜肴和小吃大约有500余种。以著名菜肴而言，有各地清真餐馆中常见的葱爆羊肉、焦熘肉片、黄焖牛肉、扒羊肉条、清水爆肚等，还有本地独具特色的著名清真菜肴，如甘肃的炒鸡块、银川的麻辣羊羔肉、陕西的羊肉泡馍、青海的手抓肉、云南的鸡㙡里脊、吉林的清烧鹿肉、北京的它似蜜和独鱼腐等。以著名清真小吃而言，有爆肚、白汤杂碎、奶油炸糕等。

五、寺观风味

(一) 含义及历史沿革

寺观风味，又名斋菜或香食，泛指道家、佛家宫观寺院制作并食用的以素食为主的肴馔。它已有近两千年的历史，是中国菜的特异分支，属于素菜的一个类别，其产生与发展同中国传统膳食结构和佛教、道教的饮食思想及戒律密切相关。

先秦时期已有了素食的雏形。当时，人们在祭祀或举行重大典礼时，实行“斋戒”，其主要内容除更衣沐浴外，就是不吃荤菜，只吃素食，以表示对祖先、鬼神的崇敬。战国后期，食物原料日益丰富，人们对荤食、素食与人体的关系有了深入认识，提出了少吃荤食、多吃素食的主张。如《吕氏春秋》言：“肥肉厚酒，务以自强，命之曰烂肠之食。”秦汉时期，豆制品的丰富大大发展了素食的内容。到南北朝时期，传入中国的佛教开始摆脱依傍，走上了独立发展的道路，其中的大乘佛教更是深受当时人喜爱，许多僧人受其经典《大般涅槃经》《楞枷经》关于禁止肉食等思想与戒律的影响，开始大兴素食。而南朝梁武帝萧衍也大力倡导素食，且自己素食终身。政治和宗教的厚重影响促使寺观素食在南北朝时真正产生，并得到迅速普及和提高。在当时，许多士大夫文人崇尚清淡，以吃素为荣。北魏贾思勰在《齐民要术》中就以专门篇幅对素食进行了论述。到唐宋时期，寺观风味有了长足的发展，所用原料的花色品种众多，烹调技艺大幅提高，尤其是出现了面筋，并以此为原料制作出以素托荤的菜肴。到了元朝，道教的饮食戒规对寺观素食的发展起到了推波助澜的作用。道教作为中国土生土长的宗教，本来就崇尚自然和养生服食，在佛教传入后更借鉴佛教的饮食思想与戒律，逐渐提出了自己的饮食戒规。进入清代，中国的素食已发展为宫廷素食、寺观素食和市肆素食等多种类型，而寺观素食也发展到最高水平，许多寺观都制作出独具特色的素食。清代徐珂《清稗类钞·饮食类》记载："寺庙庵观素馔之著称于时者，京师为法源寺，镇江为定慧寺，上海为白云观，杭州为烟霞洞。"此外，四川新都的宝光寺、西安的卧龙寺、广州的庆云寺等都能烹制上佳的素食。

（二）主要特点

1. 就地取材

寺院宫观大多依山而建，拥有一定的山地、田产，而僧尼、道徒平日除了做一些佛事、道事之外，其余时间大多在田间地头种植粮食和蔬菜或从事其他劳动，以供日常饮食之需。大量的烹饪原料来自宫观寺院依傍之地。如在清代苏州附近山地的松林深处，清明节前后产"松花糖蕈"，佛寺僧厨采摘烹制后清香甜嫩、入口即化，成为苏州佛寺素菜中特有的珍品佳肴。位于泰山的斗姆宫，僧厨们用产自岱阳、灌庄等地的豆腐为原料，制作出金银豆腐、葱油豆腐、朱砂豆腐、三美豆腐等名菜。青城山天师洞的白果烧鸡为青城一绝，选用当地的优质银杏为原料制作，也是寺观烹饪就地取材的明证。

2. 擅烹蔬菽

受佛教、道教饮食思想和戒律的影响，寺观素菜制作的主要原料有三菇六耳、瓜果鲜蔬、菌类花卉、豆类制品等。这些四季蔬果清幽、淡雅、素净，给人以新鲜、脆嫩、清爽的感觉；软糯的面筋豆皮之类，给人以爽口、软滑的感受；香味醇厚的蕈类，给人以鲜嫩馨香的回味；加以芝麻香油、笋油、蕈油调味，无不独具风味。据清代徐珂《清稗类钞·高宗在寒山寺素餐》条记载，由于苏州佛寺的素菜口味鲜美，声誉日隆，乾隆皇帝也慕名而来，微服私访，特地到寒山寺去品尝僧厨所烹制的素菜，且食后大加赞赏。杭州灵隐寺、上海玉佛寺、扬州大明寺等地的素斋，都擅长烹制蔬菽，且以选料精细、烹制考究、技艺精湛、花色繁多、口味多样等烹饪特点而蜚声海内外。

3. 以素托荤

寺观风味为了提高烹饪技艺、丰富菜肴品种，在造型上下大工夫，形成了以素托荤的特点。如用瓜或牛皮菜加鸡蛋、盐、米粉、豆粉、面粉制成“肉片”，用豆筋制成“肉丝”，用藕粉、鸡蛋、豆腐皮等原料制成“火腿”，用绿豆粉、紫菜、黑木耳等制成“海参”，用萝卜丝制成“燕窝”，用玉兰笋制“鱼翅”，豆腐衣、山药泥制“鱼”，用豆油皮制“鸡”，用豆腐衣、千张等又可制成“鸭”。几乎可以说，鸡鸭鱼肉、鲍参翅肚等“荤”料样样都能用“素”料制成，不仅形神兼备，而且味香可口，大有以假乱真的效果。这些以素托荤的象形菜，极大地丰富了素菜的内容，拓宽了素菜制作的新领域，使素菜不仅清香飘拂，而且千姿百态。

（三）代表品种

寺观风味经历了由单一到多样、由纯素到仿荤的发展过程，许多名菜至今仍在中国肴馔文化中占有重要位置，为人们所喜食，如桂花鲜栗羹、罗汉斋、鼎湖上素、半月沉江、糟烩鞭笋、桑莲献瑞等。其中，以罗汉斋最为著名。所谓罗汉斋，又名罗汉菜，初时制作较简单，是将选用的原料合煮一锅而食。后来，因佛事活动日益隆重，如法师讲经、沙弥受戒、居士拜佛等，常由法师、沙弥、居士出钱设斋供众，罗汉斋的制作也逐渐丰盛讲究，并根据出钱多少，分为千僧斋、上堂斋、吉祥斋或如意斋。此菜流传至市肆素餐馆后，又得到进一步改进和提高，并有上斋、中斋、下斋之分，主要根据所用原料和汤料的质量高低划分。由于各地物产不同，原料选择不尽一致，但所用原料一般不少于十余种，大多以金针、蘑菇、木耳、竹笋、豆制品等干鲜蔬果烹制而成，其制作方法也同中有异，但均具有咸鲜、清香、淡雅的特色。

此外，还有一些素菜为了达到以假乱真的目的，取荤菜之名来命名，颇具代表性的有松子肥鹅、白烧干贝、冰糖甲鱼、奶汤煮干丝、糖醋排骨等。

六、市肆风味

（一）含义及历史沿革

市肆风味，又称市肆菜、餐馆菜，是饮食市场制作并出售的肴馔。它植根于广阔的餐饮市场，由创造精神最强的餐馆厨师制作，是中国肴馔的主力军。

市肆菜是随着贸易的兴起而发展起来的。早在商朝时期就已经出现了餐饮行业的雏形。到了汉代，餐饮业的发展迅速，除了京都，临淄、邯郸、开封、成都等地都形成了商贾云集的饮食市场。《史记·货殖列传》记载：“富商大贾周流天下，交易之物莫不通。得其所欲，而徙豪杰诸侯强族于京师。”魏晋南北朝期间，战乱不绝，饮食行业的发展不及前代。至隋朝一统天下后，都市开始繁荣，商业蓬勃发达，特别是洛阳、长安两京，已成为全国商业的两大中心，当时的饮食市场也逐渐繁荣。进入唐代，农业生产以及商业、交通空前发达，星罗棋布、鳞次栉比的酒楼、餐馆、茶肆、小吃摊成为都市繁荣的主要特征。餐饮业的夜市在中唐以后广泛出现，唐代王建在《寄汴州令狐相公》中有“水门向晚茶商闹，桥市通宵酒客行”的诗句。宋代时，社会经济的兴盛，商品流通条件的改善，使得市肆饮食有了进一步的发展。东京著名的酒楼饭馆就有72家，号称“七十二正店”，此外，不能遍数的饮食店铺皆谓之“脚店”，所经营的菜点有上千种。元代的市肆菜肴融入了大量的蒙古和西域的食品，出现了主食以面为主、副食以羊肉为主的格局。明清两代，随着生产力的发展与人口的激增，各地的市肆饮食在地方特色方面有所增强，许多地方风味流派最终形成。《清稗类钞·饮食类》所述颇详：“肴馔之有特色者，为京师、山东、四川、福建、江宁、苏州、镇江、扬州、淮安。”进入现代尤其是当今时代，随着市场经济的大发展，物质的极大丰盛和人民生活水平的极大提高，市肆风味具有前所未有的发展潜力和广阔的市场前景。

（二）主要特点

由于市场化的竞争和发展，市肆风味与其他风味相比，具有其独特之处。

1. 技法多样，品种繁多

在激烈的市场竞争中，餐饮店铺为了自身的生存、发展，在制作菜肴时大量吸取了宫廷、官府、寺院、民间乃至各民族的肴馔品种和烹调技法，从而使市肆风味形成了技法多样、品种繁多的特点。以清朝为例，清末的傅崇榘在《成都通览》第七卷列出成都之包席馆及大餐馆、成都之南馆饭馆炒菜馆、成都之著名食品店、成都之食品类、成都之家常便菜等，记载了当时成都饮食市场上供应的川菜品种就达1328种。此外，《桐桥倚棹录》《调鼎集》《扬州画舫录》等也记载了当时众多的市肆菜品。如今，中国餐饮市场更是风起云涌，面对激烈的市场竞争，各餐饮企业求新求变，主动学习和吸收优秀的烹饪技法，大胆运用新原料、新调料，推出的创新菜点层出不穷，更加令人目不暇接。

2. 应变力强，适应面广

应变力强、适应面广，满足不同群体的消费需要，是市肆风味发展的前提。以北宋汴京为例，当时的市肆风味就已分为多个层次，如正店、脚店、食摊食贩等，适应面广。而近年来，北京、上海、成都等地的餐饮市场，不同层次的市肆风味也满足了不同群体的消费需求，高级宾馆、酒楼不乏食客，经济实惠的大众餐馆也是门庭若市。同时，一些饮食新观念还不断冲击着传统的饮食习俗，为餐饮市场带来了新的需求，如当今饮食国际化的趋势、地方风味间的融合、有机食材的大量运用等现象，都说明了市肆风味具有因时而变、适应面广的特点。

（三）代表品种

市肆风味品种之多，当为中国各种风味之最，其代表品种也多不胜数。但是，由于市肆风味的许多名品在市场流行一段时间后，最终融入地方风味流派之中甚至成为其代表，因而不再赘述市肆风味的代表品种。

第二节 中国肴馔的地方风味流派

中国幅员辽阔，由于自然条件、物产、人们生活习惯、经济文化发展状况的不同，各地形成了众多的地方风味流派。它们大多具有其浓郁的地方特色和不同的烹饪艺术风格，体现着精湛的烹饪技艺。本节主要阐述中国最著名和最具代表性的地方风味流派，即四川风味菜、广东风味菜、江苏风味菜、山东风味菜、北京风味菜、上海风味菜。此外，中国其他地方的风味菜，也有各自独特的风格，在此仅略述其中的部分代表品种。

一、四川风味

四川风味，又称川菜。四川地处长江上游，因此川菜具有典型的内陆性，而四川历史上的社会变动和人口变迁，又使川菜拥有和其他内陆地区不一样的开放性。经过长期发展，四川风味逐渐形成取材广泛、调味多变、技法多样、成品普适性强的特点，其风味以清鲜醇浓并重和善用麻辣为特色。四川风味影响及于长江中上游地区，除在国内南北各地普遍流行外，还流传到东南亚及欧美等30多个国家和地区，是辐射面很广的中国地方风味之一。

（一）四川风味的形成与发展

四川自古有“天府之国”之称，江河纵横，沃野千里，高山峻岭，水源充足，物产丰富，为其饮食的发展提供了条件。从现有资料和考古研究成果看，川菜的孕育、萌芽应该在商周时期。成都平原是长江流域文明的发源地之一，奴隶制的巴国、蜀国早在商朝以前就已建立。当时陶质的鼎、釜等烹饪器具已比较精美，也有了一定数量的菜肴品种。从秦汉至魏晋，是川菜初步形成的时期。《华阳国志·蜀志》说：“始皇克定六国，辄徙其豪侠于蜀，资我丰土。家有盐铜之利，户专山川之材，居给人民，以富相尚。”良好的物质条件，再加上四川土著居民与外来移民在饮食及习俗方面的相互影响与融合，直接促进了川菜的发展。到了唐宋，川菜进入了蓬勃发展时期。当时，四川尤其是成都平原的经济相当发达，人员流动较为频繁，川菜与其他地方菜进一步融合、创新。四川地区的菜点制作已精巧美妙，筵宴形式也独具特色，将饮食与游乐有机结合的游宴和船宴已经普遍出现于四川各地，成都更是一年四季都有游宴，场面壮观。明清时期，川菜开始成熟定型。特别是在清代前期，“湖广填四川”的移民政策和经济的复苏，使川菜继承了巴蜀时形成的“尚滋味”、“好辛香”的调味传统，并增添了善用辣椒调味的新特点。清代末年，川菜在已有的基础上博采各地饮食烹饪之长，进一步发展，逐渐成熟定型，最终形成了一个特色突出且较为完善的地方风味体系。新中国成立后，尤其是20世纪80年代后，川菜进入了繁荣创新时期。

（二）四川风味的主要特点

1. 取材广泛

四川境内沃野千里，江河纵横。优越的自然条件，为四川风味提供了丰富而优质的烹饪原料。淡水鱼中的佳品有江团、雅鱼、石爬鱼、鲶鱼、鳙鱼、鲫鱼等；蔬菜中的名特产原料有葵菜、豌豆尖、莴笋、韭黄、红油菜薹、青菜头、藠头、红心萝卜、甜椒等。干杂品如通江、万源的银耳，宜宾、乐山、凉山的竹笋，青川、广元的黑木耳，宜宾、达县的香菇，渠县、南充的黄花菜，均堪称佼佼者。就连生长在田边地头、深山河谷中的野蔬，如侧耳根、马齿苋、苕菜、茼蒿等，也是川菜的好原料。川菜取材广泛，但不以食材的古怪和稀缺为号召力，而是以普通、绿色、健康为选材的基本原则，这一点在当今社会尤为值得赞赏和提倡。

2. 调味多变

川菜的基本味为麻、辣、甜、咸、酸、苦，在此基础上，又可调配变化为多种复合味型。新中国成立之前，四川历史上大规模的人口迁移共有 6 次，对四川社会产生了重大影响。人口迁移使各地区和各民族的人在四川共同生活，五方杂处，既把他们原有的饮食习俗、烹调技艺带进了四川，又受到四川原住居民饮食习俗的影响，互相交流，口味融合，形成并发展为四川地区动态、丰富的口味。同时，讲究饮食滋味的四川人十分注意培育优良的种植调味品和生产高质量的酿造调味品，自贡井盐、内江白糖、阆中保宁醋、中坝酱油、郫县豆瓣、永川豆豉、汉源花椒、叙府芽菜、南充冬菜、成都二荆条辣椒等，这些质地优良的调味品为川菜的烹饪及其变化无穷的调味提供了良好的物质基础。至今，川菜常用的复合味型已达 27 种，居全国之首，有清爽醇和的咸鲜味、荔枝味、糖醋味、酱香味、五香味、烟香味等，也有麻辣浓厚的家常味、麻辣味、鱼香味、怪味、酸辣味、煳辣味、红油味等，因此有“一菜一格，百菜百味”之誉。而在调制众多味型中，尤以麻辣味调料的使用极为讲究，仅以辣椒为例，家常味型必须用郫县豆瓣，取其纯正而鲜香的微辣；红油味则用辣椒油，使菜品色泽红亮，风味辣香；鱼香味必须用泡辣椒，取其辣及泡菜的风味。川菜在调味上的变化多端，使得川菜形成了清鲜醇浓并重、善用麻辣的风味特色。但值得注意的是，在川菜中虽然有近一半的菜肴不含麻辣，但是如果没有花椒、辣椒，川菜的个性就会大打折扣，而花椒、辣椒也因为附丽于调味多变的川菜，才在全国更加流行。

3. 烹法多样

川菜的烹饪方法很多，火候运用极为讲究。据统计，川菜的基本烹饪方法大约有 30 种，如炒、爆、熘、煎、炸、炝、烘、氽、烫、炖、煮、烧、煸、烩、焖、煨、蒸、烤、卤、拌、泡、渍、糟醉、冻以及油淋、炸收等方法，而一些烹饪方法又可以进行细分，如炒法又再细分为生炒、熟炒、小炒、软炒，蒸法又再细分为清蒸、旱蒸、粉蒸等，因此，川菜常用烹饪法共计有 50 多种。众多的川味菜式是用多种烹调方法烹制出来的，每一种技法在烹制川菜时都能各显其妙。其中，最能表现川味特色的烹饪方法当数小炒、干煸、干烧和家常烧。小炒的经典菜肴有鱼香肉丝、宫保鸡丁等，干煸的代表菜肴有干煸牛肉丝、干煸四季豆等，常见干烧的菜肴则有干烧岩鲤、干烧鲫鱼等，家常烧的菜肴有家常海参、大蒜鲶鱼等。

4. 成品普适性强

现代川菜的主要三大类型是菜肴、面点小吃、火锅。各种类型各具风格特色，又互相渗透配合，形成一个完整的体系，对各地、各阶层的食客有着普遍和广泛的适应性。据专家保守计算，在20世纪末，川菜的品种已不低于5000种。21世纪以来，随着川菜行业的发展，菜品的创新速度越来越快，新菜源源不断地涌现，因此其数量更加可观。从制作精细程度与消费层次相结合的角度来划分，有制作精细、适合高档消费的精品川菜，也有制作相对粗犷、适合中低档消费的大众川菜；从技术特点与形成历史相结合的角度来划分，有正宗川菜、传统川菜，也有创新川菜、现代川菜；从技术规范来划分，有学院派川菜与江湖派川菜等类型。品类众多的现代川菜能够更好地满足各群体的饮食消费需求，具有很强的普适性。

（三）四川风味的组成及代表品种

对于传统的四川风味菜，人们通常从功能和食用性质等角度看，习惯上认为是由筵席菜、大众便餐菜、家常菜、三蒸九扣菜、风味小吃五大类组成完整的风味体系。无论是筵席大菜，还是面点小吃，都以质朴明快的烹饪艺术风格为正宗。而如今，人们改变视角，通常从地域分布的角度看，认为现代的四川风味菜主要由川东、川西、川南、川北四个地方风味组成。

1. 川东风味

川东风味主要包括直辖市重庆以及四川的广元、巴中、达州和广安地区，尤以重庆菜为代表。川东风味具有选料广泛、讲究火候、制作新颖、构思巧妙等特点，烹调方法擅长炒、煲、炖等，口味追求香浓味厚，尤重麻辣。其代表品种有重庆火锅、水煮鱼、酸菜鱼、老鸭汤、酸辣粉、辣子鸡、泉水鸡、灯影牛肉等。

2. 川西风味

川西风味主要包括成都、绵阳一带，尤以成都菜为代表。川西菜具有原料广泛、取材讲究、制作精细等特点，烹饪方法擅长炒、烧、煸、煎、蒸、炖等，口味追求滋味丰富、清鲜香醇。其代表品种有回锅肉、麻婆豆腐、开水白菜、夫妻肺片、龙抄手、大蒜鲶鱼、鸡蒙葵菜、锅巴肉片、绵阳米粉等。

3. 川南风味

川南风味主要包括宜宾、自贡、内江、泸州、乐山等地。其中，自贡盐帮菜在目前较为著名。川南菜具有取材精道、讲究原料入味、善用椒姜的特点，烹饪方法擅长水煮、炖、炸、熘，追求口味厚香浓、辣鲜刺激。其代表品种有水煮牛肉、浓味冷吃兔、菊花火锅、火爆黄喉、金钩冬寒菜、豆瓣鱼、富顺豆花、棒棒鸡、宜宾燃面等。

4. 川北风味

川北风味主要包括南充、广元所辖范围。川北菜具有就地取材、讲究火候的特点，烹饪方法擅长炖、炒、煮、蒸、炸等，口味追求鲜美清爽、香醇细腻。其代表品种有芙蓉蛋、豆皮蒸肉、椿芽炒蛋、川北凉粉、顺庆羊肉、原汤酥肉等。

除了以上传统的代表品种外，川菜不断创新，涌现了许多具有代表性、影响较大的创新菜点。其中，代表性创新菜肴有开门红、香辣蟹、水煮鱼、石锅三角峰、荞面鸡丝、泡椒墨鱼仔、藿香鲈鱼、香辣鸭唇、麻辣小龙虾、川椒牛仔骨、藤椒肥牛、酸汤牛柳、鹅掌粉丝、干锅鱼头、冷锅鱼、干锅鸡、金沙玉米、串串香等，代表性的创新面点小吃有雪媚娘、萝卜酥、老妈兔头、怪味面、钵钵鸡、老麻抄手、葱煎海参包、巧克力蛋泡盏等。

二、山东风味

山东风味菜，也称鲁菜，产生于齐鲁大地，素有“北食”代表的美誉。齐鲁大地依山傍海，物产丰富，经济发达，为烹饪文化的发展、鲁菜的形成，提供了良好的条件。山东风味的影响遍及黄河中下游及其以北广大地区，是我国覆盖面最广的地方风味流派之一。

（一）山东风味的形成与发展

山东是中国古文化发祥地之一。在新石器时代，山东地区已有较高的饮食文明，大汶口文化、龙山文化遗址出土的灰陶、红陶、蛋壳陶等饮食烹饪器具造型优美。春秋战国时期，山东地区的政治、经济、文化有了新的发展，孔子、孟子都提出了自己的饮食主张，还出现了善辨五味的易牙、俞儿，他们的饮食理论与实践活动在全国居于领先地位。从秦汉至南北朝时期，山东菜逐渐形成了独特的风格和一定的体系。受民族迁移和食俗、食物交流融汇的影响，山东菜在原来比较单一的汉族饮食文化基础上吸收北方各民族饮食文化的精华，增添了不少新技法和新菜品。北魏贾思勰的《齐民要术》对此作了比较系统的整理和介绍，表明山东菜已基本形成了代表黄河流域饮食文化风貌的技术体系和风味特色。从隋唐到两宋，山东菜烹饪技艺和风味菜品的流通性和开放性均得到增强。唐朝段成式的《酉阳杂俎》等古籍就介绍了这个时期山东与中原地区、西北地区进行土特产交流，市肆饮食丰富、多样等方面的内容。明清之际，山东菜的烹饪原料日益增多，烹饪方法不断完善，经过几次大融合后，山东菜已形成独特而完整的风味体系，不仅满足了齐鲁人民的饮食需求，而且流传到京津、华北和东北各地，成为明清宫廷御膳的主体，影响遍及黄河流域及其以北地区，因此又被称为“北方菜”。20 世纪 80 年代后，随着社会生活和市场经济的快速发展，餐饮业受到前所未有的重视，成为第三产业的重要支柱，餐饮市场空前繁荣，使得鲁菜在基础传统的基础上不断创新，呈现出越来越好的发展局面。

（二）山东风味的主要特点

1. 取材广泛，选料精细

山东地处黄河下游，气候温和，胶东半岛突出于黄海、渤海之间，境内山川纵横，河湖交错，沃野千里，使得山东的海陆物产品种丰富、质量上乘。其中，山东的水产品产量位居全国前茅，海味珍品较多，有鲍鱼、对虾、海参、鱼翅、干贝、加吉鱼等；淡水产品中著名的有黄河的刀鱼、鲤鱼，微山湖的季花鱼、螃蟹等。此外，山东的蔬菜、瓜果和粮食等品种多、产量也很高，如山东的寿光是全国著名的“蔬菜之乡”，一年四季都出产大棚蔬菜。丰富的物产为精细选料、烹饪佳肴提供了良好的条件。

2. 调味纯正醇浓，精于制汤

受儒家“温柔敦厚”思想与中庸之道的影响，山东菜在调味上极重纯正醇浓，咸、鲜、酸、甜、辣各味皆有，却很少使用复合味。如调制酸味时，重酸香，常将醋与糖和香料等一同使用，使酸中有香、较为柔和。调制甜味时，重拔丝、挂霜，将糖熬化后使用，使甜味醇正。调制咸味时，常将盐加清水溶化纯净后使用，也特别擅长使用甜面酱、豆瓣酱、虾酱、鱼酱、酱油、豆豉等，使咸味中带有鲜香。而对于鲜味的调制，则多用鲜汤。汤是鲜味之源，用汤调制鲜味的传统在山东由来已久，早在北魏时的《齐民要术》中就有相关记载。如今，精于制汤、用汤已成为山东菜的重要特征，其清汤、奶汤名闻天下，有“汤在山东”之誉。

3. 烹法多样，注重火工

山东菜的烹饪方法众多，据孙嘉祥、赵建民主编的《中国鲁菜文化》等书籍记载，山东菜的常用烹饪方法达 24 种，其他地方风味流派“不曾或较少使用或虽有使用，但鲁菜与其有明显差别”的独特技法有 11 种，包括酥、软炸、糟熘、酱爆、芫爆、醋烹、塌、汤爆、拔丝、琉璃、挂霜。其中，酱爆、芫爆、汤爆等都属于爆这一类烹饪方法，是将小型原料以旺火热油快速加热、调味使之成菜的烹饪方法。它充分体现了鲁菜在用火上的功夫，成菜速度快，不仅可保持原料内的营养素，而且使菜肴能够最好地呈现鲜嫩香脆、清淡爽口的本色，如油爆双脆、爆鸡肫、油爆海螺等。它与塌法都是山东菜烹饪方法中的“两绝”。

4. 善制海鲜和面食

各种海产品，无论是参、翅、燕、贝，还是鳞、介、虾、蟹，经山东厨师妙手烹制，都可成为精彩鲜美的佳肴。仅胶东沿海生长的比目鱼（当地俗称“偏口鱼”），运用多种刀工处理和不同技法，就可烹制成数十道美味佳肴，其色、香、味、形各具特色，集百般变化于一鱼之中。以小海鲜烹制的油爆双花、红烧海螺、炸蛎黄以及用海珍品制作的蟹黄鱼翅、扒原壳鲍鱼、绣球干贝等，都是独具特色的海鲜珍品。而无论小麦、玉米、红薯，还是黄豆、小米等，经过一番加工制作，也都可以成为风味各异的面食品，如高桩馒头、硬面馒头、福山拉面、周村烧饼、煎饼等都是驰名海内外的面点食品。

（三）山东风味的组成及代表品种

山东风味主要由济南菜、胶东菜和相对独立的孔府菜三部分组成。

1. 济南菜

济南菜，指济南、德州、泰安一带的菜肴。泉城济南，自金、元以后便设为省治，济南的烹饪大师们利用丰富的资源，全面继承传统技艺，广泛吸收外地经验，将当地的烹调技术推向精湛完美的境界。济南菜为山东内陆地区菜肴的代表，取材广泛，烹饪方法采用爆、炒、炸、烧、扒、煽等，菜肴具有清、鲜、脆、嫩等特点，素有“一菜一味，百菜不重”的盛誉。济南菜尤以制汤见长，清汤、奶汤的使用及熬制都有严格的规定。清汤鲜美、清澈透明；奶汤色白而味鲜醇，尤注重用汤调味。济南菜的代表品种有糖醋黄河鲤鱼、油爆双脆、九转大肠、锅烧肘子、双色鱿鱼、鱼米油菜心、扒二白、锅煽豆腐、琉璃苹果等。

2. 胶东菜

胶东菜，是指青岛、烟台、威海一带的菜肴。靠海吃海，胶东菜以烹制海鲜见长，尤其对海珍品和小海味的烹制堪称一绝。烹饪方法多用蒸、煮、扒、炒、熘等，菜肴讲究鲜活清淡，口味以鲜嫩为主，注重本味。此外，胶东菜讲究花色，造型美观。其代表品种有油焖大虾、盐水大虾、葱烧海参、奶汤鱼翅、红烧海螺、雪丽大蟹、扒原壳鲍鱼、四味大虾等。

3. 孔府菜

孔府菜在新中国成立以前基本处于相对封闭状态，仅限于孔府内部，由家常菜和筵席菜两部分组成。家常菜是府内家人日常饮食的菜肴，由内厨负责烹制，注重营养、讲究时鲜，技法多而巧，并具有浓厚的乡土气息。筵席菜是为来孔府之帝王、名族、官宦祭孔和拜访举办的各种宴请活动的菜肴，由外厨负责烹制，有严格的等级差别、名目繁多、豪华奢侈，讲究排场、注重礼仪。其代表菜品有当朝一品锅、带子上朝、一卵孵双凤、诗礼银杏等。改革开放以后，通过对孔府文化的挖掘整理，使许多孔府菜点得以重现，并迅速在市场传播。由此，孔府菜逐步成为山东菜重要的组成部分。

近年来，山东菜的代表品种除了以上所述的传统名菜外，还有许多创新菜点。其中，具有代表性的创新菜肴有百花大虾、炒虾片、清汤菊花鲍鱼、玉手白灵鲍、杞红虾片、酥皮鲍鱼、金丝灌汤虾球、太极鱼翅羹、文思血燕、金葱烧极品刺参、鲍汁扣极品刺参、清风参伴鲍、麒麟大虾、葱烧双参、蜜汁莱阳梨等；具有代表性的创新名点有如意金银卷、泰山野菜窝窝头、青岛大鸡包、莲藕酥、桂花山药、山芋卷、黄金地瓜等。

三、广东风味

广东风味，又称粤菜。广东地处中国南端，属于热带、亚热带气候，雨量充沛，动植物繁盛，食物原料异常丰富，加之广州是中国最早的通商口岸之一，较早吸收借鉴西方烹饪文化与技术之长，因而形成了独具特色、影响极大的广东风味。它的影响遍及珠江流域地区，辐射到中国台湾及南洋群岛。随着华侨的足迹，粤菜餐馆更遍布世界各地，特别是在东南亚及欧美各国的唐人街，粤菜馆占有重要的地位。

（一）广东风味的形成与发展

广东菜起源于距今七八千年前的岭南地区。在距今约三四千年时，广东的先民已聚居于珠江三角洲，其中大部分形成了南越族，并与中原保持着物资交流。秦汉时期，朝廷采取南迁汉族人的方式，通过“杂处”而达到“汉越融合”的目的。中原汉族人带来的科学知识和饮食文化、烹饪技艺，也迅速与岭南独特物产和饮食习俗糅合在一起，去粗取精，不断升华，形成了以南越人饮食风尚为基础，融合中原饮食习惯、烹饪技艺精华的饮食特色，从而奠定了广东菜吸收包容、不断进取创新的风格。唐宋时期，广东菜逐渐成长壮大，人们能针对不同原料，恰如其分地运用煮、炙、炸、蒸、甑、炒、烩等不同烹饪方法制作菜肴。其中，尤以烧腊方法为多。如今，广东的腊肠、烤乳猪等食品便是继承烧腊法发展而来的。唐代灭亡以后，中原文士南迁，广东菜又一次受到中原饮食文化的影响。至宋代，广州地区的名肴美馔已明显增多，或由内地传来，或为本地创制，其烹饪技艺比唐代精细。明清时期，广东风味菜得到快速发展。广州成为对内对外贸易十分发达的地方，商贾云集，各地名食蜂拥而至，西洋餐饮相继传入，饮食市场十分兴隆。广东菜在内外饮食文化的滋润下快速发展，最终形成了特色突出的地方风味体系。到民国时期，仅广州就有较大的饮食店200多家，而且家家都有自己独特的招牌名菜，此时的广东餐饮市场可谓名菜荟萃，争奇斗艳，拥有“食在广州”之誉。新中国成立后，广东风味菜进入了繁荣时期。

（二）广东风味的主要特点

1. 用料广博而精

清代屈大均的《广东新语》言：“天下所有之食货，粤东几尽有之；粤东所有之食货，天下未必尽有也。”广东地区地形复杂，气候炎热多雨，十分适合动植物生长，物产丰富，北有野味，南有海鲜；珠江三角洲河网纵横，瓜果蔬菜四季常青，家禽家畜质优满栏；同时广东又处于中国对外贸易的南大门，引进国外原料十分方便，这些因素造就了粤菜用料广博的特点。广东自古有杂食的习惯，除了鸡鸭鱼虾外，还善用蛇、狸、鸟、龟、猴、蜗牛、蚂蚁子、蚕蛹等制作佳肴。可选原料广泛，这便有条件精选。粤菜讲究原料的季节性，除了注意选择原料的最佳肥美期外，还特别注意选择原料的最佳部位。现在，为了保护野生的珍稀动植物、维护人体健康，粤菜在用料上更注重精细。

2. 调味注重清而醇

广东菜具有清淡、嫩滑、爽脆，讲究时令的特点。广东地处热带、亚热带，冬暖夏长，炎热潮湿，人们在口味上必然追求清淡、爽滑，从而使广东菜的调味注重清而醇。广东常以生猛海鲜为原料，活杀后烹食，在调味上讲究清而不淡、鲜而不俗、嫩而不生、油而不腻，既重鲜嫩、滑爽，又兼顾浓醇。一般而言，夏秋力求清淡，冬春偏重浓醇。广东菜对调味的讲究，也促进了调味料和调味技巧的发展。广东菜的调料独特，不同季节和不同菜品常选用不同的调料，而且有许多调料曾经是其他地方菜不用或很少用的，如蚝油、柱侯酱、沙茶酱、柠檬汁、鱼露和果皮。此外，粤菜善用现成的单味调味品调制成极具竞争力的复合调味品。这种做法现已辐射到全国各地，调味品厂也陆续将成熟的复合调味品开发成产品，满足市场的需要。

3. 烹法博采中外

由于长期的人口南迁，水陆交通方便，对内对外贸易发达，广东菜博采中外烹饪方法之长，并结合岭南烹饪习惯而加以变化，形成了自己十分擅长的烹饪方法，如烧、烤、炙、焗、蒸、扣、泡、灼、煲、焖、烩等。其中，最典型的烹饪方法是焗法。焗法，本是西餐常用的烹饪方法之一，随着西方饮食文化的交流进入中国，广东厨师则积极吸收借鉴，并结合岭南烹饪习惯而加以变化，发展出多种多样的焗法，包括盐焗、炉焗、原汁焗、汤焗、酒焗等，制作出东江盐焗鸡、果汁肉脯等著名菜肴。

4. 品种多样新颖

自唐代起，广东经济逐步兴盛，物质比较丰富，食风得以盛行，广东人十分讲究菜点的新颖和滋味。在历史上，广州长期是商业活动十分活跃的地方，饮食业十分发达，从而引发了食肆间的激烈竞争，竞争的结果造就了许多名厨，打造了许多名店，创造了许多名菜、名点。今天，随着饮食业的发展，菜点的更新与开发速度呈现加快的趋势。仅以广东点心为例，其种类之多是其他地方少见的，有常期点心、星期点心、四季点心、席上点心、节日点心、旅行点心、早上点心、午夜中西点心、精美点心、筵席点心等，名目繁多，精小雅致，款式常新，应时适宜。

（三）广东风味的组成及代表品种

广东风味主要由广州菜、潮州菜和东江菜组成。

1. 广州菜

广州菜，也称广府菜，涵盖的范围最广，包括顺德、中山、南海、清远、韶关、湛江等地。广州菜有用料广泛、选料精细、配料奇异、刀工讲究、火候适当等特点，烹饪方法擅长炒、煎、炸、焗、煲、炖、扣等，在炒法上讲究“镬气”，即火候及油温，并讲究现炒现吃，以保持菜肴的色、香、味、形，口味讲究清鲜嫩脆滑爽。其代表品种有挂炉烤鸭、麻皮乳猪、龙虎斗、油泡虾仁、红烧大裙翅、清蒸海鲜以及蛇肴。

2. 潮州菜

潮州菜，也称潮汕菜，发源于潮汕平原，覆盖潮州、汕头、潮阳、普宁、揭阳、饶平、南澳、惠来和海丰、陆丰等地，以及说潮汕话的地方。潮州菜的特点是选料严格，讲究刀工和造型，口味偏重香醇、甜、鲜。潮州菜的烹饪方法以焖、炖、烧、炸、蒸、炒、泡等法擅长，其中焖、炖及卤水的制品与众不同。以烹制海鲜、汤类和甜菜、素菜最具特色。其代表品种有炸虾枣、红炖鱼翅、烧雁鹅、护国菜、清汤蟹丸、油泡螺球、绉纱甜肉、太极芋泥等。

3. 东江菜

东江菜，又称客家菜。这里的客家是指古代从中原迁徙到广东的东江一带山区的汉人，他们烹制的菜点被称为客家菜。因东江山区的地理、气候和物产条件与中原有相近之处，东江一带的客家人在饮食习俗上大量保留了中原的饮食风貌，使得客家菜也基本保持中原特色。总体而言，客家菜的特点是菜品主料突出、朴实大方，善烹畜禽肉料，口味上偏于浓郁，重油、主咸、偏香，善烹沙锅菜，具有浓厚的乡土气息。其代表品种有东江盐焗鸡、玫瑰酒焗双鸽、扁米酥鸡、东江豆腐、东江鱼丸、梅菜扣肉、爽口牛肉丸等。

除了上述的传统代表性品种外，广东菜在当代还创制了众多著名的创新菜点。其中，代表性的创新名菜有鲍汁扒百灵菇、金牌乳鸽皇、鲍汁鹅掌扣关东参、烧汁鱿鱼筒、鲍汁酿茄子、椰子花旗参炖竹丝鸡、红烧金钩翅、香酥糯米鸭、芝士焗龙虾、潮式反沙芋头、铁板脆瓜鸳鸯鱿等，代表性的创新名点有雪蛤枣泥糕、芝士甘薯挞、榴莲千层糕、香芒冻布甸、忌廉水果挞、榄仁马拉糕、黑米山薯卷、香菇玉米果等。

四、江苏风味

江苏风味，也称淮扬菜、苏菜。江苏地处中国东南部，气候温和，雨水充足，江湖河海纵横，物产丰富，加之交通便利、经济和文化十分发达，市场极为繁荣，使得江苏风味发展成为中国最著名的地方风味流派之一。江苏风味的影响遍及长江中下游广大地区。

（一）江苏风味的形成和发展

江苏菜起源于新石器时代。在江苏境内许多新石器时代文化遗址中，出土了一些动植物残骸和大量的炊煮器、饮食器，说明先民们赖以生存的饮食与烹饪条件已基本具备。上古时，彭铿善于制作的“雉羹”是古代典籍中记载的最早江苏菜肴。春秋战国时期，江苏菜有了较大发展，出现了全鱼炙、臑腼、吴羹等名菜。汉魏南北朝时期，江苏的面食、素食和腌菜类食物有了显著的发展。隋朝时，京杭大运河的开凿使扬州、镇江、淮安及苏州的经济得以繁荣，促进了江苏菜的发展，制作出了许多“东南佳味”。唐朝时，扬州已是“雄富冠天下”的“一方都会”，苏州繁华热闹的程度相当于半个长安，城中酒楼、饭馆、茶肆、货摊比比皆是，江苏菜得到更大的发展。到了宋代，大批中原士族南迁，江苏风味因此发生变化，将中原风味融于其中，并开始重甜，出现了许多制作精美的著名菜肴。宋代陶谷《清异录》就载有广陵缕子脍、吴越玲珑牡丹鲊、越国公碎金饭、吴中糟蟹、镇江寒消粉、建康七妙等著名肴馔，遍布江苏的扬州、镇江、南京、苏州等地。宋代浦江吴氏《中馈录》中也载有醉蟹、瓜荠、蒸鲥鱼、糟茄子等江苏名菜。其中，不少海味菜、糟醉菜被列为贡品。明代时，南京一度是全国的政治、经济、文化中心，加上中外物资交流增多，江苏的食物原料更加丰富，烹饪方法日趋完善，菜肴品种数以千计。到清代，江苏风味又出现了许多新品，蒙食、满食进一步融入汉食，以致在清代中叶的苏州、扬州市上出现了“满汉席”，江苏菜南北沿运河、东西沿长江发展不断走向鼎盛，最终形成特色突出并且完整的风味体系。据徐珂《清稗类钞·各省特色之肴馔》载全国肴馔各有特色者共10处，其中江苏占了5处。与此同时，还出现了一批在中国烹饪历史上具有重要意义的饮食烹饪著作，如《随园食单》《调鼎集》等，对推动江苏菜烹饪技艺的提高、扩大苏菜影响起到了很大的作用。到了现代尤其是20世纪80年代后，江苏菜进入更加繁荣与创新的时期。

（二）江苏风味的主要特点

1. 用料广泛而精良

江苏东临大海，西傍洪泽，南临太湖，长江横贯于中部，运河纵横于南北，素有“鱼米之乡”之称，物产极为丰富，烹饪原料应有尽有。水产品众多，鱼鳖虾蟹四季可取，太湖银鱼、南通刀鱼、两淮的鳝鱼、镇江鲥鱼、连云港的河蟹等均为名品。优良佳蔬有太湖莼菜、淮安蒲菜、宝应藕、板栗、茭白、冬笋、荸荠等。可以说，江苏“春有刀鲚夏有鲴鲥，秋有蟹鸭冬有野蔬”，一年四季水产禽蔬野味不断，使得江苏菜用料广泛，并且特别喜用品质精良的鲜活原料。

2. 调味清鲜而醇和

江苏菜在调味上注重原汁原味，力求使一物呈一味、一菜呈一格，形成了清鲜醇和、咸甜适宜的特征。江苏许多菜肴都各成一味，如扬州的狮子头、将军过桥，苏州的白汁元鱼、油爆大虾，镇江的清蒸鲥鱼，无锡的镜箱豆腐，宜兴的气锅鸡等。江苏菜常用的调味品有淮北海盐、镇江香醋、太仓糟油、苏州红曲、南京抽头秋油、扬州四美三伏酱、玫瑰酱等当地名品，也有厨师精心制作的花椒盐、葱姜汁、红曲水、鸡清汤、老卤、清卤等调味品，同时注重用糖。江苏各地的厨师用这些调味料进行调味，不仅能使菜肴呈现出江苏各地的地域风味差异，如扬州菜淡雅、苏州菜略甜、无锡菜更甜，也能展示出江苏菜清鲜、醇和的整体风味特色。

3. 烹技多样而精细

江苏菜的烹饪方法多种多样，特别擅长炖、焖、煨、焐、蒸、炒、烧等，同时又精于泥煨、叉烤等。在使用焖法时，常要用专门的焖笼、焖橱。江苏菜制作精细，重视调汤，其汤清见底，浓则乳白，在火功的把握上强调浓而不腻、淡而不薄，酥烂脱骨而不失其形，滑嫩爽脆而不失其味。此外，江苏菜特别强调刀工精细，有“刀在扬州”之誉。无论是工艺冷盘、花色热菜，还是瓜果雕刻，或脱骨浑制，或雕镂剔透，都显示出精湛的刀工技术。如一块2厘米厚的方干，能批成30片的薄片，切丝如发。

4. 成品佳美而精巧

由于在刀工上讲究精细、在造型上注重精致美观，使得江苏菜成品具有佳美而精巧的特点。古代扬州用鲫鱼肉、鲤鱼子和碧笋或菊苗制成的“缕子脍”，当今著名的三套鸭、“无刺刀鱼全席”、瓜雕、花色冷拼以及船菜、船点等，都是其中典型的代表。花色冷拼常通过精湛的刀工和造型，使菜肴精美、巧妙地呈现在人们面前。太湖的船点，模仿果蔬、禽畜、鸟兽、花草树木等形态精巧之极，常有以假乱真的奇效。

（三）江苏风味的组成及代表品种

江苏风味主要由淮扬、金陵、苏锡、徐海等四大地方风味组成。

1. 淮扬风味

淮扬风味，以扬州、淮安为中心，以大运河为主干，南至镇江，东至里下河地区及沿海南通等地。淮扬风味选料严谨，注重刀工和火候，强调本味，突出主料，色调淡雅，造型新颖，瓜灯雕刻尤为精美，口味清鲜，咸甜适中。在烹饪方法上擅长煨、焐、炖、焖、叉烤等法。其代表品种有清炖蟹粉狮子头、大煮干丝、三套鸭、松鼠鳜鱼、将军过桥、炒软兜、水晶肴蹄、清蒸鲥鱼、文思豆腐、文楼汤包、黄桥烧饼、三丁包子、翡翠烧卖等。

2. 金陵风味

金陵风味，主要以南京为中心。南京为六朝古都，又有“金陵天厨”的雅名。南京菜原料讲究鲜活，刀工细腻，火工纯熟，菜肴滋味醇和，鸭肴久负盛名，花色菜点精巧细致。在烹饪方法上擅长焖、炖、烤等法。其代表品种有盐水鸭、香酥鸭、黄焖鸭、松子熏肉、五柳青鱼及夫子庙小吃等。

3. 苏锡风味

苏锡风味，以苏州、无锡为中心，旁及常州、常熟、昆山等地。其用料广取江河湖鲜，口味偏甜，无锡尤甚，十分注重造型美观，色调绚丽。在烹饪方法中，白汁、清炖独具一格，特别擅长制作虾蟹莼鲈菜肴以及糕团船点、茶食小吃。其代表品种有雪花蟹斗、松鼠鳜鱼、鸡茸蛋、香脆银鱼、虾仁锅巴等，苏州糕团点有玫瑰方糕、小元松糕、青团等。

4. 徐海风味

徐海风味，主要是自徐州沿东陇海线至连云港一带的地方风味。徐海风味原近齐鲁风味，肉食五畜俱用，水产以海味取胜，利用当地野味、狗肉、羊肉制菜远近有名。菜肴色调偏于浓重，口味为咸鲜为主。在烹饪方法上多用炸、熘、爆、炒，擅长蒸、烩、炖等法。其代表品种有霸王别姬、沛公狗肉、白汁狗肉、荷花铁雀、凤尾对虾、坛子狗肉、拔丝搅糕等。

除了以上传统的名菜点外，江苏当今的创新名菜点还有许多。其中，具有代表性的创新名菜类有三香蹄膀、香芋扣肉煲、冬粒牛肉羹、生烤羊排、卷筒鸡、鸡粥干贝、鸭柳炒年糕、八宝石榴鸭、蟹黄鱼面、翡翠珍珠鱼、香芒银鱼卷、菠萝虾球、十三香小龙虾、麦香小龙虾、酥皮海鲜、鸳鸯鳕鱼、香炸竹荪卷等，代表性的创新名点有雨花石汤圆、豆蓉煎饼、菊叶饼、香煎荠菜角、莲蓉洋芋泥、三丁雪梨、榴莲酥饼、葱油酥卷等。

五、北京风味

北京菜，又称京菜。北京是中华人民共和国的首都，它位于华北平原的北端傍山面海，自然条件优越，地理位置极为重要，汉族与少数民族自古在这里融汇交流，共同推动了统一的多民族国家的发展。在北京的历史变迁中，女真人、蒙古人、汉人、满人曾先后于金代、元代、明代、清代在北京定都，呈现出“五方杂处，百货云集”局面，由于各民族饮食习惯在北京相互影响，逐渐形成了融汇各民族风味的北京风味。

（一）北京风味的形成和发展

北京风味起源于新石器时代。据考古发现，新石器时代的北京人已经能够加工烹饪谷类和畜牧类食品，烹饪技艺除了用火烧、烤制食品外，还可以用类似今日蒸锅的甗煮、蒸食物。秦汉以后，北京百业兴旺、商贾云集，汉族与少数民族饮食文化在此进行着大交流、大融合，使得北京菜中牛羊肉菜占据了较大比例。北京菜真正形成是在明清时期，主要表现在奠定北京菜基础的山东鲁菜进入北京。明代时，山东风味菜已在京立足，其烹饪方法成为京菜的重要烹饪方法。到了清初，山东菜馆在北京越来越多，直接影响着北京菜。此外，江浙菜也流入北京，特别是明朝都城由南京迁至北京，南方种植稻米技术和米制品制作工艺也随之传入北京，江南厨师陆续进京，为北京菜肴及小吃增添了新的内容。而各地风味菜进京，为适应北京特定的社会条件和地方口味，在用料及做法上也不断发生新的变化，虽然与原来的地方风味不尽相同，却更加适合北京人风俗习惯和口味。这样，最终便形成了独有的北京风味体系。新中国成立以后，北京菜也逐渐进入繁荣兴盛时期。当今的北京风味汇集了外省烹饪技术的精华，加之与世界各国的交往，更是以雍容大度的气派，兼收天下美食，更为丰富多彩。

（二）北京风味的主要特点

1. 用料广泛

北京地处华北平原的北部，临近渤海，淡水产品、海鲜产品丰富；南部是冀鲁豫大平原，盛产粮油，六畜兴旺；西北依山，盛产干鲜果品，加上作为政治中心的特殊地位，北京拥有丰富繁多、品质优良的食品原料，猪、牛、羊、鸡、鸭鱼等肉类及瓜果蔬菜等原料应有尽有，因而使用原料非常广泛。此外，相对于其他著名地方风味流派而言，北京菜使用原料时羊肉所占比重较大。清代乾隆年间，制作“全羊席”时常用羊体的各个部位做出 100 多种美味菜肴。

2. 调味淡咸兼清鲜

北京菜吸取了全国主要地方风味流派尤其是山东风味之长，继承了明清宫廷肴馔的精华，其口味以淡咸为主，兼有清鲜脆嫩，并讲究形色的美观、营养平衡。如北京烤鸭，食用时必配葱丝、甜面酱、荷叶饼等，使其皮脆肉嫩，油而不腻，鲜香味美。

3. 成品古朴庄重而大度

北京春夏秋冬都有朴实无华的各式小吃，如北京的传统风味小吃炒肝、灌肠，北京的宫廷风味小吃肉末烧饼、豌豆黄、芸豆卷、小窝头、艾窝窝等均反映出京味的古朴气质。受国都文化传统气氛的熏陶，北京菜具有庄重的气质，这在一些传统大菜上表现最为明显。如北京烤鸭、仿膳宫廷菜、谭家菜、北京涮羊肉等大菜制作时，用料讲究，制作精细，调味方法、进食方式都别具一格，这些都显现出京味庄重的艺术气质。而以北京大董烤鸭店为代表的一些新字号餐厅融中西饮食文化于一体、制作的“中国菜”，则充分显现出大度的气质。

（三）北京风味的组成及代表品种

北京风味由改进了的山东菜、清真菜、宫廷菜、北京本地传统菜及风味小吃组成。改进了的山东菜由原山东菜发展演变而来。明、清之际，山东菜兴盛于北京，经过几百年不断的改良创新，山东的胶东派和济南派在京相互融合交流，出现了适合北京人口味的与济南、胶东两派均不相同的改进了的山东菜。它以爆、炒、炸、熘、熘、蒸、烧等为主要技法，口味浓厚之中又见清鲜脆嫩，格调高雅，堪称北京风味的山东菜。其代表品种有葱烧海参、酱爆鸡丁、烩乌鱼蛋、糟熘三白、干烧冬笋等。

清真菜在北京菜中也占有较大的比重。公元七八世纪，回族已在北京定居，到了元代，回民食品开始在北京普及，并与汉族食品相互影响、学习，渐渐适合北京人的口味，成为北京人饮食不可缺少的重要组成部分。许多回民餐馆在北京安家落户，并不断吸取山东菜和南方菜的长处，发展成以口味清鲜、汁芡稀薄、色泽明亮为特色的北京风味，深受北京人的青睐。清末民初的文兴堂、又一村、同和轩、庆宴楼、东来顺、西来顺、又一顺等，都是北京清真馆中的佼佼者。

宫廷菜也是北京风味的组成部分。北京是金、元、明、清的都城，很早就成为全国政治、经济、文化中心，北京风味继承了明清宫廷菜肴的精华形成了自己的特色。宫廷菜源自民间，进入皇宫后，选料和加工更加精细，菜式、餐具、用具等方面，又增加了浓厚的皇宫色彩。历代宫廷灭亡之后，宫廷菜又回到了民间，获得新的发展，并成为京味的重要组成部分。北京烹制宫廷菜最有影响的是1925年由原清宫御膳房的几位师傅开办的仿膳饭庄，宫廷菜代表品种有芸豆卷、千层糕、抓炒鱼片、炸春卷等。

北京本地传统菜及风味小吃是北京菜的重要组成。北京本地传统菜多用猪、牛、羊为主要原料，味厚、汁浓、肉烂、汤肥。其代表品种有虎皮肘子、干扣肉、一品方肉、爆牛肉等。其风味小吃甚多，代表品种有六必居酱菜、王致和臭豆腐及炒肝、肉末烧饼、烧卖、小窝头、馓子麻花、驴打滚、萨其马等。

除了以上传统名品之外，北京菜还涌现出许多创新品种。其中，具有代表性的创新菜肴有扒驼掌、蚝油鸭卷、火燎鸭心、芝麻鸭卷、拔丝鸡盒、四味三文鱼、软炸凤尾虾、蒜辣虾球、麻酱烧紫鲍、金丝海蟹、炸时蔬、葫芦竹荪、拔丝火龙果等，具有代表性的创新面点包括水晶桃花饼、葫芦包、刺猬包、五仁玉兔酥、像生海棠果、草帽酥、珍珠枣泥柿、奶油蝴蝶酥等。

六、上海风味

上海风味，又称海派菜。上海是一个既古老而又富有传奇色彩的城市，它地处长江口，面对海洋，是国际金融贸易中心和进出口贸易的重要港口，东西南北人共居，各地人频繁往来，对饮食有不同的要求，逐渐造就了独具特色的海派菜。

（一）海派菜的形成和发展

在清代以前，上海基本上是个农业的城镇，餐饮并不发达，虽有不少传统的品种，但主要是上海本地农家餐桌上的菜点。到了清代中后期，上海老城区初具轮廓，借助十六铺港口之利，商业发达，酒楼餐馆随之大量出现，菜肴也达到了一定的水准。鸦片战争后，随着“五口通商”的实施和上海开埠，上海菜的发展有了新变化。除经营本地菜的餐馆外，上海还出现了不少经营各种地方风味的餐馆，如安徽菜馆、苏州菜馆、宁波菜馆、广东菜馆等。到20世纪二三十年代，上海菜形成了本帮、苏、锡、宁、徽、杭、粤、京、川、闽、湘、豫、鲁、扬、清真、素菜等16个地方风味菜聚于一地的格局，并具有海派的特征，即灵活多样，精美纤巧，适应性强，既具江南秀灵之气，又带有很强的功利性。20世纪四五十年代，海派菜不断总结、提高，并逐渐成熟定型。1956年，上海举办了规模盛大的名菜名点展览，在此基础上编辑出版的《上海名菜》一书，对上海菜的选料、烹制方法、调味、品质等特征做了较系统的介绍，这标志着海派菜特色不仅在市场上得到了认可，在理论上也形成了自己的体系。改革开放后，海派菜迅速发展，并且展现出一幅全新的画面。

（二）海派菜的主要特点

1. 用料广泛，注重时令

上海地处长江入海口，又位于中国大陆海岸线的中心点，气候温和，交通方便，有四季常青的菜蔬、河鲜海鲜以及全国各地及海外原料等。丰富的烹饪资源为海派菜提供了纵横驰骋的广阔天地，形成了选料严谨、四季有别的特征，注重活生时鲜、季节时令。

2. 调味清鲜，制作精细

海派菜在调味上强调浓而不腻、清鲜而不淡薄，口味都较温和。如海派京菜的咸味比北京菜略轻，海派川菜的麻辣味比川菜减少。此外，上海菜制作精细，主要体现在刀工精细、造型巧妙、装盘典雅、盛器美观等方面。如百粒虾球，虾球外表粘裹着面包颗粒，必须先将面包切片，然后再切成条，最后切成粒。面包粒脱水之后，其香脆度远胜面包粉，其大小一致的颗粒更给人一种匀称美。

3. 成品新颖华美

上海是中国大陆海岸线的中心点，饮食消费水平极高，海派厨师不断开拓新路子，创造出营养均衡、精巧华美、款式新颖、刀工精细的新菜点。五方杂处的“海派”食坛，由于客观上的有利条件，各地菜系之间相互借鉴，取长补短，海派的名肴层出不穷，新颖别致。

（三）海派菜的组成及代表品种

由上海本帮菜与京、川、粤、清真、素菜等各地风味交融，演化而成了海派菜。

本帮菜是指一些源于本地的家常菜，但经过不断的技术更新，逐渐形成的甜咸适宜、浓淡兼长、清醇和美的风味菜式，如虾子大乌参、草头圈子和油爆河虾等。海派的京、川、粤、扬、苏、锡、豫、杭、徽、闽、湘、宁、鲁、清真、素菜虽源于其他风味，但经过革新后，已成为适合上海本地口味特征的新派菜式，具有鲜明的特点。如海派京味四季分明，色彩鲜丽，油而不腻，淡而不薄，味道咸鲜脆嫩，其代表品种有浮油鸡片、软炸里脊等。海派广东风味鲜嫩爽滑，夏季力求清淡，冬春偏重浓醇，其代表品种有戈渣蚝油牛肉、腰果炒蛇丁等。海派四川风味保持了川菜善用麻辣的特色，又增添了上海风格，麻辣味轻，口味南北皆宜，其代表品种有干煸牛肉丝、干烧鲫鱼等。海派扬州风味刀工精细、清淡适口、醇厚入味，其代表品种有鸡火干丝、三色鱼米等。海派的苏锡风味菜肴讲究花色、注重刀工、甜度减低，造型讲究、色彩调和等；海派的宁波风味讲究鲜嫩软滑、咸味减轻；海派的安徽风味讲究色彩与形状，不重油，口味力求醇浓入味。

此外，近年来，海派菜又不断创制了许多新品种。其中，具有代表性的创新菜肴包括蟹粉鱼肚、干烧鳜鱼镶面、双色虾仁、松仁鱼米、肉骨茶、田螺塞肉、黑胡椒牛柳、五味鸡腿、生菜鸽松等，代表性的创新面点小吃有蟹粉小笼、黄油南瓜泥、鸽蛋桂花圆子、咖喱牛肉汤、西米嫩糕等。

七、其他部分地方风味

除了北京、上海、山东、四川、广东、江苏的地方风味外，中国肴馔还有许多地方风味流派，如天津、浙江、福建、安徽、湖南、湖北、陕西、河南、云南、河北、山西、江西等地方风味，各有其浓厚的地方特色，存在着各自的烹饪艺术风格，下面仅简述其中的部分地方风味。

（一）浙江风味

浙江风味，即浙菜。其主要特点是选料追求细、特、鲜、嫩，口味偏重清鲜稍带甜味，形态讲究精巧、清秀雅丽等，擅长爆、炒、烩、炸、蒸、炖、烧、软熘等烹饪方法。

浙江风味，主要由杭州、宁波、绍兴、温州等地风味菜组成。杭州菜是浙菜的主流，制作精细，品种多样，清鲜爽脆，淡雅典丽，代表菜有西湖醋鱼、东坡肉、龙井虾仁、油焖春笋、西湖莼菜汤等。宁波菜注重保持原汁原味，“鲜咸合一”，色泽较浓，以蒸、烤、炖制海味见长，讲究嫩、软、滑，代表菜有雪菜大汤黄鱼、苔菜拖黄鱼、木鱼大烤、冰糖甲鱼、锅烧鳗、宁波烧鹅等。绍兴菜讲究香酥绵糯、原汤原汁，轻油忌辣，烹调时常用鲜料配腌腊食品同蒸或炖，且多用绍酒烹制，香味浓烈，代表菜有糟熘虾仁、干菜焖肉、绍虾球、头肚须鱼、鉴湖鱼味、清蒸鳜鱼等。温州菜，也称“瓯菜”，因温州古称“瓯”而得名。温州菜以海鲜入馔为主，口味清鲜，淡而不薄，烹调讲究“二轻一重”，即轻油、轻芡、重刀工，代表菜有三丝敲鱼、双味蝤蛑、橘络鱼脑、蒜子鱼皮、爆墨鱼花等。

（二）福建风味

福建风味，即闽菜。其主要特点是讲究火候、调汤、作料，口味偏于甜、鲜、酸，善用糟料，突出清鲜、醇和、荤香不腻的风味特色，以糟、蒸、煨、氽、炸、焖等烹饪方法见长，善烹山珍海产河鲜，刀工细腻。

福建风味，主要由福州菜、闽南菜和闽西菜组成。福州菜是闽菜的主流，除盛行于福州外，也在闽东、闽中、闽北一带广泛流传。其菜肴特点是清爽、鲜嫩、淡雅，偏于酸甜，善用红糟为作料，尤其讲究调汤，给人“百汤百味”和糟香袭鼻之感，代表菜有茸汤广肚、肉米鱼唇、鸡丝燕窝、糟汁氽海蚌、煎糟鳗鱼、淡糟鲜竹蛏等。闽南菜盛行于厦门和晋江、龙溪地区，东及台湾，具有鲜醇、香嫩、清淡的特色，以讲究作料、善用香辣而著称，在使用沙茶、芥末、橘汁以及药物、佳果等方面均有独到之处，代表菜有佛跳墙、沙茶牛肉、青菜鲍鱼、东壁龙珠、桂圆红鲟、当归牛腩等菜肴。闽西菜盛行于讲客家话的闽西地区，菜肴有鲜润、浓香、醇厚之特色，以烹制山珍野味见长，在使用香辣作料方面更为突出，代表菜有油焖石鳞、姜鸡、爆炒地猴、卜兔、麒麟象肚、涮九品等。

（三）湖南风味

湖南风味，即湘菜。其主要特点是口味重酸辣和腊味，油重色浓，在烹饪方法上多采用烧、煨、炖、蒸、炒、烤、卤等法。

湖南风味，主要由湘江流域、洞庭湖区和湘西南山区风味组成。湘江流域风味，主要是指以长沙、株洲、湘潭、衡阳为中心的湘东丘陵地方风味，由历朝历代的官宦私家菜发展融合演变而来，是湘菜的最高代表。它的原料来源广泛，以煨、㸆、炖、蒸、炒诸法见称，菜肴精细考究、品种繁多，彰显出酸辣寓百味、浓郁出鲜香、精细显华美的都市风貌。其代表菜有红煨鱼翅、海参盆蒸、腊味合蒸、走油豆豉扣肉、麻辣子鸡等。洞庭湖区风味，主要指洞庭湖区的地方风味，以淡水水产动植物、家禽为主要原料，多用煮、炖、烧、蒸制作，菜肴清鲜自然，不尚矫饰，代表菜有洞庭野鸭、蒸钵炉子、网油叉烧、洞庭鳜鱼、蝴蝶飘海、冰糖湘莲等。湘西南山区风味，以湘西、湘南山区地方风味为主，多用山野肴蔌和腌腊制品，菜肴质朴，具有浓郁浑厚的山乡风味，代表菜有红烧寒菌、板栗烧菜心、湘西酸肉、炒血鸭等。

（四）安徽风味

安徽风味，即徽菜。其主要风味特点是以咸鲜为主，突出本味，讲究火功，注重食补，在烹饪方法上以烧、炖、焖、蒸、熏等法为主。

安徽风味，由皖南菜、皖江菜、合肥菜、淮南菜、皖北菜组成。皖南菜，以黄山（屯溪）、绩溪、歙县等地方菜肴为代表，是徽菜的主流和渊源。其主要特点是咸鲜味醇、原汁原味，擅长烧、炖、焖、蒸，讲究火功，善以火腿佐味，冰糖提鲜。其代表菜有火腿炖甲鱼、腌鲜鳜鱼（臭鳜鱼）、问政山笋、徽州毛豆腐、徽州蒸鸡、胡氏一品锅、红烧划水、葡萄鱼、敬亭绿雪、茂林糊等。皖江菜，以芜湖、安庆、巢湖等地方菜肴为代表。其主要特点是咸鲜微甜、酥嫩清爽。擅长红烧、清蒸和烟熏，以烹调河鲜、家禽见长，讲究刀工，注重形色，善于用糖调味。其代表菜有无为熏鸭、毛峰熏白鱼、炒虾丝、八宝蛋、迎江寺素鸡、马义兴老鸭汤、雪湖玉藕、火烘鱼等。皖北菜，以蚌埠、阜阳、淮北等地方菜肴为代表。其主要特点是咸鲜微辣、酥脆醇厚。擅长烧、炸、焖、熘，善用芫荽、辣椒、香料配色、佐味和增香。其代表菜有符离集烧鸡、萧县葡萄鱼、春芽焖蛋、鱼咬羊、薹干羊肉丝等。合肥菜，不仅有自己的风味特色，而且还汇集和融合了全省各地菜肴的精华，烹饪方法主要以烧、炖、蒸、卤为主，善用咸货出鲜、酱料附味，口味咸鲜适中、酱香浓郁。其代表菜有李鸿章大杂烩、三河酥鸭、包公鱼、吴王贡鹅、荠菜圆子、风羊火锅、寿州圆子、王义兴烤鸭、冰炖桥尾等。淮南菜，主要以豆腐菜肴为代表，主要采用烧、炖、炸、煎等烹饪方法，口味咸鲜香辣、滑嫩味浓，其代表菜有八公山豆腐、奶汁肥王鱼、清汤白玉饺、淮王鱼炖豆腐、寿桃豆腐、椒盐豆腐排等。

（五）东北风味

东北风味，即东北三省的菜。其主要特点是着重选用本地的著名特产原料，注重咸辣，以咸为主，重油腻，重色调；长于扒、烤、烹、爆等烹饪方法，讲究勺工，特别是大翻勺技艺突出，使得菜肴形态完美。

东北风味，由辽宁菜、吉林菜和黑龙江菜组成。辽宁菜，以沈阳、大连、锦州和丹东等地方风味为主。其主要特点是口味以咸鲜为主，油重味浓，汁宽芡亮，清鲜脆嫩，擅长烧、烤、扒、炖、煮、蒸、熘等烹饪方法，代表品种有清蒸海螺、红梅鱼肚、兰花熊掌、凤脚鲜鲍、橘子大虾等。吉林菜，主要由省内各民族风味组成。其主要特点是口味咸辣酸鲜，软嫩酥烂，清淡爽口，浓淡荤素分明，擅长扒、炒、炖、煮等烹饪方法，代表品种有白参炖乌鸡、白肉血肠、鸡茸蛤士蟆油、白扒松茸蘑、鹿茸三珍汤等。黑龙江菜，以哈尔滨、牡丹江、伊春、黑河等地方风味为主。其主要特点是口味浓厚偏咸，擅长烤、扒、爆、炒等烹饪方法，代表品种有烤狗肉、叉烧野猪肉、烩鹿尾、白扒熊掌、飞龙汤等。

第三节　特色筵宴的设计

筵宴，是筵席与宴会的合称。筵席，专指为人们聚餐而设置的、按一定原则组合的成套肴馔及茶酒等，又称酒席。宴会，则指人们因习俗、礼仪或其他需要而举行的以饮食活动为主要内容的聚会，又称燕会、酒会。宴会不可缺少的核心内容是筵席，而筵席通常出现在宴会上、是宴会上供人们饮食用成套肴馔及茶酒，二者虽有一定的区别却又密不可分，因此，古人常将二者合称为“宴飨”或“宴享”，《汉书·礼乐志》言“嘉笾陈列，庶几宴享”，今人则合称为筵宴，甚至在习惯上将它们视为同义词语混用。

特色筵宴，一般是指选定某一特色作为筵宴活动的中心内容，其菜品、环境、服务以及各项活动都为这一特色服务的筵宴。特色筵宴荟萃了某类风味名馔，用料专精，技法规整，风味谐调，情趣盎然，席面构成完备的体系，以精纯、严密、整齐、高雅著称，如太湖船宴、西安饺子宴、北京仿膳宴、重阳长寿宴、秦淮小吃宴等。

一、特色筵宴的主要特点

特色筵宴既有一般筵宴的共性，又有自身的个性，其主要特点如下：

（一）菜点及菜单围绕特色

菜点及菜单是筵宴的根本，特色筵宴的菜点和菜单都围绕特色展开，集中展示和反映筵宴的特色主题。如特色筵宴“菊花蟹宴”，在菜点设计上便围绕螃蟹这个主题展开，汇集了许多以蟹为特色的著名菜点，包括清蒸大蟹、透味醉蟹、子姜蟹钳、蛋衣蟹肉、鸳鸯蟹玉、菊花蟹汁、口蘑蟹圆、蟹黄鱼翅、四喜蟹饺、蟹黄小笼包、南松蟹酥、蟹肉方糕等菜点，可谓“食蟹大全”；在菜单设计上，其内容除了载录这些著名蟹味菜点外，还围绕螃蟹这个主题展示和渲染相关知识与文化内涵，包括螃蟹的营养保健功能、古今食蟹的诗文等。又如，以地方风味为主的特色筵宴，在菜点与菜单设计时常以地方风味的特色文化为特色主题加以渲染，包括地方风味的特点、著名菜品、饮食习俗等。

（二）烹饪技法突出特色

特色筵宴历来是以烹制技法的精美而著称，其菜点制作工艺的要求是科学性与规范性的完美结合，做到膳食结构的平衡，营养价值优异，烹调方法合理。一桌特色筵宴菜肴，从冷菜、热菜到面点、小吃通常由多道菜点组成，它们虽然在烹饪技法上各不相同，导致其形状各异、色彩交相变换、口感多种多样，拥有各自不同的个性，看似有些杂乱，但是却都在努力突出筵宴的特色，使筵宴具有多样统一的风格，不仅避免了菜点的单调和工艺的雷同，还展现出变化之美。如在特色筵宴“菊花蟹宴”中，其蟹味菜点采用了蒸、醉、煮、炸等法，虽然技法各不相同，成菜风味各异，但从不同角度上突出了螃蟹的鲜香味道和亮丽色泽。

（三）环境服务配合特色

特色筵宴突破了传统餐饮仅提供产品这一概念，而是提供了一种“经历服务”，给每一位就餐的客人带来一种特殊的享受。除了菜品菜单、技法突出了特色主题之外，筵宴的场景、氛围、员工服饰、员工服务等都有鲜明的特色主题，其充满特色的环境和服务往往也很好地配合了整个特色筵宴的进行，从而为就餐人员提供了一种特殊的享受。

二、特色筵宴设计的内容与要点

（一）特色筵宴菜点及菜单的设计

对于特色筵宴而言，设计一份合理、特色突出的菜单是整个特色筵宴的灵魂所在，是制作和成功举办特色筵宴的基础，而特色筵宴菜单的设计则包括内容和形式两个方面。其中，菜单的核心内容则是菜点。

1. 特色筵宴菜单的内容

特色筵宴菜单的内容，一方面应包括展示和渲染特色主题的相关知识与文化内涵，另一方面必须包括围绕和突出特色主题的菜点品种，而后者更是特色筵宴的核心和基石。从类型来看，特色筵宴的菜点类型与普通筵宴基本相同，主要由冷菜、热菜、汤菜、面点小吃和水果等类型组成，但其要求则大不相同。

（1）冷菜

特色筵宴的冷菜，通常安排 1 个主盘、6～8 个围碟，要求以某一种原料或某一特色主题为中心来设计、策划。如全羊宴，冷菜可以是水晶羊羔、酸辣羊心、芝麻腰花、卤羊肝、羊肉拌黄瓜、三丝羊肉卷等。全鸭宴，冷菜可以是盐水鸭、卤鸭肫、三色鸭肝、辣油鸭舌、双黄咸鸭蛋、陈皮鸭丝等。

(2) 热菜

特色筵宴的热菜，一般安排6～8道菜品为宜，要求以某一种原料或某一特色主题为中心来设计。如全鸭宴，热菜可以是掌上明珠、葫芦八宝鸭、葵花鸭子、金钱鸭肝、松子鸭卷、如意鸭血羹和鸭油时蔬等。“红楼宴”菜单以金陵十二钗平时食用的菜肴和补品为主料，结合书中人物不同的身份、性格和故事情节，运用炸、烩、炒、蒸、炖、烤等烹饪技术融合而成，其热菜有美妙玉品茶龙井虾、王熙凤高谈茄子鲞、薛宝钗论酒食鸭信、敏探春油盐炒枸杞、秦可卿山药健脾胃、贤李纨敬老撕鹌鹑、史湘云围炉烧鹿肉、懦迎春牛乳蒸羊羔。

(3) 汤菜

在特色筵宴中，一般配1～2道汤菜与羹菜为宜。如全鸭宴中，常配以虫草鸭汤；在全素席中，则常配以八菌汤等。

(4) 面点小吃

在特色筵宴中，一般安排2～4道面点小吃为宜，应尽量选用与特色筵宴主题相关的面点小吃品种。如在全鸭宴上，配以鸭肉烧卖、鸭油萝卜丝酥饼、鸭茸蒸饺等面点小吃；“秦淮风情宴”上，则以五香茶叶蛋配雨花茶、牛肉锅贴配金牌牛肠、糯米甜藕配春卷等。

(5) 水果类

在特色筵宴中，一般配以时令水果为佳。将多种水果按一定造型拼集在一个盘中，成为造型美观的水果拼盘。

需要注意的是，特色筵宴的菜点数量不是固定的，常需要根据客人对象、职业、人数、风俗习惯等因素来酌情增减，最终确定。

2. 特色筵宴菜单内容的设计

特色筵宴菜单的核心内容是菜点品种，因此，菜点品种的设计、策划是特色筵宴菜单内容策划的核心与重点。而在设计、策划特色筵宴菜点时，策划者既要根据东道主的需要、宾客和承办者各自的实际情况，也要考虑厨房的设备设施条件以及厨师、餐厅服务人员的技术力量等因素，做到因人配菜、因艺配菜、因价配菜等，但最重要的是必须围绕特色筵宴的主题来展开。具体而言，需要做好以下几个方面的工作：

(1) 合理组配菜点

在特色筵宴菜单中，菜点组配历来十分讲究，设计者必须围绕特色主题，通过主、辅料的选择、烹调加工以及色、香、味、形、器等方面合理、科学、巧妙的搭配，使筵宴的菜点具有浓郁的个性特色和富有时代气息，使客人在筵宴中既获得物质享受，又获得精神享受。仅以原料选择与配搭而言，特色筵宴大多应当做到专且广。如选择原料太“专”则很难变化花色品种，而过“广”又会有喧宾夺主之弊，每个菜点应做到异中见同（即主料），同中见异（即辅料），冷菜、热菜、汤菜、面点小吃等都要制作精细，形成系列，富有个性，突出主题特色。如长江两岸盛产鱼、虾，可用鱼、虾为主料制作出“全鱼宴”、“全虾宴”等；北方盛产牛、羊，可以其为主料制作“全牛宴”、“全羊宴”等；为顺应人们对菜点营养保健功能的新要求，上海某宾馆餐饮部适时推出了“黑色宴”，选用了黑木耳、黑芝麻、黑蚂蚁、蝎子、乌鸡、黑鱼、乌参、泥鳅、花菇、发菜等黑色原料，经过反复斟酌和精心调配，烹制出了一系列黑色筵宴菜品。此外，特色筵宴菜点应当做到调味浓淡与清鲜交替起伏，烹饪技法多样并存，质感丰富而多变，品类众多且有机衔接，在造型、色彩甚至器皿搭配上也应当迎合主题变化、渲染特色主题。只有这样，特色筵宴才会有节奏感和动态美，特色筵宴菜点设计才会成功。

（2）精心设计菜名

为特色筵宴的菜点精心设计命名，既要便于客人理解或一目了然，又要深挖特有的文化内涵，使客人能够产生美好联想，增加用餐情趣，但不可生搬硬套，牵强附会，使人难以理解。如“梅兰芬芳春满园特色筵宴”是以京剧大师梅兰芳先生的生平和事迹为主题的特色筵宴，其菜名设计则深掘特色主题的文化内涵，运用虚名、实名相结合的办法，每一款菜品均用梅兰芳演过的戏命名，达到突出特色主题的目的；而与此同时，每款菜名旁边备注实名，便于就餐宾客明明白白用餐。具体菜名如下：天女散花（八味佳美碟）、游园惊梦（脆皮双乳鸽）、贵妃醉酒（太湖活炝虾）、凤还巢（雀巢宫保鸡）、天仙配（海鲜佛跳墙）、嫦娥奔月（上汤娃娃菜）、黛玉葬花（醋椒牡丹鱼）、麻姑献寿（黄桥寿桃包）、霸王别姬（甲鱼本鸡汤）等。这种菜点命名方法既显得不落俗套，又能突出特色筵宴主题，增加筵宴气氛。

（3）科学制定价格

特色筵宴菜点价格的制定，直接受原料成本、工艺难度等因素的制约，原料越珍贵奇特、价格越高，制作加工越精细，则价格以及档次就越高，相反则筵宴菜点的价格以及档次就越低，可以说，不同档次、不同价格的特色筵宴必然导致菜点的品种、质量、数量的截然不同，因此在制定特色筵宴价格时，必须进行原料与工艺等方面的成本核算，力求质价相称、公平合理。但与此同时，特色筵宴菜点的价格，还必须针对预期的目标客源市场科学地制定，与其目标定位相适应。同样主题的特色筵宴，在不同的地区、不同的民族、不同的客源市场，其菜点的价格、档次应当有所差别，切不可一概而论，否则会使顾客满意度降低，造成不良结果。

3. 特色筵宴菜单形式的设计

特色筵宴菜单在形式上的设计，不仅包括菜点的说明文字、图片的设计，而且包括对菜单的封面、材质、形状、使用地等方面的设计。其中，主要的有以下三个方面：

（1）菜单文字及字体的设计

菜单需要借助文字向顾客传达一些信息，同时也是自我宣传的极好工具。通常在特色筵宴菜单上的文字至少应当有两类：一类是介绍菜点名称的文字，要尽量做到形象、准确，同时可以带有一定的艺术性，让顾客产生联想；另一类是菜点的描述性文字，主要用来描述菜点的具体特征等，可简可繁。此外，特色筵宴菜单上还可以有其他的文字或图片以展示和渲染特色主题的相关知识与文化内涵等。在确定了菜单的文字之后，就必须选择相应的字体或字号。不同的字体有不同的风格和特点，应尽量围绕筵宴的特色主题选择。

（2）菜单材质的设计

在特色筵宴菜单设计中，可以用于制作菜单的材质非常多，但最主要、最常见的仍然是纸张。而菜单纸张的类型和质量是反映特色筵宴规格、档次的标志，也决定了菜单制作的成本。特色筵宴菜单多选用光泽度较好且平滑柔和的铜版纸印刷，必要时还要做防水处理，以便清洁、不易污染。菜单是否压膜、是否烫锡，都应与特色筵宴的总体设计相协调。此外，也可以采用特别的材质制作菜单，如纸扇、竹简、丝绸、装饰性的木框等。这类菜单往往会给客人留下深刻的印象，起到非常好的装饰效果。

（3）菜单形状及封面设计

通常而言，筵宴菜单的形状大多是正方形、长方形和多边形，显得规整、大方，而特色筵宴除了采用这些常规形状外，还可以根据特色主题设计出别具一格的异形菜单，如心形、月亮形、卡通形等。这些菜单可以配上粗大的黑体字或其他独特、张扬的字体和具有煽动性、诱惑力的促销文字与图片，调动顾客的消费情绪。此外，菜单封面是特色筵宴文化与艺术内涵的重要表现。菜单封面的艺术装饰设计，不仅要与餐厅的风格相适应，还必须与特色筵宴的特色相一致。如在传统的高档餐厅中举办以中秋节为主题的特色筵宴，其筵宴菜单封面可设计、选用国画或中国书法等装饰；而在现代的大众型中餐厅举办同样主题的特色筵宴，其菜单封面的设计就可有所不同。

4. 特色筵宴菜单设计案例

案例 1　某饭店全鸭宴菜单

（每位 150 元人民币，酒水除外，共 10 人）

冷菜：盐水鸭、卤鸭肫、三色鸭肝、辣油鸭舌、双黄咸鸭蛋、黄瓜拌鸭肠、冬笋咖喱鸭掌、陈皮鸭丝

热菜：太极鸭血羹、鸭包鱼翅、松子鸭卷、炒美人肝、掌上明珠、烤鸭两吃、鸭油时蔬、扁尖鸭方汤

点心：鸭肉烧卖、鸭油萝卜丝酥饼、鸭丝花卷、鸭茸蒸饺

甜菜：杏仁豆腐

水果：三色拼盘

案例2 苏州“天堂宴”菜单

“上有天堂，下有苏杭。”苏州为我国著名的鱼米之乡，得天独厚的自然环境和丰富的物产资源形成苏州菜肴以河鲜为主的特色。苏州某饭店在长期的烹饪实践中，结合饭店经营特点，吸收了国内外各地菜肴的技法，进行了大胆的尝试，创制了苏州“天堂宴”。“天堂宴”制作选料严谨，注重色香味形，在菜肴命名上尽可能反映出了苏州的人文地理风貌，其主要菜品如下：

冷菜：八仙祝寿（围碟加野鸭）：橘子火松、茅台鸭掌、香嫩熬鸡、葱油海蜇、煮盐水虾、麻辣鱼条、虎皮核桃、糖醋瓜条

热菜：金香玉琢（彩色拼虾鸡）、阳澄风光（巴城大闸蟹）、江南稻熟（太湖野鸭）、和合二仙（芙蓉蟹糊）、志和新献（柠檬汁鳜鱼）、绿肥红瘦（竹辉排肉）、石湖串月（雪菜鱼圆汤）、珠圆玉润（明珠蟹肉团）、长生香蓉（花生蓉香糕）、南塘秋意（南塘鸡头米）

案例3 随园宴菜单

根据清代袁枚《随园食单》的记载，某饭店研制了几套充满特色的随园宴，其中一套的菜单为：

冷碟七味：家乡咸肉、拌腐衣、酸辣白菜、油焖笋、香糟嫩鸡、酒醉蟹、红乳鲜贝

热菜：红煨鹿筋、韭黄炒蟹、叉烧野鸡、鳆鱼炖鸭、红煨羊肉、冬笋菜心、清汤鱼圆

点心：栗子蒸糕、糟油春饼

甜菜：红枣山药羹

（二）特色筵宴环境与服务的设计

特色筵宴的餐饮空间、环境氛围与菜品菜单、服务工作等共同组成一个有机整体，反映和体现特色筵宴的主题，影响和辐射宾客的心境和情感，使广大顾客拥有一段难忘的美食经历和情感旅程，给顾客留下深刻难忘的印象。做好特色筵宴的环境与服务设计，通常要考虑灯光装饰、色彩运用、空气氛围、声音控制、舞台设计、天花地面装饰、绿化与标志装饰、员工制服、餐台设计等方面。

1. 灯光装饰

光线是筵宴氛围设计应该考虑的最关键因素之一，因为光线系统能够决定筵宴的格调。在灯光设计时，应根据筵宴场所的风格、档次、空间大小、光源形式等合理巧妙地配合，以产生优美温馨的就餐环境。

筵宴场所使用的光线种类很多，如白炽灯光、烛光以及彩光等。不同的光线有不同的作用。白炽灯光是筵宴场所使用的一种重要光线，它最容易控制，食品在这种光线下看上去最自然。烛光属于暖色，是传统的光线，它能调节筵宴场所的气氛，这种光线的红色火焰能使顾客和食物都显得漂亮。彩光会影响人的面部和衣着，如桃红色、乳白色和琥珀色光线可用来增加热情友好的气氛。中式筵宴

一般以金黄和红黄光为主，而且大多使用暴露光源，使之产生轻度眩光，以进一步增加筵宴热闹的气氛。灯具也以富有民族特色的造型见长，一般以吊灯、宫灯配合使用，要与筵宴场所总的风格相吻合。此外，在办宴过程中，还要注意灯光的变化调节，以形成不同的筵宴气氛。如结婚喜宴在新郎、新娘进场时，筵宴场所的灯光应当调暗，仅留舞台聚光灯及追踪灯照射在新人身上，待新郎、新娘定位后再将灯光调亮，新郎、新娘切蛋糕时灯光再次调暗，仅留舞台聚光灯。

2. 色彩运用

色彩运用是设计人员用来创造各种情境的工具，它是筵宴气氛中可视的重要因素。不同的色彩对人的心理和行为有不同的影响。如红、橙之类的颜色有振奋、激励的效果，绿色则有宁静、镇静的作用，桃红和紫红等颜色有一种柔和、悠闲的作用，黑色表示肃穆、悲哀。颜色的使用还与季节有关，寒冷的冬季，筵宴场所一般使用暖色如红、橙、黄等，给顾客一种温暖的感觉。但在炎热的夏季，绿、蓝等冷色的效果最佳。在特色筵宴中，色彩的运用更重要的是必须表达和烘托筵宴的特色主题。如举办中式喜庆筵宴时，在餐厅布置、台面和餐具的选用上可多用红色，因为红色使人联想到喜庆、光荣，使人兴奋、激动，我国传统的“中国红”更寓意吉祥。

3. 空气氛围

空气氛围包括空气的温度、湿度和气味，它直接影响着顾客的舒适程度。温度太高或太低，湿度过大或过小，以及气味的种类都会给顾客带来迅速的反应。豪华的筵宴厅多用较高的温度和适当的湿度以增加顾客的舒适、轻松。气味也是筵宴气氛中的重要组成因素，顾客对气味的记忆要比视觉和听觉记忆更加深刻。如果气味不能严格控制，筵宴厅里充满了污物和一些不正的气味，必然会给顾客的就餐造成极为不良的影响。一般筵宴场所温度、湿度、空气质量达到舒适程度的指标是：冬季温度不低于18℃，夏季温度不高于22℃，用餐高峰客人较多时不超过24℃，室温可随意调节。相对湿度40%～60%。室内通风良好，空气新鲜，换气量不低于每人每小时30立方米，其中一氧化碳含量不超过每立方米5毫克，二氧化碳含量不超过0.1%，可吸入颗粒物不超过每立方米0.1毫克。

4. 声音控制

声音是指筵宴场所的噪音和音乐。噪声是由空调、顾客流动和筵宴厅外部噪声所形成的。筵宴场所应加强对噪声的控制，以利于筵宴的顺利进行。一般筵宴场所的噪声不超过50分贝，空调设备的噪声应低于40分贝。音乐是特色筵宴环境的重要组成之一，以乐侑食也是中国自古以来的传统。音乐所表现出的民俗风情、自然景色、精神内涵等历史文化渊源，都是凸显特色筵宴主题的极好素材。如展示欧陆风情的特色筵宴可采用《蓝色多瑙河》《维也纳森林的故事》《皇帝圆舞曲》等作为背景音乐，展示岭南风味的特色筵宴可选用《雨打芭蕉》《旱天雷》《鸟投林》等广东音乐，春节团圆筵宴则可选用《春节序曲》《步步高》

《喜洋洋》等音乐。特色筵宴设计者在选择音乐的过程中，除了要围绕特色主题以外，还应准确了解顾客的音乐偏好，了解其最喜欢的音乐、最喜欢的音乐家、最喜欢的曲调，根据这些信息设计、选择适当的音乐。

5. 舞台设计

在大型的特色筵宴中，舞台的布置与设计扮演着最重要的角色。无论筵宴主题、风格、进行方式或是整体气氛的营造，都依赖舞台设计与布置的配合。以下三点为设计舞台时应掌握的基本设计原则：第一，确认特色筵宴的主题。筵宴主题应力求明确，设计人员应根据主题、顾客的预算创造出不同类型、不同风格、不同种类的舞台设计。第二，设计新颖并符合特色筵宴需求。每种筵宴场合都有不同的舞台设计以帮助营造出适宜的筵宴气氛，一场成功的特色筵宴绝对不能仅仅依靠传统的设计方式或是采用别人的设计布置舞台。如举办婚宴时，场地布置便应呈现出结婚喜庆的气氛，而中式与西式的婚礼形式不同，则应有不同的舞台布置。第三，便于观看。舞台是筵宴中用餐客人注意力的集中点，为了使每位客人都能清楚地看到舞台上的节目，可以把舞台设置在筵宴厅的中央，四周安排餐桌，或将舞台设置在筵宴厅一侧，在对侧安置餐桌。如中式婚宴，舞台上可布置帷幔、缎带和高悬的“囍”字，“囍”字下可设以冰雕装饰，衬托出喜宴的高贵大方。舞台处设行礼台，走道及舞台之上均用各式花卉装饰，铺以红地毯直达舞台，供新婚佳偶步入筵宴厅进行行礼仪式之用。

6. 天花和地面装饰

天花装饰有平整式、凹凸式、悬吊式、井格式、结构式、透明式、帷幔式等各种形式，无论采用何种装饰形式，都必须与筵宴的特色主题气氛相吻合。地面是筵宴客人最直接、最经常接触的空间围护体，其装饰布置的基本要求是平整美观、图案简洁、主题突出、坚固耐磨、防滑保暖、防潮隔音、易于清洁。瓷砖和大理石等贴面装饰地面一般为固定装饰，变化比较少，而地毯地面却可根据筵宴的特色风格选择与其装饰布置协调统一的颜色和图案。

7. 绿化及标志装饰

举办特色筵宴前对筵宴厅进行绿化布置，能使就餐环境有一种自然情调，对筵宴气氛的衬托起着很大的作用。筵宴厅的绿化多采用盆栽，还可根据不同季节摆设不同观花盆景，如秋海棠、仙客来，悬吊绿色明亮的柚叶藤及羊齿类植物等。举行隆重的大型特色筵宴时，主台的后面要装饰大型花坛或青松翠柏等盆树。餐台上可以放置或插制盆花，以烘托筵宴的气氛。

特色筵宴的标志装饰主要有旗帜、标语、横幅、徽章等，主要根据筵宴的要求进行布置。如在举行婚宴的场所，可以张挂宫灯、彩条，张贴大红双喜字，以突出主题，形成热烈欢快的气氛。

8. 员工制服

员工服饰是餐饮企业的名片和徽章，也是企业形象的重要组成部分，很多餐饮企业承办特色筵宴的时候，特别注重和强调服务人员的服装，以之作为配合特色主题装饰的一部分，衬托和渲染特色筵宴的主题和气氛。不同的特色主题，餐厅的环境布置不同，服务员的服饰装束也应该具有差别。但是，特色筵宴的员工制服必须符合餐饮企业服饰的基本要求，切忌铺张，盲目照搬，必须将服饰的装饰性和功能性巧妙地结合起来，才能得到最佳的服饰效果。如举办中国宫廷特色筵宴时，可让服务员身着改良后的中国古代宫廷服饰，讲解宫廷美食文化。此外，员工制服要与良好的服务结合起来，做到锦上添花。

9. 餐台设计

餐台设计与台面装饰是特色筵宴环境设计的核心要素之一，不同的特色主题，其餐台设计各不相同，优雅、得体的餐台装饰将为特色筵宴营造出一份特有的温馨与享受，给宾客留下深刻的印象。

餐台设计主要包括餐桌的形状、布局、餐具、台面装饰物等的设计。餐台布置既要考虑实用，又要与餐厅整体装饰、服务员服饰等相协调，以突出不同特色主题。举办中国传统风味筵宴时，往往选用圆形餐桌、中式餐椅和餐具，突出中式圆满喜气的习俗，而举办其他特色筵宴，还可围绕主题选用一些特色的餐桌和餐具。如上海旅游节期间，上海某餐厅配合“竹文化节”，精心设计并推出了特色氛围浓郁的“美竹宴”，使用竹制餐具，如竹碗、竹杯、竹桶、竹船、竹片等，并刻上竹的诗文、竹画，使“美竹宴”具有浓浓的文化氛围。此外，台面装饰物的选择、搭配，也必须突出筵宴的特色。如海鲜特色筵宴，可在台面撒上一些色彩斑斓的海胆、海星、海螺、小珊瑚、扇贝等作装饰，使宾客在品尝海鲜美味的同时，还可以聆听来自大海深处的回音。

三、特色筵宴设计方案的实例

在掌握特色筵宴设计的内容和要点之后，可形成特色筵宴设计的文字方案，以供各方参考和准备。以下是一例特色筵宴的设计方案：

“陈李联婚”婚宴设计方案

婚宴是人生中十分重要的筵宴，其筵宴厅应有相宜的空间、华丽的装饰、明亮的灯光、红火热烈的婚庆布置、完善的音响设置、注目的舞台，为婚宴庆典提供令人向往的环境、气氛和良好服务，满足顾客的需求。

1. “陈李联婚”现场布局

（1）以陈先生、李小姐结婚照制作喜幛，烘托主体场面气氛。

（2）喜幛前搭建小型舞台及音响、麦克风，背景音乐《好日子》《婚礼进行曲》《我只在乎你》《今天你要嫁给我》用于婚宴前新郎新娘发言、切蛋糕、游戏。

（3）舞台前安装投影幕，用于播放新郎新娘童年到现在的照片。

（4）舞台上布置香槟塔，用于开席前祝酒。

（5）预备心形烛台、蛋糕车和结婚蛋糕，用于开席前切蛋糕仪式。

（6）预备追光灯，用于新郎新娘进场时照射入场。

（7）红地毯铺在筵宴厅主通道直到舞台，入门处使用红色玫瑰花心形拱门，地毯两边用红色玫瑰花柱和粉红色纱布间隔装饰直到舞台。

（8）筵宴厅门前摆设签到台和鲜花。

（9）以陈先生、李小姐结婚照制作婚宴欢迎海报。

（10）全场使用粉红色纱布、橙黄色心形气球点缀装饰。

（11）现场服务员穿着希腊圣女服装（象征纯洁无瑕）为现场宾客服务。

（12）准备龙凤餐具套装座位礼品，用于切蛋糕仪式后送给新人。

2. 餐台设计

洁白光亮的各式瓷器，搭配艳丽的大花朵、晶莹剔透的盛器等。将每一位宾客的餐具设置一个标签，则更能显示主人的细心周到。

（1）20人主台使用大红色龙凤台裙、台心布和龙凤椅套。其他台使用玫瑰红色台裙、金黄色台心布和玫瑰红色椅套。

（2）台上摆放与喜幛配套设计的菜单。

（3）每位宾客位置上摆放红色心形小食盒。

（4）使用鸳鸯筷子架，凸显成双成对。

3. 绿化设计

选择百合、兰花、玫瑰为婚礼的主题花，再加入些小花（如满天星、康乃馨、情人草、雏菊、飞燕草、小苍兰、六出花等）陪衬，用这些具有纯洁形象、芬芳气味的花卉衬托新娘高雅、迷人的靓丽气质。

（1）鲜花拱门：插入百合、玫瑰、情人草叶材，最后用兰花填充空隙处，并遮盖花泥。拱门宽度则根据入口的大小确定，一般以20~30厘米为宜。

（2）圆形花球花廊：柱子上插入下垂的巴西铁叶，下垂长度约占柱子长度的1/3为宜，插入填充的小花小叶。

（3）水晶烛台台花：先将天门冬或文松等碎小的叶材摆放出图案框架，宽约10厘米，然后在其上插入等距离的洋兰、月季、百合等鲜花，最后用满天星等碎花点缀。

（4）舞台月式花柱：制作与圆形花球花廊相同。

（5）餐厅其他大型绿化：1.5米的巴西铁作装饰。

4. 菜单设计

（1）菜单设计原则

原则一：菜肴的数目应为双数。

原则二：菜肴的命名应尽量选用吉祥用语以寄托对新人美好的祝愿，从心理上愉悦宾客，烘托气氛。

原则三：菜品原料的选择一定要根据习俗进行，注意禁忌，做到因人配菜。

（2）菜单设计标准及筵宴规模

每位188元（全包）赠送果盘；每席20人，1席；每席10人，8席。

（3）菜单内容

凉菜：鸿运金猪、生灼竹节虾

热菜：金丝贵妃球、腰果鸳鸯丁、鲍参翅肚羹、当红炸子鸡、玉环瑶柱甫、清蒸芝麻斑、香烧伊面、鸿运年年

点心：美点双辉

水果：时令生果

实训项目

“食在中国”中式自助筵宴设计方案

实训资料

××酒店根据自身条件以及客户的要求，需要举办一次主题为“食在中国”的中式自助筵宴。酒店的营销策划人员经过周密的计划和安排，制定了本次特色筵宴设计的详细方案，以供各方参考和实施。

实训内容

1. 现场布局

以川菜、粤菜、鲁菜和苏菜为主，结合各地区的民俗、文化、建筑特点等对餐厅重新进行装饰，服务员还要穿戴特色民族服装、服饰。

（1）餐桌与餐台做相应分区。

（2）餐台相应分设：为保证客人迅速顺利取菜，一般设一个中心食品陈列桌和几个分散的食品陈列桌，特色菜通常单独设台。

（3）留出合理的空间：根据食品种类和客人的数量留出合理的空间，避免拥挤，通常一个人所需的空间距离为30厘米。

2. 自助餐餐厅布置考虑的因素

（1）就餐的人数；

（2）每位收费；

（3）开餐的准确时间；

（4）自助食物台的位置；

（5）食物的排列和客人就餐区域的划定；

（6）食物供应数量；

（7）餐桌的数目及其大小和形状；

（8）台布的类型和颜色；

（9）灯光和音乐；

（10）恰当而有吸引力的装饰。

3. 自助餐餐台布置

（1）餐台形状：根据场地和就餐人数设计，可选择长方形、圆形、半圆形等。

（2）餐台装饰：应铺台布、围桌裙，餐台中央一般用鲜花、雕刻、烛台、水果等饰物装饰，增强效果。

（3）菜肴陈列：菜肴的配料应与菜肴一起摆放；特色菜、甜食、水果、酒水一般单独设台。

4. 菜单设计标准及内容

中式自助餐，50 人，每人 300 元，主要菜品（点心、酒水类略）如下：

四川名菜：一品熊掌、干烧鱼翅、宫保鸡丁、鱼香肉丝、麻辣串串香、夫妻肺片、怪味鸡块、麻婆豆腐

广东名菜：红烧网鲍、麻皮乳猪、姜蓉白切鸡、大良炒牛奶、脆皮烧鹅、云腿护国菜、香滑芋泥

山东名菜：葱烧海参、芙蓉干贝、九转大肠、糖醋黄河鲤鱼、油爆双脆、八宝葫芦鸡、拔丝大樱桃

江苏名菜：炖蟹粉狮子头、水晶肴蹄、松子鱼米、炒软兜、鸡油菜心、大煮干丝、文思豆腐

实训方法

在教师的指导下，同学以小组为单位，分组撰写一份特色筵宴设计方案。

实训步骤

1. 学生根据实际情况分成多个小组，每组 5 ~ 6 人，讨论确定特色筵宴的主题。

2. 各小组利用课余时间进行讨论和资料收集，根据特色筵宴设计的内容及要点，参考教学案例，撰写特色筵宴设计方案，并制作成为多媒体 PPT 文件。

3. 各小组分别展示、讲解设计方案，其他小组评分，教师进行点评。

4. 根据全班的总体情况，教师指出优点和不足，并提出改进建议。

实训要点

1. 特色筵宴菜点及菜单的设计

特色筵宴菜点可分为冷菜、热菜、汤类、面点小吃和水果等类型，在设计时要注意三个原则，即原料选择既专又广，烹调技法既巧又异，成品设计既新又美。针对“食在中国”中式自助筵宴，其菜点的设计既要突出中国四大风味流派的传统名品，又要注意原料和技法的合理选择。而在特色筵宴菜单设计时也应注意三点，即合理组配菜品，精心设计菜名，科学制定价格。针对“食在中国”

中式自助筵宴，菜单内容可选择方便取食的热菜，同时注意不同味型、档次菜肴的搭配。

2. 特色筵宴环境与服务的设计

特色筵宴的环境与服务设计，通常要考虑灯光装饰、色彩运用、空气氛围、声音控制、舞台设计、天花地面装饰、绿化与标志装饰、员工制服、餐台设计等方面的内容。针对“食在中国”中式自助筵宴，可着重考虑餐桌与餐台的分区、餐台装饰、灯光和音乐等，尤其要注意自助餐的菜肴陈列。

本章特别提示

本章主要讲述的基本知识点是中国肴馔的历史构成、中国肴馔的主要地方风味流派、特色筵宴设计的内容和要点。丰富的中国肴馔文化为特色筵宴的设计提供了广阔的思路，本章的能力目标是学生在掌握了有关中国肴馔文化的知识以及特色筵宴设计的要点之后，能够通过查找资料、团队协作，撰写相关的特色筵宴设计方案。

本 章 检 测

一、复习思考题

1. 中国肴馔历史构成的主要特点及代表品种是什么?
2. 中国六大地方风味流派的主要特点、组成及代表品种有哪些?
3. 特色筵宴的特点是什么?

二、实训题

学生以小组为单位，撰写一份以家乡风味为主题的特色筵宴设计方案，要求构思巧妙，突出设计特色筵宴的各项内容及要点。

教学参考建议

一、本章教学内容和重点、难点

本章的教学内容包括三个方面，即中国肴馔的历史构成、中国肴馔的主要地方风味流派与特色筵宴设计。其中，教学的重点、难点为中国肴馔的主要地方风味流派和特色筵宴设计方案，尤其要求学生掌握特色筵宴设计的内容与要点，能够完成新颖、独特的特色筵宴设计方案。

二、课时分配与教学方式

本章共6学时，采取“理论讲授+实训”的教学方式。其中，理论讲授4学时，实训2学时。

第六章

中国茶酒与主题餐饮活动策划

学习目标

1. 了解中国茶品与饮茶艺术、中国酒品与饮酒艺术的相关知识
2. 掌握主题餐饮活动的概念、重要类型和策划、实施步骤与要点
3. 运用主题餐饮活动和中国茶酒的相关知识进行主题餐饮活动策划实践

本章导读

中国是茶的故乡和原产地，酒的出现在中国也历经了数千年。在悠久的历史长河中，茶与酒是中国最重要的饮品，不但已经成为许多人日常生活的必需品，更给人带来了生理享受和精神愉悦，并在中国文化总的范畴中形成了相对独立、内涵丰富的中国茶、酒文化。随着我国社会经济的进一步发展，以茶、酒为主并配以精巧点心和菜品的茶歇、酒会等主题餐饮活动已日益发展成为人们社交活动的一种重要形式，也成为餐饮消费的重要组成部分，呈现出了越来越广阔的市场前景。本章将概括性地阐述中国茶酒文化和主题餐饮活动的重要内容。

案例引入

近几年来，中国葡萄酒市场以超过10%的速度增长，一直以来，长城、张裕、王朝等几大国内葡萄酒企业基本控制着全国80%的市场份额。国内某葡萄酒企业经过市场调研，拟推出定位为社会中层以上时尚消费群体的系列中高档葡萄酒。在产品上市前，企业决定举办周年庆典酒会活动以加大对该产品的宣传力度、提升品牌形象、增强产品知名度和美誉度，同时更好地巩固客源和促进销售。该酒会策划方经过与企业的深入沟通，将主题确定为“香醇的魅力，红色的诱惑”，活动场地的环境布置凸显出企业及该产品高雅时尚、雍容华贵的特色，来宾们被丰富多彩的各式美食餐点、系列葡萄酒的品尝活动及精心准备的文娱节目深深吸引，活动取得了圆满成功，也为该系列葡萄酒进入市场奠定了良好的基础。

这个活动说明在当前高度发达的经济背景下，以酒会、茶歇等为主的主题餐饮活动业已成为餐饮市场的新亮点，茶酒知识和主题餐饮活动策划能力也应成为餐饮从业人员必备的知识和技能。

第一节 中国茶酒

一、中国茶品与饮茶艺术

（一）中国茶的起源与传播

1. 茶的起源

（1）茶树起源

关于茶树的起源问题，历来争论较多，后来随着考证技术的发展和新发现才逐渐达成共识，即中国是茶树的原产地，并确认中国西南地区，包括云南、贵州和四川是茶树原产地的中心。由于地质变迁和人为栽培，茶树开始由此向全国普及，并逐渐传播至世界各地。

植物学家按照植物分类学方法追根溯源，经过一系列分析研究，认为茶树起源至今已有六七千万年的历史。现在的资料表明，全国有 10 个省区 198 处发现了野生大茶树，其中云南的一株树龄已达 1700 年左右，且仅在云南省内树干直径在 1 米以上的茶树就有 10 多株，有的地区甚至野生茶树群落大至数千亩。目前，我国已发现的大茶树，时间之早、树体之大、数量之多、分布之广堪称世界之最。此外，印度发现的野生大茶树与中国引入印度的茶树同属中国茶树的变种。由此，中国是茶树的原产地遂成定论。

（2）饮茶的起源

茶叶的饮用是伴随着人们对茶叶功效认识的不断加深而普及的，从中国茶文化发展的进程看，人们对茶叶的应用经历了从药用、食用到日常饮料的过程。

据陆羽《茶经》记载：“茶之为饮，发乎神农，闻于鲁周公。”其意思是早在神农时期，人们就采集茶树的叶子作为饮料，至周公时期便有记载。民间自古就流传“神农尝百草，日遇七十二毒，得茶而解之”的说法，这应该是人们利用茶叶药用价值的最初记录。神农尝百草发现茶叶的药用价值后，在很长一段时间内，茶叶被用作药物。由于茶叶有芳香气味，富有收敛性快感，人们往往直接含嚼茶树鲜叶以汲取茶汁。这一阶段，茶并未成为饮料。后来的历代医药或饮食文献中，关于茶叶药用价值的文字不胜枚举，《神农本草经》《茶经》《本草拾遗》《茶谱》《本草纲目》中均有记载。现代医学也证明了茶叶确实有“提神、解毒、防辐射、降血压、抗癌”等疗效。

随着人类生活的进化，生嚼茶叶的习惯转变为煎服。鲜叶洗净后，置陶罐中加水煮熟，连汤带叶服用。煎煮而成的茶，虽苦涩，然而滋味浓郁，风味与功效均胜几筹，久而久之，人们便养成煮煎、品饮的习惯，这是茶作为饮料的开端。茶由药用发展为日常饮料，经过了食用阶段作为中间过渡，即以茶当菜，煮作羹饮。茶叶煮熟后，与饭菜调和一起食用。此时，用茶的目的有二：一是增加营养；二是作为食物解毒。《晏子春秋》记载，“晏子相景公，食脱粟之饭，炙三弋、五卵、茗菜而已”；又《尔雅》中，“苦荼”一词注释云“叶可炙作羹饮”；《桐君录》等古籍中，则有茶与桂姜及一些香料同煮食用的记载。此时，茶叶利用方法前进了一步，运用了当时的烹煮技术，并已注意到茶汤的调味。

2. 茶的传播

中国是茶树的原产地，然而，中国在茶业史上对人类的贡献却主要是最早发现和利用茶这种植物，并把它发展成为我国乃至整个世界的一种灿烂独特的茶文化。中国茶业最初兴于巴蜀，其后向东部和南部逐渐传播开来，遍及全国。

（1）上古至汉魏南北朝时期

顾炎武曾经指出，“自秦人取蜀而后，始有茗饮之事”，他认为饮茶在中国是秦统一巴蜀之后才慢慢传播开来，也就是说，中国和世界的茶叶文化，最初是在巴蜀发展为业的。这一说法，已为现在绝大多数学者认同。

据文字记载和考证，巴蜀产茶至少可追溯到战国时期。此时，巴蜀已形成一定规模的茶区，并以茶为贡品之一。到秦汉以后，茶叶在巴蜀颇为兴盛，并且逐渐向东扩展。西汉成帝时王褒在《僮约》一文中有“烹茶尽具”及“武阳买茶”两句，前者反映成都一带在西汉时不仅饮茶成风，而且出现了专门用具；后者则可以看出，茶叶已经商品化，出现了如“武阳”一类的茶叶市场。此时，茶业随巴蜀与各地经济文化交流而增强，尤其是茶的加工、种植，首先向东部南部传播，传到了湘、粤、赣等毗邻地区。如湖南茶陵的命名，茶陵是西汉时设的一个县，以产茶闻名。茶陵邻近江西、广东边界，《路史》引《衡州国经》记载：“茶陵者，所谓山谷生茶茗业。”三国、西晋时期，荆楚和江南的茶叶生产有了极大发展，西晋时期的《荆州土记》记载“武陵七县通出茶，最好”，说明西晋时荆汉地区茶业已明显发展，巴蜀茶业独冠全国的情况已不复存在。《桐君录》记载，“西阳、武昌、晋陵皆出好茗”，晋陵即常州，其茶出宜兴，表明东晋和南朝时长江下游宜兴一带的茶业也著名起来。

（2）唐宋时期

唐朝时期，中国茶业有了迅猛的发展。首先是茶叶产地遍布全国。六朝以前，茶在南方的生产和饮用已有一定发展，但北方饮者还不多。及至唐朝中期以后，如《膳夫经手录》所载“今关西、山东，闾阎村落皆吃之，累日不食犹得，不得一日无茶”。中原和西北少数民族地区都嗜茶成俗，于是，南方茶的生产随之空前蓬勃发展起来。尤其是与北方交通便利的江南、淮南茶区，茶的生产更是得到了迅猛发展。由《茶经》和唐代其他文献记载来看，这时期茶叶产区已遍及今之四川、陕西、湖北、云南、广西、贵州、湖南、广东、福建、江西、浙江、江苏、安徽、河南等14个省区，几乎达到了与我国近代茶区约略相当的局面。其次，茶叶产量和制茶技术提高。唐代中期以后，长江中下游茶区不仅产量大幅度提高，制茶技术也达到了当时的最高水平，其结果是湖州紫笋和常州阳羡茶成为贡茶。茶叶生产和技术的中心，正式转移到了长江中下游。同时，由于江南设置贡茶，大大促进了江南制茶技术的提高，也带动了全国各茶区的生产和发展。

从五代和宋朝初年起，全国气候由暖转寒，致使中国南方南部的茶业较北部更加迅速发展起来，并逐渐取代长江中下游茶区，成为宋朝茶业的重心。主要表现在贡茶从顾渚紫笋改为福建建安茶，唐朝时还不曾形成气候的闽南和岭南一带的茶业明显地活跃和发展起来。宋朝茶业重心南移的主要原因是气候的变化，江南早春茶树因气温降低，发芽推迟，不能保证茶叶在清明前贡到京都。福建气候较暖，如欧阳修所说“建安三千里，京师三月尝新茶”。作为贡茶，建安茶的采制必然精益求精，名声也越来越大，成为中国团茶、饼茶制作的主要技术中心，带动了闽南和岭南茶区的崛起和发展。由此可见，到了宋代，茶已传播到全国各地。宋朝的茶区，基本上已与现代茶区范围相当。

（3）元明清时期

在这一时期，中国茶业全面发展，主要表现在三个方面：第一，各地名茶品种的繁多，《事物绀珠》等文献中记载的“今茶名”有雷鸣茶、仙人掌茶、虎丘茶、天池茶、罗茶等多达97种；第二，制茶技术得到革新，普遍改蒸青为炒青，这对芽茶和叶茶的推广提供了极为有利的条件，同时也使炒青等系列制茶工艺达到了炉火纯青的程度；第三，各种茶类均得到发展，除绿茶外，明清两朝在黑茶、花茶、青茶和红茶等方面也有了很大的发展。

（二）中国茶的分类及著名品种

1. 中国茶的分类

茶叶，是以茶树的树叶为原料，经过制造、加工而成的。中国是世界上茶叶品种最多的国家之一，按照不同的标准，茶叶可分为不同的类别。按季节分，可分为春茶、夏茶、秋茶和冬茶；按发酵程度分，可分为不发酵茶、微发酵茶、半发酵茶、全发酵茶和后发酵茶；按生长环境分，可分为平地茶和高山茶。此外，还有其他分类方法。现在，通常是把茶叶分为基本茶类和再加工茶类，其中基本茶类按制作方法不同和品质上的差异可以分为绿茶、红茶、乌龙茶（青茶）、黄茶、黑茶和白茶。以基本茶类为原料进行再加工的产品称为再加工茶类，主要包括花茶、紧压茶、萃取茶、果味茶、药用保健茶和含茶饮料等。

（1）绿茶

绿茶，又称“不发酵茶”，是我国分布最广、产量最大、品种最多的茶类。全国18个产茶省（区）都生产绿茶。绿茶花色品种之多居世界之首，每年出口数万吨，占世界茶叶市场绿茶贸易量的70%左右。它是以茶树新梢为原料，经杀青、揉捻、干燥三个基本工序制成，绿茶的干茶及冲泡后的茶汤、茶叶均以绿色为主色调。绿茶杀青的目的是防止茶叶中的多酚类物质氧化，以保持茶叶的天然绿色。杀青方式有热蒸气杀青和加热杀青两种。干燥方式有晒干、烘干和炒干之别，最终晒干的绿茶称“晒青”，最终烘干的绿茶称“烘青”，最终炒干的绿茶称“炒青”。

蒸气杀青是我国古代的杀青方法，按此法制作的蒸青绿茶是中国古代最早出现的一种茶类，其品质特点是“三绿”，即干茶色泽翠绿、汤色碧绿、叶底鲜绿。唐宋时，中国就已盛行蒸青制法，并经佛教途径传入日本，日本至今还沿用这种制茶方法。蒸青绿茶是日本绿茶的大宗产品，日本茶道饮用的茶叶就是蒸青绿茶的一种——“抹茶”。我国现代蒸青绿茶主要有煎茶、玉露。煎茶主要产于浙江、福建、安徽三省，其产品大多出口日本。玉露茶中目前只有湖北恩施的"恩施玉露"仍保持着蒸青绿茶的传统风格。除恩施玉露之外，江苏宜兴的阳羡茶、湖北当阳的仙人掌茶，都是蒸青绿茶中的名茶。

晒青绿茶是利用日光进行晒干，人们采集野生茶树芽叶进行晒干收藏，大概可算是晒青茶工艺的萌芽，距今已有三千多年。但现在的晒青茶，是指鲜叶经过锅炒杀青、揉捻以后，利用日光晒干的绿茶。由于太阳晒的温度较低，时间较长，较多地保留了鲜叶的天然物质，制出的茶叶滋味浓重，且带有一股日晒特有的味道，人称"浓浓的太阳味"。晒青绿茶主要分布在湖南、湖北、广东，广西、四川、云南、贵州等省。晒青绿茶以云南大叶种的品质最好，称为"滇青"；其他如川青、黔青、桂青、鄂青等品质各有千秋，但不及滇青。

烘青绿茶经杀青、揉捻、烘干等工序制作而成。依原料老嫩和制作工艺不同，烘青绿茶又可分为普通与细嫩烘青两类。普通烘青主要用作窨制花茶的茶坯，如茉莉花、白兰花、玳玳花、珠兰花、金银花、槐花等；细嫩烘青则直接饮用。烘青绿茶产区分布较广，以安徽、浙江、福建三省产量较多，其他产茶省也有少量生产。烘青绿茶是用烘笼进行烘干的，烘青毛茶经再加工精制后大部分作熏制花茶的茶坯，香气一般不及炒青高，少数烘青名茶品质特优。根据外形，烘青绿茶也可分为条形茶、尖形茶、片形茶、针形茶等。条形烘青，全国主要产茶区都有生产；尖形、片形茶主要产于安徽、浙江等。其中，特种烘青主要有黄山毛峰、太平猴魁、六安瓜片、敬亭绿雪、天山绿茶、顾诸紫笋等。

炒青绿茶因干燥方式采用炒干而得名，按外形可分为长炒青、圆炒青和扁炒青三类。长炒青形似眉毛，经加工后统称为眉茶，其品质特点是条索紧结，色泽绿润，香高持久，滋味浓郁，汤色、叶底黄亮。圆炒青外形如颗粒，称为珠茶，有外形圆紧如珠、香高味浓、耐泡等品质特点。扁炒青外形扁平光滑，称为扁形茶，其品质特点是扁平光滑、香鲜味醇，如西湖龙井。

（2）红茶

红茶，属全发酵茶类，是将鲜茶叶经萎凋、揉捻，然后进行发酵，叶子变红后干燥而成。其制法特点是将采摘的鲜茶叶按一定厚度摊放，通过晾、晒，使其呈萎蔫状，萎凋保持了鲜叶所含的多酚类物质和活性，经"揉捻"、"发酵"处理后，叶中原先无色的多酚类物质氧化而形成红茶色素。因此，红茶干茶色泽乌黑油润，冲泡后具有甜花香或蜜糖香，茶汤与茶叶均呈红亮色，滋味醇厚甜和。中国红茶按其制作方法的不同可分为三类，即小种红茶、工夫红茶和红碎茶。

小种红茶开创了中国红茶的纪元，起源于17世纪，最早在武夷山一带发明。小种红茶是福建省的特产，有正山小种和外山小种之分。正山小种产于崇安县星村乡桐木关一带，也称"桐木关小种"或"星村"小种。1610年，荷兰商人第一次运销欧洲的红茶就是福建省崇安县星村生产的小种红茶（今称之为"正山小种”)。政和、坦洋、古田、沙县及江西铅山等地所产的仿照正山品质的小种红茶，统称“外山小种”或“人工小种”。在小种红茶中，唯正山小种百年不衰，主要是因其产自武夷高山地区崇安县星村和桐木关一带，地处武夷山脉之北段，海拔1000～1500米，冬暖夏凉，年均气温18℃，年降雨量2000毫米左右，春夏之间终日云雾缭绕，茶园土质肥沃，茶树生长繁茂，叶质肥厚，持嫩性好，成茶品质特别优异。

工夫红茶是我国特有的红茶品种，也是我国传统出口商品，由条形红毛茶加工而成。18世纪中叶，小种红茶演变为工夫红茶。从19世纪80年代起，我国红茶特别是工夫红茶在国际市场上曾占统治地位。当前，我国19个省产茶（包括试种地区新疆、西藏)，其中有12个省先后生产工夫红茶。我国工夫红茶品类多、产地广。按地区命名的有滇红工夫、祁门工夫、浮梁工夫、宁红工夫、湘江工夫、闽红工夫（含坦洋工夫、白琳工夫、政和工夫)、越红工夫、台湾工夫、江苏工夫及粤红工夫等。按品种又分为大叶工夫和小叶工夫。大叶工夫茶是以乔木或半乔木茶树鲜叶制成；小叶工夫茶是以灌木型小叶种茶树鲜叶为原料制成的。

红碎茶是目前世界上消费量最大的茶类。中国红茶制法传到印度和斯里兰卡后，当地人将鲜茶叶切碎后进行发酵和干燥，茶叶外形细碎，呈颗粒状或碎末状，因而称为红碎茶。

(3) 青茶

青茶，即乌龙茶，是鲜茶叶经萎凋、坐青、杀青、揉捻、干燥等工序制成，属半发酵茶。乌龙茶外形色泽青褐，冲泡后叶片中间呈青色、叶缘则呈红色，既有绿茶的清香和花香，又有红茶的醇厚。青茶的生产开始于19世纪中叶，由闽南地区首创，主要产地为台湾、福建和广东三省，品种包括台湾青茶、广东青茶、闽南青茶和闽北青茶。

台湾青茶源于福建，产于台湾各地，在国际市场上被誉为香槟乌龙、“东方美人”。台湾乌龙是乌龙茶中发酵程度最高的，也最近似于红茶。优质的台湾乌龙茶芽含有红、黄、白三色，鲜艳绚丽；汤色呈琥珀般的橙红色；叶底淡褐有红边，叶片完整，芽叶连枝。其著名品种是冻顶乌龙茶，主要产于台湾省南投县鹿谷乡的冻顶山，被誉为台湾茶中的圣品。

广东青茶主要产于广东省东部地区，以温和厚重著称，具有天然的花香，卷曲紧结而肥壮的条索，颜色润泽青褐而牵红线，汤色黄艳带绿，滋味鲜爽浓郁甘醇，耐冲泡，连冲十余次，香气仍然溢于杯外，甘味久存，真味不减。广东青茶主要分为凤凰水仙、色种、铁观音、乌龙四类，以潮州地区所产的凤凰水仙声誉最高。

闽南青茶以安溪乌龙茶最负盛名。除此之外，还有永春佛手、杏仁茶、凤圆春、竖种等其他品种。安溪盛产乌龙茶，是中国最大的乌龙茶主产区，历经数百年而不衰，被誉为“中国乌龙茶之乡”。安溪乌龙茶具有采制工艺精湛、茶叶品质独具一格、其他茶类不能比拟的自然花香等特点，滋味醇厚、甘鲜，品饮之后齿颊留香、回味悠长，且七泡有余香，人称其具有“红茶的甘醇、绿茶的清香、茉莉花的自然香”。

闽北青茶主要产于福建北部武夷山一带，有武夷岩茶和闽北水仙等，其中以武夷岩茶最为著名。武夷岩茶属半发酵茶，制作方法介于绿茶与红茶之间；其茶质丰富、品种众多、特征各异，区别于其他茶类的最显著特点为“岩骨花香”之“岩韵”，即未经窨花，茶汤却有浓郁的鲜花香，饮时甘馨可口，回味无穷。

（4）黑茶

黑茶是鲜茶叶经过杀青、揉捻、渥堆和干燥4个工序制成，属后发酵茶。黑茶是我国特产，明代始有生产。最初是为了将西南的绿茶运销到西北、西藏各地，为方便运输将其进行蒸压处理，且堆积发酵时间较长，叶色由绿变黑，呈油黑或深褐色，故命名为黑茶。黑茶的原料比较粗老，外形粗大，色泽暗褐油润，汤色一般为深红或暗黄，香气醇和。黑茶的年产量极大，仅次于红茶、绿茶，是我国第三大茶类，同时黑茶也是许多紧压茶的原料。黑茶主要供边疆少数民族饮用，又称边销茶，著名品种有普洱茶和六堡茶。

（5）黄茶

黄茶的生产工艺与绿茶近似，只是在揉捻或初干后经过特殊的闷黄工序，促进多酚类化合物氧化，属轻发酵茶。黄茶具有“黄汤黄叶，香气清悦，滋味醇厚爽口”的特点，是我国特有的茶类。按鲜叶的鲜嫩度不同，黄茶可分为黄芽茶、黄小茶和黄大茶三种。黄芽茶是采摘单芽或一芽一叶加工而成，原料细嫩、色泽黄亮、甜香浓郁，最有名的是君山银针、蒙顶黄芽；黄小茶由较细嫩的芽叶加工而成，冲泡后黄亮光润、叶边微卷、香气浓厚；黄大茶是采摘较粗老芽叶加工而成，以霍山大黄茶、广东大叶青最为著名。

（6）白茶

白茶是鲜茶叶经萎凋和干燥两个工序制成，属轻微发酵茶。白茶的加工流程中不揉、不炒，任其自动缓慢氧化，保持茶叶原有的白毫以及形态和品质。白茶色银白，干茶外表满披白色茸毛，冲泡后叶形舒展，汤色黄亮，滋味鲜醇。白茶是我国特有的茶类，按鲜叶采摘的标准可分为芽茶和叶茶。芽茶是完全用大白茶的肥壮芽头制成，产于福鼎、政和的白毫银针是著名品种；叶茶是以一芽二三叶或单片叶制成，有白牡丹、贡眉和寿眉等品种。

（7）再加工茶

再加工茶是在绿、红、青、黑、黄、白茶的基础上再做进一步加工而成的，主要有花茶、紧压茶、萃取茶、药用保健茶、果味茶和含茶饮料等。

花茶又名窨花茶、香片等，是以成品茶（主要是绿茶中的烘青茶）为茶坯，用各种香花窨制而成。由于茶叶吸收了花香，喝起来既有茶味，又有花的芳香，按使用的花不同，可分为茉莉花茶、珠兰花茶、玉兰花茶和玫瑰花茶等。紧压茶是以黑茶、晒青和红茶为原料，经蒸软后压制成各种不同形状的砖茶或饼茶。紧压茶的多数品种比较粗老，干茶色泽黑褐，汤色橙黄或橙红，在少数民族地区非常流行。著名的紧压茶有普洱茶、沱茶、黑砖茶等。萃取茶又名速溶茶，是利用科学方法萃取茶叶中的可溶性成分再制成的固态或液态茶，常见的如罐装饮料茶、速溶红（绿、花）茶等。药用保健茶是以茶叶为主要原料，配以某些中草药或食品配制而成的饮品，具有一定的保健作用，如养生的暖茶（红茶加生姜、甘草和蜂蜜）、杜仲茶、天麻茶、人参茶等。果味茶是将成品或半成品的茶汁按一定要求与果汁混合而成的饮品，成品既有茶香又有果味，常见的有柠檬红茶、荔枝红茶等。含茶饮料是将茶与其他饮料配制而成的“混合式”饮料，如茶汽水、茶酒等。

2. 中国名茶

中国茶叶历史悠久，品种繁多，在众多的茶业珍品中，中国的名茶备受瞩目。

（1）绿茶名品

西湖龙井

“茶中之美数龙井”，龙井茶产于浙江省杭州市郊西湖乡龙井村一带，居中国名茶之冠。龙井，原名龙泓，传说三国时就已发现此泉；明代掘井抗旱时从井底挖出一龙形大石，于是更名为“龙井”。龙井产茶在唐代就有记载，宋代已经闻名。苏东坡品茗诗中“白云山下雨旗新”形容的就是这种茶形如彩旗的特点。清代，龙井茶尤为乾隆皇帝所赞誉，有“黄金芽”、“无双品”之称。龙井茶因有狮峰、龙井、五云山和虎跑山 4 个不同产地而有“狮、龙、云、虎”的品种区别，以“狮峰”、“龙井”品质最佳。龙井茶“色翠、香郁、味醇、形美”，这四个特点被称为“四绝”。其叶扁，形如雀舌，光滑、色翠、整齐。特别是清明前采摘的“明前茶”、谷雨前采摘的“雨前茶”，叶芽更为细嫩，冲泡以后，嫩匀成朵，叶似彩旗，芽形若枪，交相辉映，所以这种茶又叫“旗枪”。其汤色明亮，滋味甘美。鲜嫩的茶芽，在 80℃的温度下加工，要保持茶叶的颜色、香味和美观，使每片茶叶都能达到“直、平、扁、光”，堪称特种“工艺茶”。

洞庭碧螺春

“洞庭碧螺春，茶香百里醉”。碧螺春产于江苏吴县太湖之滨的洞庭山，是中国名茶中的珍品，常被作为高级礼品。以“形美、色艳、香浓、味醇”闻名于中外。碧螺春茶叶用春季从茶树采摘下的细嫩芽头炒制而成，高级的碧螺春，0.5 公斤干茶需要茶芽六七万个，足见茶芽之细嫩。炒成后的干茶条索紧结，白毫显露，色泽银绿，翠碧诱人，卷曲成螺，故名“碧螺春”。此茶冲泡后，茶汤碧绿清澈，叶底嫩绿明亮，清香袭人，饮时爽口、饮后有回甜感觉。不管用滚水或温水冲泡，皆能迅速沉底，即使杯中先冲了水后再放茶叶，茶叶也会全部下沉，展叶吐翠。

黄山毛峰

黄山毛峰产于中国安徽秀丽的黄山之中，主要分布在桃花峰的云谷寺、松谷庵 、吊桥庵、慈光阁及半寺周围。这里山高林密，日照短，云雾多，自然条件十分优越，茶树得云雾之滋润，无寒暑之侵袭，蕴成良好的品质。成茶外形细嫩扁曲，多毫有峰，色泽油润光滑；冲泡杯中，雾气轻绕，滋味醇甜，鲜香持久。据《徽州府志》记载，黄山毛峰在300年前就已著名。明代许次纾所著《茶疏》即将其与钱塘龙井相提并论。清光绪年间，歙县汤口谢裕泰茶庄试制少量黄山特级毛峰茶成功，更加蜚声全国。黄山毛峰茶外形美观，每片长约半寸，尖芽紧偎在嫩叶之中，状若雀舌。尖芽上布满茸细的白毫，色泽油润光亮，绿中泛出微黄。冲泡后，雾气结顶，清香四溢。茶汁清澈微黄，香气持久，犹若兰惠，醇厚爽口，回味甘甜。茶凉之后，香味犹存，故人称“幸有冷香”。一芽一叶泡开以后变成“一枪一旗”，光亮鲜活，有“轻如蝉翼，嫩似莲须”之说。特级黄山毛峰一般都在清明至谷雨间采摘。

六安瓜片

六安瓜片产于安徽六安地区的齐云山等地，属于西部大别山茶区，成茶呈瓜子形，因而得名，色翠绿，香清高，味甘鲜，耐冲泡，是著名绿茶片茶品种。此茶不仅可消暑解渴生津，而且还有极强的助消化作用和治病功效，明代闻龙在《茶笺》中称六安茶入药最有功效，因而被视为珍品。片茶即全由叶片制成，是不带嫩芽和嫩茎的茶叶品种。它最先源于金寨县的齐云山，而且也以齐云山所产瓜片茶品质最佳，故又名“齐云瓜片”，沏茶时雾气蒸腾，清香四溢，也有“齐山云雾瓜片”之称。早在唐代，六安瓜片就已闻名，宋代更有茶中“精品”之誉，明代以前已为贡茶。六安瓜片色泽翠绿、香气清高、滋味鲜甘，并且十分耐泡。

庐山云雾茶

庐山云雾茶产于江西省游览胜地庐山，因庐山多云雾，故取名“云雾茶”。庐山云雾茶古称“闻林茶”，是中国传统名茶之一。它始于晋代，唐朝时已闻名于世。相传庐山云雾最早是一种野生茶，后由东林寺名僧慧远将野生茶驯化而成，他曾以自种自制的茶款待好友，常话茶吟诗，通宵达旦。宋代，庐山名茶已成“贡茶”。庐山云雾茶树叶生长期长，所含有益成分高，茶生物碱、维生素C的含量都高于一般茶叶。它芽壮叶肥、白毫显露，色翠汤清，滋味浓厚，香幽如兰，以“香馨、味厚、色翠、汤清”而闻名于世。

信阳毛尖

信阳毛尖产于河南信阳境内的大别山区，主要产地在河南信阳县山区的“四云”（车云山、集云山、云雾山、天云山）和“两潭”（黑龙潭、白龙潭），是名贵绿茶品种。其芽叶细嫩有峰梢，精制后紧细有尖，并有白毫，所以叫毛尖，又因产地在信阳，故名“信阳毛尖”。据古籍记载，早在1500多年以前，信阳一带就已生产名茶。唐代时，信阳毛尖已成为贡茶。茶圣陆羽在《茶经》中记载，唐代时全国有8大茶区，其中淮南茶区就包括皖北和豫南。宋代大文学家苏东坡曾盛赞“淮南茶，信阳第一”。

（2）红茶名品

祁门红茶

祁门红茶，简称祁红，产于安徽省祁门、东至、贵池、石台、黟县以及江西的浮梁一带，是著名红茶精品。祁红外形条索紧细匀整，锋苗秀丽，色泽乌润（俗称“宝光”）；内质清芳并带有蜜糖香味，上品茶更蕴含着兰花香（号称“祁门香”），馥郁持久；汤色红艳明亮，滋味甘鲜醇厚，叶底红亮。清饮最能品味祁红的隽永香气，即使添加鲜奶也不失其香醇。祁门茶叶在唐代就已闻名。据史料记载，祁门在清代光绪以前并不生产红茶，而是盛产绿茶，制法与六安茶相仿，故曾有“安绿”之称。光绪元年，黟县人余干臣从福建罢官回籍经商，创设茶庄，祁门遂改制红茶，并成为后起之秀，至今已有100多年历史。祁门茶区的江西“浮梁工夫红茶”是“祁红”中的佼佼者，以“香高、味醇、形美、色艳”四绝驰名于世。

（3）乌龙茶名品

安溪铁观音

安溪铁观音茶是我国乌龙茶中最著名的品种，产自福建省安溪县，历史悠久，起源于清雍正年间，素有茶王之称。安溪县境内多山，气候温暖，雨量充足，茶树生长茂盛，品种繁多，姹紫嫣红，冠绝全国。安溪铁观音茶一年可采四期茶，分春茶、夏茶、暑茶、秋茶。制茶品质以春茶为最佳。铁观音的制作工序与一般乌龙茶的制法基本相同，但摇青转数较多，凉青时间较短。一般在傍晚前晒青，通宵摇青、凉青，次日晨完成发酵，再经炒揉烘焙，历时一昼夜。其制作工序分为晒青、摇青、凉青、杀青、切揉、初烘、包揉、复烘、烘干9道工序。品质优异的安溪铁观音茶条索肥壮紧结，质重如铁，汤色金黄，叶底肥厚柔软，艳亮均匀，叶缘红点，青心红镶边，回味香甜浓郁，冲泡7次仍有余香。

武夷大红袍

武夷大红袍，是中国乌龙茶中之极品，更是岩茶中的王者，有“茶中状元”之称。武夷岩茶产于闽北“秀甲东南”的名山武夷，茶树生长在岩缝之中，故得名为岩茶，具有绿茶之清香，红茶之甘醇。大红袍为千年古树，在早春茶芽萌发时，从远处望去，整棵树艳红似火，仿佛披着红色的袍子，由此得名。现九龙窠陡峭绝壁上仅存4株，树龄已达千年，于每年5月13日至15日高架云梯采之，产量稀少，被视为稀世之珍。武夷大红袍各道工序全部由手工操作，以精湛的工艺特制而成。成品茶香气浓郁，滋味醇厚，有明显“岩韵”特征，饮后齿颊留香，经久不退，冲泡9次犹存原茶的桂花香真味，被誉为“武夷茶王”。

（4）黑茶名品

云南普洱茶

普洱茶是以云南大叶种晒青毛茶为原料，经过后发酵加工成的散茶和紧压茶，产于云南西双版纳等地，因其自古以来运销集散地在普洱而得名。其外形色泽褐红；内质汤色红浓明亮，独具陈香，滋味醇厚回甘，叶底褐红。普洱茶的品质优良不仅表现在它的香气、滋味等饮用价值上，还在于它有药效及保健功能。1925 年，柴萼著《梵天庐丛录》云："普洱茶，性温味香，治百病，蒸制以竹箬成团裹，价等兼金。"经医学临床实验证明，普洱茶具有降低血脂、减肥、抑菌、助消化、暖胃、生津、止渴、醒酒、解毒等多种功效。因此，近年来普洱茶身价大涨，被许多人视为养生妙品。

（5）黄茶名品

君山银针

君山银针产于洞庭湖中的青螺岛，色泽鲜绿，香气高爽，滋味醇甜，汤色橙黄，是中国黄茶珍品。其成品茶芽头茁壮，长短大小均匀，茶芽内面呈金黄色，外层白毫显露完整，而且包裹坚实，茶芽外形很像一根根银针，故得其名。君山茶历史悠久，唐代文成公主出嫁吐蕃时就曾选带了君山茶。五代时已列为贡茶，以后历代相袭。此茶采制要求很高，如采摘茶叶的时间只能在清明节前后 7 ~ 10 天内，还规定了 9 种情况下不能采摘，即雨天、风霜天、虫伤、细瘦、弯曲、空心、茶芽开口、茶芽发紫、不合尺寸等。冲泡时可从明亮的杏黄色茶汤中看到根根银针直立向上，几番飞舞之后，团聚一起立于杯底。

（三）饮茶艺术

在中国，茶不仅是举国之饮，更是以修行悟道为宗旨的一门艺术，是中华民族悠久文化的浓缩和积淀。饮茶艺术仅就过程而言，便包括了茶叶选择、名水评鉴、烹茶艺术、茶具艺术、品饮环境的选择等一系列内容。

1. 饮茶要素

（1）茶水

①茶水的类型

茶叶必须经过水的冲泡才能被人们享用，水质的好坏直接影响茶汤之色、香、味，尤其对茶汤滋味影响更大。水之于茶，犹如水之于鱼，"鱼得水活跃，茶得水更有其香、有其色、有其味"，自古以来茶人对水津津乐道，爱水入迷。明代许次纾《茶疏》中就说："精茗蕴香，借水而发，无水不可论茶也。"茶人独重水，因为水是茶的载体，饮茶时愉悦快感的产生、无穷意念的回味等都要通过水来实现。

一般泡茶用水均使用天然水。天然水按其来源可分为泉水（山水）、溪水、江水（河水）、湖水、井水、雨水、雪水等，自来水则是经净化后的天然水，皆是泡茶用水。

②选水的标准

古人十分注重泡茶用水的选择，只有符合“源、活、甘、清、轻”五个标准的水才算得上是好水。所谓的“源”是指水出自何处，“活”是指有源头而常流动的水，“甘”是指水略有甘味，“清”是指水质洁净透澈，“轻”是指比重轻。在各种水源中，以泉水为佳。因为泉水大多出自岩石重叠的山峦，污染少，山上植被茂盛，从山岩断层涓涓细流汇集而成的泉水富含各种对人体有益的微量元素，经过砂石过滤，清澈晶莹，茶的色、香、味可以得到最大的发挥。茶圣陆羽有“山水上、江水中、井水下”的用水主张。当代科学实验也证明，泉水第一，深井水第二，蒸馏水第三，经人工净化的湖水和江河水，即平常使用的自来水最次。但是，慎用水者提出，泉水虽有“泉从石出，清宜冽”之说，但泉水在地层里的渗透过程中融入了较多的矿物质，其含盐量和硬度等有较大差异，如渗有硫磺的矿泉水就不能饮用，只有含二氧化碳和氧的泉水才最适宜煮茶。清代乾隆皇帝游历南北名山大川之后，按水的比重定京西玉泉为“天下第一泉”。玉泉山的水不仅水质好，还因为当时京师多苦水，宫廷用水每年取自玉泉，加之玉泉山景色幽静佳丽，泉水从高处喷出，如琼浆倒倾、老龙喷涉，碧水清澄如玉，故有此殊荣。看来，好水除了要品质高外，还与茶人的审美情趣有很大的关系。“天下第一泉”的美名，历代都有争执，有扬子江南零水、江西庐山谷帘水、云南安宁碧玉泉、济南趵突泉、峨眉山玉液泉等多处。泉水所处之处有的江水浩荡，山寺悠远，景色靓丽；有的一泓碧水，涧谷喷涌，碧波清澈，奇石沉水；再加之名士墨客的溢美之词，水质清冷香洌，柔甘净洁，确也符合此美名。民间所传的“龙井茶”、“虎跑水”、“蒙顶山上茶”、“扬子江心水”，都是名水伴名茶，相得益彰。

（2）茶具

①茶具的类型

茶具是指茶杯、茶壶、茶碗、茶盏、茶碟、茶盘等饮茶用具，中国茶具种类繁多，造型优美，是使饮茶富于艺术性的重要条件，为历代茶的爱好者所喜爱。从古至今，茶具按材料的不同可以分为金属茶具、瓷器茶具、陶土茶具、竹木茶具、漆器茶具、搪瓷茶具和玻璃茶具等，现代主要以陶、瓷和玻璃为主。

瓷制茶具：大约产生自东汉晚期，分为白瓷、青瓷、黑瓷、彩瓷等类别。白瓷茶具大约始于北朝晚期，隋唐时已发展成熟。其色泽洁白，能反映出茶汤色泽，传热保温性能适中，适合冲泡各类茶叶，使用最为普遍。白瓷茶具产地较多，江西景德镇、湖南醴陵、四川大邑、河北唐山、安徽祁门均有出产，其中以江西景德镇最为著名。青瓷茶具始于东汉时，在唐代开始兴盛，明代为全盛时期。其色泽青翠，用来冲泡绿茶，有益汤色之美。青瓷茶具主要产于浙江、四川等地，浙江龙泉青瓷被誉为“瓷器之花”。黑瓷茶具始于晚唐，宋代开始盛行，到明清走向衰微。其釉色漆黑，造型古朴，在以“斗茶”为时尚的宋代极为兴盛；产地主要在福建建窑、江西吉州窑和山西榆次窑，其中以建窑生产的“建盏”最为精致。彩瓷茶具中最引人注目的是青花瓷茶具，始于唐代，盛行于元、明、清三代；其花纹蓝白相映、色彩淡雅宜人，华而不艳，令人赏心悦目；产地主要在江西景德镇、吉安、乐平，广东潮州、揭阳、博罗，云南玉溪，四川会理，福建德化、安溪等，以景德镇最为著名。

陶制茶具：陶土器具是新石器时代的重要发明。最初是粗糙的土陶，然后逐步演变为比较坚实的硬陶，再发展为表面敷釉的釉陶。宜兴古代制陶颇为发达，在商周时期就出现了几何印纹硬陶。秦汉时期已有釉陶的烧制。陶器中的佼佼者首推宜兴紫砂茶具，早在北宋初期就已经崛起，成为别树一帜的优质茶具，明代大为流行。紫砂壶和一般陶器不同，其里外都不敷釉，采用当地的紫泥、红泥、团山泥抟制焙烧而成。由于成陶火温较高，烧结密致，胎质细腻，既不渗漏，又有肉眼看不见的气孔，经久使用，还能吸附茶汁，蕴蓄茶味；且传热不快，不致烫手；若热天盛茶，不易酸馊；即使冷热剧变，也不会破裂；如有必要，甚至还可直接放在炉灶上煨炖。紫砂茶具还具有造型简练大方，色调淳朴古雅的特点，外形有似竹节、莲藕、松段和仿商周古铜器形状的。

金属茶具：金属用具是指由金、银、铜、铁、锡等金属材料制作而成的器具，是我国最古老的日用器具之一。早在公元前 18 世纪至公元前 221 年秦始皇统一中国之前的 1500 年间，青铜器就得到了广泛的应用，先人用青铜制作盘盛水，制作爵、尊盛酒，这些青铜器皿自然也可用来盛茶。自秦汉至六朝，茶叶作为饮料已渐成风尚，茶具也逐渐从与其他饮具共享中分离出来。大约到南北朝时，我国出现了包括饮茶器皿在内的金属器具。到隋唐时，金属器具的制作达到高峰。元代以后，特别是从明代开始，随着茶类的创新，饮茶方法的改变，以及陶瓷茶具的兴起，才使金属茶具逐渐消失，尤其是用锡、铁、铅等金属制作的茶具，用它们来煮水泡茶，被认为会使“茶味走样”，以致很少有人使用。但用金属制成贮茶器具，如锡瓶、锡罐等，却屡见不鲜。这是因为金属贮茶器具的密闭性要比纸、竹、木、瓷、陶等好，具有较好的防潮、避旋光性能，这样更有利于散茶的保藏。因此，用锡制作的贮茶器具，至今仍流行于世。

竹木茶具：竹木茶具早在隋唐以前就在民间流行开来，陆羽《茶经》中所列的 28 种茶具多数是用竹木制作而成。清代，四川出现了一种竹编茶具，其特点是美观大方、不易破碎、富含艺术欣赏价值，但竹木茶具寿命较短，不能长期使用和保存。

漆器茶具：以竹木或它物雕制，并经涂漆的饮茶器具。漆器茶具始于清代，主要产于福建福州一带。福州生产的漆器茶具多姿多彩，有“宝砂闪光”、“金丝玛瑙”、“釉变金丝”、“仿古瓷”、“雕填”、“高雕”和“嵌白银”等品种，特别是创造了红如宝石的“赤金砂”和“暗花”等新工艺以后，更加鲜丽夺目，逗人喜爱。

玻璃茶具：我国的玻璃制作技术虽然起步较早，但直到唐代，随着中外文化交流的增多，才开始烧制玻璃茶具。近代以后，玻璃茶具成为茶具中的主流。玻璃杯泡茶，茶汤的鲜艳色泽，茶叶的细嫩柔软，茶叶在整个冲泡过程中的上下穿动，叶片的逐渐舒展等，能够一览无余，可说是一种动态的艺术欣赏。特别是冲泡各类名茶，茶具晶莹剔透，杯中轻雾缥缈，澄清碧绿，芽叶朵朵，亭亭玉立，观之赏心悦目，别有风趣。同时，玻璃杯价廉物美，深受广大消费者的欢迎，但其缺点是容易破碎，也比较烫手。

②茶具的选配原则

第一，因茶制宜。因茶叶种类和档次的不同而选择不同的茶具。绿茶按档次由低到高可分别选择透明玻璃杯或瓷杯；红茶中的工夫红茶、小种红茶、袋泡茶和速溶红茶一般用白瓷杯或玻璃杯，红碎红茶和片末红茶用茶壶；乌龙茶则有专门的茶具，由薄瓷壶、紫砂壶、小火炉、小瓷杯等组成；花茶按档次由低到高可分别选择玻璃杯、白瓷盖杯和茶壶；紧压茶要先将捣碎的茶块放在壶中或锅中烧煮后倒入茶碗饮用。

第二，因地制宜。我国辽阔的地域使得各地的饮茶习俗各不相同，对茶具的要求与偏好也不一样。长江以北及内地的许多城市居民，喜用有盖瓷杯冲泡，以保茶香；而沿海的城市居民则好用玻璃杯冲泡，这样既闻香玩味，又可观色赏形。其中，南京、杭州一带居民尤其注重茶的香气滋味，所以用紫砂茶具的也较多。我国南方的闽粤台地区饮乌龙茶时，习惯用小杯细啜，闻香玩味，以领略茶的韵致。巴蜀大地的四川人钟情于盖碗茶，左手托茶托，右手拿碗盖，拨去浮在汤面上的茶叶，加盖保香，去盖观色，一席儒雅气派。

第三，因人制宜。在古代，不同的人用不同的茶具，这在很大程度上反映了人们的地位与身份。如历代的文人墨客都特别强调茶具的“雅”。宋代文豪苏东坡在江苏宜兴讲学时，自己设计了一种提梁式的紫砂壶，“松风竹炉，提壶相呼”，独自烹茶品赏。另外，职业有别，年龄不一，性别不同，对茶具的要求也不一样。如老年人讲求茶的韵味，要求茶叶香高、味浓，重在物质享受，多用茶壶泡茶；年轻人以茶会友，要求茶叶香清味醇，重于精神品赏，因此，多用茶杯沏茶。

2. 古代茶艺与品饮

自从茶叶作为饮料以来，其烹饮方法不断变化，在古代大致有煮茶法、煎茶法、点茶法和泡茶法。

煮茶法是直接将茶加入水中烹煮后饮用，唐代以前盛行此法。汉魏南北朝以迄初唐，主要是直接采茶树生叶烹煮成羹汤而饮，饮茶类似喝蔬茶汤，因此吴人又称之为“茗粥”。唐代以前还盛行将葱、姜、枣、橘皮、薄荷等与茶一起充分烹煮，现代少数民族饮茶中的擂茶和打油茶就源于此。

煎茶法是指陆羽在《茶经》里所大力提倡并记载的一种烹饮方法，在唐代中晚期流行。煎茶法包括备器、添炭、炙茶、末茶、煮水、煎茶、酌茶、饮茶的程序，烹茶时以“三沸”为度，先将饼茶研碎，然后煮水，待釜中水微沸、泛起鱼眼泡时加入茶末；煮至二沸时出现沫饽，将其舀出备用；继续烧煮至三沸，再将已舀出的沫饽浇入锅中，称为“救沸”、“育华”，待均匀融合后，茶汤便好了。烹茶的水与茶，视人数的多寡而定，茶汤煮好，均匀地斟入茶碗中，有雨露均施、同分甘苦之意。陆羽创立的“煎茶法”首次使中国饮茶艺术从生活领域提升到精神品饮和艺术创造的高度，为中国茶文化发展和茶道形成奠定了坚实的基础。另外，煎茶时不再加入葱、姜、枣、橘皮、茱萸、薄荷等调味品，只加入少许精盐，以调和汤味。晚唐以后煎茶时已不再加盐，成为完全的清饮法了。

点茶法是宋元时期盛行的一种烹饮方法，是将茶碾成细末，置茶盏中，以沸水点冲，先注少量沸水将茶粉调至膏状，然后再量茶注汤，边注边用茶匙击拂。

泡茶法是明清时期盛行的一种饮茶方法，是将茶叶置于茶壶或茶盏中，以沸水冲泡的简便方法。泡茶法起始于隋唐，但在当时并不流行，到了明朝朱元璋废贡团饼茶，使散茶独盛，茶风为之一变。泡茶法继承了宋代点茶的清饮，不加任何调料，包括撮泡（用杯、盏泡茶）、壶泡等形式。在当时最为普遍的是壶泡，即置茶于茶壶中，以沸水冲泡，再分到茶盏（瓯、杯）中饮用。

3. 现代茶艺与品饮

茶的沏泡与品饮一般分为“品、评、饮”三步。品、评茶，不仅是鉴别茶的优劣，更是在欣赏茶叶的色、香、味、形，品评茶汤滋味，充分领略其中的神韵与情趣，是一种高雅的艺术享受。

不同的茶叶，冲泡方法不同，但关键要素都有4个，即茶叶的用量、泡茶的水温、泡茶的水质及泡茶的次数和时间，所谓的泡茶“四要素”。首先，要确定茶叶的用量。主要根据茶叶的种类、茶具规格和饮用习惯来确定，关键是掌握好茶与水的比例。如冲泡一般红、绿茶的茶、水比例为1∶50～1∶60，乌龙茶的茶、水比例最高，为1∶2。其次，要注意泡茶的水温。主要根据茶叶品种而定，老茶叶高温水，嫩茶叶低温水。高级绿茶，特别是芽叶细嫩的名茶，水温一般在80℃左右；各种花茶、红茶和中低档绿茶，水温在95℃～100℃；乌龙茶、普洱茶等则必须用100℃的沸水冲泡。再次，要注重泡茶的水质。现代人生活中常用的自来水并不是一种好的沏茶用水，如沏茶，需将其静置20小时左右，待水中的消毒气味挥发后再用；经过多层过滤的纯净水、矿泉水、不含硫磺的山泉水、活水井水、远离人口密集区的江河湖水等都可直接用于沏茶，冲泡出来的茶汤色、香、味俱全。古人推崇的雪水、雨水，因为污染，如今在多数地区已经不能用于泡茶。最后，要注重茶叶的冲泡时间和次数。一般来说，红茶、绿茶的冲泡时间为3～5分钟，最多只能冲泡三次，碎茶只能冲泡一次；而乌龙茶的冲泡时间较为特殊，其第一次冲泡时间为1分钟，第二泡1分15秒，第三泡1分40秒，第四泡2分15秒，这样前后茶汤浓度才会比较均匀。

（1）绿茶沏泡与品饮方法

茶具准备：通常使用玻璃杯、瓷杯或茶壶，高档细嫩的绿茶尤宜使用玻璃杯或白瓷杯，前者便于赏茶观姿，后者则能衬托茶汤色泽。

鉴赏干茶：又称“观茶”。取一定量的干茶置于白纸上，让品饮者先欣赏干茶的色、形，再闻茶香，充分领略名优绿茶的天然风韵。

冲泡茶叶：根据茶叶的松紧程度，主要有“上投法”和“中投法”两种。“上投法”是先倒开水、再投茶叶，适合于外形紧结重实的龙井、碧螺春等品种；“中投法”是先放茶叶、再注入开水，且开水分两次注入，适合于茶条松展的黄山毛峰等品种。

观赏茶叶：对于高档名茶，品饮者可在茶叶冲泡的过程中，欣赏茶叶在器具中的姿态及茶汤色泽的变化，茶烟的弥散及最终茶与汤的成像，感受茶叶的天然风姿。

饮茶：饮茶前先闻茶香，在沁人心脾的茶香中小口品啜，将茶汤含在嘴里，使之与舌头上的味蕾充分接触，才能真正领略到绿茶的清爽怡人。

（2）红茶沏泡与品饮方法

红茶的饮用方式多种多样，按调味方式分，有清饮法和调饮法；按使用器具分，有杯饮法和壶饮法；按茶汤浸出方式分，有冲泡法和煮饮法。以下着重介绍红茶的基础冲泡与品饮方法。

茶具准备：准备并清洗干净茶壶、茶杯等，工夫红茶、小种红茶、袋泡红茶一般使用白瓷杯或玻璃杯冲泡；红碎茶和片末红茶及低档红茶可用茶壶冲泡。

量茶入杯：每杯只放入 3～5 克红茶，或 1～2 包袋泡茶。若用壶煮，则另行按茶和水的比例量茶入壶。

烹水沏茶：通常往茶杯中冲入沸水至八成满为止。如果用壶煮，则先应将水煮沸，而后放茶配料。

闻香观色：红茶经冲泡约 3 分钟后，即可先闻其香，再观察红茶的汤色。这种做法，在品饮高档红茶时尤为时尚。至于低档茶，一般很少有闻香观色的。

品饮尝味：待茶汤冷热适口时即可举杯品味。尤其是饮高档红茶，饮茶人需在品字上下工夫，缓缓啜饮，细细品味，在徐徐体察和欣赏之中，品出红茶的醇味，领会饮红茶的真趣，获得精神的升华。

如果品饮的红茶属条形茶，一般可冲泡 2～3 次。如果是红碎茶，通常只冲泡一次；第二次再冲泡，滋味就显得淡薄了。

（3）乌龙茶沏泡与品饮方法

中国广东、福建、台湾等地，特别是闽南和广东潮汕地区，尤其喜欢品啜乌龙茶，因其冲泡过程颇费工夫，故称“功夫茶”。“功夫茶”是中国茶艺中的一枝奇葩，茶具、茶叶和冲法极为讲究。

茶具准备：先用沸水将清洗干净的茶壶、茶盘、茶杯等淋洗一遍，并且在泡饮过程中要不断淋洗，使茶具保持清洁和相当的热度。这是“功夫茶”的独特之处。乌龙茶的茶具主要包括玉书碨（开水壶）、潮汕烘炉（火炉）、孟臣罐（紫砂茶壶）和若深瓯（白瓷杯），称为“烹茶四宝”。

整茶铺茶：先将干茶置于摊开的白纸上，以竹匙分出粗茶和细末；将细末茶填入茶壶底，上铺粗茶，中小叶放在最上面。

洗茶泡茶：盛水壶需在较高的位置，沿着茶壶边缘缓缓地冲入，当水刚漫过茶叶时，立即将水倒掉，以洗去茶中的灰尘。洗茶后，再加入沸水至九分满，盖上壶盖，并用沸水浇淋壶身，2～3 分钟后茶即泡好。

倒茶点茶：把茶壶里的茶水巡回注入弧形排开的各个茶杯中，倒茶后将瓯底最浓的少许茶汤分别滴点到各个茶杯中，保持茶汤浓度一致。

品饮：通常用拇指和食指按住杯沿，中指抵住杯底，先闻其香，再缓缓品啜。袁枚在《随园食单》中认为品饮乌龙茶“令人释躁平矜，怡情悦性”，不仅可以调适生活节奏和心情，更能增添生活情趣。

（4）花茶沏泡与品饮

花茶泡饮方法，以能维持香气不致无效散失和显示特质美为原则，其具体泡饮程序如下：

备具：一般品饮花茶选用的茶具是白色有盖瓷杯，或盖碗（配有茶碗、碗盖和茶托），如冲泡茶坯特别细嫩，为提高艺术欣赏价值，也可采用透明玻璃杯。

烫盏：将盖碗置于茶盘，用沸水高温冲洗茶碗、茶托，再将碗盖浸入盛沸水的茶碗中转动后去水，以清洁茶具。

置茶：用竹匙轻轻将花茶取出，按各人的口味所需的用量分别置入茶碗中。

冲泡：向茶碗冲入沸水，通常宜提高茶壶，使壶口沸水从高处落下，促使茶碗内的茶叶滚动，以利浸泡。一般冲水至八分满为止，冲后立即加盖，以保茶香。

闻香：花茶冲泡静置 3 分钟后即可拿起茶盏，揭开杯盖一侧来闻香。有兴趣者，还可凑着香气作深呼吸，以充分领略香气给人的愉悦之感，人称“鼻品”。

品饮：经闻香后、待茶汤稍凉适口时，小口喝入，并将茶汤在口中稍微停留，以口吸气、鼻呼气相配合的动作，使茶汤在舌面上往返流动 1～2 次，充分与味蕾接触，品尝茶叶和香气后再咽下，称“口品”。因此，民间有饮花茶“一口为喝，三口为品”之说。

花茶一般可冲泡 2～3 次，接下去即使有茶味，也很难有花香之感了。

二、中国酒品与饮酒艺术

（一）中国酒的起源与传播

1. 酒的起源

中国是世界上最早酿酒的国家之一。据考证，我国酒的历史可以追溯到上古时期。《史记·殷本纪》中关于纣王“酒池肉林……为长夜之饮”的记载，以及《诗经》中“十月获稻、为此春酒”和“为此春酒，以介眉寿”的诗句等，都表明我国酒的兴起已有5000年的历史。关于酿酒的起源，至今在学术界仍有争论，虽然现存的资料不足以考据，但作为一种文化认同，酿酒的起源传说却具有很高的文化价值，主要有“上天造酒说”、“猿猴造酒说”、“仪狄酿酒说”、“杜康酿酒说”等。

根据考古发现，在裴李岗文化时期、河姆渡文化时期、磁山文化时期以及三星堆、大汶口文化时期等新石器时代文明遗址中均有类似酒器的陶器及青铜器、农作物出土，谷物酿酒应具备的酿酒原料和酿酒容器两个先决条件均已成熟。这些发现证实我国古代传说中的黄帝、夏禹时代确实存在着酿酒这一行业。

现代学者对酿酒起源的基本看法有两点：第一，酒是自然界的天然产物，人类是发现了酒，而不是发明了酒。酒的主要成分是酒精，而宇宙中的一些天体就是由酒精组成的，许多物质都可以通过多种方式转变为酒精。第二，最早的酒应该是果酒和乳酒。旧石器时代的先民以采集和狩猎为生，最主要的食物就是水果和动物的乳汁，它们在一定的温度、湿度环境中都会发酵成酒。

2. 酒的传播

中国酒的历史源远流长，含糖野果自然发酵酿成酒的现象，在新石器时代以前就被先人们注意和利用了。仰韶文化早期的出土文物中已有彩陶一类的酒器，则充分说明距今6000年前用发酵的谷物酿制酒醴的工艺已经出现。以此为佐证，说明中国水酒是世界最古老的酒种之一，中国是世界三大酒文化古国之一。在几千年漫长的历史进程中，中国传统酒呈段落性发展。

（1）新石器时代至夏商周时期

公元前4000～2000年，即由新石器时代的仰韶文化早期到夏朝初年，历时达2000年，是我国传统酒的启蒙期。用发酵的谷物来泡制水酒是当时酿酒的方式。先民认为它是一种含有极大魔力的液体，主要用以祭祀祖先神灵，医病驱魔，只是极少先民享用的嗜好品。

在公元前2000的夏王朝，酿酒已从农业中分离出来，成为独立的手工业。《尚书·说命篇》载有“若做酒醴，尔惟曲蘖”，这说明商代已经利用曲和蘖酿成醴、酒、鬯等品种。曲、蘖的出现，是对世界酿酒技术的一大贡献，而且为我国酒类的发展奠定了基础。周代已有一套比较完善和合乎科学的酿酒工艺，还设置了专门的管酒官员，《周礼》《礼记》载有“酒正”、“鬯人”、“郁人”、“大酋”等，不仅掌管有关酒的政令，还直接组织或监督奴隶们从事酿酒。在《诗经》《楚辞》等古籍中载有“旨酒”、“吴醴”、“椒浆”等美酒，说明已能酿制各种黄酒、果酒、配制酒。

（2）秦汉至唐宋时期

秦汉之后，随着农业和手工业的发展，我国传统酒逐步进入成熟期，《酒诰》《齐民要术》《北山酒经》等酿酒巨著先后问世，它们详细记述了制曲酿酒的工艺技术，为后人留下了宝贵经验，对我国的酿酒业产生巨大而深远的影响，并说明在相当长的历史时期内，我国一直是世界上制曲酿酒独一无二的国家。到19世纪末，西方才以“阿米诺法”解决了酿酒不用麦芽、谷芽的问题，比我国晚4000余年。

唐宋时期，中国传统酒的发展十分迅猛，从文化名人李白、杜甫、白居易等饮酒、颂酒的诗词中有着充分的反映。汉唐盛世，既促进了中国经济、文化的交流与互相渗透，也促进了中国酒的发展。

（3）北宋至元明清时期

从北宋到1840年的晚清时期是我国传统酒的提高期。此时，西域的蒸馏器传入我国，从而导致了举世闻名的中国白酒的发明，成为酒中佳品，而且黄酒、果酒、药酒等酒品也竞相发展、绚丽多彩，使中国酒达到历史上的鼎盛时期。在属于此时期的出土文物中，已普遍见到小型酒器，说明当时迅速普及了酒度较高的白酒。尤其在明代，是酿酒业大发展的新时期，酒的品种、产量都大大超过前朝。明代实行酒税并入商税的政策，大大促进了各类酒的发展。

（4）近现代时期

自1840年后至今，西方先进的酿酒技术与我国传统的酿酒技术争放异彩，使我国酒苑百花争艳，春色满园，啤酒、白兰地、威士忌、伏特加、日本清酒在我国立足生根，传统的白酒、黄酒琳琅满目，各显特色。新中国成立后，全面发展了饮料酒的生产，开辟了酿酒的新原料，改革了酿酒设备，培养了大批专业技术人员，中国酿酒业进入了空前繁荣的时代。

（二）中国酒的分类与著名品种

1. 酒的分类

在日常生活中凡是含有酒精的饮食，都可以冠之以“酒”的名称。中国酒的品种繁多，按照酒的特点可以分为白酒、黄酒、啤酒、果酒（主要是葡萄酒）、配制酒等五大类；根据生产方法可分为蒸馏酒（发酵后蒸馏制取，如白酒、白兰地）、压榨酒（发酵后榨取，如黄酒、啤酒、果酒）、配制酒（以蒸馏酒、原汁酒或酒精配制，如竹叶青、参茸酒）；以酒的度数划分，可以分为高度酒（酒精含量38%以上）、中度酒（酒精含量20%～40%）、低度酒（酒精含量20%）以下。

（1）白酒

白酒是中国传统蒸馏酒，以谷物及薯类等富含淀粉的作物为原料，经过糖化、发酵、蒸馏而成，酒液清澈透明，质地纯净、无混浊，口味芳香浓郁，醇和柔绵、刺激性较强。有关白酒的最早酿造时间，历来就有东汉、唐代、宋代和元代四种说法。无论如何，白酒在中国的生产历史都十分悠久，产地辽阔，但以四川、贵州及山西等地最为著名。白酒品种繁多，制法和风味都各有特点。

①按酿酒原料分，白酒可分为三类。

粮食白酒：以玉米、高粱、小麦、大米等粮食为主要原料酿制，我国的大多数白酒都是粮食酒。

薯干白酒：以甘薯、马铃薯及木薯为原料酿制，出酒率高于粮食白酒，但酒质稍差。

其他原料白酒：以富含淀粉和糖分的农副产品和野生植物为原料酿制，如甜菜、糖蜜、大米糠等，酒质不如粮食与薯干白酒。

②按酒的香型分，白酒可分为四类。

酱香型白酒：采用超高温酒曲发酵，工艺最为复杂，且散发出一股类似豆类发酵时发出的一种酱香味。其主要特征是酱香突出、幽雅细腻、酒体丰富醇厚、回味悠长、香而不艳、低而不淡，茅台酒、郎酒就是此类酒的典型代表。

浓香型白酒：以高粱为主的发酵原料，采用陈年或人工老窖发酵、混蒸混烧发酵工艺。其主要特征是窖香浓郁、绵甜甘洌、香气协调、余味悠长，在名优酒中此类酒产量最大，以泸州老窖、五粮液、剑南春、古井贡酒等为典型代表。

清香型白酒：采用地缸发酵、以中温大曲为糖化发酵剂，清蒸清渣发酵工艺。其主要特征是清亮透明、清香醇正、诸味协调、醇甜柔和、余味爽净，以山西杏花村汾酒为代表。

米香型白酒：以大米为原料、采用小曲为糖化发酵剂、后液态发酵工艺蒸馏制酒。其主要特征是入口醇甜、回味悠长，以桂林三花酒为代表。

按香型分，白酒还有风香型、芝麻香型、豉香型和特香型等类型。

③按酒度分，白酒可分为两类。

高度白酒：这是我国传统生产方法所产出的白酒，酒度在41°以上，多为55°，一般不超过65°。

低度白酒：采用降度工艺生产的白酒，酒度一般在38°，也有20°左右的。

（2）黄酒

黄酒是我国最古老的传统酒，是以大米等谷物为原料，经过蒸煮、糖化和发酵、压滤而成的酿造酒。黄酒具有较高的营养价值，富含麦芽糖、葡萄糖、甘油、琥珀酸等物质，对人体有益无害。其起源与我国谷物酿酒的起源相同，至今约有8000年的历史。目前市场上黄酒的种类较多，但它的生产基地主要集中于长江下游一带，以绍兴的产品最为著名。黄酒品种繁多，制法和风味都各有特点，可根据原料及含糖量的不同来归类。

①按原料和酒曲分，黄酒可分为如下类型：

糯米黄酒：以酒药和麦曲为糖化、发酵剂。主要产于中国南方地区。

黍米黄酒：以米曲霉制成的麸曲为糖化、发酵剂。主要产于中国北方地区。

大米黄酒：是一种改良的黄酒，以米曲加酵母为糖化、发酵剂。主要产于中国吉林及山东。

红曲黄酒：以糯米为原料，红曲为糖化、发酵剂。主要产于中国福建及浙江两地。

②按所含糖量分，黄酒可分为如下类型：

干黄酒："干"表示酒中的含糖量少，糖分都发酵变成了酒精，故酒中的糖分含量最低，总糖含量在0.5%以下，口味醇和、鲜爽、无异味。干黄酒的代表产品是元红酒。

半干黄酒："半干"表示酒中的糖分还未全部发酵成酒精，还保留了一些糖分，总糖含量在0.5%～5%，其口味醇厚、柔和、鲜爽、无异味。我国大多数高档黄酒均属此种类型。如加饭（花雕）酒。

半甜黄酒：采用的工艺独特，是用成品黄酒代水，加入到发酵剂中，成品酒中的糖分较高，总糖含量在5%～10%，口味醇厚、鲜甜爽口，酒体协调，无异味。代表产品有善酿酒、即墨老酒等。

甜黄酒：一般采用淋饭操作法，拌入酒药，搭窝先酿成甜酒酿，当糖化至一定程度时加入酒精浓度40%～50%的米白酒或糟烧酒，以抑制微生物的糖化发酵作用，总糖含量高于10%，口味鲜甜、醇厚，酒体协调，无异味。代表产品有香雪酒、福建沉缸酒。

此外，黄酒还可按照其他方式分类，如根据酒的颜色可分为元红酒、竹叶青、黑酒、红酒等。著名的花雕酒，是因为其表面雕花的酒坛而得名；女儿红则是源自当地在女儿出生时将酒坛埋于地下，待出嫁时宴请宾客的风俗。

（3）葡萄酒

葡萄酒是以鲜葡萄或葡萄汁为原料，经全部或部分发酵酿制而成的，酒精度不低于7.0%的酒精饮品的总称，是我国果酒中最主要的类型。它除了含有葡萄果实的营养外，还有发酵过程中产生的有益成分。研究证明，葡萄酒中含有200多种对人体有益的营养成分，包括糖、有机酸、氨基酸、维生素、多酚、无机盐等。我国人工酿造葡萄酒的历史较晚，始于汉代葡萄从西域传入之后，唐宋时期葡萄酒比较盛行，此后一直未能得到发展，直到清代末期烟台张裕葡萄酿酒公司的建立才标志着我国葡萄酒现代化、规模化生产的开始。

①按颜色分，葡萄酒可分为三类。

白葡萄酒：以白葡萄或浅色果皮的酿酒葡萄为原料，经过皮汁分离后取果汁发酵酿制而成，色泽分为近似无色、浅黄带绿、浅黄和金黄色，口感分为甜的和不甜的。

红葡萄酒：以皮红肉白或皮肉皆红的酿酒葡萄为原料，在进行了皮汁短时间混合发酵后分离陈酿而成，色泽呈天然红宝石色，口感甘美。

桃红葡萄酒：以皮红肉白的酿酒葡萄为原料，进行皮汁短时间混合发酵、达到色泽要求后进行分离陈渣，继续发酵、陈酿而成。色泽呈桃红色或玫瑰红。

②按含糖量分，葡萄酒可分为四类。

干葡萄酒：酒的糖分几乎发酵完，每升总含糖量低于4克，酸味明显，又可分为干白葡萄酒、干红葡萄酒、干桃红葡萄酒等类型。

半干葡萄酒：每升葡萄酒中总含糖量在4~12克，口味微甜，又可以分为半干白葡萄酒、半干红葡萄酒、半干桃红葡萄酒等类型。

半甜葡萄酒：每升中总含糖量在12~50克，口味甘甜、爽顺，又可以分为半甜白葡萄酒、半甜红葡萄酒等类型。

甜葡萄酒：每升中总含糖量在50克以上，甜醇感明显，又可以分为甜白葡萄酒、甜红葡萄酒等类型。

③按国际标准分，葡萄酒可以分为三类。

无气葡萄酒：由天然葡萄发酵而成，酒度约在14°以下，包括红葡萄酒、白葡萄酒及玫瑰红葡萄酒。

含气葡萄酒：包括香槟酒和各种含气的葡萄酒。

强化葡萄酒：这类葡萄酒在制造过程中加入了白兰地，使酒度达到17°~21°。

④根据酒中二氧化碳的压力，葡萄酒可分为三类。

无气葡萄酒：也称为静酒，这种葡萄酒不含有自身发酵产生的二氧化碳或人工添加的二氧化碳。

起泡葡萄酒：这种葡萄酒中含的二氧化碳是以葡萄酒加糖再发酵而产生的或用人工方法压入，其酒中的二氧化碳含量在20℃时保持压力0.35兆帕以上，酒精度不低于8%（V/V）。香槟酒属于起泡葡萄酒，在法国规定只有在香槟省出产的起泡葡萄酒才能称为香槟酒。

葡萄汽酒：葡萄酒中的二氧化碳是发酵产生的或是人工方法加入的，其酒中二氧化碳含量在20℃时保持压力0.025兆帕~0.051兆帕，酒精度不低于4%（V/V）。

（4）啤酒

啤酒是以大麦为主要原料，经过麦芽糖化，加入啤酒花，利用酵母发酵制成的一种有泡沫和特殊香味、味道微苦、含酒精量较低的酒。它是含有多种氨基酸、维生素和二氧化碳的营养成分丰富、高热量、低酒度的饮料酒，也是中国各类饮料酒中最年轻的酒种，只有近百年的历史。啤酒品种很多，一般可根据啤酒的色泽、生产工艺、酒精的含量来划分。

①按色泽分，啤酒可分为三类。

淡色啤酒：色度在5~14EBC单位，口味清爽，入口感强、酒花香突出，占国内销量的98%以上。它又可根据原麦汁浓度的不同，分为高、中、低三种。实际发酵度在72%以上的淡色啤酒，称为干啤酒。

浓色啤酒：色度在15~40 EBC单位，呈棕色或红褐色，口味醇厚，苦味较轻，麦芽香味浓郁突出。它又可根据原麦汁浓度的不同，分为高、中、低三种。实际发酵度在72%以上的浓色啤酒，称为浓色干啤酒。

黑色啤酒：酒度大于40 EBC单位，呈深红褐色乃至黑褐色，外观很像酱油，原麦汁浓度高、麦芽焦香突出、泡沫细腻、口味浓醇、苦味较轻。

②按照生产工艺分，啤酒可以分为两类。

生啤酒：又叫鲜啤酒，是啤酒在经过包装后不经巴氏灭菌（低温灭菌）或瞬时高温灭菌，采用物理过滤方法除菌，达到一定生物稳定性的啤酒。这类啤酒一般就地销售，保存时间不宜太长，在低温下一般为一周。此种工艺酿造的鲜啤酒不仅口味新鲜、啤酒风味浓厚，而且具有一定的营养价值。

熟啤酒：是指啤酒经过包装后经巴氏灭菌（低温灭菌）或瞬时高温灭菌而成，保存时间较长，可以三个月左右。

③按酒精含量分，啤酒可以分为两类。

含酒精啤酒：一般含酒精为2°~4°，这种啤酒原麦汁浓度一般为10°、11°、12°、14°。市场上销售的啤酒绝大部分是含酒精啤酒。

低醇啤酒或无醇啤酒：酒精含量低于2.5%，称为低醇啤酒；低于0.5%，称为无醇啤酒。这类啤酒是经过特殊的工艺抑制、去除其中的酒精成分，既保留啤酒原有的风味，而且营养丰富、热量低。

啤酒还可根据包装容器分为瓶装啤酒、桶装啤酒和罐装啤酒；根据发酵方式分为上面发酵啤酒和下面发酵啤酒等。

2. 中国酒的著名品种

（1）白酒类名品

贵州茅台酒

茅台酒产于中国西南贵州省仁怀县茅台镇，同英国苏格兰威士忌和法国柯涅克白兰地并称为“世界三大名酒”。在清代中期，茅台酒的生产已具有一定的规模，年产量可达170吨，在中国古代酿酒史上是罕见的。茅台酒素以色清透明、醇香馥郁、入口柔绵、清洌甘爽、回香持久等特点而名闻天下，被称为中国的“国酒”。它以优质高粱为料，上等小麦制曲，每年重阳之际投料，利用茅台镇特有的气候、优良的水质和适宜的土壤，采用与众不同的高温制曲、堆积、蒸酒，轻水分入池等工艺，经过两次投料、九次蒸馏、八次发酵、七次取酒、长期陈酿而成。酒精度多在52°~54°，是中国酱香型白酒的典范。

四川五粮液

产于四川省宜宾市，因以五种粮食（高粱、大米、糯米、玉米、小麦）为原料而得名。酿酒之水取自岷江江心，质地纯净，发酵剂用纯小麦制的“包包曲”，香气独特。五粮液酒液清澈透明，柔和甘美，酒味醇厚，开瓶时喷香突起，浓郁扑鼻，饮后余香不尽，属浓香型酒的代表。

泸州老窖

产于四川省泸州市，其主要原料是当地的优质糯高粱，以小麦制曲，选用龙泉井水和沱江水，采取传统的混蒸连续发酵法酿造。泸州老窖的酒液晶莹清澈，酒香芬芳飘逸，酒体柔和纯正，酒味协调适度，具有窖香浓郁、清洌甘爽、饭后留香、回味悠长等独特性格，是浓香型白酒中最著名的代表。

山西汾酒

产于山西省汾阳市杏花村，是我国名酒的鼻祖，距今已有1500多年的历史。我国最负盛名的八大名酒，都和汾酒有着十分亲近的血缘。汾酒的原料采用产于汾阳一带晋中平原的“一把抓”高粱，甘露如醇的“古井佳泉水”，与传统的酿造工艺完美结合，使汾酒具有清亮透明，气味芳香，入口绵绵，落口甘甜，回味生津的特色，一直被推崇为“甘泉佳酿”和“液体宝石”。汾酒酿造有一套独特的工艺，虽为60°高度酒，却无强烈刺激的感觉，有色、香、味“三绝”的美称，为我国清香型酒的典范。

此外，白酒类著名品种还有郎酒、剑南春、武陵酒、古井贡酒、全兴大曲、泸州特曲、洋河大曲、双沟大曲、董酒、黄鹤楼酒等。

(2) 黄酒类名品

绍兴加饭酒

绍兴黄酒可谓是我国黄酒的佼佼者。绍兴酒在历史上久负盛名，历代文献中均有记载。清代是绍兴酒的全盛时期，酿酒规模在全国堪称第一。绍酒行销全国和国外，现代国家标准中的黄酒分类方法基本上都是以绍兴酒的品种及质量指标为依据制定的。其中，绍兴加饭酒在历届名酒评选中都榜上有名。加饭酒，顾名思义，是在酿酒过程中增加酿酒用米饭的数量，用水量较少。加饭酒是一种半干酒，酒精度15%左右，糖分0.5%~3%，酒质醇厚，气郁芳香。

福建龙岩沉缸酒

龙岩沉缸酒，历史悠久，在清代的一些笔记文学中多有记载。这是一种特甜型酒，酒精度在14%~16%，总糖可达22.5%~25%。内销酒一般储存两年，外销酒需储存三年。龙岩沉缸酒的酿法集我国黄酒酿造的各项传统精湛技术于一体，有不加糖而甜、不着色而艳红、不调香而芬芳的三大特点，酒质呈琥珀光泽，甘甜醇厚，风格独特。

黄酒中的著名品种还有金华寿生酒、大连黄酒、即墨老酒、无锡惠泉酒、丹阳封缸酒、南平茉莉青、兴宁珍珠红等。

(3) 葡萄酒类名品

张裕红葡萄酒

产自烟台张裕集团有限公司，至今已有100多年的历史。它是中国第一个工业化生产葡萄酒的厂家，也是中国乃至亚洲目前最大的葡萄酒生产经营企业。1915年，张裕葡萄酒中的可雅白兰地、红玫瑰葡萄酒、琼瑶浆味美思、雷司令白葡萄酒荣获巴拿马太平洋万国博览会4枚金质奖章和最优等奖状。

长城干白葡萄酒

是以龙眼葡萄为原料，用纯长城干白葡萄酒葡萄汁发酵而成。该酒不添加任何其他物料，颜色微黄带绿，并具有新鲜悦怡的果香；味道醇和柔细、舒顺爽净，酒体丰满，典型性强，其感觉到的果酸，即利口又增加食欲，并能杀死肠胃中的致病菌，而且营养丰富，有益于人体健康。长城牌白葡萄酒于1983年获伦敦国际评酒会的银奖，被欧美酿酒专家誉为“典型的东方美酒”。

（4）啤酒类名品

青岛啤酒

青岛啤酒是中国久负盛名的啤酒品牌，继承并改良了德国酿酒传统，泡沫洁白细腻、澄澈清亮、色泽浅黄、酒体醇厚柔和、香醇爽口，同时具有清新的酒花香味、苦味适中、清爽适口，享誉国内外。它曾3次在美国国际评酒会上荣获冠军，自1954年出口以来，畅销40多个国家和地区。

燕京啤酒

它是我国著名的啤酒品牌，精选天然优质矿泉水等原料，采用先进的工艺设备和独特的发酵技术酿造，清爽怡人。

（三）饮酒艺术

1. 酒器

酒器是贮酒、盛酒、饮酒器具的总称。随着酒的发展以及社会生产力的不断提高，酒器也在不断变化，其作用主要有三个：第一，审美助饮。中国酒具美观大方的造型，精细华丽的装饰，可以使饮酒者在举杯之际得到文化的陶冶和艺术的熏陶。第二，示量节饮。中国不论哪一种酒具，都是按照一定容量来设计制造的，有示量、节饮的作用。第三，彰显身份、地位。中国酒具作为礼仪制度的载体，在使用时往往按照身份、地位的不同有严格的等级规定，必然显示出使用者的身份、地位与使用场合。中国酒器种类之多、造型之繁、装饰之美都居世界之首。按功能的不同，可分为盛酒器，如尊、卣、壶、罐、桶、瓶等；温酒器，如爵、角、盉、锡壶、烫酒器等；饮酒器，如觥、觚、杯、盏、盅等。按材质的不同，可分为陶制酒器、青铜酒器、瓷制酒器、玉制酒器、玻璃酒器、天然材料酒器（木、竹制品、兽角、海螺等）、铝制罐、不锈钢酒器、袋装塑料软包装、纸包装容器等。这里按照材质分类加以介绍。

（1）陶质酒器

中国目前发现最早的专用酒器。大量出现在新石器时代彩陶文化时期，主要有盛酒具尊、盛酒兼煮酒具盉与斝，饮酒具单耳杯、双耳杯、高脚杯等。陶质酒具取材方便，制作简单，朴素实用。如盛酒的陶缸、陶坛，饮酒的陶碗、陶盏、陶盅、陶注子等历代沿用，特别是在下层劳动人民中广泛使用。

（2）青铜酒器

青铜器铸造始于夏朝，盛行于商周和春秋战国，后代也不断有仿古制作。青铜酒具多是由铜锡合金熔液浇铸在陶模上冷却而成。这些酒具形制端庄厚重，式样沉雄敦实，古朴美观。器身多以“饕餮纹”、“夔龙纹”、“鸟兽纹”、“蝉纹”装饰，造型神秘狞厉，显示出奴隶主贵族的尊严和不可侵犯。其中，模拟自然界动物的立体形状造成的酒具，又表现出奴隶主阶级对美好事物的向往和对吉祥的渴盼，以及祈求神灵凶物保护的心情，如虎形酒具、羊形酒具、牛形酒具、象形酒具、鸮形酒具等。

（3）玉质酒器

玉酒器作为地位和身份的显示之物，最早出现于夏代。玉质酒具做工精细，式样美观，有墨绿、鹅黄、羊脂白等不同颜色，色泽温润绚丽，花纹天然，光亮透明。唐代的夜光杯，是用祁连山老玉雕琢而成。元代的盛酒具玉瓮，是用整块巨大的杂色墨玉雕成，周长 5 米，瓮体四周雕有出没于波涛之中的海龙、海兽，形象生动，气势磅礴，玉瓮重 3500 千克，可盛酒 30 石，是中国最大的玉酒具。当年成吉思汗征战拓疆，就用它来盛酒庆功，赏赐战将。清代的饮酒具九龙杯，杯中雕有盘曲的蛟龙，九尾缠结，杯底有小孔与九尾相通，注酒入杯，九尾也满盛酒液，注酒过量，酒液自然下泻。这一奇妙的设计，既起到节饮的作用，又体现了中国酒文化的精神和中国传统文化的中庸之道。

（4）瓷质酒器

随着制陶技术的发展，早在商代就出现了白陶和敷釉陶。因为具有瓷的某些特征，所以又被叫做原始瓷。原始瓷酒具从西周开始，经春秋战国到东汉，发展成为青瓷，有杯、瓶、尊、壶、碗等。宋代定窑白瓷酒具，胎薄轻细，釉色晶莹，白如美玉。景德镇窑瓷青中显白，白中显青，酒具有执壶浅碗和盘托、杯等。元代景德镇又出现了红瓷酒具。明清时期的青花瓷酒具绘以山水、花鸟、人物、故事，成为真正的艺术品，使饮酒者在推杯换盏之际，也得到文化的熏陶和美的享受。

（5）玻璃酒器

20 世纪以来，玻璃酒具在中国逐渐普及，有盛运酒具玻璃瓶、饮酒具玻璃杯、玻璃酒壶等。器形变化多样、美观大方，色泽洁白透明，价格便宜，形体新颖，深受人们欢迎。刻花玻璃酒具，高雅别致，精细华丽，为玻璃酒具之上品。玻璃酒瓶已经成为最主要的盛运酒具，为现代酒文化的发展作出了贡献。

（6）其他质地酒器

中国漆质酒具流行于汉魏，以四川的漆质酒具最有名，有“蜀杯”之誉。漆耳杯、漆酒壶、漆碗等，装饰华丽，轻细美观。象牙酒具有象牙耳杯，最早出现于新石器时代中晚期。牛角酒具通行于周代。金银酒具流行于唐代。其他如锡质酒具、骨质酒具等，都因质地昂贵珍稀，而被历代统治阶级、富裕阶层所钟爱，流行于宫廷、官府、名宦、巨贾、财主、富商之中。竹木酒具有酿酒用的木甑，贮酒运酒用的木桶，舀酒用的木瓢，饮酒用的木碗和竹节杯，或用木板拼镶，或用整木雕镂而成，朴实耐用。

2. 酒礼

（1）古代酒礼

我国自古有“酒以成礼”的说法，又因为饮酒过量，便不能自制，容易生乱，制定饮酒礼节就很重要。明代文学家袁宏道看到酒徒在饮酒时不遵守酒礼，深感长辈有责任，于是从古籍中采集了大量资料，专门写了一篇《觞政》。这虽然是为饮酒行令者写的，但对于一般的饮酒者也有一定意义。

古代饮酒的礼仪约有四步：拜、祭、啐、卒爵。就是先作出拜的动作，表示敬意，接着把酒倒出一点在地上，祭谢大地生养之德；然后尝尝酒味，并加以赞扬令主人高兴；最后仰杯而尽。主人和宾客一起饮酒时，要相互跪拜。晚辈在长辈面前饮酒，叫侍饮，通常要先行跪拜礼，然后坐入次席。长辈命晚辈饮酒，晚辈才可举杯；长辈酒杯中的酒尚未饮完，晚辈也不能先饮尽。

在酒宴上，主人要向客人敬酒（叫酬），客人要回敬主人（叫酢），敬酒时要说几句敬酒辞。客人之间也可相互敬酒（叫旅酬），有时还要依次向人敬酒（叫行酒）。敬酒时，敬酒的人和被敬酒的人都要“避席”、起立，普通敬酒以三杯为度。

（2）现代酒礼

斟酒礼仪：主人须给客人先斟酒。斟酒时不可太满，以免客人无法端杯或喝不了浪费。再斟酒应在对方干杯后，或杯中酒很少时。为长者斟酒不必太频繁。斟酒时切忌摇动酒壶或酒瓶，切忌将酒壶口对着客人，忌在客人夹菜或吃菜时斟酒。对不会饮或不能再饮的客人，不必强斟酒。晚辈不宜让长辈为自己斟酒。

敬酒礼仪：主人首先要向第一宾客敬酒，然后依次向其他客人敬酒，或向集体敬酒。客人也要向第一主人回敬酒，再依次向其他主人回敬酒。晚辈应首先向最年长者敬酒，再依次向长者和同辈敬酒。向女士敬酒，或女士向客人敬酒，应举止得体，语言得当。

祝酒礼仪：主人在饮酒前要根据饮宴的内容和对象，表达对客人的良好祝愿，以助酒兴，主要形式有三种：一是祝酒辞。在大型外交或社交活动中，首先应由东道主致辞，随后由客人代表致答谢辞。在家宴、婚宴、生日宴、朋友聚会宴中，也要视情况而选择祝酒辞。二是以诗代祝酒辞。中国酒诗联姻，以诗祝酒，更具文化色彩。三是祝酒歌。中国少数民族多以此种形式祝酒，能让客人兴高采烈，酒场气氛也十分轻松活跃。

饮酒礼仪：要根据自己的酒量节制饮量，饮到五分为最佳，以免失态。不提倡劝酒，充分尊重客人的意愿，让酒宴轻松如意。不宜采用将酒杯反扣于桌子上方式拒绝饮酒。先酒后饭，不宜酒未完而先吃饭。

3. 酒的饮用方法

（1）黄酒的饮用方法

黄酒的低酒精度、高营养和保健价值，确定了它的佐饮佐餐和礼仪地位。由于黄酒品种繁多，风味各异，因而要想真正饮用得法，有味有趣，就要懂得饮酒佐餐的艺术。饮用黄酒，可采用陶瓷酒杯或小型玻璃杯，可带糟食用，也可仅饮酒汁，但无论如何，应注意三个方面：一是酒的温度变化；二是有助于充分表现酒与食品色、香、味、风格的搭配；三是有助于人体胃的消化功能。

温饮黄酒

这是黄酒最传统的饮法，在冬天特别盛行。温饮的显著特点是酒香浓郁，酒味柔和。温酒的方法一般有两种，一种是将盛酒器放入热水中烫热，另一种是隔火加温，但加热时间不宜过久，否则酒精挥发后就淡而无味。黄酒的最佳品评温度是在38℃左右。在黄酒烫热的过程中，黄酒所含有的极微量对人体健康无益的甲醇、醛、醚类等有机化合物会随着温度升高而挥发掉，同时，脂类芳香物则随着温度的升高而蒸腾，从而使酒味更加甘爽醇厚，芬芳浓郁。因此，黄酒烫热喝是有利于健康的。

冰镇黄酒

目前，在年轻人中盛行一种冰黄酒的喝法，尤其在我国香港及日本，流行黄酒加冰后饮用。可以从超市买来黄酒后放入冰箱冷藏室，如是温控冰箱，温度控制在3℃左右为宜。饮时再在杯中放几块冰，口感更好。也可根据个人口味，在酒中放入话梅、柠檬等，或对雪碧、可乐、果汁，有消暑、促进食欲的功效。

佐餐黄酒

用于佐餐的黄酒与菜肴的配搭十分讲究，以不同的菜配不同的酒，则更可领略黄酒的特有风味。以绍兴酒为例，干型的元红酒，宜配蔬菜类、海蜇皮等冷盘；半干型的加饭酒，宜配肉类、大闸蟹；半甜型的善酿酒，宜配鸡鸭类；甜型的香雪酒，宜配甜菜类。

（2）白酒的饮用方法

饮用白酒可选用高脚烈酒杯、玻璃小酒杯或者陶瓷酒具。白酒一般在常温下饮用，并且强调适量。因为白酒中含有乙醇，若少量饮用，能刺激食欲，促进消化液的分泌和血液循环，使人精神振奋，并能产生热量可以御寒，但过量饮用白酒则对身体健康有极大伤害。

（3）葡萄酒的饮用方法

葡萄酒是一种带有鉴赏性的饮品，因此饮用时要注意杯具选用、温度和酒与菜肴的搭配等。

酒杯的选择

酒杯通常选用无色玻璃高脚杯。这有利于鉴评酒色，还可以避免手温传给酒、影响酒液的温度。酒杯的容量最好不少于20毫升。大一点，盛的酒就多一点，酒在杯中就有足够的空间凝聚芳香。酒杯以上窄下阔、没有花纹为宜，以利于凝聚酒香，观察酒的颜色。

饮酒的条件

不同的葡萄酒在饮用时对酒温的要求也不一样。红葡萄酒应在16℃～18℃饮用，若能在饮用前半小时打开瓶塞，让它略与空气接触，酒的香味会更香醇。白葡萄酒、桃红葡萄酒应在8℃～12℃饮用，一般是在客人点酒后用冰桶加冰块，将酒冰镇数分钟即可，也可预先把酒放冰柜1小时左右，再取出来饮用。起泡葡萄酒最好在6℃～8℃时饮用，这温度能降低气泡的散发速度，维持酒的新鲜感，便于持久保存酒中的果味和酒精。此外，上酒顺序应为低度酒在先，高度酒在后；白葡萄酒在先，红葡萄酒在后；新葡萄酒在先，陈年葡萄酒在后；干（不甜）葡萄酒在先，甜葡萄酒在后。

酒与菜肴的搭配

不同种类的葡萄酒在滋味和品质上各有特点，因此，酒与菜肴的搭配就显得十分重要。进餐饮酒时，酒菜搭配应与酒味、菜味相谐调，酒味不可盖过菜味，菜味不可损害酒味。其搭配原则是红配红、白配白，即红葡萄酒与红色的肉类食物搭配，如牛肉、猪肉、羊肉、野味等，白葡萄酒与白色的肉类食物搭配，如鱼肉、贝类、鸡肉、鸭肉等。白葡萄酒去腥味的作用较好，且能较好地体现鱼等水产品菜肴的本味；红葡萄酒解除油腻的作用比较突出。

（4）啤酒的饮用方法

啤酒的饮用主要在于对杯具的选择、酒温度的掌握和倒酒方式。

杯具的选择

饮用啤酒，应该用符合规格要求的啤酒杯。常用的标准啤酒杯有三种形状，第一种是口大、底小、呈喇叭形的平底杯；第二种是上下一致的直身杯，这也是我国常用的啤酒杯；第三种是带柄的扎啤杯，用于盛装桶装啤酒。油脂是啤酒泡沫的大敌，能销蚀啤酒的泡沫，因此盛啤酒的容器、杯具要热洗冷刷，保持清洁无油污，切勿用手指触及杯沿及杯内壁。

温度的掌握

啤酒要冰镇后饮用效果更好。我国的最佳饮用温度大约：夏季为6℃～8℃、冬季为10℃～12℃。在此温度下，啤酒的泡沫最丰富、既细腻又持久，香气浓郁，口感舒适。另外，夏季使用冰镇过的玻璃杯效果更佳。饮用啤酒的温度不宜过高或过低，温度过高，饮用起来会感到粗糙、容易暴露出啤酒的混杂味道，而温度过低，口感会不舒服，当温度低于3℃时就改变了啤酒原有风味，倒入杯中，难以起泡。

倒酒与品饮

开启瓶装啤酒时不要剧烈摇动瓶子，要用开瓶器轻启瓶盖，并用洁布擦拭瓶身及瓶口。倒啤酒时以桌斟方法进行，瓶口不要贴近杯沿，可顺杯壁注入，泡沫过多时应分两次斟倒。酒液占3/4杯，泡沫占1/4杯。喝啤酒的方法有别于喝烈性酒，宜大口饮用，让酒液与口腔充分接触以便品尝啤酒的独特味道，同时避免酒在口中升温后苦味加重。

第二节　主题餐饮活动策划

一、主题餐饮活动特点及种类

主题餐饮活动有广义和狭义之分。广义的主题餐饮活动是以某个主题为核心的所有餐饮活动的总称。狭义的主题餐饮活动是指主办者根据消费时尚、消费场合特殊要求等因素，选定某一主题作为中心内容以吸引公众关注并令其产生消费行为的特殊餐饮活动，主要包括主题茶歇、主题酒会活动。本节主要针对狭义的主题餐饮活动进行阐述。

（一）主题餐饮活动的特点

主题餐饮是通过一个或多个主题为吸引标志的饮食场景，希望人们身临其中的时候，经过观察和联想，进入期望的主题情境，譬如“亲临”世界的另一端、重温某段历史、了解一种陌生的文化等。

1. 主题性

主题餐饮活动是赋予一般的餐饮活动以某种主题，围绕既定的主题营造活动氛围，场地内所有的产品、服务、装饰布局以及活动安排都为主题服务，使主题成为客人识别的特征和产生消费行为的刺激物。

2. 综合性

作为一个大型的主题餐饮活动，一般要求格调高、气氛好、服务工作细致，始终要保持祥和、愉快、轻松的气氛，给参与者身心愉快的享受。它的工作涉及各个方面，如主题创意、场景布局、餐台安排、食品酒水设计、接待礼仪、服务规程、灯光音响和卫生保安等，要求策划部、工程部、采购部、楼面部、酒水部、服务部和电器技术人员通力合作，才能保证活动的成功。此外，活动的综合性还表现在活动承办者在策划过程中运用专业知识的综合性。策划一次成功的主题餐饮活动，需要用到心理学、管理学、美学、管理学、烹饪学、社会学、装饰工程学等多门学科知识。

3. 社交性

主题餐饮活动是一种重要的社交形式，在政府、社团、单位、公司和个人之间进行的交往中经常运用这种交际方式来表示欢迎、答谢、庆贺等；人们也在活动中增加了解，深入交流，从而实现社交的目的。主题茶歇与酒会中的就餐主要采用自选方式，宾客可根据自己口味偏好去餐台和酒吧选择自己需要的点心、菜肴和酒水。参与者一般均须站立，没有固定的席位和座次，宾客之间可自由组合，随意交谈，构建良好的交流氛围。

4. 礼仪性

主题餐饮活动尤其是主题酒会注重接待礼仪。酒会礼仪是宾主双方之间互相尊重的一种礼节仪式，也是人们出于交往需要而形成的为大家所共同遵守的习俗，其内容广泛，如要求仪典庄重、场面宏大、气氛热烈；讲究仪容的修饰、衣冠的整洁、谈吐的文雅、气氛的融洽、相处的真诚，以及餐台布置、台面点缀、食品陈列等。

5. 细致性

当活动策划方案付诸实施时，无论是管理人员或是服务人员，都必须对活动进行过程中的每一个环节做细致、周密的安排。主题餐饮活动从某种意义上讲，它是一个系统工程，哪怕是某一个细节出现差错，往往会导致整个活动的失败，或者留下无法弥补的遗憾。

（二）主题餐饮活动的种类

1. 以餐饮活动中的主要饮食品分类

（1）主题茶歇

茶歇（Teabreak），就是为会间休息兼调节气氛而设置的小型简易茶话会，是主办方在会议的休息时间为宾客提供饮品和茶点，从而使宾客借此得到身心调整的一种现场服务。它是从国外引进的一种极富人性化色彩的新的社交方式。在会议期间或工作时间内安排15~30分钟的“茶歇”短休，一方面可以缓解人们体力上的疲劳，满足其生理需求；另一方面能够消除人们的精神疲劳，并方便人们借此形式轻松地交流思想、传递信息。

“茶歇”，作为高星级酒店会议的配套服务项目由来已久。相对于比较沉闷和紧张的会议而言，茶歇更便于与会者在一种轻松自如的氛围里交流沟通，增进了解。通常而言，茶歇提供的餐食包括咖啡、茶、果汁、各类点心、时令水果等，同时可以根据时间的不同而配制不同的饮品、点心组合。

对于大多数酒店而言，提供茶歇仅仅是作为会议期间的一个简单进餐，没有太多特色。而主题茶歇的出现却赋予了茶歇新的内涵，通过以某个主题为核心，给紧张的会议带来短暂但别致的休闲时间，让与会者放松心情，为会议的圆满成功奠定良好的心理基础。如某五星级饭店推出了四款主题茶歇，包括“瑜伽生活”、“益智娱乐”、“曼妙音乐”和“阳光自然”，立意新颖别致，体现时尚生活。“瑜伽生活”主题是在会议间隙，由会场服务人员身着瑜伽服饰，伴随瑜伽音乐，带领客人做简单的瑜伽动作，使客人放松身心、舒活筋骨，消除长时间伏案的疲劳，加上瑜伽运动本身独特的魅力，使这一主题很受崇尚健康的客人喜爱。以飞镖、拼图、魔方、小魔术等活动串结起来的“益智娱乐”主题，融合趣味性竞技性于一体，飞镖锻炼平衡度，魔方、拼图锻炼思维，这个主题倡导享受乐趣、动动双手。另外，还有享受音乐、放松心情的“曼妙音乐”主题和沐浴阳光、亲近自然的“阳光自然”主题。

茶歇可分为中式茶歇和西式茶歇。中式茶歇的饮品包括矿泉水、白开水、绿茶、花茶、红茶、奶茶、果茶、罐装饮料、微量酒精饮料，点心一般是各类糕点、饼干、袋装食品、时令水果、花式果盘等；西式茶歇的饮品一般包括咖啡、矿泉水、低度酒精饮料、罐装饮料、红茶、果茶、牛奶、果汁等，点心有蛋糕、各类甜品、糕点、水果、花式果盘，有的还有中式糕点。

（2）主题酒会

酒会，是一种经济简便与轻松活泼的餐饮聚会形式。它起源于欧美，一直沿用至今，并在人们社交活动中占有重要地位，常用于社会团体或个人举行纪念和庆祝生日，或联络和增进感情。酒会是便宴的一种形式，会上不设正餐，只是略备酒水、点心、菜肴等，而且多以冷味为主。

酒会一般都有较明确的主题，如婚礼酒会、开张酒会、招待酒会、庆祝庆典酒会以及产品介绍、签字仪式、乔迁、祝寿等酒会，还有展览会揭幕、送往迎来、新负责人上任、新书出版等。因此，酒会的策划实施方常根据各种不同的主题，策划出新颖别致的活动形式与流程，配以不同的场地整体装饰和准备酒食品种。

按举行时间的不同，酒会可分为两种类别：一是正餐之前的酒会，一般习惯称为鸡尾酒会；二是正餐之后的酒会，又称餐后酒会。

①鸡尾酒会

鸡尾酒会通常始于下午6时或6时半，持续约2小时。一般不备正餐，只备有酒水和点心。这类酒会有明确的时间限制，一般应在请柬中写明。

鸡尾酒会上的酒品分为两类，即含酒精的饮料和不含酒精的饮料。一般说来，鸡尾酒会提供的酒精饮料可以是雪利酒、香槟酒、红葡萄酒和白葡萄酒，也可提供一种混合葡萄酒，以及各种烈性酒和开胃酒。而所谓鸡尾酒，主要由酒底（一般以蒸馏酒为主）和辅助材料（鸡蛋、冰块、糖）等两种或两种以上材料调制而成，具有口味独特、色泽鲜明的特点，能够增进食欲，提神解暑。鸡尾酒调配的方式以及调配的效果如何，一要看客人的口味偏好，二则依赖主人及调酒师的手艺。鸡尾酒的饮用方法因时令而有所不同。冬天，马提尼与掺入水和苏打的威士忌备受人们欢迎；而在夏天，饮用掺入汽水、伏特加和杜松子酒的大杯酒则是时尚之选。鸡尾酒会上还应准备至少一种不含酒精的饮料，如番茄汁、果汁、可乐、矿泉水、姜汁、牛奶等，可以起替代含酒精饮料和调制酒品两个作用。

鸡尾酒会以酒水为主，食品从简，只有一些点心和开胃菜等。这些食品一般制作精美，味道上乘。常见的食品有蛋糕、三明治和橄榄、洋蓟心、烤制小香肠，穿成串后再烤的小红肠、面包等。应注意的是，点心或开胃品一定要适合于用手拿着吃，避免给宾客用餐造成不便。

②餐后酒会

正餐之后的酒会通常在晚上9时左右开始，一般不严格限定时间的长短，客人可以根据自身情况确定告辞时间。

正餐之后的酒会一般规模较大，常播放音乐，并准备了场地供来宾跳舞，但这要在请柬中说明。因为宾客是在用完正餐之后参加酒会，所以餐后酒会通常可以不供应食品。但若为大型或正式的酒会，则可能会安排夜餐。

2. 以主题内涵为标准分类

主题餐饮活动的类型非常多。在当前餐饮市场中，主题餐饮活动已经成为了重要的餐饮策划内容，经常被一些高档餐厅、酒店采用的主题餐饮活动类型主要有四种。

（1）民俗地理型

不同国家、地区和民族均有不同的区域文化和民俗文化，策划者常用区域文化和民俗文化为主题设计活动吸引参与者，通过各种民俗活动、特色产品、人员服饰等体现其文化精髓。如某五星级酒店为使世界各地来宾感受真正的老北京生活风味，设计了独一无二的“老北京特色茶歇”系列。一款取名为“胡同的茶歇”，包括多款具有北京特色的小吃绿豆糕、蜂糕、褡裢火烧、老北京炸酱面等，从这些精美小吃中可以体会老北京的饮食文化。另一款“京剧茶歇”，包括水果串、芝士小点、咖喱泡芙等，并使用京剧脸谱的图形设计食品摆放，创造京剧的氛围，非常受使馆区外国客人的欢迎，并成为独特的会议茶歇体验。

（2）怀旧复古型

策划者通过搜索历史上某些有特殊意义的事件创设主题，借助于“时光隧道”使参与者回到特定的历史情境中。如一次下乡知识青年的纪念酒会，主题就是回忆“老三届知青”的下乡岁月，策划者通过酒会场地内挂着的干红辣椒、玉米棒子、旧的军用挎包，播放知识青年中常吟唱的歌曲，将与会的知青带回了当年的岁月。

（3）娱乐休闲型

随着物质条件的提高和人们休闲意识的觉醒，以娱乐休闲为主题的餐饮活动也成为主流，主办方借助慵懒的音乐、随意的环境和休闲的餐具、淡雅的色彩营造出一种无所不在的休闲气息，是朋友聚会、休闲，增进交流的重要方式。

（4）商务沟通型

这是目前市场上商业酒会中最主要的一种，其举办目的是主办者进行商务沟通、展示与营销，通过酒会活动加强与社会各界人士的交流，创造良好的沟通机会，借此扩大知名度，如庆典酒会、新产品推介酒会、交流酒会、答谢酒会等。

二、主题餐饮活动的策划

（一）主题餐饮活动策划步骤及要点

主题餐饮活动是大型重要会议、庆典等活动的主要组成部分，气氛热烈、摆台美观、自取自用、轻松随意、活动丰富。一般此类活动的操作规程、环境设计、食品摆台与气氛营造等都要求实用价值与艺术价值并重。

1. 沟通客户，确定活动主题

主题餐饮活动具有以主题为核心的显著特点，因此，首先应将工作重点放在与客户（或活动主办方）的沟通上，明确此次活动的时间、规模、举办的目的、需要达到的效果等。其次，根据参加人数、规模、时间、主办单位的特点及要求、目的等确定主题。具体而言，50 人以下为小型，50 ~100 人为中型，100 人以上为大型；活动的主题因不同主体、不同节日或特殊要求而不同，同时主题将成为活动中所有环境布局、餐饮产品、流程安排、服务项目的核心和设计基础。一般情况下，主题茶歇较为简单，即为参会人员提供一个紧张会议间歇的放松与交流的空间；主题酒会由于其功能的不同、参与者众多、时间较长而更加需要策划实施者与客户方的深入沟通，明确需求与思路，根据酒会举办的不同主题，确定其创意方案。

2. 根据主题，进行环境设计

主题茶歇与酒会的参与者常为中高层人士，需要在一个优美的环境里细细品味、娓娓而谈，因此要求场景设计要新颖独特、环境气氛要高雅热烈，给客人以舒适高贵的感受。场景设计与环境气氛的烘托应以前期策划的主题为核心，主要依靠会场装饰设计、灯光设计、色彩与音效设计三位一体实现。

（1）会场装饰设计

首先是植物摆设和花艺设计。植物摆设多以叶片亮绿或色彩缤纷的大盆、中盆栽为主，同时还可以根据季节的交替变换绿色植物的种类，如春天用春兰、夏天用紫苏、秋天用秋菊、冬天用一品红等。餐台上的花卉摆设则通常是插花或小巧的观赏植物。其次是主题装饰，这是彰显活动主题的重要部分。设计者可根据活动的不同主题设计出契合主题的各类场地装饰物，如装饰画、装饰灯具、装饰屏风等。根据酒会功能的不同，如圣诞节或新年庆祝酒会，主题装饰物当以圣诞树及各种新年装饰为主，营造热烈欢乐的气氛；情人节或婚礼酒会，主题装饰物当以表现爱情的永恒与美好，营造浪漫甜蜜的氛围；公司或企业的商务酒会，应以展现主办方的企业文化与经营实力为主，营造典雅、庄重的氛围。

（2）灯光设计

灯光设计，也应按照主题的不同而各有特点。色调柔和的灯光使整个室内的气氛显得更加优雅舒适，为配合灯光效果，大厅内的色彩布置以明朗为宜，可以取得最佳的照射效果。另外，对茶饮及相关器皿的照明最好采用单独设置，以便突出立体感和整体效应。

（3）色彩与音效设计

色彩设计十分重要。室内协调的色彩搭配可以很好地表达活动的内涵，烘托出主题气氛。深浅不同的颜色对比搭配，可以很好地突出其所陪衬的物品的风格和特点，杯碟颜色与桌椅器具的颜色搭配，可以制造出整体的协调感与舒适感。

音乐既能营造气氛，同时也能掩饰一些令人不安的噪声。音乐的选择关键在于活动参与者和活动的功能与目的，必须根据参与者的主体类型和活动的主题类型选择。轻音乐和较舒缓的爱情歌曲比较大众化，可以作为播放的主体。此外，音乐播放的时间上也要张弛有度，幽雅的音乐能使人心情宁静，哀婉的音乐使人心绪飘飞，可以交替播放。

3. 根据主题，进行餐台及饮食品设计

（1）餐台设计

在主题餐饮活动中，食品饮料的设计和器皿、餐桌椅的摆放时必须考虑客人走动取食、边吃边谈的特点，可在会场适当位置重复摆放主要食物、饮料和餐具。摆台的形状可根据场地形状和实际情况而定，主餐台、副餐台和食物分量则根据人数来确定。餐台可布置成S型、圆形、长方形和T型等，也可视场地而采用相应形状，便于客人取食。主餐台以陈列主食品为主，副餐台陈列糕点、甜品、果品、雪糕、小食等。整个餐台要成为大型的艺术品，主餐台是中央装饰物，但可用不同的装饰品；副餐台的装饰可以各台各异，副餐台的食品以小食、点心为主。主餐台和副餐台要搭配得当，相映成趣。食品的陈列也要讲究艺术性，冷盘、热盘分开陈列，拼砌整齐，图案新颖；穿插陈放，高低错落，充满美感；盛放的器皿宜采用多种材料和造型，如银器、瓷器、陶器、玻璃、水晶、原木、竹刻、竹编、果蔬外壳等。

（2）饮食品设计

主题餐饮活动尤其是国际性的主题酒会场面较大、参加人数多，饮食品的设计因客人的国籍、身份、职业、风俗习惯、宗教信仰和忌食特点的不同而有很大差异。为满足不同客人的口味爱好和欣赏情趣，必须根据酒会特点设计出一些不同主题的餐品，形成各具特色的风味中心。例如，以“巴黎之夜”命名的主题餐台，应设计典型的法兰西情调，摆放各色具有法国特色的食品；同样以“日本风情”命名的日本食品餐台，则应该具有浓厚的日本风情，摆放各色日本传统食品，如寿司、生鱼片及小吃。有时，则要针对特殊的主题设计摆设。如某航空公司举办的酒会，实景要配合主办单位崇尚自然、环保的公司形象，可以用草席和一些简单的物品，搭配动物造型的冰雕和壁画，让餐台及整个会场呈现出原始丛林的风貌。

主题餐饮活动中经常采用厨师现场烹饪制作食品和饮品的方式，如各式现场烧烤、鸡尾酒调制、现磨咖啡、茶艺展示等，这往往成为现场的焦点之一。为满足客人亲手参与的欲望，现场可设置各种小型烤箱、电煎锅、烤架等厨具及适宜快速烹制的半成品食品原料，让有兴趣的客人一试身手。如现场烤肉在粉红色灯光下进行，则能更加突出肉质的鲜美，令人垂涎。

（3）吧台及其他设计

吧台的设计常根据参与人数而定，吧台的前部分陈列杯具，后部分陈列酒和饮品；布置要富于创意，各种饮料排列成美丽的图案。名酒应摆放在衬有精致丝绒的木雕酒架或仿古模型上，华丽高雅、不落俗套。

此外，收餐台摆放餐巾纸和烟灰盅，致辞或祝酒台设在墙一边的中央，让主人能关注到整个角落，调动整个活动的气氛。

4. 娱乐项目设计

这是主题餐饮活动中活跃气氛的一种手段，与食品、环境和服务一起构成四大要素。为增强活动的娱乐性和互动性，策划者可根据活动特点适当安排一些具有现场感的展示和文娱表演，如歌舞表演、音乐欣赏、魔术表演、户外焰火表演、篝火晚会等。

（二）主题餐饮活动实施步骤

1. 前期准备，明确分工

首先，活动策划方应察看、选择活动的举办场地，这是一次主题餐饮活动成功的关键。目前，大部分的酒会都选择在各大会议厅举办，个别酒会选择在户外举办。考虑到天气原因，应以选择室内多功能厅为主，同时兼有户外场地举办。户外场地不仅可远观风景，温馨浪漫的布置还会给部分客人一个相对安静的交际环境。此外，还应根据主办方情况或拟邀请对象选择大小适宜的场地。

其次，应与主办方沟通，确认活动的内容和流程，主要包括环境布置与装饰、活动流程安排与节目环节设置、酒单、点心单、物料单、服务项目等；并根据以上内容确定活动预算，编制预算表。

最后，策划方应拟出一份主题餐饮活动编排表或策划方案，详细地列述客人所定酒会的时间、日期、人数和要求，分列各个部门的职责，会场装饰、灯光、色彩与音效设计，餐台及饮食品、吧台、娱乐项目安排，保安、餐厅服务，以及遇到特殊情况下的第二方案，经费预算等。

2. 活动执行，加强合作与协调

在活动举行的过程中，关键是各部门要明确职责、紧密配合、通力合作，同时策划人员监控活动流程与服务质量，使活动顺利进行直至完满结束。

首先，应在活动举办前严格按照主题与环境策划的方案布置好活动场地、氛围营造、餐台布置、食品及酒水陈列、设备检查、人员就位等。

其次，做好主题餐饮活动的准备工作。根据主题餐饮活动通知单，备足备齐各类酒品饮料和饮食品，布置好餐台，准备齐全各种调酒专用工具。策划方应检查服务人员的着装仪表。餐饮活动开始前几分钟，服务员应托举着带有酒水的托盘，站在活动入口处，准备欢迎宾客并送上迎宾酒。

最后，做好主题餐饮活动中的服务。第一，酒品饮料服务。各种酒品饮料由服务员托让（鸡尾酒由宾客在酒吧台直接向调酒师索取，现要现调），由于宾客是站立用餐，流动性大，因此服务员在托让酒水时的姿势必须规范，精神集中，注意礼让，主动将酒品饮料送给宾客。在酒品饮料设计中，大型鸡尾酒可作为特饮在餐饮活动中出现。当宾主祝酒时，托让酒水一定要及时，如有香槟酒，要保证祝酒时人手一杯香槟酒。托让酒水要注意配合，服务员不要同时进入场地、同时返回，以免造成场内无人服务。要有专人负责回收空酒杯，以保持桌面清洁。但有时宾客会把刚用过的酒杯主动放在服务员的托盘上而另换饮料，遇到这种情况，不必制止宾客，以免造成误会，要马上让收杯的服务员收回。第二，食品服务。服务员最好跟在酒水服务员的后面，以便宾客取食下酒。要注意照顾坐在厅堂两侧的女宾和年老体弱者。主题餐饮活动结束时，服务人员应热情礼貌地欢送宾客，并欢迎宾客再次光临，若仍有宾客未离开，则应留专人继续服务。

3. 活动结束，完善总结

总结工作是主题餐饮活动结束的最后一环。策划人员、工程人员、服务人员等应分别对活动进行总结，然后对相应的活动文字、影像资料进行归档备案。

三、主题餐饮活动策划方案的实例

在掌握主题餐饮活动设计策划的要点之后，可形成主题餐饮活动策划的文字方案，以供各方参考和准备。以下是一例主题酒会的策划方案：

某房地产企业新春酒会策划方案

一、活动概述

2009 年 1 月，某知名房地产企业为了答谢新老客户多年的支持，并推广当前在售楼盘，提高企业知名度，预计于 1 月 29 日在某楼盘举行新春酒会，时间为当晚 19：00～21：30，参与人员为该楼盘业主及意向客户，共计 200 余人。

1. 主题确定与诠释

在新春佳节又一次来临之际，我们再一次的感受到了春节带给所有人的那种温情，那是包含着团圆、亲情与热闹欢愉的情景。此时，每个人都会在心中追寻那份久远的传统：流光溢彩的腾龙翔凤，小桥流水的声声民乐、相聚热闹的团年饭、气势恢弘的狮舞表演、精美漂亮的对联——本楼盘将以一场极具中国传统色彩的盛宴邀请各方来宾，让大家一同去品味春节民俗，演绎出别样的至尚风情。

2. 整体环境布局与设计

在新春佳节即将到来之时，亲情、团圆、热闹等喜庆氛围日趋隆重，本次酒会以春节作为活动主题和风格，精心营造纯正、热闹、传统的新春佳节活动氛围和高品质的活动场景，加上地产界就是为人们提供居家场所的行业，举办新春酒会此种以家为中心的活动也非常合适，也容易获取来宾的认同，增强此项目的受关注度。

(1) 入口处布置：整个迎宾通道全部用彩色的丝绸波浪式悬挂装饰出喜庆的气氛，并在入场处设置入口指示牌；在迎宾通道两侧及草坪上悬挂各式精致灯笼，大门悬挂巨幅对联和电子鞭炮、右侧木墙张贴立体大型福字，突出喜庆祥和的寓意；同时，安排两名书法家为来宾免费书写对联，身着红色小棉袄的童男童女在大门两侧向来宾拱手拜年，增加节日气氛。

(2) 酒会大厅布置：大厅悬挂大幅喷绘主题背景板，突出节日气氛，彰显酒会主题；会场侧门醒目处摆放两株1.5米高的大型金橘树，上面悬挂红包和彩灯；大厅四周以1.5~2米高的常青树或葵类点缀；致辞台前以0.5米高的常青植物或时花为主摆放。

(3) 灯光及背景音乐设计：灯光设计采用编程电脑摇头灯，辅以现代舞台电子设备，表现出舞台效果。活动主要突出"喜庆、热烈"，因此，以热情洋溢的背景音乐拉开序幕，安排中国传统民乐（包括二胡、三弦、琵琶、古筝等）演奏家身着古典服饰，演奏人们耳熟能详的经典曲目，让来宾在视听上找到高雅而传统的感觉。

3. 餐台及饮食品设计

(1) 餐台设计：本次活动为冷餐酒会，主要是由客人从陈列好的餐台上自取食物，因此将餐台设计为沿大厅两侧的"一"字形，并分为冷菜台、热菜台、甜点台等，既方便客人取食，又可使客人分流。根据本次酒会的迎新春民俗主题，将主餐台正中摆放一个象征喜庆祥和的大型冰雕"二龙戏珠"，在其余餐台上各摆放一些果蔬雕刻、鲜花、水果或餐巾花等，进行装饰点缀。

(2) 饮食品设计：设计为自助餐，以下为餐单，标准为每人58元。

小吃：龙虾片、芝士条、花生米、牛肉干

西菜：羊马鞍、烤火鸡、龙虾沙拉、烤鹅、丁香火腿 、菠萝沙拉、串烤小牛肉、大红肠、炸明虾、咖喱鸡饭、番茄黄瓜沙拉、番茄浓汤

中菜：盐水鸭、芝麻肉条、茄汁排骨、香酥鹌鹑、酿果、双色蛋、素火腿、辣白菜、奶油菜心、青椒鲜菇

西点：咖喱肉饺、各式蛋糕、小面包、曲奇饼干等

中点：什锦炒饭、三丝春卷、豆沙酥饼

水果：由西瓜、柑橘、葡萄、火龙果、雪梨、哈密瓜等组合为果盘

(3) 吧台设计：采用餐桌作为临时性活动吧台。酒水主要为白酒、白葡萄酒、红葡萄酒、啤酒、可乐、矿泉水等；杯子的数量约为400只，其中必须包括红葡萄酒杯、白葡萄酒杯、果汁杯、啤酒杯、利口杯、雪利杯、鸡尾酒杯等。各种酒杯应摆放整齐，准备各种规定的酒水、冰块、调酒用具，安排调酒师在现场进行鸡尾酒调制及表演。

4. 娱乐表演项目设计

将人们新春佳节喜闻乐见的舞龙、舞狮融入活动中，邀请高水准的演出队伍为来宾献上一次上乘的视觉盛宴，进行"三狮闹春"和"火龙"表演，让来宾欣赏中国传统的艺术，感受到春节隆重和别致的氛围。酒会中安排两次抽奖活动，并邀请来宾到草坪欣赏大型户外焰火表演，将活动推向高潮。活动结束时，

向来宾赠送传统风格的桂花糕、风车、小灯笼等小礼品，既符合主题风格，又别样出新。

5. 活动人员安排

主持人：专业现场主持人1人，主持整个现场活动

专业摄影、摄像师：2人，负责整个活动的摄像（含摄影摄像器材）

童男童女：4人，在大门两侧向来宾拱手拜年，并发放抽奖券

酒会服务人员：若干，男性着唐装，女性穿旗袍，在现场为来宾提供服务

泊车员若干：负责现场来宾的车辆停泊服务

二、主要流程环节设置

（一）来宾接待　18：30至19：00

1. 来宾到场，泊车员和保安协助来宾泊车

2. 老书法家现场书写对联，将部分写好的对联悬挂在后面的绳子上

3. 童男童女在大门两侧向来宾拱手拜年，向每位来宾发放抽奖券

4. 场外播放迎宾背景音乐

5. 民乐团在场内舞台上为来宾献艺

6. 酒店服务生在现场为来宾服务

（二）来宾用餐　19：00至20：30

19：00至19：15

民乐团舞台演奏，来宾用餐，将未挂上金橘树的抽奖红包挂上

19：15至19：25

投影播放奖品家具，主持人主持第一次抽奖，来宾代表抽出三等奖，主持人请抽到奖品的来宾发言。抽奖完毕升起幕布，民乐团继续演奏。

19：25至19：45

民乐团舞台演奏，来宾用餐

19：45至19：55

投影播放奖品家具，主持人主持第二次抽奖，由来宾代表抽出二等奖，主持人请抽到奖品的来宾发言。抽奖完毕升起幕布，民乐团继续演奏。

19：55至20：15

民乐团舞台演奏，来宾用餐

20：15至20：17

主持人串词，请上置业顾问的小品表演

20：17至20：30

小品表演

20：30至20：35

投影播放奖品家具，主持人主持第三次抽奖，由来宾代表抽出一等奖，主持人请抽到奖品的来宾发言。抽奖完毕升起幕布，请上拜年成员。

20：35 至 20：40

主办方代表上场为来宾拜年，服务人员将准备好的糕点礼品送给每位来宾。赠送完毕时，主持人请来宾到草坪观看表演。

（三）狮龙表演及烟火表演 20：40 至 21：30

20：40 至 20：50

场外狮队锣鼓起，在鼓点配合下表演“三狮闹春”迎宾热场；主持人请各位来宾跟随其来到喷泉旁草坪，工作人员协助对来宾进行引领。

20：50 至 21：00

当来宾到达草坪观看区域后，主持人串词，讲解舞狮悠久的历史及文化底蕴，并向来宾传达主办方邀请各位来宾到此观看上乘表演的信息。

21：00 至 21：10

狮子上桩，舞狮表演；待吐符后草坪上 15 名保安将舞龙区域隔离，主持人请出火龙表演。

21：10 至 21：20

伴随音乐，火龙表演进入草坪，表演中途冷焰火配合。工作人员向现场小朋友分发小型闪光带和风车。

21：20 至 21：30

保安将烟火区隔离，进行大型焰火表演；工作人员注意现场安全工作，主持人告知活动结束时有精美对联相赠。

（四）活动结束 21：30

活动结束，工作人员协助来宾领取对联，泊车人员负责将来宾车辆交付完毕。

三、应急措施

可能事项	办法	责任组及其责任人
A. 音响设备因线路问题失声	在 2 分钟内重新接线	承办方
B. 参加人员因碰到现场线路而摔跤	由维护人员事先设置标志或警戒线	承办方
C. 下雨	现场提供雨伞 200 把（广告伞）	主办方

四、后勤保障和交通安全

本次系列活动规格、品质较高，特别有大型焰火表演等活动，要做好后勤保障和安全工作。

后勤工作：将专门印制请柬，保证会场的严肃性，同时便于安保人员识别。

安全保障：为严格保证本次活动的顺利和安全，由主办单位安排 20 名保安维持现场秩序，包括交通指挥、疏导及烟火区的安全。

五、费用预算

（一）环境布置费用

植物租赁、灯笼、彩带、福字、电子鞭炮等费用

（二）自助餐、酒水费用

（三）演出费用

主持人费用

灯光、音响租赁费用

舞狮舞龙、民乐表演团费用

（四）其他费用

实训项目

某企业开业酒会策划

实训资料

香港鼎盛集团有限公司是香港一家知名企业，该公司为拓展内地业务，与四川一家本地企业合作开设了分公司。在公司开业之际，将邀请众多嘉宾和各界相关人士约300人，举行开业庆典仪式和酒会。

实训内容

1. 酒会主题设计

将“中国情结”作为此次酒会的主题，其原因是：中国结渗透着中华民族特有的、纯粹的文化精髓，包含丰富的文化底蕴。“绳”与“神”谐音，中国人是龙的传人，龙神的形象是用绳结的变化来体现的。“结”字也是一个表示力量、和谐、充满情感的字眼，无论是结合、结交、结缘、团结、结果，还是结发夫妻、永结同心，“结”都给人一种团圆、亲密、温馨的美感。“结”与“吉”谐音，“吉”有丰富多彩的内容，福、禄、寿、喜、财、安、康无一不属于吉的范畴。“吉”就是人类永恒的追求主题。用传统中国结作为点缀，象征着两地联姻，体现的是中西方文化的交融，也是对鼎盛集团有限公司未来发展的美好祝愿。

2. 整体环境布局与设计

会场布置突出主题“中国情结”进行布置。具体方案为：

（1）舞台布置：场地前方设置舞台，舞台左、右两边用古典屏风隔出两个演员后场，屏风上有中国风格的典雅图案。台前开始有竹制幕布阻挡，随活动展开缓缓拉开，呈窗帘式挂起。舞台设置背景，背景前方设置三个立体木制六边形古典漏窗，漏窗后方设置小射灯，将灯光打到背景有图案处。背景图案选择松、竹、梅，其空白处标上中国书法写意的公司宣传语。中央的漏窗上方悬挂一个巨型中国结，两边的悬挂相对小的中国结。

（2）会场布置：会场中间分散布置桌椅，选择具有中国特色的圆桌 8 张（或其他有中国特色的桌椅），每张桌子中心放置小型插花或盆景；会场的 4 个角落对称放置 4 个工艺半身立柱，可采用仿红木制，上面放上盆景或其他工艺品。会场顶部悬挂若干宫灯，数量及位置安排根据桌椅确定，一般情况下，正对一张圆桌上方悬挂一个宫灯。会场四周墙壁悬挂竹帘或挂帘。

（3）灯光设计：色调柔和的灯光使整个室内的气氛显得更加优雅舒适，为配合灯光效果，大厅内的色彩布置以明朗为宜。另外，对茶饮及相关器皿的照明最好采用单独设置，以便于突出立体感和整体效应。

（4）背景音乐：本次开业庆祝酒会以商务沟通为主要目的，参与者多为各界上层人士尤其是商务人士，主题是“中国情结”，因此，可选用较为时尚、大气的音乐与经典传统音乐，在中西交融中体现中国古典元素的魅力。

3. 餐台及饮食品设计

会场两侧放置餐桌。餐台布置同样应突出中国古典元素，在桌布的悬挂空白处印制中国书法或泼墨山水，体现典雅；每段间隔地挂上中国结，凸显主题。

自助餐提供各种酒类、饮料、果汁、各类食品，酒水应包括鸡尾酒、果汁等。

邀请茶艺师现场表演，客人可进行品茶活动。透过茶艺师专注的眼神、精湛的冲茶技艺，使来宾既感受品茶之乐趣，同时也弘扬了中国茶文化。

4. 娱乐项目设计

邀请乐队用现代、时尚的方式演绎民乐，也可邀请艺术家进行变脸，吐火等四川特色技艺表演。

5. 经费预算

（1）环境布置费用

（2）自助餐、酒水费用

（3）演出费用

（4）其他费用

实训方法

主要采取仿真模拟体验的方式，在教师的指导下，同学以小组为单位进行主题餐饮活动的策划。

实训步骤

1. 学生根据实际情况，自主结合成小组，每组 3 ~ 4 人，并确定活动目的和主题。

2. 各小组利用课余时间进行讨论和资料收集，根据主题餐饮活动的策划步骤的内容要求并借鉴案例，进行活动策划书设计并撰写。

3. 将策划书的主要内容制作成为多媒体 PPT 文件进行分组展示、讲解及同学评分和教师评点。

4. 教师应根据全班的总体情况，指出共同缺点或不足，并提出改进建议。

实训要点

1. 根据客户需求，围绕酒会功能和作用设计酒会的主题

首先应根据各小组实际情况，确定参加活动的人数、规模、客户的特点及要求，根据需求进行主题设计，力求主题切合需求，新颖且可操作性较强。通过与客户方的深度沟通，了解本次酒会主要目的是为庆祝公司开业，突出开张大吉、双方合作顺利等意义，同时合作双方均为香港和四川知名企业，对主题餐饮活动的格调和品味的要求较高，综合各种因素，策划方将酒会主题定为“中国情结”。

2. 根据主题，进行环境设计，布置会场

在酒会举行前，要将场地布置完毕，应根据主题和季节选择植物摆设和花艺设计，着重突出主题装饰物的效果。

3. 根据主题选择酒会背景音乐

根据酒会的主题和客人的总体情况、审美品位选择会场的背景音乐，可以提供高雅、时尚、摇滚、轻柔等多种乐曲或歌曲，也可选择艺术工作者进行音乐服务。音乐的选择最好与客户商定，以示重视。

4. 根据主题设计餐台和饮食品

餐台设计来源于主题，依附于主题的精神和灵魂，是主题的延伸与物化表现。参考餐台设计的原则，设计出主餐台和副餐台及吧台，应做到创意表现活泼新颖，给人一种动态的美感，同时又适应酒会客人的实际需要。饮食品种类的选择应丰富多彩、营养健康，适当设计一些现场表演的餐饮项目，提高来宾的兴致。

本章特别提示

本章讲述了中国茶和酒的起源、传播和发展，介绍了中国茶、酒的类型、品种和品饮方法，阐述了主题餐饮活动策划的方法、步骤及要点。第一节讲述了中国茶品与饮茶艺术和中国酒品与饮酒艺术，第二节在第一节的基础上，引入了主题餐饮活动的概念，提出了主题餐饮活动策划方法、步骤及要点，并就具体操作进行了详细说明。

本 章 检 测

一、复习思考题

1. 在茶的品饮中，选择水、茶具的原则是什么？
2. 在酒的品饮中，黄酒、白酒、葡萄酒和啤酒的品饮方法分别是什么？

3. 主题餐饮活动的主要类型有哪些？策划主题餐饮活动的步骤有哪些？

二、实训题

学生以小组为单位，根据主题餐饮活动策划的步骤和要点，设定虚拟客户具体需求，撰写一份主题酒会策划方案，要求构思新颖巧妙，并突出策划主题酒会的具体要点。

教学参考建议

一、本章内容和重点、难点

本章的教学内容主要包括三个方面，即中国茶品与饮茶艺术、中国酒品与饮酒艺术和主题餐饮活动策划。其中，教学的重点和难点是主题餐饮活动策划，要求学生掌握主题餐饮活动的特点、种类以及该活动策划的步骤和要点，能够进行富有创意的主题餐饮活动策划。

二、课时分配与教学方式

本章共6学时，采取“理论讲授+实训”的教学方式。其中，理论讲授4学时，实训2学时。

主要参考书目

1. 清阮元校刻. 十三经注疏 [M]. 北京：中华书局，1980.
2. 中国烹饪古籍丛刊 [M]. 北京：中国商业出版社，1984－1989.
3. 姚春鹏译注. 黄帝内经 [M]. 北京：中华书局，2009.
4. 萧帆. 中国烹饪百科全书 [M]. 北京：中国大百科全书出版社，1992.
5. 任百尊. 中国食经 [M]. 上海：上海文化出版社，1999.
6. 陈宗懋. 中国茶经 [M]. 上海：上海文化出版社，1992.
7. 朱宝镛，章克昌. 中国酒经 [M]. 上海：上海文化出版社，2000.
8. 熊四智. 中国人的饮食奥秘 [M]. 郑州：河南人民出版社，1992.
9. 熊四智. 四智说食 [M]. 成都：四川科学技术出版社，2005.
10. 熊四智，唐文. 中国烹饪概论 [M]. 北京：中国商业出版社，1998.
11. 王学泰. 中国饮食文化 [M]. 北京：中华书局，1983.
12. 徐海荣. 中国饮食史 [M]. 北京：华夏出版社，1999.
13. 钟敬文. 民俗学概论 [M]. 上海：上海文艺出版社，1998.
14. 唐祈. 中华民族风俗辞典 [M]. 南昌：江西教育出版社，1988.
15. 杜莉，孙俊秀. 中西饮食文化比较 [M]. 四川科技出版社，2007.
16. 杨东涛等. 中国饮食美学 [M]. 北京：中国轻工出版社，1997.
17. 杨哲昆，霍义平. 旅游美学 [M]. 南京：东南大学出版社，2007.
18. 杨铭铎. 饮食美学及其餐饮产品创新 [M]. 北京：科学出版社，2007.
19. 贾凯. 实用烹饪美学 [M]. 北京：旅游教育出版社，2007.
20. 卢一. 四川著名美食鉴赏 [M]. 成都：四川科学技术出版社，2007.
21. 邵万宽. 中国烹饪概论 [M]. 北京：旅游教育出版社，2007.
22. 周晓燕. 烹调工艺学 [M]. 北京：中国纺织出版社，2008.
23. 陈苏华. 中国烹饪工艺学 [M]. 上海：上海文化出版社，2006.
24. 中国营养学会. 中国居民膳食指南 [M]. 西藏人民出版社，2008.
25. 杜莉. 川菜文化概论 [M]. 成都：四川大学出版社，2003.
26. 谢定源. 新概念中华名菜 [M]. 上海：上海辞书出版社，2004.
27. 周妙林. 宴会设计与运作管理 [M]. 南京：东南大学出版社，2009.
28. 陈金标. 宴会设计 [M]. 北京：中国轻工业出版社，2007.
29. 黄浏英. 主题餐厅设计与管理 [M]. 沈阳：辽宁科技出版社，1995.
30. 陈世望等. 饭店装饰艺术 [M]. 北京：旅游教育出版社，2001.
31. 杨柳. 2008 年中国餐饮产业运行报告 [M]. 长沙：湖南科技出版社，2008.
32. 蔡万坤等. 餐馆老板案头手册 [M]. 北京：人民邮电出版社，2009.
33. 马健鹰，薛蕴. 烹饪学概论 [M]. 北京：中国纺织出版社，2008.
34. 赵建民，孙一慰. 行政总厨监理的 300 个细节 [M]. 济南：山东科学技术出版社，2007.
35. 邹益民，黄浏英. 现代饭店餐饮管理艺术 [M]. 广州：广东旅游出版社，2001.
36. 惟言. 宾馆酒店会议经营管理 [M]. 北京：中国纺织出版社，2009.

37. 布衣餐饮丛书编委会. 巴国布衣中餐操作规范［M］. 成都：四川人民出版社，2008.
38. 范增平. 中华茶艺学［M］. 台北：台湾出版社，2001.
39. 严英怀，林杰. 茶文化与品茶艺术［M］. 成都：四川科技出版社，2003.
40. 徐少华，袁仁国. 中国酒文化大典［M］. 北京：国际文化出版公司，2009.
《中国烹饪》《餐饮世界》《中国食品》《四川烹饪高等专科学校学报》《扬州大学烹饪学报》等杂志。